U0930472

高等院校信息技术规划教材

单片机接口
C语言开发技术

龚运新 罗惠敏 彭建军 编著

清华大学出版社
北京

内容简介

单片机接口是单片机基础课程的后续课程。它是一门理论性、实践性和综合性都很强的学科，同时也是一门计算机软硬件有机结合的专业课程。以前的教科书主要讲述了并行口芯片，而在实际的应用中大部分用的是串行口芯片。本书将同时讲解并行接口和串行接口，重点讲解串行接口，几乎囊括了所有串行接口知识，每个程序都进行了仿真调试，给出了程序注释，使读者学习起来更加轻松易懂。本书是作者多年理论教学、实验教学及产品研发经验的结晶。

图书在版编目(CIP)数据

单片机接口C语言开发技术/龚运新，罗惠敏，彭建军编著．—北京：清华大学出版社，2009．2 (2019．8重印)
(高等院校信息技术规划教材)
ISBN 978-7-302-19273-2

Ⅰ．单…　Ⅱ．①龚…　②罗…　③彭…　Ⅲ．①单片微型计算机－接口－高等学校－教材　②C语言－程序设计－高等学校－教材　Ⅳ．①TP368．147　②TP312

中国版本图书馆CIP数据核字(2009)第006735号

责任编辑：袁勤勇　李玮琪
责任校对：白　蕾
责任印制：李红英

出版发行：清华大学出版社
　　网　　址：http://www.tup.com.cn，http://www.wqbook.com
　　地　　址：北京清华大学学研大厦A座　　**邮　　编**：100084
　　社 总 机：010-62770175　　**邮　　购**：010-62786544
　　投稿与读者服务：010-62776969，c-service@tup.tsinghua.edu.cn
　　质 量 反 馈：010-62772015，zhiliang@tup.tsinghua.edu.cn
印 装 者：北京虎彩文化传播有限公司
经　　销：全国新华书店
开　　本：185mm×260mm　　**印　张**：22.25　　**字　　数**：524千字
版　　次：2009年2月第1版　　**印　　次**：2019年8月第3次印刷
定　　价：49.00元

产品编号：031696-03

编委会名单

序 preface

在科教兴国方针的指引下，我国高等教育进入了一个新的历史发展时期，招生规模和在校生数量都有了大幅度的增长。我们在进行着世界上规模最大的高等教育。与此同时，对于高等教育的研究和认识也在不断深化。高等学校要明确自己的办学方向和办学特色，这既是不断提高高等教育水平的必然要求，更是高校不断发展和壮大必须首先考虑的问题。

教育部领导明确提出，高等教育应多元化，高等院校应实施分类分层次教学，这是高等教育大众化的必然结果，也是市场对人才需求的客观规律所致。因此要有相当部分的高等院校致力于培养应用型人才。此类院校在计算机教学中如何实现自己的培养目标，如何选择适用的应用型教材，已成为十分重要和迫切的任务。应用型人才的培养不能简单照搬研究型人才的培养模式，要在丰富的实践基础上认真总结，摸索新形势下的教学规律，在此基础上设计相关课程、改进教学方法，同时编写与之相适应的应用型教材。这一工作是非常艰巨的，也是非常有意义的。

在清华大学出版社的大力支持和配合下，应用型教材编委会于2003年成立。编委会汇集了众多高等院校的实践经验，并经过集中讨论和专家评审，遴选了一批优秀教材，希望能够通过这套教材的出版和使用，促进应用型人才培养的实践发展，为建立新的人才培养模式作出贡献。

我们编写应用型教材的主要出发点是：

1. 适应新形势下教育部对高等教育的要求以及市场对应用型人才的需求。

2. 计算机科学技术和信息技术发展迅速，教材内容和教学方式应与之相适应，适时地进行更新和改进。

3. 教育技术的发展对教材建设提出了更高的要求，教材将呈现出纸介质出版物、电子课件以及网络学习环境等相互配合的立体化形态。

4. 根据不同的专业要求，突出应用，使理论与实践更加紧密结合。

以此为目标，我们将努力编写一套全新的、有实用价值的应用型计算机教材。经过参编教师的努力，第一批教材已经面世。教材将滚动式地不断更新、修正、提高，逐渐树立起自己的品牌。希望使用本系列教材的广大师生能对我们的教材提出宝贵的意见，共同建设具有应用型特色的精品教材。

朱　敏

2006年5月

前言 Foreword

目前，大专院校的应用电子专业、数控专业、自动化专业、计算机控制专业、机电一体化专业、智能仪表专业开设了单片机接口课程。这是一门理论性、实践性和综合性都很强的学科，它需要模拟电子技术、数字电子技术、电气控制、电力电子技术等作为知识背景，同时本课程也是一门计算机软硬件有机结合的实用技术。本书是作者多年理论教学、实验教学及产品研发经验的结晶。在教材编写过程中，始终将理论、实验、产品开发三者有机结合，每个接口都讲明原理、使用方法、编程控制方法，给学习者一种系统的、完整的、清晰的学习思路。

本教材最突出之处是主要讲解产品经常应用的串行接口芯片，考虑到以前的产品为并行接口，本书将并行接口和串行接口同时讲解，重点讲解串行接口，并从应用角度出发加强了设计性环节的指导，内容包括软件仿真、硬件仿真、产品设计等。本书所有程序在 Keil C7.0 仿真软件中调试成功，增加了知识的真实性和可读性，便于自学。

本书第 1 章"概论"详细讲解串口的基本知识及工作模式；第 2 章"中断接口扩展"主要讲解 8259 芯片；第 3 章"定时器/计数器扩展"讲解 8253 定时器、计数器扩展芯片；第 4 章"通信接口扩展"主要讲解可编程通用串行通信接口 8251；第 5 章"MCS-51 存储器扩展"重点讲解串行(I^2C 总线)数据存储器的扩展设计、串行(SPI 总线)数据存储器扩展设计；第 6 章"I/O 接口扩展"详细讲解 8255 可编程并行接口芯片，ZLG7289A、串行接口 LED、数码管及键盘管理器件；第 7 章"模拟/数字转换器"主要讲解 10 位串行模数转换芯片 AD7810、高精度 24 位 ADS1210/1211、并行 A/D 转换器与 8031 的接口设计；第 8 章"串行数字/模拟转换器"讲述 10 位电压型 MAX504/515、16 位精密型 DAC714、24 位立体声音频 PCM1728 芯片；第 9 章"单片机的其他接口"讲解 V/F 与 F/V 转换器 VFC32、实时时钟

DS1305芯片、液晶显示器(LCD)接口、LED点阵显示接口、打印机接口电路;第10章"IC卡"讲述AT24C××系列存储卡、逻辑加密存储卡SLE4442、智能卡SLE44C42S;第11章"单线芯片"讲解DS2405概述、数字温度计等芯片。

本书由龚运新、罗惠敏和彭建军共同编写,由于水平有限,错误在所难免。

编　者

2009年1月

目录 Contents

第1章 chapter 1

概　　论

单片微型计算机是在一块芯片上集成了中央处理器(CPU)、存储器(RAM、ROM)、定时器/计数器和各种输入输出(I/O)接口(如并行I/O口、串行I/O口和A/D转换器)的机器。由于单片机通常是为实时控制应用而设计制造的,因此,又称为微控制器(MCU)。

最初的单片机内只包含并行输入输出接口、定时器/计数器,它们的功能较弱,实际应用中往往需要通过特殊的接口扩展功能,从而也增加了应用系统结构的复杂性。

近年来,新型单片机内的接口,无论从类型和数量上都有很大的发展。这不仅大大改善了单片机的功能,而且使系统的总体结构也大大简化了。例如,有些单片机的并行I/O口,能直接输出大电流和高电压,可直接用于驱动荧光显示管(VFD)、液晶显示器(LCD)和数码显示管(LED)等,应用系统中就不再需要外部驱动电路。再如有些单片机,片内含有A/D转换器,在一些实时控制系统中可省掉外部A/D转换器。目前,在单片机中已出现的各类型新型接口有数十种,如A/D转换器、D/A转换器、DMA控制器、CRT控制器、LCD驱动器、LED驱动器、VFD驱动器、正弦波发生器、声音发生器、字符发生器、波特率发生器、锁相环、频率合成器、脉宽调制器等。虽然一个单片机内含有若干种接口,但在开发设计产品时,产品功能要求多种多样,往往选一块芯片不能满足要求。要进行一些功能扩展,在扩展时要求尽量少占用口线,这就为串行接口提供了广阔的空间。并行接口芯片在单片机功能扩展中有逐步淘汰的趋势,但考虑到并行接口产品还在广泛使用,因此在编写本书时对串口、并口都进行了介绍,重点在串口。

1.1　接　　口

计算机系统中有两类数据传送操作：一类是CPU和存储器之间的数据读写操作;另一类则是CPU和外部设备(简称外设)之间的数据输入输出(I/O)操作,如图1-1(a)所示。

存储器和CPU都是半导体电路,具有相同的电路形式,数据信号也是相同的(电平信号),能相互兼容并直接使用,因此存储器与CPU之间采用同步定时的工作方式。它们之间只要在时序关系上能相互满足就可以正常工作。正因为如此,存储器与CPU之间的连接相当简单，除地址线、数据线之外，就是读写选通信号，实现起来非常方便。

1.1.1 基本概念

计算机的I/O操作，即CPU和外设之间的数据传送十分复杂。其复杂性主要表现在以下几个方面。

1. 外设工作速度差异

外部设备的工作速度快慢差异很大。慢速设备如开关、继电器、机械传感器等，每秒钟提供数据较少；而高速设备如磁盘、CRT显示器等，每秒钟可传送成千上万的数据。面对速度差异如此之大的各类外部设备，CPU无法按固定的时序与它们以同步的方式协调工作。

2. 外设种类繁多

外部设备种类繁多，既有机械式的，又有机电式的，还有电子式的。不同种类的外部设备之间性能各异，对数据传送的要求也各不相同，无法按统一格式进行。

3. 外设的信号多种多样

外部设备的数据信号是多种多样的。既有电压信号，也有电流信号；既有高电平，也有低电平；既有数字形式，也有模拟形式。

4. 外设距离不同

外设的数据传送有近距离的，也有远距离的，因此有的使用并行数据传送，而有的则需要使用串行传送方式。

5. 多台外设的识别问题

通常CPU要面对很多外设，如何寻找所需的那一台？

由于以上原因，我们很难甚至无法要求CPU独立肩负起解决上述所有问题的重任，而是将这些必须解决的关键任务交给I/O接口来完成。于是，各种各样的、功能各异的接口电路芯片应运而生。它们如同CPU和外设之间的“纽带”和“桥梁”，使得CPU与外设之间的交流通畅自如。一个接口电路中可能包括多个端口，如图1-1(b)所示。例如保

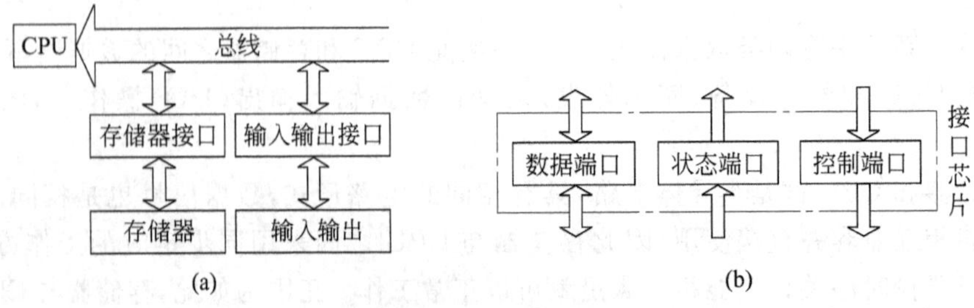

图1-1 接口关系

存数据的数据端口、保存状态的状态端口和保存控制信号的控制端口等。

在本课程中，教学的重点是接口芯片的使用方法、与 CPU 的接口、编程方法。

1.1.2 接口的 4 大基本功能

1. CPU 与外设传递信息的缓冲站

(1) 锁存器高速 CPU 的高速性体现在其向外界提供的数据在 DB 上只保留很短的时间(μs、ns 级别)。而慢速的 I/O 设备根本无法可靠地“抓”住信号并较长时间地保持信号。为此在接口电路中设置了锁存器，将瞬时出现的信号锁存起来，可靠地提供给 I/O 设备，如图 1-2 所示。

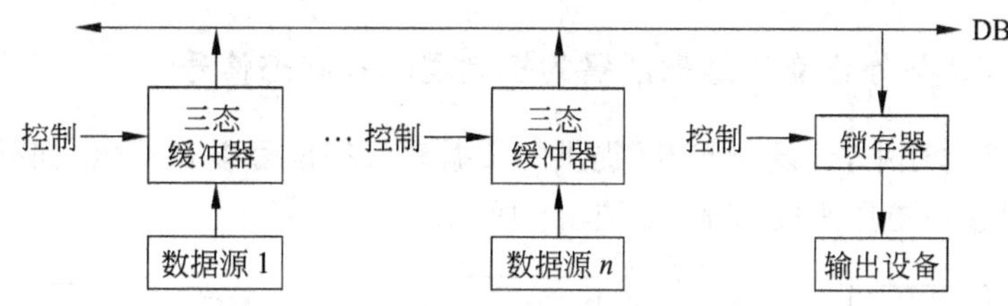

图 1-2 接口的数据缓冲功能

(2) 三态缓冲器。在计算机系统中，常常是多个数据源“挂”在同一 DB 上，CPU 在某一瞬间只能读某一数据源的数据，而其他“源”都不允许向 DB 提供数据。这就要求所有未被访问的数据源必须与 DB“脱钩”，用术语来说，叫“隔离”或“准连接状态”。

三态缓冲器的高阻态，正好用来隔离数据源和 DB。需要某个数据源时，加上对应的控制信号打开三态门，把数据放在 DB 上，CPU 快速“抓取”，然后关门；其他某个三态门打开，新的数据放在 DB 上……如图 1-2 所示。

(3) 接口的数据转换功能。CPU 只能以并行的方式输入输出电压数字信号，而 I/O 设备提供或需要的可能是其他种类的信号，这就要求接口芯片能具备 A/D、D/A、串/并、并/串以及电平转换等功能，如图 1-3 所示。

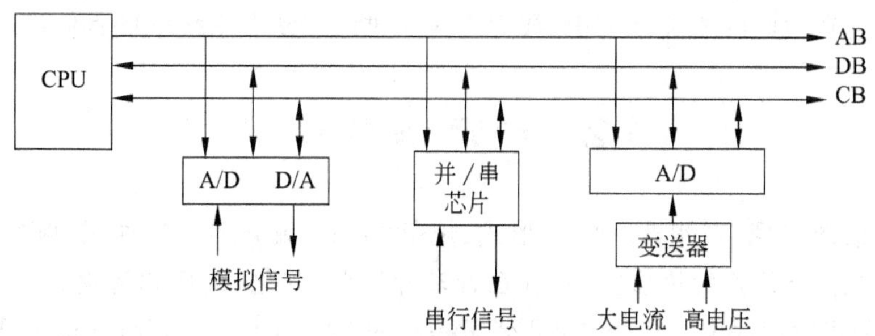

图 1-3 接口的数据转换功能

2. 多台外设的寻址

也就是多台外设的识别问题。微机系统一般带有多种外设，同一种外设也可能配备多台，一台外设也可能包含多个 I/O 端口。这就要借助接口中的地址译码电路对外设进行端口寻址，与存储器的片选、字选操作十分类似，如图 1-4 所示。

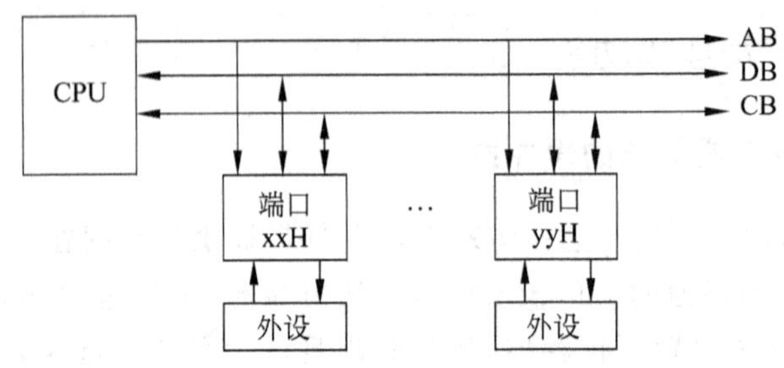

图 1-4 多台外设的寻址

3. 提供 CPU 与外设交换数据所需的控制逻辑和状态信号

在数据交换过程中，外设向 CPU 提供的数据和状态信号以及 CPU 向外设发出的控制信号，是通过接口电路来完成的，如图 1-5 所示。

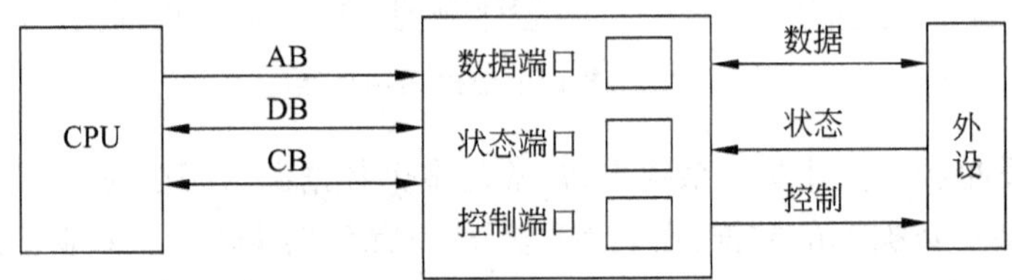

图 1-5 控制逻辑和状态信号

4. 中断管理

当外设需要及时得到 CPU 的服务，特别是在出现故障时，可在接口中设置中断控制器，为 CPU 处理有关的中断事务(如发出中断请求、进行中断优先级排队、提供中断向量等)。这样既实现微机系统对外界的实时响应，又使 CPU 与外设并行工作，提高了 CPU 的工作效率。在后面的相关章节中，我们将深入讨论中断在系统中的具体应用。

1.2 串行接口知识

串行通信的实现，在制式、种类、形式、规范、标准、编码、检错、纠错、帧结构、组网方式、调制方式、主要用途等许多方面，存在着多种类型、变化、选择和解决方案等问题。例如，Philips 公司发明的 I^2C 总线，Intel 公司提出的 SMBus 总线，Motorola 公司首先应用的 SPI 接口，美国 NSC 公司首先应用的 MicroWire 接口，美国 Dallas 公司(现在已经并入 MAXIM 公司)推出的 1-Wire 总线，美国电子工业协会推荐标准 RS-232、RS-422、RS-485 接口，Intel 等公司提出的 USB 总线，美国 Apple 等公司提出的 IEEE-1394 总线(俗称火线)，德国 Bosch 公司提出的 CAN 总线，现场总线基金会推出的 FF 总线，美国

Echelon、Motorola 和日本东芝公司联合开发的 LONWorks 总线，遵守欧洲现场总线协议 ENS 0170 的 ProfiBus 总线，美国 Rockwell 公司提出的 ControlNet 总线等，都是用来实现与串行通信功能相关的技术和规范。由于这么多串行通信的技术和规范在一本书中不可能全面论述，因此只能将常用的技术和规范加以介绍。下面主要讨论 USART、I^2C、SPI 等有关知识。

1.2.1 通用同步/异步收发器 USART

1. USART 模块简介

计算机与外界所进行的信息交换经常被人们称为数据通信（有时也简称通信）。通信的基本方式又可以分为并行通信和串行通信两种。

并行通信是指一次就可以同时传送一个数据字的传输方式（其中包含 8 位、16 位，甚至更多位的数据）。其优点是传输速度快，缺点是需要同时连接的线数多，尤其是在通信距离较长时，传输线的成本会大大增加。对于单片机而言，还需要占用多条宝贵的引脚资源。

串行通信是指将一个数据字逐位按顺序分时进行的传输方式。其缺点是传送速度较慢，假设并行传送 n 位数据所需要的时间是 T，那么串行传送同样数据的时间至少为 nT，实际工程上往往总是大于 nT，原因是时间上还会需要额外的开销；突出的优点就是仅仅需要数量很少的传输线，特别适合远距离传输。此外，对于单片机而言，串行通信的另一个重要优点就是需要占用的引脚资源较少。

单片机芯片内部常用两个类型不同的串行通信模块，即通用同步/异步收发器 USART（Universal Synchronous/Asynchronous Receiver/Transituitler）模块和主控同步串行端口 MSSP（Master Synchronous Serial Port）模块。前者的主要应用对象是系统之间的远距离串行通信（该项技术的应用历史比较久远），而后者的主要应用对象是系统内部近距离的串行扩展。

在讲 USART 模块之前，有必要预先介绍一些有关串行通信的基本概念和基础知识。

2. 串行通信的基本概念

在通信中，串行通信存在异步传送和同步传送两种基本方式。

(1) 异步传送方式

在线路上，异步传送的数据是以字符为单位来传送的（即面向字符）。其特点是数据在线路上传送时，各个字符可以是断续的，也可以是连续的，这完全由发送方根据需要来控制。另外，在异步传送时，起同步作用的时钟脉冲，并不传送到接收方，即收、发双方各自使用自己的时钟源来控制发送的速率和接收的检测（采样）时刻。为了克服数据传输时双方时钟的不一致性以及时钟偏差的累积而引起数据的接收错误，异步传送过程中采用了两项技术：一是通信双方在通信速率、每个字符的总长度上，必须作预先的约定；二是接收方需要采用字符的同步技术，即每接收一个字符都要进行一次起始位的识别和定位。

从物理线路的连接上看,进行异步通信的双方之间的连线,只有信息传输线,而没有时钟传输线。

由于字符的发送是随机进行的,因此对于接收方来说只是判断何时有字符送来与何时是一个新字符开始的问题。所以,在异步通信过程中,对于被传送的字符必须进行包装,必须预先规定一种双方认可的信息格式,即每个字符的信息格式由4部分组成:起始位、数据位串、奇偶校验位和停止位。这样,一组信息就称为一个数据帧(简称一帧),一帧信息的传送由起始位开始,停止位结束。

① 起始位:是一个逻辑0,占用一位的空间,用来通知接收方一个新的字符开始到来。线路上在不传送字符期间,线路电平应该一直保持为逻辑1。接收方不断地检测线路上的状态,如果连续检测到逻辑1之后,又检测到一个逻辑0,就断定开始发来一个新的字符,立刻准备接收数据。字符的起始位还被用来做同步接收方的时钟,以保障后面的接收能够按照正确的节奏和检测时刻进行。

② 数据位串:起始位后面紧接着就是多位数据,它可以是5位、6位、7位、8位或9位等。由于串行通信的速率与数据的位数有关,所以要根据实际需要来确定数据的位数,一般采用8位或9位者居多(尤其在单片机中更是如此)。另外,需要注意的是:在发送时,通常是数据的最低位在前,即紧挨起始位的是数据的最低位(Least Significant Bit,LSB),其最高位(Most Significant Bit,MSB)后面紧接奇偶校验位。

③ 奇偶校验位:只占一位,但是它不是必需的,可以规定不用奇偶校验位,或者将奇偶校验位替换为其他控制位。例如,用该位来确定这个字符所代表信息的性质(如地址、数据、命令或状态信息等)。该位的利用需要通信双方预先作好软件上的约定。

④ 停止位:用来表示一个字符的结束。它被规定为逻辑1,停止位可以是1位、1.5位或者2位,采用1位的情况较为多见。接收方收到停止位时,便得知一个字符接收完毕,同时为接收下一个字符作好准备,即只要再收到一位0,就是一个新的字符的起始位。如果停止位后面不是紧接着传送下一个字符,则让线路上保持逻辑1。

图1-6(a)描述的是字符连续发送的情况,即上一个字符的停止位紧接下一个字符的起始位。图1-6(b)描述的则是字符断续发送的情况,即上一个字符的停止位与下一个字

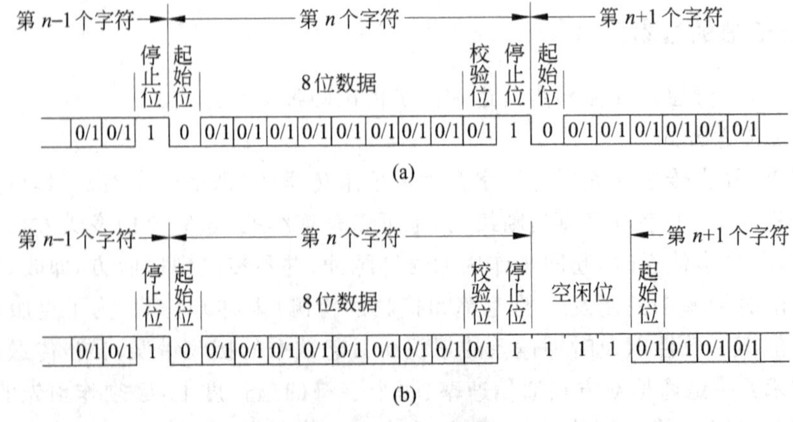

图1-6 异步通信的帧结构

符的起始位之间，有数量不定的空闲位，空闲位自然填充1，线路处于等待状态。

(2) 同步传送方式

在异步传送中，由于每一个字符都要用起始位和停止位作为字符的开始和结束标志位，因此增加了额外开销，占用了传输时间，降低了传送效率。不仅如此，还需要通信双方必须预先约定通信的信息格式、速率等内容。这样一来，既给通信双方的硬件增加了复杂程度，增添了制造成本，也给通信软件的设计增加了负担，而且还降低了处理器对于不同通信对象的适应性和灵活性。因此，在单片机与外围芯片之间的近距离通信中，同步传送方式(例如SPI、MicroWire、I^2C等)得到了广泛的应用。

从物理线路的连接上看，进行同步通信的双方之间的连线，不仅有信息传输线，而且也有时钟传输线。同步时钟由主控方负责提供。由此可见，同步传送方式比异步传送方式增加了双方之间的连接线路。但是通信的传输效率有所提高，可以不需要像异步通信那样必须把信息组织成包含起始位和停止位的帧结构。

3. 串行通信中数据传送方向

在同步或者异步串行通信过程中，通常通信的内容(即数据或字符)是在双方之间双向传送的，只有少数情况是只能单向传送的。

(1) 单工传送方式

单工(Simplex)通信系统中，一方只能发送信息，而另一方只能接收信息。例如，单片机以串行通信方式控制数/模转换器DAC、数字电位器、液晶显示器LCD或LED显示器，以及接收模/数转换器ADC、温度传感器及其他传感器信息等应用实例，就属于这种情况。通信双方之间只需要连接一条信道，该信道对于异步方式就只是一条信号线，而对于同步方式则是一条信号线和一条时钟线。

(2) 半双工传送方式

半双工(Half Duplex)通信系统中，在某一时刻，A方只能发送信息，B方只能接收信息；而在另一时刻，B方只能发送信息，A方只能接收信息。虽然双方都能够发送和接收信息，但是不能够同时进行。应用实例有：单片机以串行通信方式读出或者写入外部扩展RAM数据存储器、EEPROM存储器，以及单片机之间半双工通信等。通信双方之间也只需要连接一条信道，该信道对于异步方式就只是一条信号线，而对于同步方式则是一条信号线和一条时钟线。

(3) 全双工传送方式

全双工(Full Duplex)通信系统中，在同一时刻，A、B双方既能发送信息也能接收信息，也就是说，发送信息和接收信息在双方之间能够同时进行。应用实例有单片机之间进行全双工通信等。通信双方之间需要连接两条信道，这种信道对于异步方式就只是一条信号线，而对于同步方式则是一条信号线和一条时钟线(双向信道的时钟线往往合用一条即可)。

4. 串行通信中的控制方式

在一次通信的建立到结束的全过程中，总会有通信的一方处于主动地位，而另一方处于被动地位。处于主动地位的一方叫作主控器(或主器件或主机),处于被动地位的一方叫作被控器(或从器件或从机)。

(1) 主控器方式

主控器是一次通信的倡议者和通信过程中的控制者,控制着通信线路的使用权和分配权。此外,对于同步通信方式来讲,主控器还负责发送同步时钟。对于多机通信系统,由主控器负责发送地址码、寻址给将与之建立通信的被控器。

(2) 被控器方式

被控器是一次通信的响应者和通信过程中的受控者。此外,对于同步通信方式来讲,被控器接收主控器发送的同步时钟,以便与主控器保持同步,被控器既可以是发送器,也可以是接收器。对于多机通信系统,由被控器负责接收地址码,并与自身预先分配的地址码进行比较。

5. 串行通信中的码型、编码方式和帧结构

在串行通信的线路上传送的码型主要是不归零码(Non-Return Zero,NRZ)。NRZ码是一种占空比为100%的单极性码,如图1-7所示。它是比较基本、比较简单的码型。此外,用于通信的码型还有半占空单极性码、半占空双极性码、AMI码、HDB3码等,了解即可,不必深究。

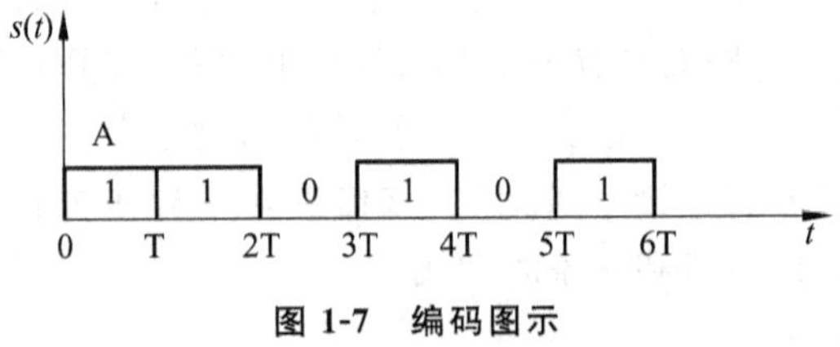

图1-7 编码图示

在计算机中,数据和字符都是以一定的编码来表示的。编码的种类很多,但是较常用的主要是ASCII码。关于串行异步通信的帧结构,在前面已经有过介绍。原则上讲,一帧中包含的数据位数可以是5位、6位、7位或8位等,一般采用8位或9位者比较常见。如图1-8所示,是几种典型的帧结构。其中:

(1) 图1-8(a)是10位帧结构。传送的是7位ASCII码和1位奇偶校验位,适用于电传打字机或ASCII码终端设备。

(2) 图1-8(b)是10位帧结构。传送的是8位数据,不带奇偶校验位。

(3) 图1-8(c)是11位帧结构。传送的是8位数据和1位奇偶校验位。

(4) 图1-8(d)是11位帧结构。传送的是8位数据,不带奇偶校验位,而带1位地址/数据识别码,以区别该帧是数据帧,还是地址帧。

(5) 图1-8(e)是11位帧结构。传送的是8位数据,不带奇偶校验位,而带1位标志位,以区别该帧是命令字,还是状态字等。

图1-8(b)~(e)适用于单片机通信系统。其中,图1-8(b)和图1-8(c)适合于"点对点"的单片机之间或者单片机与PC之间的通信;而图1-8(d)和图1-8(e)则适合于"一点对多点"的单片机之间或者单片机与PC之间的"多机通信方式"。

起始位	Bit0	Bit1	Bit2	Bit3	Bit4	Bit5	Bit6	校验位	停止位

(a)

起始位	Bit0	Bit1	Bit2	Bit3	Bit4	Bit5	Bit6	Bit7	停止位

(b)

起始位	Bit0	Bit1	Bit2	Bit3	Bit4	Bit5	Bit6	Bit7	校验位	停止位

(c)

起始位	Bit0	Bit1	Bit2	Bit3	Bit4	Bit5	Bit6	Bit7	地址/数据	停止位

(d)

起始位	Bit0	Bit1	Bit2	Bit3	Bit4	Bit5	Bit6	Bit7	标志位	停止位

(e)

图 1-8 几种帧结构

6. 串行通信中的检错和纠错方式

在数据通信中,如何保证数据传输的正确性是十分重要的,因此在数据传输过程中,常常伴随着数据校验措施。在单片机数据通信中,通常采用的校验方法有奇偶校验、累加和校验、循环冗余校验(Cyclic Redundancy Check,CRC)等。

(1) 奇偶校验

在 80C51 系列单片机中,提供了奇偶校验的硬件支持(当一个数据字节读入累加器 A 中时,该字节的奇偶性自动反映到程序状态字 PSW 的奇偶标志位 P 上),若没有硬件支持,需要利用软件来实现该功能。

当单片机通信采用 7 位的 ASCII 码时,奇偶校验位可以放在字节的最高位;如果采用 8 位数据格式,则需要一个第 9 位作为奇偶校验值。奇偶校验又可以细分为奇校验(包含校验位在内的数据字节中"1"的个数为奇数)和偶校验(包含校验位在内的数据字节中"1"的个数为偶数)两种情况。

(2) 累加和校验

如果传送一个数据块(即由多个数据字节组成的一个数据组群),其中有 n 个字节,在数据块传送之前,对 n 个字节进行累加运算,形成一个累加和字节(若有高位溢出,自然丢掉),把累加和附加在数据块的后面传送;接收方收到包含 n 个字节数据和一个字节累加和的数据块后,也按同样的方法对于 n 个字节数据进行累加,并且把两个累加和进行比较;如果不相同,表示数据块传送有误,可以通知发送方重新发送一次数据块。

累加和的"加"运算,既可以是算术加(按字节加),采用加法指令实现;也可以是逻辑加(按位加),采用异或操作指令实现。

(3) 循环冗余校验 CRC

奇偶校验和累加和校验虽然使用起来比较方便,但是,实现校验的有效性存在一定的限制。例如,对于奇偶校验,如果干扰持续时间较短,仅仅使得数据字节中的一位出现错误时,该校验方法还是有效的;而如果干扰持续较长,引起连续出错,导致数据字节中的 2 位、4 位、6 位或 8 位出现错误时,该校验方法将不再有效,也就不能检测出错误。虽然,累加和可以发现几个连续位的差错,但是不能检测出数据字节的顺序错误,因为数据字节交换顺序后累加和是不变的。循环冗余校验可以克服上述不足，因此在重要的数据存储和数据通信中，常常采用循环冗余校验方法。

循环冗余校验 CRC 的基本原理是：将一个数据块看作是一个很长的二进制数，例如将一个 64 字节的数据块，看作是一个 512 位的二进制数；然后，利用一个特定的数据去除它，将余数作为校验码，附加在数据块之后一起发送；接收方在接收到携带着校验码的数据块之后，对它们进行同样的运算，即可检测出数据块是否传送无误。

目前，循环冗余校验已经在数据存储、数据处理和数据通信中得到越来越广泛的应用，并在国际上形成了规范（例如，国际电报电话咨询委员会 CCITT 的标准是 CRC-CCITT），已经有不少现成的 CRC 软件算法以及专为 MCS-51 系列和 PIC 系列的单片机编写的程序。

（4）通信中的纠错

不管是采用哪一种校验方法，也只能是发现数据传输时发生的错误，在发现数据出错后只能通知发送方重发一遍来间接地实现“纠错”的目的。而实时性要求很强的通信过程中，例如现场采集的瞬息万变的信息，就无法实现信息的重发。因为，此刻信源的信息已经改变，无法找回上一时刻的信息。即使保留有信源样本，当差错频繁出现时，重发会占用很多的通信时间，而降低有效通信速率。在此情况之下，接收方就特别需要不仅能够检错，而且还能纠错的通信编码方式。

纠错码采用加大码距的办法来区别非法代码，其纠错原理建立在概率统计的理论基础之上。目前，常用的纠错码有汉明码、矩阵码、检二纠一码等。一般符合这样一个原则，纠错能力越强的编码方式，其需要附加的额外信息就越多，对有效通信速率降低的幅度就越大。下面就对“汉明码”的纠错原理进行简介。

汉明码是 1950 年由汉明（Hamming）提出的纠正单个错误的线性分组码。它具有性能好、编译码逻辑简单、易于工程实现等优点。因此，在实际通信系统中和差错控制系统中得到了广泛的应用。

在此只讨论使得 8 位信息（B7～B0）具有纠正单位错误能力的汉明码。为此，在发送端即将传送的 8 位有效信息的后面，附加 4 位校验码（C3～C0），构成总长度为 12 位的具有纠错功能的汉明码。其中校验码 C3～C0 的构造方法如下：

$$C3 = B7 \oplus B6 \oplus B5 \oplus B4$$
$$C2 = B7 \oplus B3 \oplus B2 \oplus B1$$
$$C1 = B6 \oplus B5 \oplus B3 \oplus B2 \oplus B0$$
$$C0 = B6 \oplus B4 \oplus B3 \oplus B1 \oplus B0$$

将信息位和校验位按下面的数据格式存放：

位序	Bit11	Bit10	Bit9	Bit8	Bit7	Bit6	Bit5	Bit4	Bit3	Bit2	Bit1	Bit0
编码	B7	B6	B5	B4	C3	B3	B2	B1	C2	B0	C1	C0

在接收端，收到数据时按以下方法构造校验因子 S3～S0（细心观察可以发现，下面 4 个表达式，是在上面 4 个表达式的基础之上添加最后一项得来的）：

$$S3 = B7 \oplus B6 \oplus B5 \oplus B4 \oplus C3$$

$$S2 = B7 \oplus B3 \oplus B2 \oplus B1 \oplus C2$$

$$S1 = B6 \oplus B5 \oplus B3 \oplus B2 \oplus B0 \oplus C1$$

$$S0 = B6 \oplus B4 \oplus B3 \oplus B1 \oplus B0 \oplus C0$$

通过这4位校验因子S3～S0,就可以指示出12位汉明码中任何一位误码的位置,如果要纠正这一误码,只需将该位取反即可。

7. 串行通信组网方式

计算机之间的通信、计算机与单片机之间的通信、单片机与单片机之间的通信或者单片机与外设器件之间的通信,都需要组织成一定的网络形式,例如总线型网、环型网、星型网、树型网等,如图1-9所示。

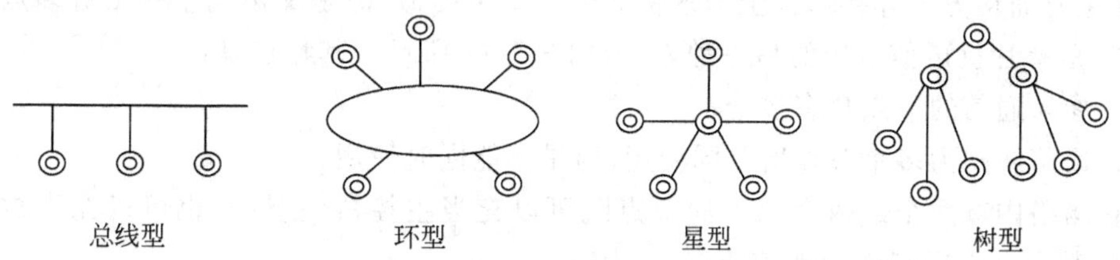

图1-9 常见的4种网络结构类型

一般总线型网络结构在单片机通信中用得较多。无论是哪种网络形式,都无外乎包含若干的节点和连线。节点就是参与通信的计算机、单片机、外设器件等,连线就是连接各个节点的通信线路。这里所说的"网"是一个广义的概念,其覆盖的范围可以是一块电路板上几个器件的互连,一台家用电器内部的电路,一辆汽车之内的多个单片机的互连,一个智能建筑之内的多台设备和装置的互连,一个智能小区之内的多台设备和装置的互连,甚至借助于电话网还可以将其延伸到一个地区、一个国家乃至世界各地。

以下主要针对单片机通信,简单介绍几种组网方式的特点。

(1) 点对点通信方式

点对点通信方式(即一对一的双机通信方式)是最简单、最易实现的方式之一。单工、半双工、全双工都是这种通信形式。其特点是:

① 参与通信的节点只有两个(一个节点为主控器,另一个节点为被控器);

② 两个节点之间的通信线路为这两个节点所专用;

③ 不存在主控器寻址选取哪一个被控器的问题;

④ 不存在争夺线路控制权的问题。

(2) 多机通信方式

多机通信方式(即一点对多点的单主机通信方式),是在单片机通信方面应用较多的一种方式,如图1-10所示。其特点是:

① 参与通信的节点数在两个以上;

② 通信线路为多个节点所共同使用,但是不能同时使用;

③ 系统内只有一个节点为主控器(主机),其余节点均为被控器(从机);

④ 主控器需要发送欲与之通信的被控器地址或者选通信号；

⑤ 被控器具备地址检测逻辑功能；

⑥ 主控器独自享有线路控制权，不存在争夺线路控制权的问题；

⑦ 一般通信只是在主机和从机之间进行，而从机之间不能直接建立通信。

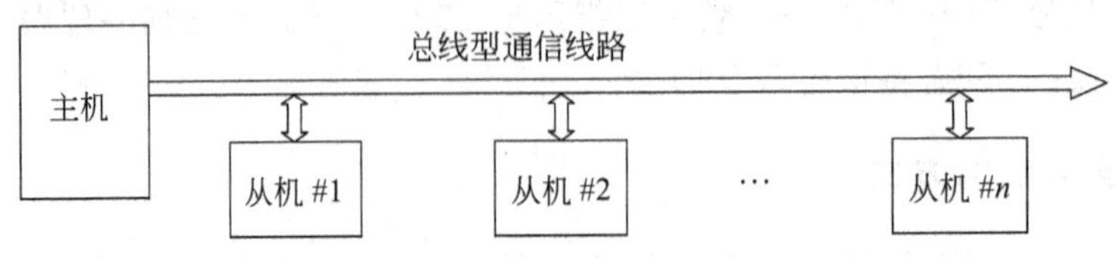

图 1-10　多机通信方式

(3) 多主机通信方式

多主机通信方式连接形式上与多机通信方式很类似，但是又不同于一点对多点的通信方式，是单片机通信应用的另一种方式，如图 1-11 所示。其特点是：

① 参与通信的节点数有多个；

② 通信线路为多个节点所共同使用，但是不能同时使用；

③ 网络内有两个或两个以上的节点既可以充当主控器(主机)，也可以充当被控器(从机)，其余节点固定作为被控器；

④ 在某一时刻只能有一个节点作为主控器，享有通信线路的控制权；

⑤ 主控器需要发送欲与之通信的被控器的地址或选通信号；

⑥ 被控器具备地址检测逻辑功能；

⑦ 存在争夺线路控制权的问题，主控器需要具备总线仲裁逻辑功能；

⑧ 通信可以在包含一个主控器的任意两个节点之间建立。

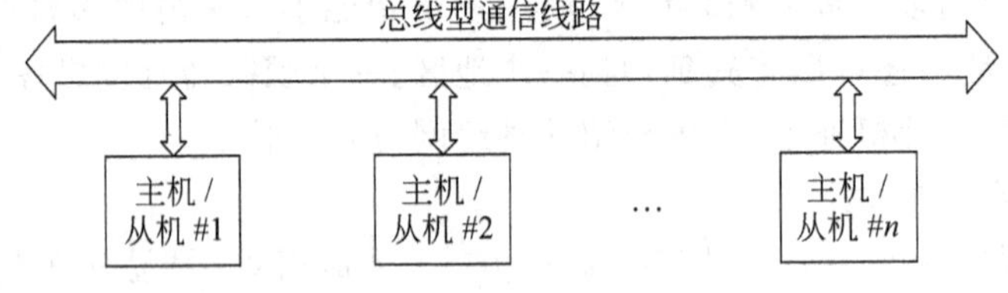

图 1-11　多主机通信方式

8. 串行通信接口电路和参数

在被广泛使用的微型个人计算机(PC)、调制/解调器(modem)、数字设备、通信设备、终端设备、计算机外围设备、仪器仪表设备、工业控制设备、游戏装置等各种设备上，大都配置有现成的串行通信接口(基本都是 RS-232C 接口)。如果使单片机与这些设备建立通信，就要用到与这些设备相互兼容的通信接口。

下面就以单片机与 PC 的通信接口为例。如果距离较远的话，为了使信号能够有效传输，中间还需要用到 modem，以便把信号转换为适合更长距离传输的形式，如图 1-12 所示。该图中描绘的 modem 之间的长途线路上传输的是频移键控信号(Frequency Shift Keying，FSK)，该信号利用两个音频正弦波分别代表逻辑“1”和“0”。

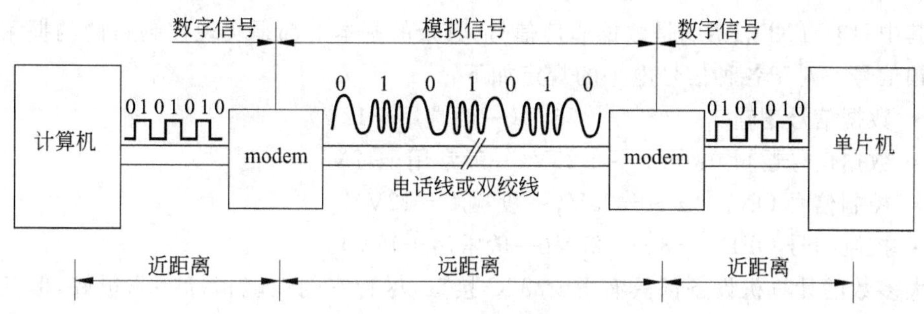

图 1-12 远程通信示意图

如果单片机与PC之间的通信距离较近,则可以不用modem而直接利用数字信号进行传输,可以得到如图1-13所示的示意图。但是,这里所说的数字信号并不是电压幅度不超过5V的TTL电平信号,而是RS-232C电平信号。其原因是,假如直接利用TTL电平进行传输,通信距离不会超过1～3m,而利用RS-232C电平进行传输,通信距离则可以扩展到15m左右。下面我们就来简单地介绍一下这种大量应用的接口电路RS-232C。

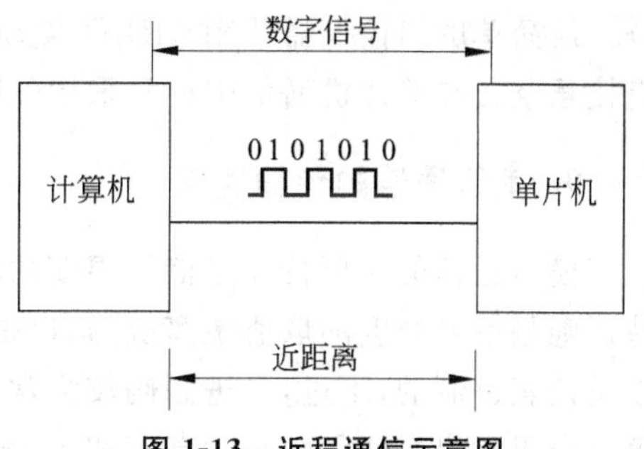

图 1-13 近程通信示意图

RS-232C接口的全称为EIARS-232C(其中EIARS意思是Electronics Industries Association Recommended Standard,美国电子工业协会推荐标准),实际上是串行通信接口的一种标准或规范。它采用25针的连接器DB-25或9针连接器DB-9,其每一条插针的信号功能都是标准的,对于各种信号的电平规定也是标准的,因而便于各种数字设备之间的兼容和互相连接。其基本的信号定义如表1-1所示。

表 1-1 RS-232C接口的信号定义

DB-25脚位	DB-9脚位	信号名称	方向	含 义
2	3	TXD	输出	数据发送端
3	2	RXD	输入	数据接收端
4	7	RTS	输出	请求发送(计算机请求发送数据)
5	8	CTS	输入	清除发送(modem准备接收数据)
6	6	DSR	输入	数据设备准备就绪
7	5	SG	—	信号地
8	1	DCD	输入	数据载波检测
20	4	DTR	输出	数据终端(计算机)准备就绪
22	9	RI	输入	响铃指示
1	—	—	—	保护地

其中只有 TXD、RXD 是数据通信信号，其余的基本上都是实现控制目的的握手信号或互锁信号。对于各种信号电平的规定如下：

- 数据信号逻辑 1：－3 ～－25 V(一般常用－12V)。
- 数据信号逻辑 0：＋3 ～＋25V(一般常用＋12V)。
- 控制信号 ON：－3～－25V(一般常用－12V)。
- 控制信号 OFF：＋3～＋25V(一般常用＋12V)。

大多数的计算机设备都具有 RS-232C 接口，尽管它的性能指标并非很好，但其在广泛的市场支持下依然长盛不衰。就使用而言，RS-232 也确实有其优势：仅需 3 根线(TXD、RXD 和 SG) 便可在两个数字设备之间全双工地传送数据。

这就是说，在通信过程之中，以上信号既可能全部被利用，也可以只利用其中一部分。最简单的通信仅需 TXD、RXD 及 SG 即可完成，其他的握手信号可以作适当处理或直接悬空。在单片机通信中经常采用的就是这种比较简单的连接方式。

9. 串行通信的传输速率

模拟通信的主要特征是信号幅度的取值是连续的，也是无限的。而数字通信的主要特征则是信号幅度的取值是离散的，也是有限的。数字信号的每一位编码(也叫码元)可以是任意进制的，不过，二进制码较为常见，如图 1-14 所示。图(a)描述的是二进制编码，每一个码元只有两种编码状态 0 和 1，信号幅度的取值也只有 0V 和 3V 两种；而图(b)描述的是四进制编码，每一个码元具有 4 个编码状态 0、1、2 和 3，信号幅度的取值则有－3V、－1V、＋1V 和＋3V 4 种，携带的信息量也比前者高出一倍。

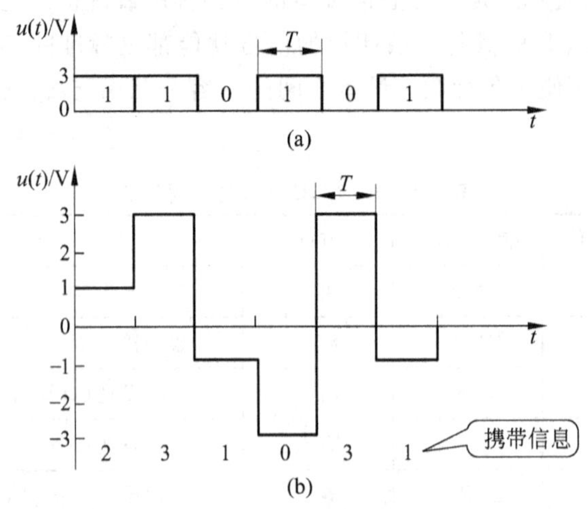

图 1-14 数字信号

在数字通信系统的主要性能指标中，衡量传输速率的指标一般有两个：信息传输速率和符号传输速率。

(1) 信息传输速率

信息传输速率(通常记作 R)指每秒传送的位数，单位是位/秒(bps)。

信道或线路上的传输速率通常是以每秒所传送的信息量多少来衡量的。信息论中定义信源发生信息量的度量单位是位(bit)。一个二进制码元所包含的信息量是一位,所以信息传输速率的单位是位/秒(bps)。例如,一条传输线路,每秒传输 2400 个二进制码元,它的信息传输速率就是 2400bps。

(2) 符号传输速率

符号传输速率(通常记作 N)指单位时间内传送的符号(即码元)个数,单位是波特(Baud)。这也就是俗称的"波特率"的概念。

这里的码元可以是二进制的,也可以是多进制的。在二进制通信系统中,符号传输速率 N 就等于信息传输速率 R;而对于多进制通信系统,两者是不相等的。例如,在四进制通信系统中,符号速率为 2400 波特,其信息速率则为 4800bps;如果符号速率保持不变,换成八进制编码,则信息速率就可以提高到 7200bps。

信息传输速率 R 和符号传输速率 N,两者关系是:

$$R=N\log_2 \mathrm{M}(\mathrm{bps})$$

其中,M 为符号编码的进制。

对于二进制编码,$M=2$,代入式中可得:$R=N$。虽然这是一种特例,但也是较常见的情况。

1.2.2 主控同步串行端口 MSSP——SPI 模式

MSSP 模块是主要用来和带串行接口的外围器件或其他带有同类接口的单片机进行通信的一种串行接口。这些外围器件可以是串行的 RAM、EEPROM、FLASH、LCD 显示驱动器、LED 显示驱动器、VF 荧光显示驱动器、移位寄存器、ADC、DAC、数字锁相环 PLL、日历时钟 RTC、数字电位器、多路模拟开关、键盘扫描转换器、IC 卡、串行/并行转换扩展接口、温度传感器、立体声音量/音调/衰减/均衡控制器、双音多频 DTMF 信号发生器、电能表芯片、FSK 调制解调器芯片、电话来电显示译码芯片,等等。

SPI 是由美国 Motorola 公司最先推出的一种同步串行传输规范,也是一种单片机外设芯片自行扩展接口。该公司在其生产的 MC68HC05 系列、MC68HC908 系列和 MC68HC11 系列单片机中都配置了 SPI 专用模块,并且还为此开发了种类繁多而且功能丰富的、具备或者兼容 SPI 接口的单片机外围器件。由于具备 SPI 接口的外围器件,具有引脚少、封装简便、造价低廉等突出优点,在市场上得到了迅速而广泛的普及(例如著名的 25XXX 系列 EEPROM 产品,微芯公司就生产此类芯片),因此,其他单片机制造商也相继开发了片内具备兼容 SPI 模块的单片机。

1. SPI 接口信号描述

SPI 接口可以用全双工方式同时发送和接收 8 位数据,它共使用了 4 条引脚。按 Motorola 公司标准的定义和命名方法,这 4 条引脚分别规定为:

(1) 主器件输入/从器件输出线(Master in Slave out,MISO)。在主器件中作为输入线,从器件中作为输出线。其作用是在一个方向上传送数据:先送高位(MSB),后送低位(LSB)。如果从器件没有被选中,则主器件的 MISO 线处于高阻状态。

（2）主器件输出/从器件输入线（Master out Slave in，MOSI）。在主器件中作为输出线，从器件中作为输入线。其作用也是在一个方向上传送数据：先送高位（MSB），后送低位（LSB）。

（3）同步串行时钟线（Serial Clock，SCK）。在主器件中作为输出线，从器件中作为输入线。SCK 时钟信号，用于主、从器件之间在 MISO 和 MOSI 线上传送数据时进行同步。在 8 个时钟周期之内，主、从器件之间完成一个字节信息的交换。SCK 定时信号由主器件负责产生和输出。

时钟脉冲的速率（即频率）、相位和空闲状态电平，都可以由用户软件选择确定。图 1-15 中描述了所有的 4 种定时关系。从该图可以看出：主器件和从器件必须在相同的时序中工作；SCK 信号在空闲期间，既可以停留在低电平上，也可以停留在高电平上；发送数据的一方总是在每个 SCK 时钟的前半个周期送出数据，接收数据的一方总是在每个 SCK 时钟周期的中心跳变沿上，采样数据输入端和锁存数据。

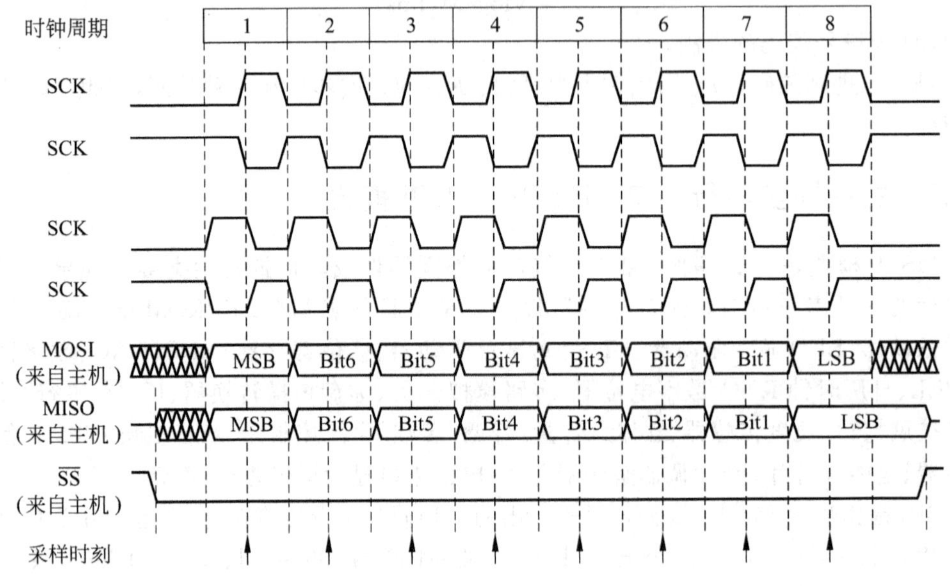

图 1-15　数据时钟时序图

（4）从机方式选择线（Slave Select，$\overline{SS}$）。对于工作于从器件模式的单片机，$\overline{SS}$输入线用作选通信号输入端，该引脚必须在传送数据之前被设置为低电平，并且在整个数据传送过程中保持为稳定的低电平；对于工作于主器件模式的单片机，$\overline{SS}$输入线必须接高电平。一个主机对接一个从机进行全双工通信的连接方法，如图 1-16 所示。

对于以上提到的几个名词再作一点补充解释：主器件一定是内部带有 CPU 的智能器件或单片机（所以称其为主机也可）；从器件既可以是内部带有 CPU 的智能器件（在这种情况下称其为从机更准确），也可以是简单的外设器件（在这种情况下称其为从器件更准确）。无论选用哪个称呼，只要不产生混淆均可。

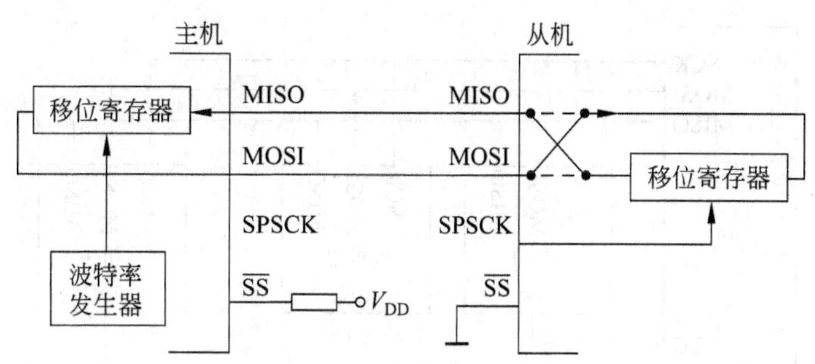

图 1-16 全双工的主机-从机连接方法

2. 基于 SPI 的系统构成方式

在图 1-16 中所示的是一个主机对接一个从机进行全双工通信的系统构成方式。在该系统中，由于主机和从机的角色是固定不变的，并且只有一个从机，因此，可以将主机的$\overline{SS}$端接高电平，将从机的$\overline{SS}$端固定接地。注意，具备 SPI 接口的 MC68HCXX 系列单片机，可以将同名端直接相连，原因是该系列单片机的 MISO 和 MOSI 两引脚之间，在片内设置了一个随主、从机模式切换的倒换开关电路，该开关电路受$\overline{SS}$端的控制。

由若干个具备 SPI 接口的单片机和若干片兼容 SPI 接口的外围芯片，还可以在软件的控制下构成多种简单的或者复杂的应用系统。例如：

(1) 一个主机和多个从器件的通信系统，如图 1-17 所示。各个从器件是单片机的外围扩展芯片，它们的片选端$\overline{CS}$分别独占单片机的一条通用 I/O 引脚，由单片机分时选通它们建立通信。这样省去了单片机在通信线路上发送地址码的麻烦，但是占用了单片机的引脚资源。当外设器件只有一个时，可以不必选通，而直接将$\overline{CS}$端接地即可。

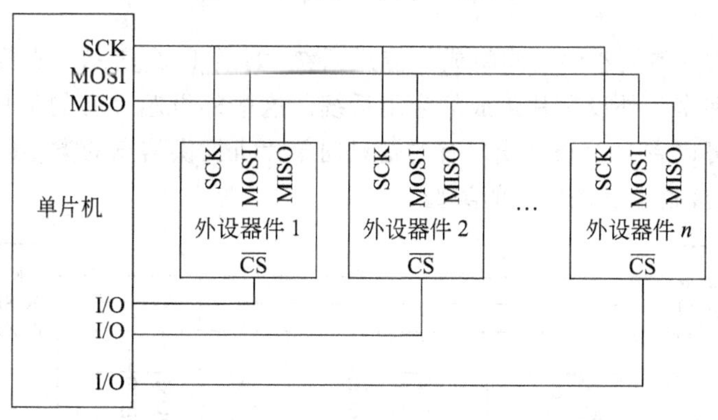

图 1-17 一个主机扩展多个外围器件

(2) 一个主机和多个从机的通信系统，如图 1-18 所示。各个从机的$\overline{SS}$端分别与一条单片机的 I/O 引脚相连，主机可以分时与从机建立全双工同步通信。

(3) 几个单片机互相连接构成多主机通信系统，如图 1-19 所示。描绘的是 3 个既可以当作主机，也可以当作从机的单片机组成的系统。

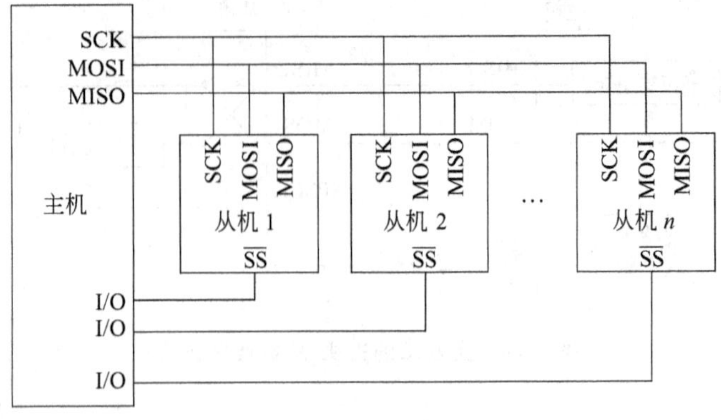

图 1-18　一个主机连接多个从机

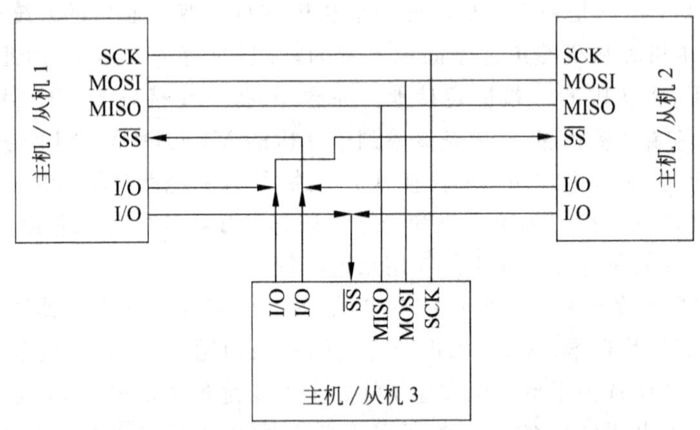

图 1-19　多主机系统连接方法

(4) 主机、从机和从器件共同组成的应用系统，如图 1-20 所示。它描绘的是由一个主机、一个从机和多片外设芯片组成的应用系统。这些外设芯片有的是只接收来自单片机信息的类型(可以省去 MISO 线)，有的是只向单片机提供信息的类型(可以省去 MOSI 线)，还有的是既接收也发送信息的类型。

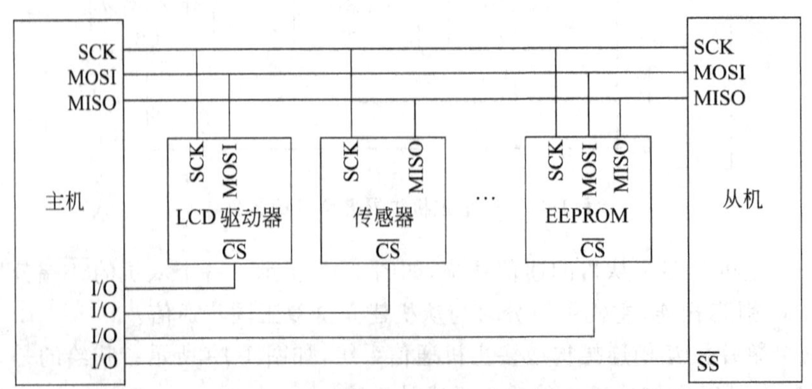

图 1-20　主机、从机和从器件互连

3. SPI 接口工作原理

SPI 工作原理示意图如图 1-21 所示。电路中包含 3 个主要组成部分：移位寄存器、发送缓冲器和接收缓冲器。其中，发送缓冲器与数据总线相连，可以由用户程序写入欲发送的数据，然后自动向移位寄存器装载数据；接收缓冲器也与数据总线相连，可以由用户程序读取接收到的数据；移位寄存器负责收发数据，有移入和移出两个端口，分别与收和发两条通信线路连接，与通信对端单片机的移位寄存器恰好构成一个"环型"结构。

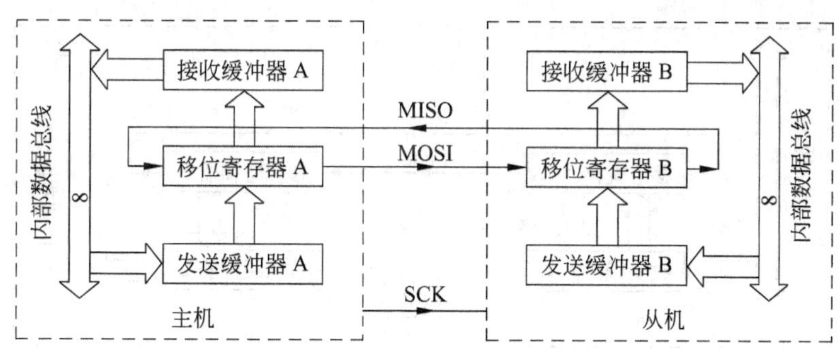

图 1-21 SPI 接口工作原理示意图

半双工通信的操作过程（以主机给从机发送数据为例）：

（1）主机 CPU 经过数据总线把欲发送数据写入发送缓冲器 A，该数据随即被自动装入移位寄存器 A 中。

（2）主机启动发送过程，送出时钟脉冲信号，有效数据从寄存器 A 中一位一位地移入寄存器 B 内（同时寄存器 A 中也被移入了一个无效数据，可以不理睬）。

（3）8 个时钟脉冲过后，时钟停顿，8 位数据全部移入寄存器 B 中，随即又被自动装入接收缓冲器 B，并且将接收缓冲器 B 满标志位置位。

（4）从机 CPU 检测到该标志位后，就可以读取接收缓冲器 B，完成一个字节的单向通信过程。

全双工通信的操作过程：

（1）主机把欲发送给从机的数据写入发送缓冲器 A，随即该数据被自动装入移位寄存器 A 中；同时，从机把欲发送给主机的数据写入发送缓冲器 B，随即该数据被自动装入移位寄存器 B 中。

（2）主机启动发送过程，送出时钟脉冲信号，寄存器 A 中的数据经过 MOSI 线一位一位地移入寄存器 B 内；同时，寄存器 B 中的数据经过 MISO 线一位一位地移入寄存器 A 内。

（3）8 个时钟脉冲过后，时钟停顿，寄存器 A 中的 8 位数据全部移入寄存器 B 中，随即又被自动装入接收缓冲器 B，并且将从机接收缓冲器 B 满标志位置位。同理，寄存器 B 中的 8 位数据全部移入寄存器 A 中，随即又被自动装入接收缓冲器 A，并且将主机接收缓冲器 A 满标志位置位。

（4）主机 CPU 检测到接收缓冲器 A 满标志位后，就可以读取接收缓冲器 A。同样，从机 CPU 检测到接收缓冲器 B 满标志位后，就可以读取接收缓冲器 B，完成一个字节的互换通信过程。

从以上操作过程的分析可以看出，即使是在进行全双工通信时，接收缓冲器和发送缓冲器也没有同时被占用。也就是说，在发送缓冲器被使用时，接收缓冲器处于空闲状态，而接收缓冲器忙的时候，发送缓冲器又空闲下来。因此，可以将两个缓冲器的功能合二为一，构成一个收发缓冲器，既简化电路又不会冲突。这样，图 1-21 所示的电路就可以简化为图 1-22 所描绘的精简结构。

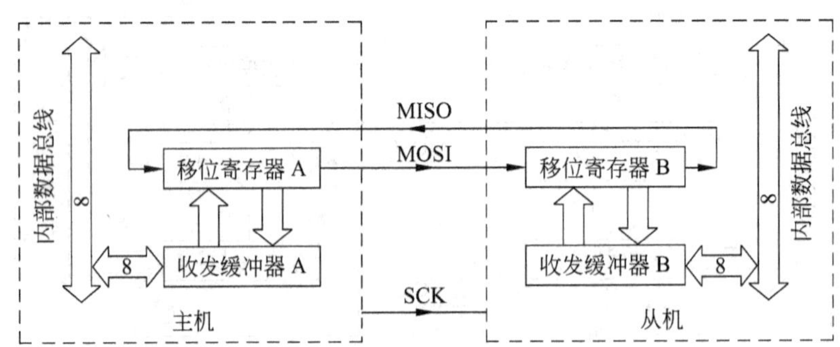

图 1-22　电路精简的 SPI 工作原理示意图

1.2.3　主控同步串行端口 MSSP——I²C 模式

I²C 总线是由 Philips 公司发明的一种高性能芯片间串行同步传输总线。与 SPI、MicroWire 接口不同，它仅仅需要两根信号线(串行数据线 SDA 和串行时钟线 SCL)，就实现了完善的全双工同步数据传送，并能够极其方便地构成多机系统和外围器件扩展系统。I²C 总线采用了器件地址的硬件设置方法，通过软件寻址完全避免了器件的片选线寻址的弊端，从而使硬件系统具备更简单、更灵活的扩展方法。

鉴于 I²C 总线的众多优越性，目前，以 Philips 公司为主的许多著名半导体制造公司纷纷研制出了大量的、种类繁多的(已经多达数百种型号)带有 I²C 总线硬件接口的单片机和通用外围器件，例如 RAM、EEPROM、NVRAM、I/O 口、ADC、DAC、日历时钟 RTC、LED 驱动器、LCD 驱动器、温度传感器等。另外，还开发了面向一些特殊应用系统中专用的、配套的 I²C 总线芯片，例如无线电、无绳电话机、移动手机、电视机、音响系统、家庭影院等系统中的双音多频(DTMF)拨号器、语音合成器、数字调谐器、编码器、解码器、图像处理器、频率合成器、音调控制器、立体声处理器，等等。因此，I²C 总线技术被越来越广泛地应用到各个领域。

1. 名词术语

I²C 总线规范是由 Philips 公司制定的。在该规范的描述文件中使用了一些技术术语、专业名词以及英文缩写，在本节的描述中我们将与 Philips 规范尽量保持一致。

I²C 总线应用系统的组网方式非常灵活。如图 1-23 所示，是一个具有双微控制器的 I²C 总线应用系统模型。

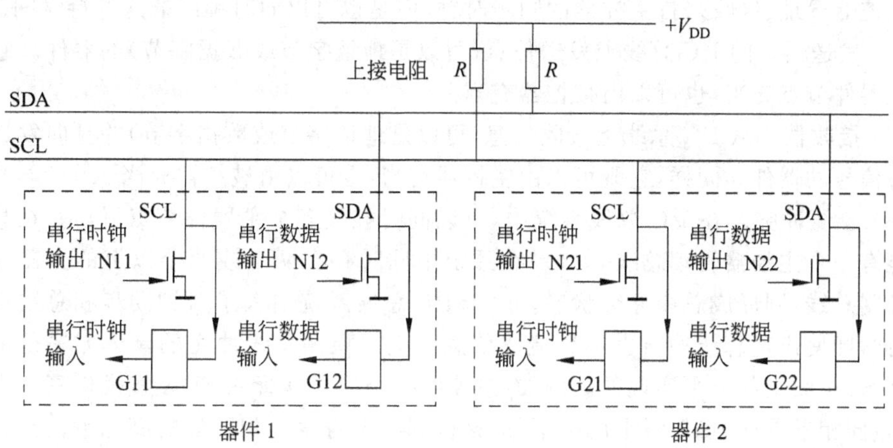

图 1-23 同相器

图 1-23 中每一个器件与 I^2C 总线的两条信号线 SDA 和 SCL 的接口电路，结构上是相同的，并且都是由一级输出驱动电路和一级输入缓冲电路复连在一起构成的。其中输出驱动电路是一只两极开路的 N 沟道场效应管，输入缓冲电路是一只高输入阻抗的同相器，如图 1-23 所示。这样，通过公共的外接上拉电阻 R，各个器件之间连接为"线与"逻辑关系，以便于实现时钟同步和总线仲裁机制。

"线与"逻辑关系，意味着 I^2C 总线上的信号波形不是由一个器件独立决定的，而是由挂接其上的所有器件的输出级(开漏管的工作状态)所共同决定的。以一条信号线 SCL 为例，当有任何一个器件输出低电平(即场效应管 N11 或 N21 饱和导通)时，SCL 线都会呈现低电平；只有当所有器件都输出高电平时，SCL 线才能够呈现高电平。

在描述 I^2C 总线系统的构成、操作原理、组网方式等内容时，都要用到许多专用术语和名词概念，在此进行统一说明。

(1) 器件节点。在 I^2C 总线系统中，以共同挂接的 I^2C 总线作为通信手段的每个器件(或组件)，均构成 I^2C 总线的一个器件节点(简称节点)。依据节点器件是否带有智能，可以将总线上的节点分为主器件节点和外围器件节点两种。

(2) 主器件节点。I^2C 总线系统中，可以对 I^2C 总线实施主动控制功能的、内部带有 CPU 的智能节点。例如 MCU、MPU 和 DSP 等，称为主器件节点。

(3) 外围器件节点。I^2C 总线系统中，没有能力对 I^2C 总线实施主动控制功能的、内部不带 CPU 的非智能节点，例如 ADC、DAC、RAM、EEPROM、RTC、LED 或 LCD 驱动器等，称为外围器件节点。

(4) 主控器。在 I^2C 总线系统工作过程中，当某一个主器件节点实施对总线的主动控制时，我们就把此时的这个主器件称作主控器。主控器只能由主器件节点胜任。在一次通信过程中，由主控器负责向总线上发送启动信号、同步时钟信号、被控器件地址码、重启动信号和停止信号等。

(5) 被控器。在 I^2C 总线系统工作过程中，被动受控的器件就称作被控器。被控器既可以由主器件节点充当，也可以由外围器件节点充当。在一次通信过程中，被控器总是被主控器寻址、接收来自主控器的同步时钟,但是也可以向时钟线插入等待时间。

(6) 发送器。向 I^2C 总线上发送信息(可以是地址字节或数据字节)的器件。它既可以由主器件节点充当,也可以由被控器充当。

(7) 接收器。从 I^2C 总线上接收信息(可以是地址字节或数据字节)并且向发送器反馈应答信号的器件。同样,它既可以由主控器充当,也可以由被控器充当。

(8) 总线冲突。在 I^2C 总线系统中,可以同时挂接多个主器件节点,但是,在某一时刻只能有一个主控器管理总线。如果在系统中同时存在两个或两个以上的主器件节点企图控制总线,则形成总线冲突状态。由于 I^2C 总线系统引入了时钟同步和总线仲裁机制,因此,即使出现总线冲突也不会造成信息丢失。检测总线冲突的具体方法是由主控器采样 SDA 线上的电平实现的。例如,主控器在经过开漏管向 SDA 线发送高电平的同时,经过同相器采样 SDA 线上的电平,应该得到与自身发送相匹配的高电平;否则,就表明还有其他主器件也在驱动 I^2C 总线。

(9) 总线仲裁。在发生总线冲突时,为了避免信息丢失,就需要对总线的控制权进行裁决。裁决的结果只能允许其中一个主器件成为主控器,接管总线或者继续占用总线。总线仲裁是通过裁定 SDA 线的控制权来解决的。

(10) 时钟同步。串行时钟信号线 SCL 上的时钟脉冲,虽然是由主控器发送并用于驱动被控器的,但是,被控器也并非只是听令。当被控器希望降低时钟速率或者插入等待时间时,可以通过将 SCL 线上的电平拉低,并且保持一定的时长来达到这一目的。这样一来,主控器也能够(在个别时候)接受被控器的时钟同步控制。实际上,时钟同步是由连接到 SCL 线上的所有器件进行“线与”实现的,只要有一个器件向 SCL 输出低电平,则 SCL 就是低电平,只有所有器件都向 SCL 输出高电平,SCL 才会呈现高电平。由此可见,SCL 线的低电平时间由时钟低电平期最长的器件决定,而 SCL 线的高电平时间由时钟高电平期最短的器件决定,这就形成了时钟的同步。

2. I^2C 总线的技术特点

自 1980 年 Philips 公司首创 I^2C 总线规范以来,该规范从此成为一种串行总线事实上的工业标准,被大量地用作系统内部的电路板级总线,并且有 50 余家公司被授权。该总线已经广泛应用于基于微控制器的消费和通信产品之中。

从发明至今,I^2C 总线的发展过程经历了 V1.0、V2.0 和 V2.1 几个版本。最初按 100Kbps 速率设计的 I^2C 总线被称作标准模式——S 模式,其目的是用于低速通信,例如,简单控制和状态信号检测等。1992 年它又推出了升级版本,其速率达到 400Kbps,被称作快速模式——P 模式。1999 年又推出了高速模式——Hs 模式,其速率高达 3.4Mbps,可以用于开发大容量高速度的串行 RAM、EEPROM 或 FLASH 存储器,以及速度不断增加的其他应用,例如,图像显示的 LCD 驱动器的串行传输,及高速效字 IC 与模拟器件之间的数据传输等。

I^2C 总线的串行通信过程与 SPI 或 USART 相比,无论是从硬件结构、组网方式、软件编制方法,都有很大的不同。了解这些特点,对于学习和应用 I^2C 总线技术是很有必要的。

(1) 二线制(串行数据线 SDA 和串行时钟线 SCL)。I²C 总线上的所有节点,包含主器件节点和外围器件节点,其同名端都分别挂接到两条信号线 SDA 和 SCL 上。

(2) I²C 总线上的所有节点,其 SDA 和 SCL 引脚的输出驱动级电路,都是一只集电极开路的三极管或漏极开路的场效应管,以便通过接有上拉电阻的 SDA 和 SCL 线,连接成“线与”逻辑关系。

(3) 采用的是互控通信方式且控制信号种类多。在一次通信过程中,通信双方频繁交换控制信息和状态信息。这些信息种类繁多,不仅包括常规的时钟、数据、地址,还包括启动信号、停止信号、重启动信号、方向信号、应答信号等。

(4) I²C 总线具备时钟同步机制。通过这一机制,很容易对挂接到同一 I²C 总线上工作速度不同的各个器件进行同步控制。

(5) 系统中所挂接的所有外围器件,一般拥有一个专用的 7 位从器件地址码,以供主控器来寻址识别。

(6) 系统中主控制器对其他任何节点的寻址,不再像 SPI 那样需要连接专用片选线的方法,而是采用纯软件的寻址方法,从而减少了连线数目,并且固定为 2 条。

(7) 所有具备 I²C 总线接口的外围器件,都具备自动应答功能,即产生应答信号的能力。

(8) 所有具备 I²C 总线接口的外围器件,若片内有多个单元地址(例如串行 EEPROM 存储器),在对若干个相邻单元的数据(亦称为数据串或数据块)进行连续访问时,具备地址自动加 1 的逻辑功能。这样,在通过 I²C 总线对某一器件读写多个字节时,很容易实现自动操作。

(9) 在 I²C 总线系统中,由于采用了时钟同步和总线仲裁机制,可以方便地构成多主机系统。各个主机之间没有优先次序之分,也无中心主机,任何一个主器件节点都可以作为整个系统的主控制器。多机竞争总线时,时钟同步和总线仲裁都由硬件自动完成。

(10) 挂接到 I²C 总线上的各个节点,可以使用各自独立的、电压值不同的电源供电,但是必须共地。I²C 总线上的各个节点可以热插拔,即可以在系统带电的状况下自由接入和拆除。

(11) 兼容 7 位寻址和 10 位寻址两种寻址模式。

(12) 具备广播式寻址能力,即利用一个通用地址码同时呼叫挂接到 I²C 总线上的所有被控器件。

(13) I²C 总线上允许同时挂接不同工作速率且具有 I²C 总线接口的器件。

(14) I²C 总线系统中除了可以挂接带有 I²C 总线硬件接口的单片机、外围器件外,还可以通过 I²C 总线并行扩展器(PCF8574)、I²C 总线/并行总线协议转换器(PCD8584)或者软件模拟方式,挂接不带 I²C 总线接口的单片机、微处理器或数字信号处理器。

(15) I²C 总线不仅可以广泛地用作电路板级总线,还可以通过 I²C 总线双向驱动器(82B715),进行不同系统之间的远程通信。

3. I²C 总线的基本工作原理

在 I²C 总线上进行数据传输的过程中,主控器和被控器总是扮演着两个相反的角色

(或工作在两个相反的状态),并且在同一次通信过程中一般不发生角色转换。

(1) 主控器为发送器(称主控发送器)—被控器为接收器(称被控接收器);

(2) 主控器为接收器(称主控接收器)—被控器为发送器(称被控发送器)。

如图 1-24 所示的是一次完整的通信过程的信号时序。在 I^2C 总线上进行的每一次通信过程都存在着这样一些规律:

(1) 都是由主控器主动发起的,并且是以发送启动信号 S 和停止信号 P 分别来掌管总线和释放总线;

(2) 每次通信过程都是以启动信号 S 开始,以停止信号 P 结束;

(3) 传送的数据字节数是没有限制的;

(4) 都是主控器在启动信号后面紧接着发送一个地址字节(其中包含 7 位被控器地址码和一位读写控制位 $R/\overline{W}$);

(5) 读写控制位 $R/\overline{W}$(或称作方向位)用于通知被控器数据传送的方向。"0"表示这次通信是由主控器向被控器"写"数据,"1"表示这次通信是主控器从被控器"读"数据;

(6) 每传送一个地址字节或数据字节,共需要 9 个时钟脉冲,其中第 1 个至第 8 个时钟脉冲对应的是由发送器向接收器发送的信息,而第 9 个脉冲对应的是由接收器向发送器反馈的一个应答位 ACK;

(7) 所有挂接到 I^2C 总线上的被控器件都接收启动信号后的地址字节,并且将接收到的 7 位地址码与自己的地址进行比较,如果相符即为主控器寻址的被控器,在第 9 个时钟脉冲期间反馈应答信号;

(8) 每个数据字节在传送时都是高位(MSB)在前。

假如,将图 1-24 看作是一次"主控器发送数据—被控器接收数据"的通信过程,那么从该图中可以看出,其操作步骤如下:

① 主控器在检测到总线空闲的状况之下,首先发送一个启动 S 信号时序;

② 接着发送一个地址字节(包含 7 位地址码和 1 位读写位 R/W);

③ 在被控器收到地址字节后反送一个应答位 ACK=0;

④ 在主控器收到该应答位后开始发送第一个数据字节;

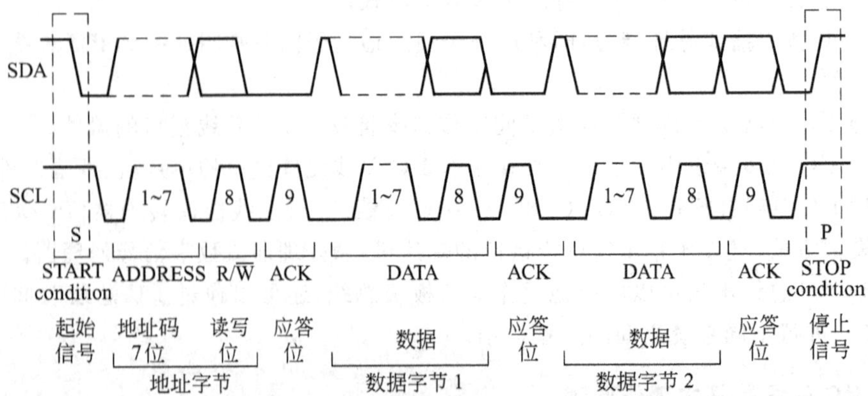

图 1-24 一次完整通信过程的 I^2C 总线信号时序

⑤ 被控器收到第一个数据字节后又反送一个应答位 ACK=0；

⑥ 在主控器收到应答位后开始发送第二个数据字节；

⑦ 被控器收到第二个数据字节后再反送一个应答位 ACK=0 或一个非应答位 NACK=1；

⑧ 在主控器将所需发送的全部数据(在此假设是两个字节)发送完毕之后，就发送一个 P 停止信号时序，结束整个通信过程，并且释放总线，使得总线返回空闲状态。

图 1-25 绘出了这次通信过程的示意图。

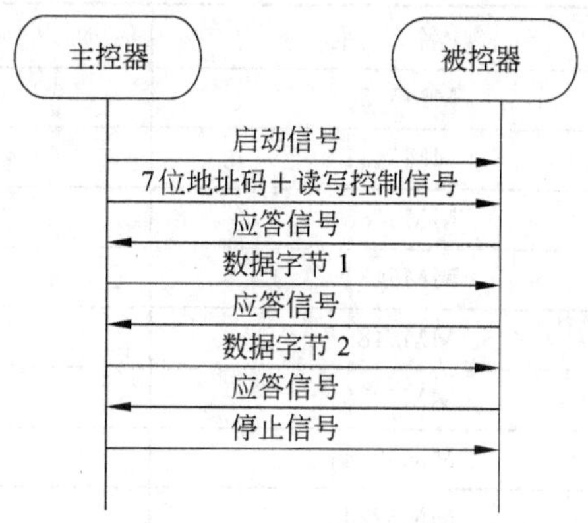

图 1-25　一次 I^2C 总线通信过程示意图

1.2.4　串行通信接口 MicroWire/Plus 总线

MicroWire/Plus 是 NS 公司研发的增强型外围器件串行扩展接口，该接口既可以用自己的时钟，也可以由外部输入时钟，因此，除了扩展外围器件外，系统中还可扩展多个单片机，构成多机系统。

MicroWire/Plus 总线是三线同步串行总线，由一根数据输出线(SO)、一根数据输入线(SI)和一根时钟线(SK)组成。

NS 公司为广大用户提供了一系列外围芯片，其主要产品如表 1-2 所示。

表 1-2　产品名单

名　　称	功　　能
模数转换器和比较器	
ADC0811	带多路开关 11 通道 8 位 A/D
ADC0819	带多路开关 19 通道 8 位 A/D
ADC0838	带多路开关 8 通道 8 位 A/D
ADC0832	带多路开关 2 通道 8 位 A/D
ADC0833	带多路开关 4 通道 8 位 A/D
ADC0834	带多路开关 4 通道 8 位 A/D
ADC0831	单通道 8 位 A/D
ADC0852	带 8 位除法器多路比较器
ADC0854	带 8 位除法器多路比较器
显示驱动器	
COP472-3	3×12 可扩展 LCD 显示驱动器
MM5450	35 输出 LED 显示驱动器

续表

名　称	功　能
MM5450	35 输出 LED 显示驱动器
MM5451	34 输出 LED 显示驱动器
MM5483	31 段 LCD 显示驱动器
MM5484	16 段 LCD 显示驱动器
MM5486	33 输出 LED 显示驱动器
MM58201	8 底板 24 段多重 LCD 显示驱动器
MM58241	32 高压输出显示驱动器
MM58242	20 高压输出显示驱动器
MM58248	35 高压输出显示驱动器
MM58341	32 高压输出显示驱动器
MM58342	20 高压输出显示驱动器
MM58348	35 高压输出显示驱动器
存储器	
NMC9306	16×16NMOS E^2PROM
NMC9313B	16×16NMOS E^2PROM
NMC9314B	64×16NMOS E^2PROM
NMC9346	64×16NMOS E^2PROM
NMC93C06	16×16CMOS E^2PROM
NMC93C46	64×16CMOS E^2PROM
NMC93CS06	带写保护 16×16CMOS E^2PROM
NMC93CS46	带写保护 64×16CMOS E^2PROM
NMC93CS56	带写保护 128×16CMOS E^2PROM
NMC93C56	128×16CMOS E^2PROM
NMC93CS66	带写保护 256×16CMOS E^2PROM
NMC93C66	256×16CMOS E^2PROM

此外，还有电信设备芯片、无线电和音像设备芯片。

习题与思考题

1.1　接口的主要作用是什么？

1.2　串行口的主要优、缺点是什么？

1.3　SPI 模式和 I^2C 模式有何区别？

第2章 chapter 2

中断接口扩展

在CPU与外设交换信息时，快速的CPU与慢速的外设间很难合拍。为解决这个问题，采用了中断技术。良好的中断系统能提高计算机实时处理的能力，实现CPU与外设分时操作和自动处理故障，从而扩大了计算机的应用范围。

2.1 中断系统

当CPU正在处理某项事务的时候，如果外界或内部发生了紧急事件，要求CPU暂停正在处理的工作转而去处理这个紧急事件，待处理完以后再回到原来被中断的地方，继续执行原来被中断了的程序，这样的过程称为中断。向CPU提出中断请求的源称为中断源。微型计算机一般允许有多个中断源，当几个中断源同时向CPU发出中断请求时，CPU应优先响应最需紧急处理的中断请求。为此，需要规定各个中断源的优先级，使CPU在多个中断源同时发出中断请求时能找到优先级最高的中断源，并响应它的中断请求。在优先级高的中断请求处理完了以后，再响应优先级低的中断请求。

当CPU正在处理一个优先级低的中断请求的时候，如果发生另一个优先级比它高的中断请求，CPU能暂停正在处理的中断源的处理程序，转去处理优先级高的中断请求，待处理完以后，再回到原来正在处理的低级中断程序。这种高级中断源能中断低级中断源的中断处理称为中断嵌套。

MCS-51系列单片机允许有5个中断源，提供两个中断优先级(能实现二级中断嵌套)。每一个中断源的优先级的高低都可以通过编程来设定。中断源的中断请求是否能得到响应，受中断允许寄存器IE的控制；各个中断源的优先级可以由中断优先级寄存器IP中的各位来确定；同一优先级中的各中断源同时请求中断时，由内部的查询逻辑来确定响应的次序。这些内容都将在本节中讨论。

2.1.1 中断请求源和中断请求标志

1. 中断请求源

MCS-51中断系统可用图2-1来表示。5个中断源是：

- $\overline{\text{INT0}}$来自 P3.2 引脚上的外部中断请求(外中断 0)。
- $\overline{\text{INT1}}$来自 P3.3 引脚上的外部中断请求(外中断 1)。
- T0 片内定时器/计数器 0 溢出(TF0)中断请求。
- T1 片内定时器/计数器 1 溢出(TF1)中断请求。
- 串行口片内串行口完成一帧发送或接收中断请求源 TI 或 RI。

每一个中断源都对应有一个中断请求标志位,它们设置在特殊功能寄存器 TCON 和 SCON 中。当这些中断源请求中断时,分别由 TCON 和 SCON 中的相应位来锁存。

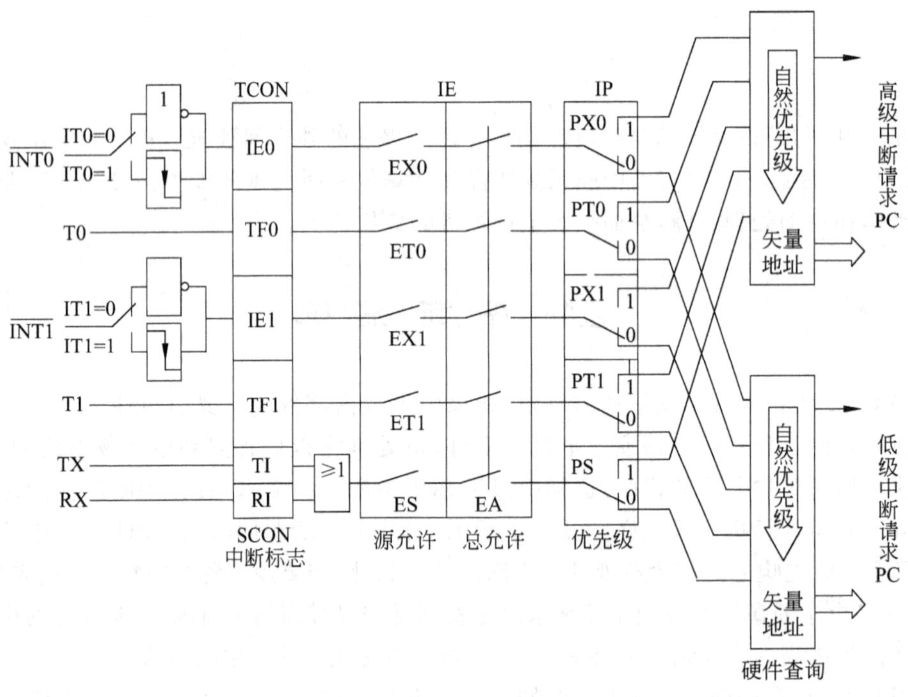

图 2-1　中断系统

2. 中断标志

(1) 定时器控制寄存器 TCON

TCON 是定时器/计数器 0 和 1(T0,T1)的控制寄存器,它同时也用来锁存 T0 或 T1 的溢出中断请求源和外部中断请求源。TCON 寄存器中与中断有关的位如下图所示。

D7	D6	D5	D4	D3	D2	D1	D0
TF1		TF0		IE1	IT1	IE0	IT0

其中:

① TF1: 定时器/计数器 1(T1)的溢出中断标志。当 T1 从初值开始加 1 计数到计数满,产生溢出时,由硬件使 TF1 置 1,直到 CPU 响应中断时由硬件复位。

② TF0: 定时器/计数器 0(T0)的溢出中断标志。其作用同 TF1。

③ IE1: 外部中断 1 中断请求标志。如果 IT1 为 1,则当外中断 1 引脚$\overline{\text{INT1}}$上的电

平由 1 变 0 时，IE1 由硬件置位，外中断 1 请求中断。在 CPU 响应该中断时由硬件清零。

④ IT1：外部中断 1($\overline{\text{INT1}}$)触发方式控制位。如果 IT1 为 1，则外部中断 1 为负边沿触发方式(CPU 在每个机器周期的 S_5P_2 采样$\overline{\text{INT1}}$脚的输入电平，如果在一个周期中采样到高电平，在下个周期中采样到低电平，则硬件使 IE1 置 1，并向 CPU 请求中断)；如果 IT1 为 0，则外部中断 1 为电平触发方式，此时外部中断是通过检测$\overline{\text{INT1}}$端的输入电平(低电平)来触发的。采用电平触发时，输入到$\overline{\text{INT1}}$的外部中断源必须保持低电平有效，直到该中断被响应，同时在中断返回前必须使电平变高，否则将会再次产生中断。

⑤ IE0：外部中断 0 中断请求标志。如果 IT0 置 1，则当$\overline{\text{INT0}}$上的电平由 1 变 0 时，IE0 由硬件置位。在 CPU 将控制转到中断服务程序时由硬件使 IE0 复位。

⑥ IT0：外部中断源 0 触发方式控制位。其作用同 IT1。

(2) 串行口控制寄存器 SCON

串行口控制寄存器 SCON 中的低 2 位用作串行口中断标志，如下图所示。

D7	D6	D5	D4	D3	D2	D1	D0
						TI	RI

其中：

RI：串行口接收中断标志。在串行口方式 0 中，每当接收到第 8 位数据时，由硬件置位 RI；在其他方式中，当接收到停止位的中间位置时置位 RI。注意，当 CPU 转入串行口中断服务程序入口时不复位 RI，必须由用户用软件来使 RI 清零。

TI：串行口发送中断标志。在方式 0 中，每当发送完 8 位数据时由硬件置位 TI；在其他方式中，当停止位开始时置位 TI，TI 也必须由软件来复位。

2.1.2 中断控制

1. 中断允许和禁止

在 MCS-51 中断系统中，中断允许或禁止是由片内的中断允许寄存器 IE(IE 为特殊功能寄存器)控制的，IE 中的各位功能如下：

D7	D6	D5	D4	D3	D2	D1	D0
EA			ES	ET1	EX1	ET0	EX0

其中：

EA：CPU 中断允许标志。EA＝0，CPU 禁止所有中断，即 CPU 屏蔽所有的中断请求；EA＝1，CPU 开放中断。但每个中断源的中断请求是允许还是被禁止，还需由各自的允许位确定(见 D4～D0 位说明)。

ES：串行口中断允许位。ES＝1，允许串行口中断；ES＝0，禁止串行口中断。

ET1：定时器/计数器 1(T1)的溢出中断允许位。ET1＝1，允许 T1 中断；ET1＝0，禁止 T1 中断。

EX1：外部中断 1 中断允许位。EX1＝1，允许外部中断 1 中断；EX1＝0，禁止外部中断 1 中断。

ET0：定时器/计数器0(T0)的溢出中断允许位。ET0=1,允许T0中断;ET0=0,禁止T0中断。

EX0：外部中断0中断允许位。EX0=1,允许外部中断0中断;EX0=0,禁止外部中断0中断。

中断允许寄存器中各相应位的状态,可根据要求用指令置位或清零,从而实现该中断源允许中断或禁止中断,复位时IE寄存器被清零。

2. 中断优先级控制

MCS-51中断系统提供两个中断优先级,对于每一个中断请求源都可以编程为高优先级中断源或低优先级中断源,以便实现二级中断嵌套。中断优先级是由片内的中断优先级寄存器IP(特殊功能寄存器)控制的。IP寄存器中各位的功能说明如下：

D7	D6	D5	D4	D3	D2	D1	D0
			PS	PT1	PX1	PT0	PX0

其中：

PS：串行口中断优先级控制位。PS=1,串行口定义为高优先级中断源;PS=0,串行口定义为低优先级中断源。

PT1：T1中断优先级控制位。PT1=1,定时器/计数器1定义为高优先级中断源;PT1=0,定时器/计数器1定义为低优先级中断源。

PX1：外部中断1中断优先级控制位。PX1=1,外部中断1定义为高优先级中断源;PX1=0,外部中断1定义为低优先级中断源。

PT0：定时器/计数器0(T0)中断优先级控制位。其功能同PT1。

PX0：外部中断0中断优先级控制位。其功能同PX1。

中断优先级控制寄存器IP中的各个控制位都可由编程来置位或复位(用位操作指令或字节操作指令),单片机复位后IP中各位均为0,各个中断源均为低优先级中断源。

3. 中断优先级结构

MCS-51中断系统具有两级优先级(由IP寄存器将各个中断源的优先级分为高优先级和低优先级),它们遵循下列两条基本规则：

(1) 低优先级中断源可被高优先级中断源所中断,而高优先级中断源不能被任何中断源所中断;

(2) 一种中断源(高优先级或低优先级)一旦得到响应,与它同级的中断源不能再中断它。

为了实现上述两条规则,中断系统内部包含两个不可寻址的优先级状态触发器。其中一个用来指示某个高优先级的中断源正在得到服务,并阻止所有其他中断的响应;另一个触发器则指出某低优先级的中断源正得到服务,所有同级的中断都被阻止,但不阻止高优先级中断源。

当同时收到几个同一优先级的中断时,响应哪一个中断源取决于内部查询顺序。其优先级排列如表 2-1 所示。

表 2-1 中断源的优先级排列

中 断 源	同级内的中断优先级
外部中断 0 定时器/计数器 0 溢出中断 外部中断 1 定时器/计数器 1 溢出中断 串行口中断	最高 ↓ 最低

2.1.3 中断响应

1. 中断响应过程

CPU 在每个机器周期的 S_5P_2 时刻采样中断标志，而在下一个机器周期对采样到的中断进行查询。如果在前一个机器周期的 S_5P_2 有中断标志，则在查询周期内便会查询到并按优先级高低进行中断处理，中断系统将控制程序转入相应的中断服务程序。下列 3 个条件中的任何一个都能封锁 CPU 对中断的响应：

(1) CPU 正在处理同级的或高一级的中断。

(2) 现行的机器周期不是当前所执行指令的最后一个机器周期。

(3) 当前正在执行的指令是返回(RETI)指令或是对 IE 或 IP 寄存器进行读写的指令。

上述 3 个条件中，第二条是保证将当前指令执行完，第 3 条是保证如果在当前执行的是 RETI 指令或是对 IE、IP 进行访问的指令时，必须至少在执行完一条指令之后才会响应中断。

中断查询在每个机器周期中重复执行，所查询到的状态为前一个机器周期的 S_5P_2 时采样到的中断标志。这里要注意的是，如果中断标志被置位，但因上述条件之一的原因而未被响应，或上述封锁条件已撤销，但中断标志位已不再存在(已不再是置位状态)时，被拖延的中断就不再被响应，CPU 将丢弃中断查询的结果。也就是说，CPU 将中断标志置位后，对未及时响应而转入中断服务程序的中断标志不作记忆。

CPU 响应中断时，先置相应的优先级激活触发器，封锁同级和低级的中断。然后根据中断源的类别，在硬件的控制下，程序转向相应的向量入口单元，执行中断服务程序。

硬件调用中断服务程序时，把程序计数器 PC 的内容压入堆栈(但不能自动保存程序状态字 PSW 的内容)，同时把被响应的中断服务程序的入口地址装入 PC 中。5 个中断源服务程序的入口地址如表 2-2 所示。

通常，在中断入口地址处安排一条跳转指令，以跳转到用户的服务程序入口。

中断服务程序的最后一条指令必须是中断返回指令 RETI。CPU 执行完这条指令后，将响应中断时所置位的优先级激活触发器清零，然后从堆栈中弹出两个字节内容(断点地址)装入程序计数器 PC 中，CPU 就从原来被中断处重新执行被中断的程序。

表 2-2　5 个中断源服务程序的入口地址

中 断 源	入口地址	中 断 源	入口地址
外部中断 0	0003H	定时器 1 溢出	001BH
定时器 0 溢出	000BH	串行口中断	0023H
外部中断 1	0013H		

2. 中断响应时间

外部中断$\overline{INT0}$和$\overline{INT1}$的电平在每个机器周期的 S_5P_2 时被采样并锁存到 IE0 和 IE1 中，这个置入到 IE0 和 IE1 的状态在下一个机器周期才被查询电路查询。如果产生了一个中断请求，而且满足响应的条件，CPU 响应中断，由硬件生成一条调用指令转到相应的服务程序入口，这条指令是双机器周期指令。因此，从中断请求有效到执行中断服务程序的第一条指令的时间间隔至少需要 3 个完整的机器周期。

如果中断请求被前面所述的 3 个条件之一所封锁，将需要更长的响应时间。若一个同级的或高优先级的中断已经在进行，则延长的等待时间显然取决于正在处理的中断服务程序的长度。如果正在执行的一条指令还没有进行到最后一个周期，则所延长的等待时间不会超过 3 个机器周期，这是因为 MCS-51 指令系统中最长的指令也只有 4 个机器周期。

因此，在系统只有一个中断源的情况下，响应时间总是在 3 个机器周期到 8 个机器周期之间。

2.1.4 外部中断触发方式

MCS-51 的外部中断$\overline{INTx}$($\overline{INT0}$和$\overline{INT1}$)可以用程序控制为电平触发或负边沿触发(通过编程对定时器/计数器控制寄存器 TCON 中的 IT0 和 IT1 位进行清“0”或置“1”)。

若 ITX(X=0,1)为 0，则外部中断$\overline{INTx}$程控为电平触发，由$\overline{INTx}$引脚上所检测到的低电平(必须保持到 CPU 响应该中断时为止，并且还应在中断返回前变为高电平)触发。

若 ITX=1，则外部中断$\overline{INTx}$由负边沿触发。即在相继的两个机器周期中，前一个周期从$\overline{INTx}$引脚上检测到高电平，而在后一个周期检测到低电平，则置位 TCON 寄存器中的中断请求标志 IEX(IE0 或 IE1)，由 IEX 发出中断请求。

由于外部中断引脚在每个机器周期内被采样一次，所以中断引脚上的电平应至少保持 12 个振荡周期，以保证电平信号能被采样到。对于负边沿触发方式的外部中断，要求输入的负脉冲宽度至少保持 12 个振荡周期(若晶振频率为 6MHz，则宽度为 2μs)，以确保检测到引脚上的电平跳变，而使中断请求标志 IEX 置位。

对于电平触发的外部中断源，要求在中断返回前撤销中断请求(使引脚上的电平变高)是为了避免在中断返回后又再次响应该中断而出错。电平触发方式适用于外部中断输入为低电平，而且能在中断服务程序中撤销外部中断请求源的情况。

(1) 电平触发即 8051 每执行完一个指令都将$\overline{INTx}$的信号读入 IEX($\overline{INTx}$=0,

IEX=1；$\overline{INTx}$=1，IEX=0)，因此 IEX 的中断请求信号随着$\overline{INTx}$的变化而变化。如果送至$\overline{INTx}$的中断请求信号，8051 未能及时检测到，而$\overline{INTx}$的信号在产生变化时，IEX 的信号也发生变化，这样就会漏掉$\overline{INTx}$的中断请求。

(2) 负边沿触发即只要检测到送至$\overline{INTx}$上的信号由 1 变成 0 时，中断请求标志位 IEX 就被设定为 1，并且一直维持着 1，直到此中断请求被结束为止，且必须用软件来清除 IEX。

2.1.5 多个外部中断源系统设计

MCS-51 有两个外部中断源$\overline{INT0}$和$\overline{INT1}$，但在实际的应用系统中，外部中断请求源往往比较多。下面讨论两种多中断源系统的设计方法。

1. 定时器中断作为外部中断使用

将 MCS-51 的两个定时器/计数器(T0 和 T1)选择为计数器方式，每当 P3.4(T0)或 P3.5(T1)引脚上发生负跳变时，T0 和 T1 的计数器加 1。利用这个特性，可以将 P3.4 和 P3.5 引脚作为外部中断请求输入线，而将定时器的溢出中断作为外部中断请求标志。应用如例 2.1 所示。

例 2.1 设 T0 为方式 2(自动装入常数)外部计数方式，时间常数为 0FFH，允许中断，且 CPU 开放中断。其初始化程序为：

```
{
    TMOD=0x06; /* 数 00000110B 送方式寄存器 TMOD。设 T0 为方式 2，计数器方式工作；*/
    TH0=0xff;  /* 时间常数 0FFH 送 T0 的低 8 位 TL0 和高 8 位 TH0 寄存器。*/
    TL0=0xff;
    TR0=1;     /* 置 TR0 为 1，启动 T0 */
    IE=0x82;   /* 置中断允许，即置中断允许寄存器 IE 中的 EA 位，ET0 位为 1 */
}
```

当接在 P3.4 引脚上的外部中断请求输入线发生负跳变时，TL0 加 1 溢出，TF0 被置"1"并向 CPU 发出中断请求。同时 TH0 的内容自动送入 TL0，使 TL0 恢复初始值 0FFH。这样，每当 P3.4 引脚上有一次负跳变时都置"1"于 TF0，再向 CPU 发中断请求，P3.4 引脚就相当于边沿触发的外部中断请求源输入线。

同理，也可以把 P3.5 引脚作类似的处理。

2. 中断和查询结合的方式

这种方法是将系统中多个外部中断源按它们的重要程度进行排队，并将其中最高级别的中断源接到 MCS-51 的一个外部中断源输入端(例如接到$\overline{INT0}$脚)，其余的中断源用"线或"的方法连接到另一个外部中断输入端($\overline{INT1}$)，同时还接到一个 I/O 口，如图 2-2 所示的接到 P1 口。中断请求由硬件电路产生，而中断源的识别由程序查询来处理，查询顺序由中断源的优先级决定。图 2-2 为 5 个外部中断源的连接电路，其中设备 1～4 经 OC 门与$\overline{INT1}$连接，并连接到 P1.0～P1.3，均采用电平触发方式。设备 0 为最高级中断源,单独作为外部中断 0 的输入信号。

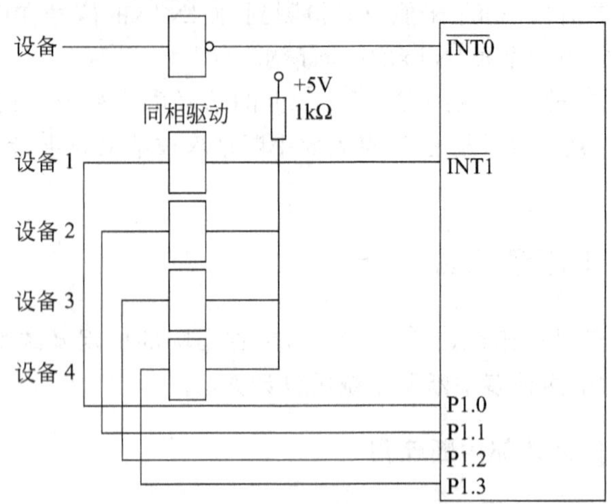

图 2-2　多个外部中断源系统设计

外部中断 1 的中断服务程序如下：

```
void intr() interrupt 2 using 0
{
    if P10=0 {goto DVT1};    /* P1.0 引脚为 0,转至设备 1 中断服务程序 */
    if P11=0 {goto DVT2};    /* P1.1 引脚为 0,转至设备 2 中断服务程序 */
    if P12=0 {goto DVT3};    /* P1.2 引脚为 0,转至设备 3 中断服务程序 */
    if P13=0 {goto DVT4};    /* P1.3 引脚为 0,转至设备 4 中断服务程序 */
    goto intr1;
DVT1:                        /* 设备 1 中断服务程序入口 */
    goto intr1;
DVT2:                        /* 设备 2 中断服务程序入口 */
    goto intr1;
DVT3:                        /* 设备 3 中断服务程序入口 */
    goto intr1;
DVT4:                        /* 设备 4 中断服务程序入口 */
    goto intr1;
intr1:  _nop()_;
}
```

2.1.6　MCS-51 对中断请求的撤除

在中断请求被响应前,中断源发出的中断请求是由 CPU 锁存在特殊功能寄存器 TCON 和 SCON 的相应中断标志位中的。一旦某个中断请求得到响应,CPU 必须将它的相应中断标志位复位成“0”状态。否则,MCS-51 就会因为中断标志位未能得到及时撤除而重复响应同一中断请求,这是绝对不能容许的。

8031、8051 和 8751 有 5 个中断源,但实际划分属于 3 种中断类型。这 3 种类型是外部中断、定时器溢出中断和串行口中断。对于这3种中断类型的中断请求,其撤除方法是不相同的。现对它们分述如下：

1. 定时器溢出中断请求的撤除

TF0和TF1是定时器溢出中断标志位(见TCON),它们因定时器溢出中断源的中断请求的输入而置位,因定时器溢出中断得到响应而自动复位成"0"状态。因此,定时器溢出中断源的中断请求是自动撤除的,用户根本不必专门为它们撤除。

2. 串行口中断请求的撤除

TI和RI是串行口中断的标志位(见SCON),中断系统不能自动将它们撤除,这是因为MCS-51进入串行口中断服务程序后常需要对它们进行检测,以测定串行口发生了接收中断还是发送中断。为防止CPU再次响应这类中断,用户应在中断服务程序的适当位置通过如下指令将它们撤除：

```
TI=0    /*撤除发送中断*/
RI=0    /*撤除接收中断*/
```

若采用字节型指令(因SCON的字节地址为0x98),则也可采用如下指令：

```
0x98&&0xFC   /*撤除发送和接收中断*/
```

3. 外部中断请求的撤除

外部中断请求有两种触发方式：电平触发和负边沿触发。对于这两种不同的中断触发方式,MCS-51撤除它们的中断请求的方法是不相同的。

在负边沿触发方式下,外部中断标志IE0或IE1是依靠CPU两次检测$\overline{\text{INT0}}$或$\overline{\text{INT1}}$上的触发电平状态而置位的。因此,芯片设计者使CPU在响应中断时自动复位IE0或IE1就可撤除$\overline{\text{INT0}}$或$\overline{\text{INT1}}$上的中断请求,因为外部中断源在得到CPU的中断服务时是不可能再在$\overline{\text{INT0}}$或$\overline{\text{INT1}}$上产生负边沿而使中断标志位IE0或IE1置位的。

在电平触发方式下,外部中断标志IE0或IE1是依靠CPU检测$\overline{\text{INT0}}$或$\overline{\text{INT1}}$上的低电平而置位的。尽管CPU响应中断时相应中断标志IE0或IE1能自动复位成"0"状态,但若外部中断源不能及时撤除它在$\overline{\text{INT0}}$或$\overline{\text{INT1}}$上的低电平,就会再次使已经变为"0"的中断标志IE0或IE1置位,这是绝对不能允许的。因此,电平触发型外部请求的撤除必须使$\overline{\text{INT0}}$或$\overline{\text{INT1}}$上的低电平随着其中断被CPU响应而变成高电平。一种可供采用的电平型外部中断的撤除电路如图2-3所示。由图可见,当外部中断源产生中断请求时,Q触发器复位成"0"状态,Q端的低电平被送到$\overline{\text{INT0}}$端,该低电平被8031检测到后就使中断标志IE0置1。8031响应$\overline{\text{INT0}}$上的中断请求便可转入$\overline{\text{INT0}}$中断服务程序执行,因此,可以在中断服务程序开头安排如下程序来撤除$\overline{\text{INT0}}$上的低电平。

```
INSVR:P1&&0xFE
      P1||0x01
```

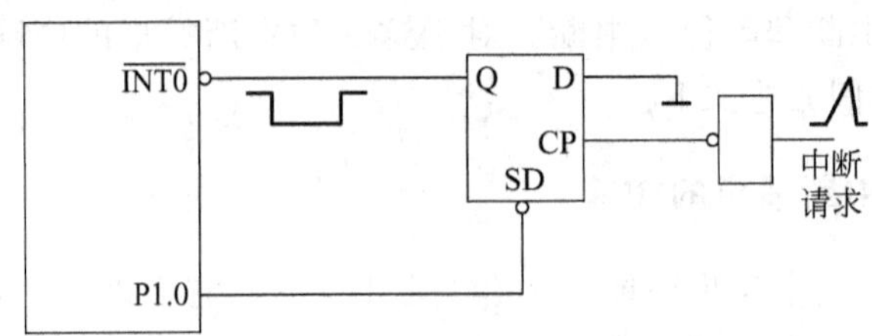

图 2-3 电平外部中断的撤除电路

```
IE0=0
...
```

8031 执行上述程序就可在 P1.0 上产生一个宽度为两个机器周期的负脉冲。在该负脉冲的作用下，Q 触发器被置位成“1”状态，$\overline{\text{INT0}}$上的电平也因此而变高，从而撤除了其上的中断请求。

2.1.7 MCS-51 中断系统的初始化

MCS-51 中断系统功能，是可以通过上述特殊功能寄存器统一管理的。中断系统初始化是指用户对这些特殊功能寄存器中的各控制位进行赋值。

1. 中断系统初始化

中断系统初始化步骤如下：

(1) 开相应中断源的中断。

(2) 设定所用中断源的中断优先级。

(3) 若为外部中断，则应规定低电平还是负边沿的中断触发方式。

例 2.2 写出 $\overline{\text{INT1}}$为低电平触发的中断系统初始化程序。

解：① 采用位操作指令

```
EA=1
EX1=1        /* 开 INT1中断 */
PX1=1        /* 令 INT1为高优先级 */
IT1=1        /* 令 INT1为电平触发 */
```

② 采用字节型指令

```
IE=0x84      /* 开 INT1中断 */
IP=0x04      /* 令 INT1为高优先级 */
TCON=0xFB    /* 令 INT1为电平触发 */
```

显然，采用位操作指令进行中断系统初始化是比较简单的，因为用户不必记住各控制位寄存器中的确切位置，而各控制位的名称是比较容易记忆的。

2. 外部中断设定的步骤

(1) $\overline{\text{INT0}}$($\overline{\text{INT1}}$)外部中断的起始地址，C 程序自动安排。

(2) 中断时跳至中断子程序的标号处。

(3)

```
IE=0x81        /* INT0中断使能 */
IE=0x84        /* INT1中断使能 */
```

(4)

```
IP=0x01        /* INT0中断优先 */
IP=0x04        /* INT1中断优先 */
```

(5)

```
TCON=0x00      /*设定 INT0为电平触发 */
TCON=0x01      /*设定 INT0为负边沿触发 */
TCON=0x00      /*设定 INT1为电平触发 */
TCON=0x04      /*设定 INT1为负边沿触发 */
```

2.1.8 应用举例

当计数溢出时会设定 TFX=1,而对 8051 提出中断请求。TIMER0 或 TIMER1 中断请求设定的步骤如下:

(1) 设定中断起始地址

(2) 设定工作方式

```
TMOD=0xxx
```

(3) 设定计数值

```
THn=0xxx
TLn=0xxx
```

(4) 设定中断使能

```
IE=0x8x
```

为了更好地理解中断的全过程,可在全软件仿真中调试如下程序,调试时打开硬件 P1、P3 口仿真图,置 P3.2 为低电平时,才能进入中断服务程序。

下面是用中断控制接于 P1 端口上的 8 个指示灯移位程序,中断一次指示灯移动一位。若 P3.2 端口线电平不变低,程序就不向下执行。程序代码如下:

```
#include <reg51.h>
#define uchar unsigned char
#define uint unsigned int
uchar temp;
void main ()
{
 IE=0x81;
 IT0=1;
 EX0=1;
```

```
    EA=1;
    temp=0x01;
    loop:
    goto loop;
}
/* 中断服务子程序 */
void wint() interrupt 0 using 0
{
    P1=temp;
    temp=temp<<1;
}
```

2.2 中断控制器 8259A

8259A(以下简称 8259)是 Intel 公司生产的一种可编程中断控制器(Interrupt Controller),可以配合 Intel 8086/8088 和 Intel 8080/8085(也可用于 MCS-51)来扩展外部中断源个数。一片 8259 有 8 级优先级控制能力;九片 8259 级联可以组成 64 级中断优先级管理系统,使 CPU 的外部中断源扩展到 64 个。8259 中断控制器功能极强,可以为用户提供矢量和查票两种中断结构。

2.2.1 8259 内部结构

8259 内部结构如图 2-4 所示。由图可见,8259 由数据总线缓冲器、读写逻辑、控制逻辑、级联缓冲/比较器、中断请求寄存器 IRR、中断屏蔽寄存器 IMR、中断服务寄存器 ISR 和优先级分析器 PR 8 个功能块组成。8259 的各功能块彼此连成一个有机整体,共同实

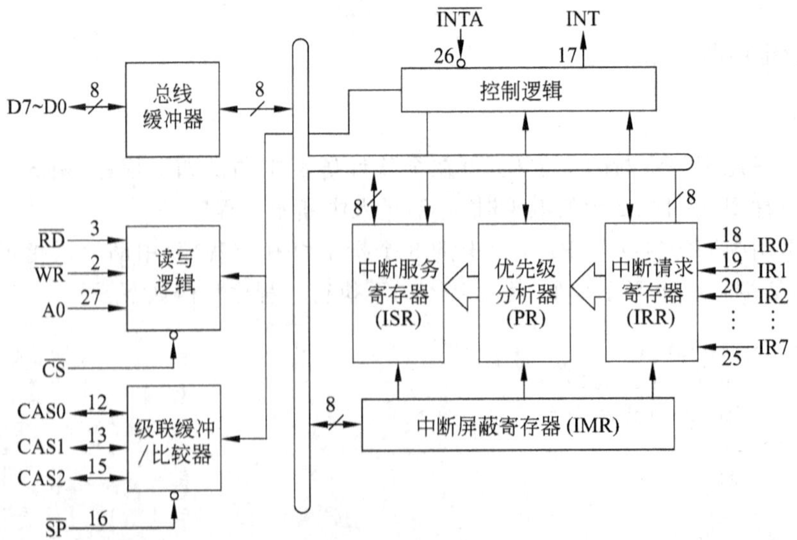

图 2-4 8259 内部结构

现对中断的控制和管理。

1. 数据总线缓冲器

这是一个具有输入、输出和高阻的三态8位缓冲器，用于传送CPU和8259间的命令和状态信息。

2. 读写逻辑

这个功能控制块有操作命令寄存器和状态寄存器组成。操作命令寄存器存放CPU送来的操作命令字，以设定8259工作模式；状态寄存器存放现行状态字，供CPU读取。

3. 控制逻辑

控制逻辑按照初始化程序设定的工作方式管理8259的全部工作。该电路可以根据IRR中内容和PR的比较结果向CPU发出中断请求信号INT，并接收$\overline{INTA}$引脚上的中断应答信号，使8259进入中断状态。

4. 级联缓冲/比较器

这部分电路用于级联。级联时，8259有主片($\overline{SP}$线接+5V)和从片($\overline{SP}$线接地)之分，主片8259的级联缓冲/比较器可在CAS2～CAS0上输出代码，从片8259的级联缓冲/比较器可以接收主片发来的代码和ICW3中的ID标识码(初始化时送来)进行比较。

5. 中断请求寄存器IRR

中断请求寄存器(Interrupt Request Register，IRR)是一个8位寄存器，用于存放8259的IR0～IR7上发来的中断请求。8259对IR0～IR7上发来的中断请求信号采用前沿锁定，其有效高电平至少保持到8259收到第一个$\overline{INTA}$之后。

6. 中断屏蔽寄存器IMR

中断屏蔽寄存器(Interrupt Mask Register，IMR)由8个触发器构成，用于存放中断屏蔽码。若IMR的某位为"1"状态，则IRR相应位的中断请求被屏蔽；若IMR的某位为"0"状态，则IRR中相应位的中断请求被允许输入到优先级分析器PR中。

7. 中断服务寄存器ISR

中断服务寄存器(Interrupt Service Register，ISR)也有二进制8位，用于存放CPU正为之服务的中断请求。当8259的IR0～IR7上某个中断请求得到响应(最后一个$\overline{INTA}$)时，ISR相应位置位。

8. 优先级分析器PR

优先级分析器(Priority Resolver，PR)能对IRR中未被屏蔽的中断请求进行优先级排队，并从中挑选出优先级最高的中断和现行服务的中断(相应ISR=1)进行优先级比较。若它比现行服务的中断优先级低，则它不被响应；若它比现行服务的优先级高，则PR使INT线升为高电平。CPU响应后在$\overline{\mathrm{INTA}}$上发出3个低电平信号，PR在第3个$\overline{\mathrm{INTA}}$脉冲时使ISR中的相应位置位和IRR中的相应位复位，表示CPU已响应了这个高优先级中断。

在弄清上述各电路功能的基础上，再对8259的中断响应过程加以总结是十分必要的。当在8259的IR0～IR7上输入某一中断请求时，IRR中的相应位置位，以锁存这个中断请求信号。若该位中断请求未被IMR中的相应位屏蔽，则PR就将它和现行服务的中断进行优先级比较。若它比现行服务的中断优先级高，则8259使INT线变为高电平，用于向CPU提出中断请求。CPU响应后就在$\overline{\mathrm{INTA}}$线上连续发出3个负脉冲，用于从8259提取一条3字节CALL nn指令的指令码(nn为16位中断转移地址，又称中断矢量，由CPU在初始化时送给8259)，并在第3个$\overline{\mathrm{INTA}}$之后使ISR相应位置位，以阻止其后的优先级低的中断请求，同时清除IRR中相应位。CPU收到和执行这条CALL nn指令便可自动转入相应中断服务程序执行。在执行到该中断服务程序结束时，由于8259不能自动使ISR中相应位复位，故中断服务程序末尾必须安排一条中断结束(End of Interrupt，EOI)命令，以便使ISR中相应位复位成“0”状态。

2.2.2 8259引脚功能

8259采用NMOS工艺制成，是一种28引脚双列直插式封装芯片，采用单电源+5V供电。如图2-5所示，各引脚功能分述如下。

1. 数据总线

D7～D0：三态数据总线，D7为最高位，用于传送CPU和8259间的命令和状态字。

2. 中断线

IR0～IR7：中断请求输入线，用于传送各外部中断源送来的中断请求信号。

INT：中断请求输出线，高电平有效，用于向CPU请求中断。

$\overline{\mathrm{INTA}}$：中断响应输入线，低电平有效。CPU响应8259中断时，可以通过线上传送3个负脉冲而使8259将一条3字节CALL nn指令的指令码送到数据总线。

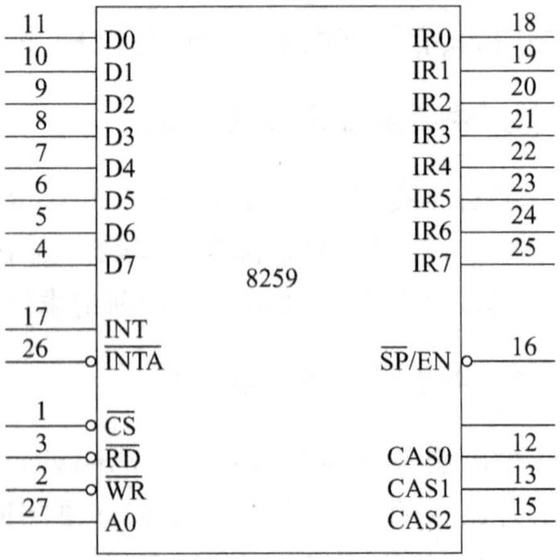

图2-5 8259引脚功能

3. 读写控制线

$\overline{\mathrm{CS}}$：片选输入线，低电平有效。若$\overline{\mathrm{CS}}$=0，则该8259被选中工作，容许它和CPU通信；若$\overline{\mathrm{CS}}$=1，则该8259不工作。

$\overline{\mathrm{RD}}$和$\overline{\mathrm{WR}}$：$\overline{\mathrm{RD}}$为读命令线，$\overline{\mathrm{WR}}$为写命令线，均低电平有效。若使$\overline{\mathrm{RD}}$=0和$\overline{\mathrm{WR}}$=1，

则 8259 输出状态字；若$\overline{RD}$=1 和$\overline{WR}$=0，则 8259 从数据总线接收命令。

A0：地址输入线，常和 CPU 的 A0 相连。A0 可以配合$\overline{CS}$、$\overline{RD}$和$\overline{WR}$完成为 8259 写入命令字和读出状态字。

4. 级联线

$\overline{SP}$：双向主从控制线，共有两个作用。在 8259 设定为缓冲方式时，$\overline{SP}$ 输出的低电平用于启动它外部的数据总线驱动器，以增强 8259 输入输出数据的驱动能力。在 8259 设定为非缓冲方式时，$\overline{SP}$ 为主片/从片的输入控制线。若使$\overline{SP}$=1，则该片为主片状态工作；若$\overline{SP}$=0，则该片为从片状态工作。

CAS2～CAS0：级联线。若 8259 设定为主片，则 CAS2～CAS0 为输出线；若 8259 设定为从片，则 CAS2～CAS0 为输入线。

5. 电源线

VCC：+5V 电源线。

GND：接地线。

2.2.3 8259 命令字

8259 有 7 条命令，分别存放在它内部的 7 个专用寄存器，由 CPU 通过程序送来。7 个命令字分为两组：初始化命令字 ICW 和操作命令字 OCW。

1. 初始化命令字 ICW

初始化命令字(Initialization Command Word，ICW)包括 ICW1、ICW2、ICW3 和 ICW4 4 个，用于初始化 8259。通常，CPU 在初始化 8259 时必须至少给每片 8259 送 ICW1 和 ICW2 两个命令字，ICW3 和 ICW4 仅在多片 8259 级联时才需要。

(1) ICW1 命令字

ICW1 称为芯片控制初始化命令字。ICW1 各位含义如图 2-6(a)所示。ICW1 由用户根据需要选定，写到 8259 的偶地址端口(A0=0)中。现对 ICW1 中各位定义进一步分析如下：

D7～D5：这几位在 8086/8088 系统中不用，可为“0”也可为“1”。在 8080/8085 系统中，这几位和 ICW2 的 8 位一起组成中断矢量页面地址 A15～A5，即：D7～D5 作为 A7～A5，ICW2 的 8 位作为 A15～A8。

D4：D4=1 为 ICW1 的特征位。

D3(LTLM)：为 IRR 的触发方式选择位。若 D3=0，则 8259 设定为边沿触发方式；若 D3=1，则 8259 设定为电平触发方式。例如：若将 D3=0 的 ICW1 初始化字送给 8259，则 IR0～IR7 上升沿会使 IRR 中相应位置位。

D2～D0：D2(ADI)为中断矢量间址地址选择位。若 ADI=0，则 IR0～IR7 各中断矢量地址间隔 8；若 ADI=1，则 IR0～IR7 各中断矢量地址间隔 4(如表 2-3 所示)。D1

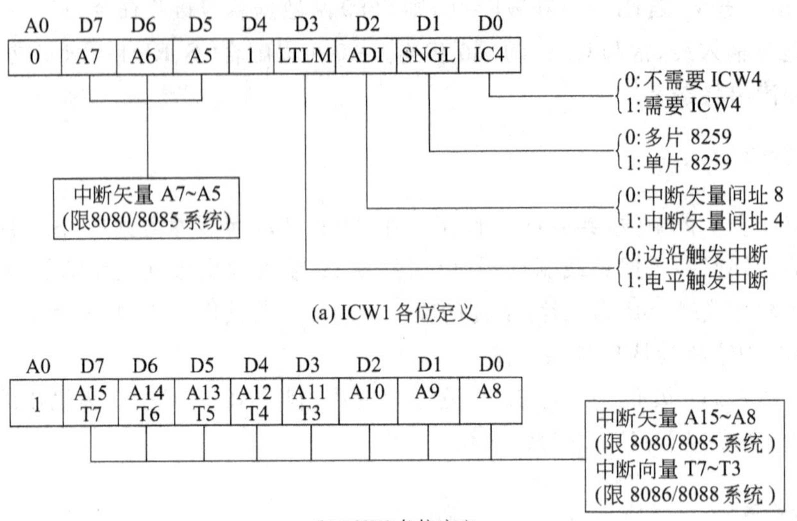

(a) ICW1 各位定义

(b) ICW2 各位定义

图 2-6 ICW1 和 ICW2 各位定义

(SNGL)为级联选择位：若 SNGL＝1，则系统中只有一片 8259；若 SNGL＝0，则系统中有多片 8259。D0(IC4)为 ICW4 设置位：若 IC4＝0，则表示 8259 设定为 8080/8085 系统；若 IC4＝1，则表示 8259 设定为 8086/8088 系统。

表 2-3 中断矢量低 8 位地址的形成

中断输入	中断矢量低 8 位(间隔 4)									中断矢量低 8 位(间隔 8)								
	D7	D6	D5	D4	D3	D2	D1	D0	十六进制	D7	D6	D5	D4	D3	D2	D1	D0	十六进制
IR0	A7	A6	A5	0	0	0	0	0	00H	A7	A6	0	0	0	0	0	0	00H
IR1	A7	A6	A5	0	0	1	0	0	04H	A7	A6	0	0	1	0	0	0	08H
IR2	A7	A6	A5	0	1	0	0	0	08H	A7	A6	0	1	0	0	0	0	10H
IR3	A7	A6	A5	0	1	1	0	0	0CH	A7	A6	0	1	1	0	0	0	18H
IR4	A7	A6	A5	1	0	0	0	0	10H	A7	A6	1	0	0	0	0	0	20H
IR5	A7	A6	A5	1	0	1	0	0	14H	A7	A6	1	0	1	0	0	0	28H
IR6	A7	A6	A5	1	1	0	0	0	18H	A7	A6	1	1	0	0	0	0	30H
IR7	A7	A6	A5	1	1	1	0	0	1CH	A7	A6	1	1	1	0	0	0	38H

(2) ICW2 命令字

初始化命令字 ICW2 是一种设置中断矢量高 8 位地址的命令字，必须写到 8259 的奇地址端口(A0＝1)中。ICW2 各位格式如图 2-6(b)所示。在 8086/8088 系统中，T7～T3 为中断向量地址的高 5 位，中断向量的低 3 位和 ICW2 中的 D2～D0 无关，但和 8259 中 IR0～IR7 上的中断请求有关。

在 8080/8085 系统中，ICW2 和 ICW1 中的 D7～D5 一起构成中断矢量的页面地址。

ICW1 和 ICW2 由 CPU 初始化时送给 8259。在初始化完成并开中断后,CPU 响应 8259 中 IR0～IR7 上某个中断时,8259 就将 ICW2 原封不动地作为 CALL nn 指令中转移地址的高 8 位反送给 CPU。反送的转移地址低 8 位既和 ICW2 中 D2 位状态有关,也和 IR0～IR7 上输入的中断请求有关。若 8259 被设定为中断矢量的 4 地址间隔,则 A7～A5 由 ICW2 中 D7～D5 位状态决定,A4～A0 由 8259 自动形成;若 8259 被设定为中断矢量 8 地址间隔,则 A7、A6 由 ICW2 中 D7、D6 位状态决定,A5～A0 由 8259 自动形成(如表 2-3 所示)。

(3) ICW3 命令字

ICW3 称为主片/从片标志命令字,仅在 8259 级联(ICW1 中 D1＝0)时使用,必须写到 8259 的奇地址端口(即 A0＝1)中。CPU 送给主 8259 和从 8259 的 ICW3 格式是不相同的(如图 2-7 所示)。

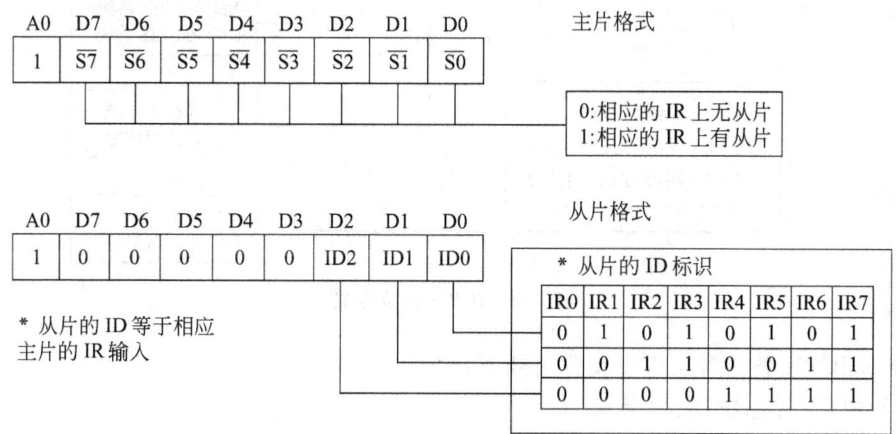

图 2-7　ICW3 各位定义

送给主 8259 的 ICW3 要根据其 IR0～IR7 上所接从片的情况来决定。若它的 IR0～IR7 中某位接有从片,则 ICW3 中相应位为 1;否则应为 0。例如:若某主 8259 仅在 IR6 和 IR3 上接有从片,则主 8259 的 ICW3 应为 48H。

送给从 8259 的 ICW3 取决于从片的 INT 线究竟和主 8259 中 IR0～IR7 哪一路相连。例如:若某从 8259 的 INT 线连到主片的 IR6 引脚上,则该从片的 ICW3 应为 06H。

在多片 8259 级联情况下,主片和所有从片的 CAS2～CAS0 是以同名端方式互连的。因此,主片在 CAS2～CAS0 上输出的编码可被它的所有从片接收,该编码和引起主片中断的从片有关,对应关系如表 2-4 所示。

表 2-4　主 8259 在 CAS2～CAS0 上输出的编码

引起主片中断的 IR / 输出编码	IR0	IR1	IR2	IR3	IR4	IR5	IR6	IR7
ID2	0	0	0	0	1	1	1	1
ID1	0	0	1	1	0	0	1	1
ID0	0	1	0	1	0	1	0	1

所有从片将从 CAS2～CAS0 上接收来的编码和 ICW3 中 D2～D0(即 ID2～ID0)位比较,只有比较结果相等时,从 8259 才会在第二和第三个负脉冲到来时将自身的中断矢量反送给 CPU。CPU 收到和执行这条 CALL nn 指令(CALL nn 指令的操作码 CDH 由主 8259 在第一个负脉冲时送出)后便可转入相应中断服务程序执行。

(4) ICW4 命令字

ICW4 叫做方式控制初始化命令字,也必须写到 8259 奇地址端口(A0＝1)中。ICW4 仅在 ICW1 中的 D0＝1 时才有必要设置,否则就可省略不用。ICW4 的各位定义如图 2-8 所示。

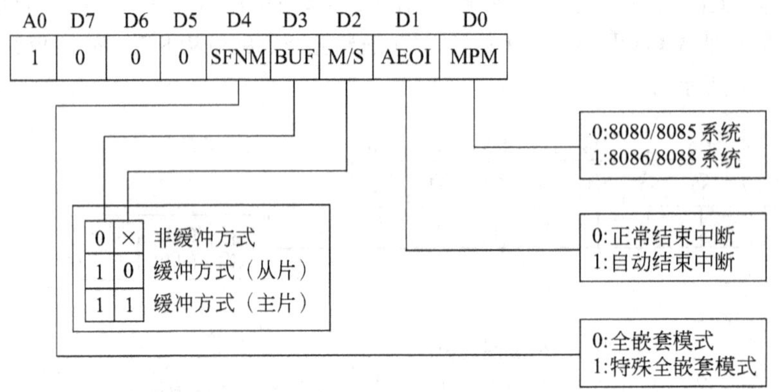

图 2-8 ICW4 各位定义

现对 ICW4 各位含义进一步分析如下:

D7～D5:标志位,应为全 0。

D4(SFNM):特殊全嵌套中断模式设置位。若 SFNM＝1,则 8259 可设定为特殊全嵌套模式;否则为全嵌套模式。

D3(BUF):缓冲方式设置位。若 BUF＝0,则为非缓冲方式;若 BUF＝1,则 8259 设定为缓冲方式。缓冲方式只有在多片 8259 级联成的大系统中才需要,8259 在这种方式下可以通过它外部的总线驱动器将状态字送给 CPU,此时 SP 引脚上输出的低电平可以启动该总线驱动器工作。

D2(M/S):此位在缓冲方式下用来表示该片是主片还是从片。若 M/S＝1(且 BUF＝1),则该片为主片;若 M/S＝0(且 BUF＝1),则该片为从片。在非缓冲方式(BUF＝0)下,M/S 不起作用。

D1(AEOI):自动结束中断设置位。若 AEOI＝0,则该 8259 以正常方式结束中断;若 AEOI＝1,则该 8259 便可在第二个脉冲结束时使相应 ISR 位(最高中断优先级)清零,表示本次中断行将结束。

D0 (MPM):微处理器系统控制位。若 MPM＝0,则该 8259 所在系统为 8080/8085 系统;若 MPM＝1,则该 8259 为 8086/8088 系统。

2. 8259 的初始化流程

8259 进入正常工作前,用户必须对系统中的每片 8259 进行初始化。初始化是通过在8259端口写入初始化命令字实现的，端口地址和硬件连线有关。8259初始化必须遵守固定次序。如图2-9所示为8259的初始化流程图。

8259初始化时如下几点值得注意：

(1) 8259的端口地址是有限制的，ICW1必须写入偶地址端口(A0＝0)，ICW2～ICW4写入奇地址端口(A0＝1)。

(2) ICW1～ICW4的设置次序是固定的，不可颠倒。

(3) 在单片8259所构成的中断系统中，8259的初始化仅需设置ICW1和ICW2。在多片8259级联时，主片和从片8259除设置ICW1和ICW2外还必须设置ICW3，而且主片和从片的ICW3格式是不相同的。

(4) ICW4只有在8086/8088系统下以特殊全嵌套模式、缓冲方式或自动结束中断方式才需要设置。

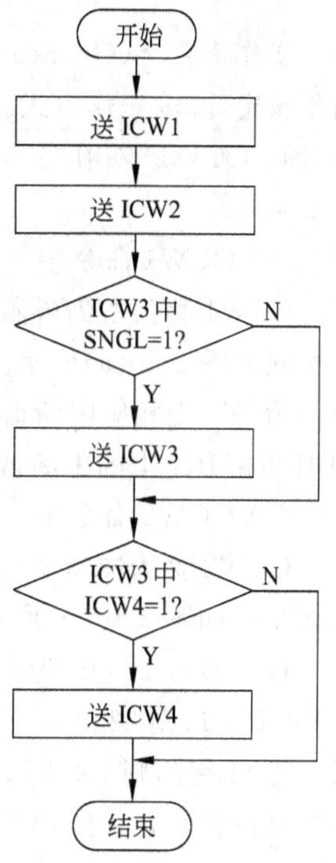

图2-9 8259的初始化流程图

例2.3 现有一单片8259需要初始化。假设中断矢量转移表始址为3960H，要求中断矢量地址为4间隔，列出各中断矢量转移地址并写出该8259的初始化程序。

解：① 中断矢量转移地址为

```
3960H
3964H
3968H
396CH
3970H
3974H
3978H
397CH
```

② 主程序中8259的初始化程序

假设8259为边沿触发中断，相应程序为

```
#define PT59A XBYTE[0XDA]
#define PT59B XBYTE[0XDB]

void p8259()
{
 IP=01;
 PT59A=0X76;
 PT59B=0X39;
 EA=1;
 EX0=1;
 IT0=1;
}
```

3. 操作命令字 OCW

操作命令字(Operation Command Word,OCW)包括 OCW1、OCW2 和 OCW3 3 个,用于设定 8259 工作方式。设置 OCW 命令字的次序无严格要求,但端口地址是有限制的,即:OCW1 必须写入奇地址端口(A0＝1),OCW2 和 OCW3 写入偶地址端口(A0＝0)。

(1) OCW1 命令字

OCW1 称为中断屏蔽命令字,要求写入 8259 的奇地址端口(A0＝1)。OCW1 的具体格式如图 2-10(a)所示。若 OCW1 中某位为"1",则和该位相应的中断请求被屏蔽;若该位为"0",则相应中断请求得到允许。例如:若将 OCW1＝0 时 6H 命令字送给 8259,则 IR2 和 IR1 上的中断请求被屏蔽,其他中断请求得到允许。

(2) OCW2 命令字

OCW2 称为中断模式设置命令字,要求写入 8259 偶地址端口(A0＝0)。OCW2 的具体格式如图 2-10(b)所示。OCW2 各位定义说明如下:

D7～D5:D7(R)为中断优先级轮换模式设置位。若 R＝0,则 8259 处于非轮换模式;若 R＝1,则 8259 处于优先级轮换模式。D6(SL)决定 OCW2 中 L2、L1、L0 是否有效:若 SL＝0,则 L2、L1、L0 无效;若 SL＝1,则 OCW2 中 L2、L1、L0 有效。D5(EOI)为中断结束命令位:若 EOI＝0,则该 8259 处于优先级指定轮换或自动轮换模式;若 EOI＝

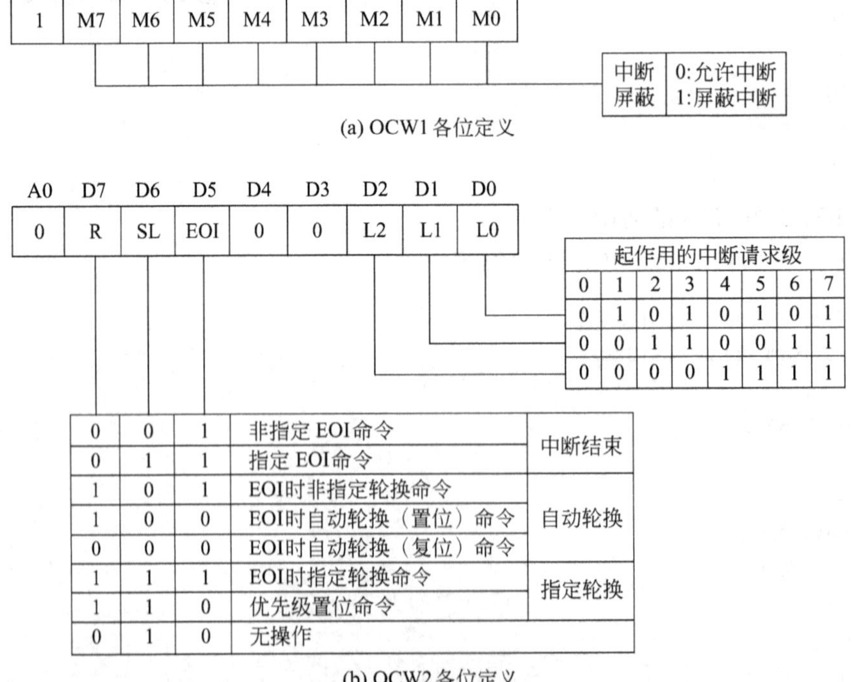

(a) OCW1 各位定义

起作用的中断请求级							
0	1	2	3	4	5	6	7
0	1	0	1	0	1	0	1
0	0	1	1	0	0	1	1
0	0	0	0	1	1	1	1

R	SL	EOI	命令	类别
0	0	1	非指定 EOI 命令	中断结束
0	1	1	指定 EOI 命令	
1	0	1	EOI 时非指定轮换命令	自动轮换
1	0	0	EOI 时自动轮换(置位)命令	
0	0	0	EOI 时自动轮换(复位)命令	
1	1	1	EOI 时指定轮换命令	指定轮换
1	1	0	优先级置位命令	
0	1	0	无操作	

(b) OCW2 各位定义

图 2-10 OCW1 和 OCW2 各位定义

1,则 ISR 中相应位复位,现行中断结束。

D2～D0(L2、L1、L0):SL＝1 时这 3 位的作用如下:①作为指定 EOI 命令的一部分,用于指出 ISR 中哪一位需要清除;②在指定优先级轮换命令字中指示哪个中断优先级最低。

总之,OCW2 命令字共包括 7 条具体命令,分别由 D7～D5 的不同组合决定,各命令的作用将在"8259 工作模式"中详细介绍。

(3) OCW3 命令字

OCW3 命令字格式如图 2-11 所示。OCW3 命令字有 3 个功能:①设置或撤销特殊屏蔽模式;②设置中断查票方式;③设置读 8259 内部寄存器模式。OCW3 必须写入 8259 的偶地址端口(A0＝0)。

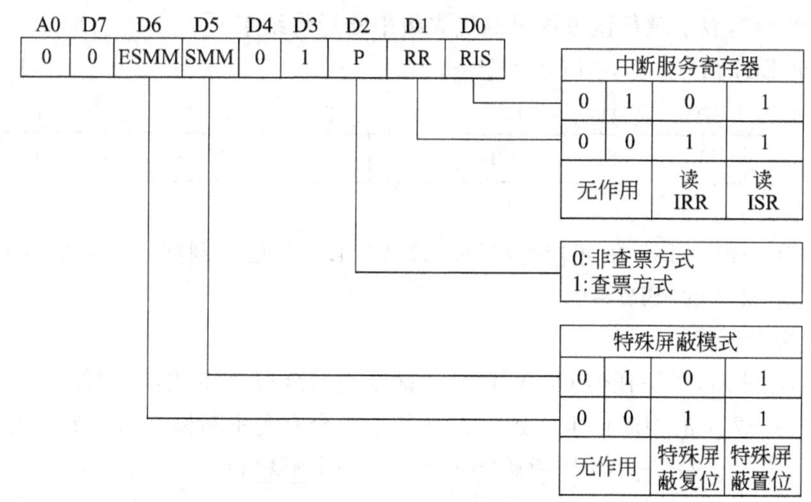

图 2-11 OCW3 各位定义

D6 和 D5:D6(ESMM)为特殊屏蔽模式位,D5(SMM)为特殊屏蔽控制位。若 ESMM＝1 且 SMM＝ 1,则 8259 处于特殊屏蔽模式;若 ESMM＝1 且 SMM＝0,则 8259 撤销特殊屏蔽模式。

D2(P):查票方式控制位。若 P＝0,则 8259 处于非查票(正常)工作方式;若 P＝1 则 8259 处于查票方式。

D1 和 D0:D1(RR)为读出控制位,D0(RIS)为寄存器选择位。若 RR＝1 且 RIS＝1,则 8259 处于读 ISR 方式;若 RR＝1 且 RIS＝0,则 8259 处于读 IRR 方式。

2.2.4 8259 工作模式

8259 有多种工作模式,这些模(方)式都可由用户通过命令字设定,因此 8259 的使用非常灵活,但也不易为人们完全掌握。在此,我们将重点介绍全嵌套中断模式、中断优先权轮换模式、中断屏蔽模式、查票模式和状态读取模式 5 种模式,对特殊全嵌套中断模式、优先级指定轮换模式和缓冲模式只作一般性的介绍。

1. 全嵌套中断模式

在讲述全嵌套中断模式前先介绍中断结束命令。

(1) 中断结束命令

在全嵌套模式下,常常要用到指定和非指定 EOI 命令。这两条命令由 OCW2 衍生而来,其作用是使 ISR 中相应位复位,通常用在中断服务程序末尾。

① 非指定 EOI 命令：非指定 EOI 命令字为 20H(参见图 2-10(b))。该命令送给 8259 后能使当前中断服务程序所对应 ISR 相应位清零。即有：

ISR 最高优先级=0

例如：若 CPU 正处理某 8259 中 IR5 上的中断请求,则 OCW2=20H 的命令字送给 8259 后 ISR5=0,表示现行服务的最高优先级中断行将结束。

② 指定 EOI 命令：指定 EOI 命令格式为

A0	D7	D6	D5	D4	D3	D2	D1	D0
0	R	SL	EOI	0	0	L2	L1	L0
	0	1	1					

本命令用于指定 ISR 中相应位(ISR、L2、L1、L0)复位。例如：若将 63H 的 OCW2 送给 8259,则 8259 的 ISR3=0。

(2) 全嵌套模式

8259 初始化后,不写任何 OCW 命令字就能进入全嵌套模式,以便能以全嵌套方式来处理 IR0～IR7 上的中断请求。如图 2-12 所示为全嵌套中断模式的一个实例。在这种

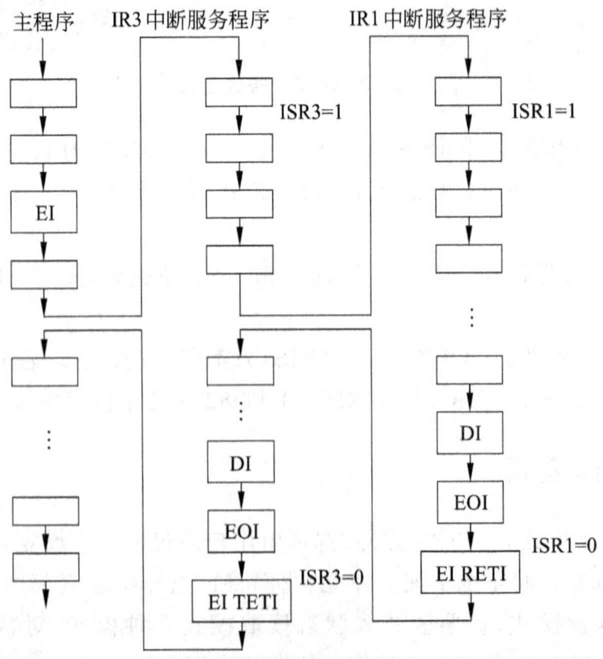

图 2-12 全嵌套中断实例

情况下,IR0 优先级最高、IR1 优先级次高,依次类推,IR7 优先级最低。现对其工作过程分析如下:

① CPU 执行主程序时,ISR0~ISR7 为全“0”。

② CPU 响应 IR3 上中断请求便进入 IR3 中断服务程序,8259 的 ISR3=1,以禁止同级和低于同级的其他中断请求。ISR3 置位也表示 IR3 中断未处理完毕。

③ 由于 IR1 中断优先级比 IR3 要高,故 CPU 响应 IR1 上中断就可进入 IR1 中断服务程序。此时,8259 使 ISR1=1,以禁止 IR1 及其以下各级中断请求的输入,也表示 IR1 中断未执行完毕。

④ 在 IR1 中断服务程序末尾,必须使用 EOI 命令。这个命令的作用是使 ISR1=0,表示 IR1 中断行将结束,以便开放 IR3~IR1 上的中断请求。

⑤ CPU 返回 IR3 中断服务程序并执行到程序末尾时也必须使用 EOI 命令。这个命令的作用是使 ISR3=0,表示 IR3 中断行将结束,以便开放 IR3 和 IR3 以下各级中断。

CPU 返回主程序以后,全嵌套中断宣告结束。

(3) 特殊全嵌套中断模式

特殊全嵌套中断模式和全嵌套中断模式基本相同。只有一点不同,就是在特殊全嵌套中断模式下,当 CPU 正处理某一级中断时,如果有同级中断请求,CPU 也能给予响应,从而实现一种对同级中断请求的特殊嵌套。

2. 中断优先级轮换模式

什么叫“中断优先级轮换”? 若有 3 台中断优先级彼此相等的外设 I/O1、I/O2 和 I/O3,CPU 要能先为 I/O1 服务,服务完后再为 I/O2 服务,然后为 I/O3 服务,如此轮换着服务,如图 2-13 所示。显然,在中断优先级轮换模式下,各外设的中断优先级相等,都能得到机会均等的服务。

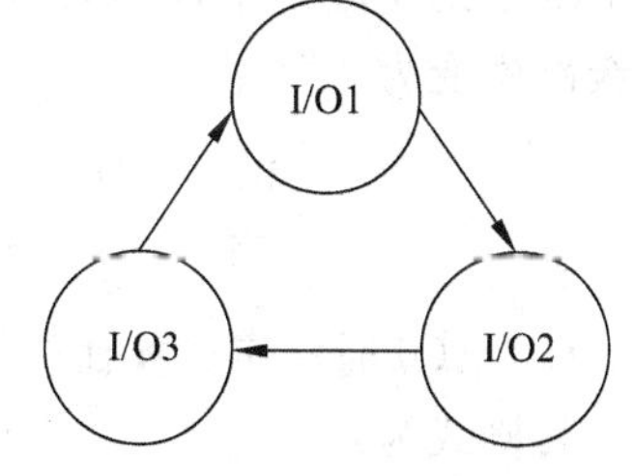

图 2-13 中断优先级轮换示意图

中断优先级轮换很容易实现,只要在每台外设的中断服务程序末尾使它的优先级变为最低就行。

优先级轮换分为自动轮换和指定轮换两种。自动轮换使现行服务的最高优先级的 ISR 复位,并将刚复位的 ISR 的中断请求输入指定为最低优先级,其他各个中断输入相应地轮转升级;指定轮换允许程序员用编程办法改变优先级等级,由此也确定了最高优先级的中断。

优先级自动轮换和优先级指定轮换两者是有区别的:前者的初始优先级队列为 IR0、IR1、…、IR7,其中 IR0 为最高优先级;后者的初始优先级队列由编程确定。

优先级轮换模式由如下 4 种命令字(OCW2 衍生)设定:

(1) EOI 时自动轮换(置位)命令

EOI 时自动轮换(置位)命令字为 80H(参见图 2-10(b))。本命令能使现行服务(最高中断优先级)的 ISR 复位,使刚复位的 ISR 位所对应的中断请求为最低优先级,其他中断轮转升级。中断优先级轮换意味着所有外设(外部中断源)具有同等重要性。因此在这些中断服务程序中,开中断指令应放在 EOI 命令之后以保证中断服务程序不被中断,具有不可侵犯的特点。

例 2.4 若 CPU 正为 8259 IR4 上中断服务，现希望在 IR4 中断服务程序末尾自动轮换中断优先级(该模式由 EOI 时自动轮换复位命令清除)。试问在使用 EOI 自动轮换置位命令前后 ISR 中的内容和中断优先级顺序。

解：① ISR 中的内容

	ISR0	ISR1	ISR2	ISR3	ISR4	ISR5	ISR6	ISR7
轮换前	0	0	0	0	1	0	0	0
轮换后	0	0	0	0	0	0	0	0

② 中断优先级次序

轮换前	IR0	IR1	IR2	IR3	IR4	IR5	IR6	IR7
轮换后	IR5	IR6	IR7	IR0	IR1	IR2	IR3	IR4

高 ————————————————→ 低

不论使用 EOI 时自动轮换置位命令前各中断源的中断优先级顺序如何，命令使用后 IR4 的中断优先级变为最低，其他中断优先级也因此而确定。

应当注意：在优先级自动轮换方式下，一般通过设置 ICW4 中 AEOI 位为“1”使中断服务自动终止。

(2) EOI 时非指定轮换命令

本命令的命令字为 A0H，用于使当前处理的最高中断优先级对应的 ISR 位被清除，并使系统仍按优先级轮换方式工作，当前各中断的优先级轮转升级。例如：若 CPU 正处理 IR5 上的中断请求，则 OCW2 将 A0H 的命令字送给 8259 后 ISR5 复位，新的中断优先级次序变为：

IR6 IR7 IR0 IR1 IR2 IR3 IR4 IR5

高 ————————————————→ 低

(3) EOI 时指定轮换命令

其格式为：

A0	D7	D6	D5	D4	D3	D2	D1	D0
0	R	SL	EOI	0	0	L2	L1	L0
	1	1	1					

本命令规定了要复位的 ISR 位，并使中断优先级轮换和指定 IR、L2、L1、L0 为最低优先级。例如：若 CPU 当前正处理 IR5 上的中断请求，则将 OCW2 设置为 E3H 的命令字送给 8259 后 ISR5 被清除，轮换后的优先级次序变为：

IR4 IR5 IR6 IR7 IR0 IR1 IR2 IR3

高 ————————————————→ 低

(4) 优先级置位命令

其格式为：

A0	D7	D6	D5	D4	D3	D2	D1	D0
0	R	SL	EOI	0	0	L2	L1	L0
	1	1	0					

本命令允许程序员选择最低优先级设备(其他优先级也随之确定),而与 EOI 无关,也不影响 ISR 中各位状态。例如:当用户将 OCW2 为 C3H 的命令字送给 8259 时,IR3 变为最低优先级,其他中断优先级变为:

IR4 IR5 IR6 IR7 IR0 IR1 IR2 IR3

高 ——————————→ 低

3. 中断屏蔽模式

8259 有普通屏蔽和特殊屏蔽两种中断屏蔽模式。前者由中断屏蔽命令(即 OCW1)建立,后者由特殊屏蔽命令(OCW3 中 D6 和 D5)建立和清除。这两种模式都能对 8259 的 IR0~IR7 上信号进行屏蔽,只是使用场合不同。

在设置特殊屏蔽模式后,采用 OCW1 对屏蔽寄存器中的某一位置位就会同时使当前中断服务寄存器 ISR 中的对应位自动清零,这就不只屏蔽了当前正在处理的这级中断,而且真正开放了其他级别较低的中断。现举例说明特殊屏蔽方式的使用。

例 2.5 假设 CPU 正处理 IR4 上中断,现希望在 IR4 中断服务程序中挂起一段代码(即在该段代码内允许低于 IR4 的中断请求),然后再恢复全嵌套中断方式,试写出 IR4 中断服务程序。

解:IR4 中断服务程序为

```
void intir4()
{
 EA=1;
 EX0=1;
 …
 EX0=0;
 PT59B=0X10;
 PT59A=0X68;
 EX0=1;
 …
 PT59A=0X48;
 PT59B=00;
 EX0=1;
 …
 PT59A=0X20;
}
```

4. 查票模式

8259 的查票模式由查票方式字设定。查票方式字为 0CH,由 OCW3 衍生,如图 2-11

所示。CPU 查票时先将查票方式字送给 8259，使最高中断优先级的相应 ISR 位置“1”，以建立查票方式和产生一个查票字。查票字格式如下：

A0	D7	D6	D5	D4	D3	D2	D1	D0
0	I	—	—	—	—	W2	W1	W0

其中，I 为中断标志位。若 I=0，则该 8259 的 IR0～IR7 上无中断输入且 W2W1W0=111B；若 I=1，则 W2～W0 所指示的 IR 为最高优先级中断输入。例如：若 8259 产生的查票字为 82H(即 I=1 且 W2W1W0=010B)，则表明它的 IR2 上为当前最高优先级的中断输入。接着，CPU 必须紧跟查票方式字后接收这个查票字。

总之，为了启动查票，CPU 必须在查票时首先关中断，然后给 8259(查票对象)送一个查票方式字，8259 收到查票方式字后便在下一个 $\overline{RD}$ 脉冲(由 CPU 输入指令产生)时将查票字放入数据总线，供 CPU 接收。CPU 对收到的查票字进行软件分析便可弄清 8259 是否产生了中断请求。若有中断请求，则根据查票字中 W2W1W0 代码转入相应中断服务程序；若无中断请求(I=0 和 W2W1W0=111B)，则返回主程序或继续对级联中的另一 8259 进行查票。

5. 状态读取模式

为了了解 8259 的工作状态，CPU 常常要读取 ISR、IRR 和 IMR 中的内容。对于 IMR 来说，CPU 可以在任何时候用输入指令读取，只要端口地址中 A0=1 就可以了。

对于 ISR 和 IRR，CPU 必须先给 8259 送一个读状态命令字，该命令字由 OCW3 衍生，其格式如图 2-14 所示。

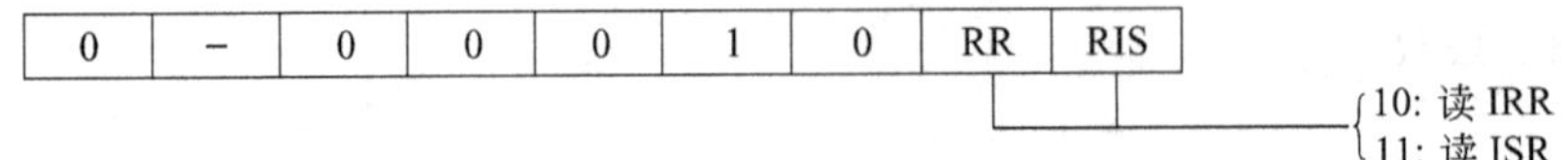

图 2-14 读状态字命令

例 2.6 假设 8259 奇地址端口(A10=1)为 PT59B，偶地址端口(A0=0)为 PT59A，试写出 CPU 读 ISR 中内容的程序。

解：相应程序为

```
⋮
void  xx()
{
 …
 PT59A=0XB0;
 ACC=PT59B;
 …
}
⋮
```

应当指出，一旦给 8259 送过读 IRR(或 ISR)命令字后就没有必要在以后每次读 IRR

(或 ISR)前再送这个命令字了,因为 8259 能记住前面是否已经送过 IRR(ISR)读出命令字。

2.2.5　8259 级联

8259 级联可用来扩展中断级数而无需另附硬件电路。如图 2-15 所示为一片主 8259 和两片从 8259 构成的 22 级中断系统。图中,主 8259 的$\overline{SP}$ 接+5V;从 8259(A)和从 8259(B)的$\overline{SP}$ 接地;所有 CAS2～CAS0 的同名端互联。主 8259 的 CAS2～CAS0 为输出线,输出代码的值和主 8259 IR0～IR7 上哪一个引起中断有关;从 8259(A)和从 8259(B)的 CAS2～CAS0 为输入线,用于接收主 8259 的 CAS2～CAS0 上输出的代码。其他引脚的连接如图 2-15 所示。

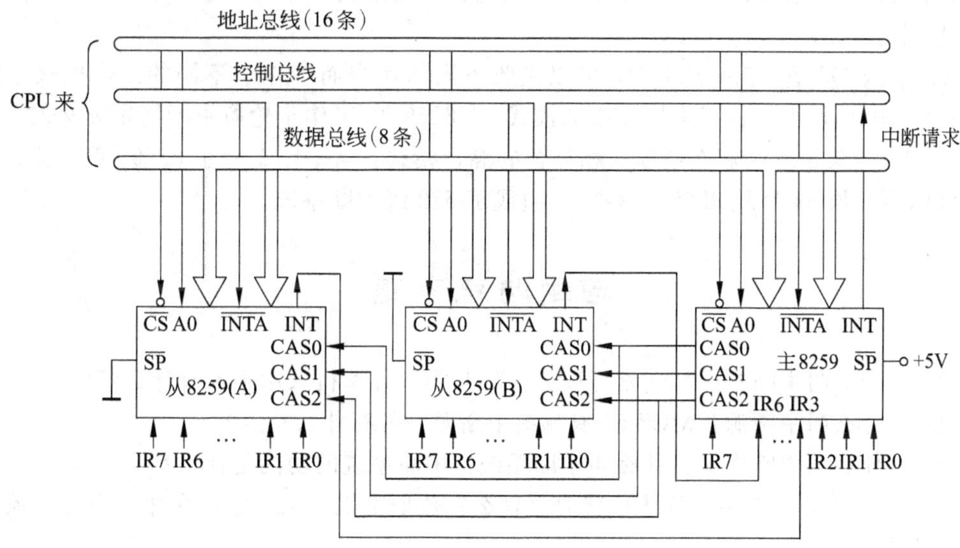

图 2-15　8259 级联系统图

下面介绍一下从 8259(B)上合法中断的响应过程,以便对 8259 有一个全面认识。

(1) 若在从 8259(B)的 IR5 上输入一个正跳变脉冲(设从 8259(A)和从 8259(B)的其他 IR 输入端均无中断请求),则从 8259(B)就做两件事:①使相应 IRR 置位;②在 INT 端产生高电平送给主 8259 的 IR6 上。

(2) 主 8259 收到 IR6 上的中断请求信号后也做两件事:①使 IRR6 置位;②在 INT 端产生高电平送给 CPU 的 $\overline{INT0}$端。

(3) CPU 响应 $\overline{INT0}$上的中断请求后在所有 8259 的$\overline{INTA}$上发出连续 3 个负脉冲。第一个$\overline{INTA}$脉冲被主 8259 接收,主 8259 接收到后要做 3 件事:①使 ISR6 置位,表示它已响应从 8259(B)发来的中断请求;②在 CAS2～CAS0 总线上输出 110B 代码,因为从 8259(B)的 INT 是和主 8259 的 IR6 相连的;③把 CALL nn 指令的操作码 CDH 送到数据总线。

(4) 从 8259(A)和从 8259(B)收到主 8259 发来的 CAS 代码 110B 后,立即和各自初

始化时送来的ICW3中ID标识码比较。只有从8259(B)才会发现二者的比较结果是相等的,故从8259(B)一方面使ISR5=1,另一方面在收到CPU送来的第二和第三个$\overline{INTA}$后将CALL nn指令中的16位中断矢量地址送给CPU。

(5) CPU收到和执行8259送来的CALL nn指令便可转入从8259(B) IR5上的中断服务程序执行,并在执行完后返回主程序。

上述分析中还应注意以下几点:

(1) CPU响应一个从中断请求有两个ISR位置位:一个是主8259的ISR6,另一个是从8259(B)的ISR5。故在从8259(B)中断服务程序中应有两个EOI命令:一个用于使从8259(B)的ISR5复位,另一个使主8259的ISR6复位。

(2) 主8259、从8259(A)和从8259(B)都必须有自己的初始化序列。在初始化序列中,所用的命令字有ICW1、ICW2和ICW3。其中,送给主8259和从8259的ICW3格式是不相同的。

(3) 从8259(A)和从8259(B)可以接收不同的命令而工作于不同的工作模式。例如,从8259(A)可以工作于全嵌套中断模式,从8259(B)工作于轮换中断优先级模式。

(4) 采用矢量中断和查票模式相结合的混合模式:第一层1片主8259;第二层8片从8259;第三层64片从8259。这样,就组成了512级中断系统。

习题与思考题

2.1 什么叫中断?中断通常可以分为哪几类?计算机采用中断有什么好处?

2.2 什么叫中断源?MCS-51有哪些中断源?各有什么特点?

2.3 什么叫中断嵌套?什么叫中断系统?中断系统的功能是什么?

2.4 8031的5个中断标志位代号是什么?位地址是什么?它们在什么情况下被置位和复位?

2.5 中断允许寄存器IE的各位定义是什么?试写出允许T1定时器溢出中断的指令。

2.6 试写出设定INT0和INT1上中断请求为高优先级和容许它们中断的程序。此时,若INT0和INT1引脚上同时有中断请求信号输入,试问MCS-51先响应哪个引脚上的中断请求?为什么?

2.7 MCS-51响应中断是有条件的,试说出这些条件是什么?中断响应的全过程如何?

2.8 试写出并记住8031五级中断的入口地址。8031响应中断的最短时间是多少?

2.9 在MCS-51中,哪些中断可以随着中断的响应而自动撤除?哪些中断需要用户来撤除?撤除的方法是什么?

2.10 试写出边沿触发方式的中断初始化程序。

2.11 试解释8259内IRR、ISR、IMR和PR的作用?IRR和ISR中的相应位在什么情况下置位和复位?

2.12 在全嵌套中断方式下,试问8259在ISR0=1和ISR3=1时正响应哪个IR上来的中断请求？为什么？

2.13 试分析8259响应中断的过程。

2.14 决定8259选口地址的引脚是什么？CAS2～CAS0的作用是什么？

2.15 为什么单片8259初始化时要给它送ICW1和ICW2两个命令字？

2.16 8259级联时，给主8259送ICW3(主片格式)的目的是什么？给从8259送ICW3(从片格式)的目的是什么？若从片的INT线接到主片的IR4输入端，试问主片和从片的ICW3命令字各为多少？

2.17 在哪些情况下需要给8259送ICW4？

2.18 OCW2中包括哪些具体命令？这些命令的作用是什么？OCW3中包括哪些具体命令？各命令分别用于什么情况？

2.19 如何才能进入全嵌套中断模式？在全嵌套中断模式下为什么各IRn(n取值为0～7)的中断服务程序中要使用指定或非指定EOI命令？是否可以不用？

2.20 哪些命令可以使8259进入中断优先级轮换模式？

2.21 CPU对8259查票的目的是什么？试说出查票的全过程。

2.22 5片8259级联最多可以构成多少级中断系统？

2.23 MCS-51有哪3种扩展外部中断源方法？各有什么特点？

2.24 写出定时器T1作为外部中断源的初始化程序。

2.25 试比较采用查询法和采用8259扩展中断源的优、缺点？

第3章 chapter 3

定时器/计数器扩展

在计算机系统中都需要定时信号，以进行准确的定时、延时和计数控制。例如，系统日历时钟的计数、定时对动态存储器的刷新、喇叭的声源、向外设提供周期性的输出控制信号、进行定时采样和处理以及对外部事件进行计数等，都需要用到系统定时信号。定时信号可用3种方法获得：软件延时、不可编程的硬件定时、可编程的硬件定时。

软件延时的方法需要设计一个延迟子程序，通过指令执行的时间达到所需延时时间。此方法的优点是不需添加硬件；缺点是在延时过程中，CPU不能执行其他程序。

不可编程的硬件定时主要通过添加普通数字电路（例如定时器555、计数电路）来实现定时。其缺点是一旦硬件电路确定后，定时常数不易改变。

可编程的硬件定时主要通过可编程的定时/计数器芯片来实现定时。用户只需用程序对它进行设置，一旦设定的定时/计数初值到达，则产生相应的输出信号供CPU或系统使用。

3.1 MCS-51内部定时器/计数器

MCS-51单片机内部有两个16位可编程的定时器/计数器，即定时器T0和定时器T1(8052提供3个，第3个称定时器T2)。它们既可用作定时器，又可用作计数器。

3.1.1 定时器/计数器结构

定时器/计数器的基本部件是两个8位的计数器(其中TH1、TL1是T1的计数器，TH0、TL0是T0的计数器)组装而成。

在作定时器使用时，输入的时钟脉冲是由晶体振荡器的输出经12分频后得到的，所以定时器也可看作是对计算机机器周期的计数器(因为每个机器周期包含12个振荡周期，故每一个机器周期定时器加1，可以将输入的时钟脉冲看成机器周期信号)，因此，其频率为晶振频率的1/12。如果晶振频率为12MHz，则定时器每接收一个输入脉冲的时间为1μs。

当它用作对外部事件计数时，接相应的外部输入引脚T0(P3.4)或T1(P3.5)。在这种情况下，当检测到输入引脚上的电平由高跳变到低时，计数器就加1(它在每个机器周期

的 S_5P_2 时采样外部输入，当采样值在这个机器周期为高，在下一个机器周期为低时，则计数器加1)。加1操作发生在检测到这种跳变后的一个机器周期中的 S_3P_1，因此需要两个机器周期来识别一个从"1"到"0"的跳变，故最高计数频率为晶振频率的1/24。这就要求输入信号的电平要在跳变后至少应在一个机器周期内保持不变，以保证在给定的电平再次变化前至少被采样一次。

定时器/计数器有4种工作方式，其工作方式的选择及控制都由两个特殊功能寄存器(TMOD和TCON)的内容来决定。用指令改变TMOD或TCON的内容后，则在下一条指令的第一个机器周期 S_1P_1 时起作用。

1. 定时器的方式寄存器TMOD

特殊功能寄存器TMOD为定时器的方式控制寄存器，寄存器中每位的定义如图3-1所示。高4位用于定时器T1，低4位用于定时器T0。其中M1和M0用来确定所选的工作方式。

D7	D6	D5	D4	D3	D2	D1	D0
GATE	C/$\overline{T}$	M1	M0	GATE	C/$\overline{T}$	M1	M0
T1方式控制字				T0方式控制字			

图3-1 TMOD寄存器的各位定义

(1) M1和M0：定时器/计数器的4种工作方式选择，如表3-1所示。

表3-1 工作方式选择表

M1	M0	方式	说　明
0	0	0	13位定时器/计数器
0	1	1	16位定时器/计数器
1	0	2	自动装入时间常数的8位定时器/计数器
1	1	3	对T0分为两个8位独立计数器；对T1置方式3时停止工作(无中断重装8位计数器)

(2) C/$\overline{T}$：定时器方式或计数器方式选择位。C/$\overline{T}$=1时，为计数器方式；C/$\overline{T}$=0时，为定时器方式。

(3) GATE：定时器/计数器运行控制位，用来确定对应的外部中断请求引脚($\overline{INT0}$，$\overline{INT1}$)是否参与T0或T1的操作控制。当GATE=0时，只要定时器控制寄存器TCON中的TR0(或TR1)被置1时，T0(或T1)被允许开始计数(TCON各位含义见后面叙述)；当GATE=1时，不仅要TCON中的TR0或TR1置位，还需要P3口的$\overline{INT0}$或$\overline{INT1}$引脚为高电平，才允许计数。

2. 定时器控制寄存器TCON

特殊功能寄存器TCON用于控制定时器的操作及对定时器中断的控制，其各位定义如图 3-2 所示。其中 D0～D3 位与外部中断有关，已在 2.1 节中介绍。

D7	D6	D5	D4	D3	D2	D1	D0
TF1	TR1	TF0	TR0	IE1	IT1	IE0	IT0
				用于外部中断			

图 3-2　TCON 寄存器的各位定义

(1) TR0：T0 的运行控制位。该位置“1”或清零用来实现启动计数或停止计数。

(2) TF0：T0 的溢出中断标志位。当 T0 计数溢出时由硬件自动置 1；在 CPU 中断处理时由硬件清零。

(3) TR1：T1 的运行控制位。其功能同 TR0。

(4) TF1：T1 的溢出中断标志位。其功能同 TF0。

TMOD 和 TCON 寄存器在复位时其每一位均清零。

3.1.2　定时器/计数器工作方式

如前所述，MCS-51 片内的定时器/计数器可以通过对特殊功能寄存器 TMOD 中的控制位 C/$\overline{\text{T}}$的设置来选择定时器方式或计数器方式；通过对 M1 和 M0 两位的设置来选择 4 种工作方式。现以 T0 为例加以说明。

1. 方式 0

当将 M1M0 设置为 00 时，定时器选定为方式 0 工作。在这种方式下，16 位寄存器只用了 13 位，TL0 的高三位未用。由 TH0 的 8 位和 TL0 的低 5 位组成一个 13 位计数器。

当 GATE=0 时，只要 TCON 中的 TR0 为 1，TL0 及 TH0 组成的 13 位计数器就开始计数；当 GATE=1 时，仅 TR0=1 还不能使计数器计数，需要 $\overline{\text{INT0}}$引脚为 1 才能使计数器工作。由此可知，当 GATE=1 且 TR0=1 时，计数器是否计数取决于 $\overline{\text{INT0}}$引脚的信号。当 $\overline{\text{INT0}}$由 0 变 1 时，开始计数；当 $\overline{\text{INT0}}$由 1 变 0 时，停止计数。这样就可以用来测量在 $\overline{\text{INT0}}$端出现的脉冲宽度。

当 13 位计数器从 0 或设定的初值，加 1 到全“1”以后，再加 1 就产生溢出。这时，置 TCON 的 TF0 位为 1，同时把计数器变为全“0”。

2. 方式 1

方式 1 和方式 0 的工作相同，唯一的差别是 TH0 和 TL0 组成一个 16 位计数器。

3. 方式 2

方式 2 把 TL0 配置成一个可以自动恢复初值(初始常数自动重新装入)的 8 位计数器，将 TH0 作为常数缓冲器，由软件预置值。当 TL0 产生溢出时，一方面使溢出标志 TF0 置 1，同时把 TH0 中的 8 位数据重新装入 TL0 中。

方式 2 常用于定时控制。例如希望每隔 250μs 产生一个定时控制脉冲，则可以采用 12MHz 的振荡器把 TH0 预置为 6，并使 $C/\overline{T}=0$ 就能实现。方式 2 不用作串行口波特率发生器。

4. 方式 3

方式 3 对定时器 T0 和定时器 T1 是不相同的。若将 T1 设置为方式 3，则停止工作（其效果与 TR1=0 相同）。因此方式 3 只适用于 T0。

方式 3 使 MCS-51 具有 3 个定时器/计数器（增加了一个附加的 8 位定时器/计数器）。当 T0 设置为方式 3 时，将使 TL0 和 TH0 成为两个相互独立的 8 位计数器，TL0 利用了 T0 本身的一些控制（$C/\overline{T}$、GATE、TR0、$\overline{INT0}$和 TF0）方式，它的操作与方式 0 和方式 1 类似。而规定 TH0 为定时器功能，对机器周期计数，并借用了 T1 的控制位 TR1 和 TF1。在这种情况下，TH0 控制了 T1 的中断。这时 T1 还可以设置为方式 0～2，用于任何不需要中断控制的场合，或用作串行口的波特率发生器。

通常，当 T1 用作串行口波特率发生器时，T0 才定义为方式 3，以增加一个 8 位计数器。

3.1.3 定时器/计数器的初始化

1. 初始化步骤

MCS-51 内部的定时器/计数器是可编程序的，其工作方式和工作过程均可由 MCS-51 通过程序对它进行设定和控制。因此，MCS-51 在定时器/计数器工作前必须先对它进行初始化。初始化步骤为：

(1) 根据题目要求先给定时器方式寄存器 TMOD 送一个方式控制字，以设定定时器/计数器的相应工作方式。

(2) 根据实际需要为定时器/计数器选送定时器初值或计数器初值，以确实需要定时的时间和需要记数的初值。

(3) 根据需要为中断允许寄存器 IE 选送中断控制字和为中断优先级寄存器 IP 选送中断优先级字，以开放相应中断和设定中断优先级。

(4) 给定时器控制寄存器 TCON 送命令字，以启动或停止定时器/计数器的运行。

2. 计数器初值的计算

定时器/计数器可用软件随时地启动和关闭，启动时它就自动加“1”计数，一直计到满，即全为“1”。若不停止，计数值从全“1”变为全“0”，同时将计数溢出位置 1 并向 CPU 发出定时器溢出中断申请。对于各种不同的工作方式，其最大的定时时间和计数次数是不同的。这里在使用中就会出现两个问题：

一是要产生比定时器/计数器最大的定时时间还要小的时间和计数器最大计数次数还要小的计数次数怎么办？

二是要产生比定时器/计数器最大的定时时间还要大的时间和计数器最大计数次数

还要大的计数次数怎么办?

解决以上第一个问题只要为定时器/计数器设定一个非零初值即可。开定时器/计数器时,定时器/计数器不从0开始,而是从初值开始,这样就可得到比定时器/计数器最大的定时时间和计数次数还要小的时间和计数次数;解决第二个问题就要用到循环程序了,循环几次就相当于乘以几。例如要产生1s的定时可先用定时器产生50ms的定时,再循环20次就行了,因为1s=1000ms,也可用其他的组合。有时也可采用中断来实现。由上可见,解决问题的基本出路在于初值的计算,下面就来具体讨论计数器的初值计算和最大值的计算。

我们将计数器从初值开始作加1计数到计满为全1所需要的计数值设定为C和计数初值设定为D,由此便可得到如下的计算通式:

$$D = M - C \tag{1}$$

式中,M为计数器模值,该值和计数器工作方式有关。在方式0时M为2^{13},在方式1时M为2^{16},在方式2和方式3时M为2^{8}。

3. 定时器初值的计算

在定时器模式下,计数器由单片机脉冲经12分频后计数。因此,定时器定时时间T的计算公式为:

$$T = (\mathrm{TM} - \mathrm{TC})12/f_{\mathrm{osc}}(\mu\mathrm{s}) \tag{2}$$

式中TM为计数器从初值开始作加1计数到计满为全1所需要的时间,TM为模值,和定时器的工作方式有关;f_{osc}是单片机晶体振荡器的频率;TC为定时器的定时初值。

在式(2)中,若设TC=0,则定时器定时时间为最大(初值为0,计数从全0到全1,溢出后又为全0)。由于M的值和定时器工作方式有关,因此不同工作方式下定时器的最大定时时间也不一样。例如:若设单片机主脉冲晶体振荡器频率f_{osc}为12MHz,则最大定时时间为:

方式0时　　$\mathrm{TM}_{\max} = 2^{13} \times 1\mu\mathrm{s} = 8.192\mathrm{ms}$

方式1时　　$\mathrm{TM}_{\max} = 2^{16} \times 1\mu\mathrm{s} = 65.536\mathrm{ms}$

方式2和方式3时　　$\mathrm{TM}_{\max} = 2^{8} \times 1\mu\mathrm{s} = 0.256\mathrm{ms}$

例3.1　设方式0工作时,定时时间为1ms,时钟振荡频率为6MHz,求定时器的定时初值。

解:将数据代入公式(2)得

$$(2^{13} - \mathrm{TC})12/6\ \mu\mathrm{s} = 1\mathrm{ms} = 1000\mu\mathrm{s}$$

$$\mathrm{TC} = 2^{13} - 500 = 7692$$

化成二进制数为TC=1 1110 0000 1100

根据13位定时器/计数器特性,高8位F0H送TH0,低5位0CH送TL0。一般TL0的高3位置"0",可用下列指令实现。

```
TL0= 0X0C; /*5位送TL0寄存器*/
TH0= 0XF0; /*8位送TH0寄存器*/
```

例 3.2 若单片机时钟频率 f_{osc} 为 12MHz,试计算定时 2ms 所需的定时器初值。

解:由于定时器工作在方式 2 和方式 3 下时的最大定时时间只有 0.256ms,因此要想获得 2ms 的定时时间,定时器必须工作在方式 0 或方式 1。

① 若采用方式 0,则根据式(2)可得定时器初值为:

$$TC=2^{13}-2ms/1\mu s=6192$$

用计算机附件中的计算器可将 6192 转换为十六进制数 1830H。

注意:这不是定时器工作在方式 0 时的初值,因定时器工作在方式 0 时是 13 位,高字节 8 位,低字节 5 位,所以还要进行适当的变换。因为 1830H 可写成0001 1000 0011 0000,按 13 位重新组合成 00011000001 10000,这组数就可拼成 1100 0001 0001 0000,这样就得到定时器工作在方式 0 时的初值 C110H,即:TH0 应装 C1H,TL0 应装 10H(高 3 位为 0)。

② 若采取方式 1,则有:

$$TC=2^{16}-2ms/1\mu s=63536=F830H$$

即:TH0 应装 F8H;TL0 应装 30H。

例 3.3 设 T1 作定时器,以方式 1 工作,定时时间为 10ms;T0 作计数器,以方式 2 工作,外界发生一次事件即溢出。

解:T1 的时间常数为

$$(2^{16}-TC)\times 2\mu s=10ms$$
$$TC=EC78H$$

初始化程序:

```
main ()
{
      TMOD=0x16            /* T1 定时方式 1,T0 计数方式 2,即置 TMOD */
                           /* 寄存器的内容为 00010110 */
    TL0=0xFF               /* T0 时间常数送 TL0 */
    TH0=0xFF               /* T0 时间常数送 TH0 */
    TL1=0x78               /* T1 时间常数(低 8 位)送 TL1 */
    TH1=0xEC               /* T1 时间常数(高 8 位)送 TH1 */
    TR0=1                  /* 置 TR0 为 1 允许 T0 启动计数 */
    TR1=1                  /* 置 TR1 为 1 允许 T1 启动计数 */
}
```

3.1.4 定时器/计数器应用举例

例 3.4 设定时器 T0,以方式 1 工作,试编写一个延时 1s 的子程序。

解:若主频频率为 6MHz,可求得 T0 的最大定时时间为

$$TM_{max}=2^{16}\times 2\mu s=131.072ms$$

用定时器获得 100ms 的定时时间再加 10 次循环得到 1s 的延时,可算得 100ms 定时的定时初值:

$$(2^{16}-\mathrm{TC})\times 2\mu s=100ms=100000\mu s$$

$$\mathrm{TC}=2^{16}-50000=15536$$

$$\mathrm{TC}=3CB0H$$

用查询方式编写的程序如下：

```
#include <reg51.h>
#define uchar unsigned char
#define uint unsigned int
void delay(uchar n)
{
loop:
    TL0=0xB0;
    TH0=0x3C;
    TR0=1;
    while(!TF0);
    TF0=0;
    n--;
    if(n)goto loop;
    TR0=0;
}

void main ()
{
    TMOD=0x01;
        delay(10);
}
```

用中断方式编写的程序如下：

```
#include <reg51.h>
#define uchar unsigned char
#define uint unsigned int
sbit P1_0=P1^0;
uchar n;
uchar delaytime;
time0() interrupt 1 using 1
{n--;
if(n==0)
    { P1_0=!P1_0;
      n=delaytime;
     }
}
void main ()
{  delaytime=20;
   n=delaytime;
```

```
    TMOD=0x01;
    TL0=0x3c;
    TH0=0xb0;
    EA=1;
    ET0=1;
    TR0=1;
    while(1)
        {
        }
}
```

3.2 8253定时器/计数器扩展芯片

可编程的硬件定时主要通过可编程的定时器/计数器芯片来实现定时，用户只需用程序对它进行设置，一旦定时/计数值到达，则产生相应的输出信号供CPU或系统使用。该类芯片很多，如本章将介绍的Intel系列的8253、8254定时器/计数器芯片等。

3.2.1 8253的内部结构和工作原理

8253具有3个独立、功能相同的16位减法计数器，可进行二进制或十进制BCD计数或定时操作，每个计数器的工作方式及计数常数分别由软件编程设置，计数速度可达2MHz，所有I/O都与TTL兼容。它是24脚、双列直插式、单+5V电源。

1. 8253的内部逻辑结构

8253的内部结构及引脚图如图3-3、图3-4所示，其结构由数据总线缓冲器、读写控制逻辑、3个结构完全相同的计数器(计数器0、1、2)和控制字寄存器组成。

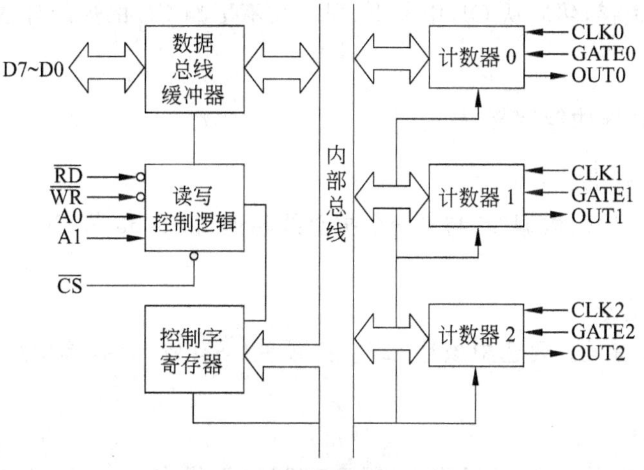

图3-3 8253的内部逻辑结构

(1) 数据总线缓冲器

它是 8253 与数据总线连接的 8 位双向三态缓冲器。CPU 用输入输出指令对 8253 进行如下读写操作：

① CPU 向 8253 写方式控制字。

② CPU 向 8253 某计数器写计数初值。

③ CPU 读 8253 某计数器的当前计数值。

(2) 读写控制逻辑

它接收 CPU 送来的读写信号($\overline{RD}/\overline{WR}$)、片选信号($\overline{CS}$)、端口选择信号(A1A0)，以决定控制字寄存器、3 个计数器中哪一个进行工作，以及数据传送的方向。

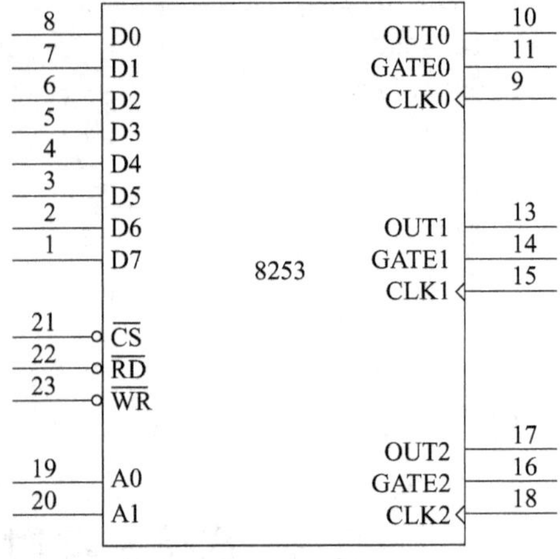

图 3-4 8253 引脚图

(3) 控制字寄存器

每个计数器通道都有一个控制字寄存器，用来接收 CPU 送来的控制字。这个控制字用来选择计数器及相应的工作方式等。控制字寄存器只能写入不能读出，且共用一个控制端口地址。

(4) 计数器 0～2

8253 内部含 3 个完全独立的定时器/计数器通道，各自可同时按不同的方式工作。每个通道都包含一个 8 位控制字寄存器(CW)、一个 16 位计数初值寄存器(CR)、一个 16 位减 1 计数器(CE)、一个 16 位输出寄存器(OL)，如图 3-3 所示。

由程序首先写控制字给控制字寄存器，再写计数初值给相应计数器，初值在 CR 中保存，并送 CE 中，在 GATE 门控信号允许或触发下，CE 便开始对 CLK 脉冲进行减 1 计数，直到计数值被减到 0 时，计数结束或本周期结束，输出 OUT 端便产生相应波形。输出信号的波形由事先规定的工作方式决定并受控于 GATE 信号。在减 1 计数过程中，CE 中当前的计数值同时送给 OL。因此，若想要知道计数过程中的当前计数值，则必须用指令将当前值锁存，然后从 OL 中读出，同时又不影响 CE 的连续计数。注意：不能直接从 CE 中读出。

2. 8253 的引脚功能定义

(1) D7～D0 数据总线

双向三态输入输出数据线，与系统数据总线相连，供 8253 与 CPU 之间传送数据、命令、状态信息使用。

(2) $\overline{CS}$片选信号

输入，低电平有效。要选中该片 8253，必须使$\overline{CS}$有效，只有选中后才能对它进行读写操作。

(3) $\overline{RD}$读信号

输入，低电平有效。由 CPU 发出，用于对 8253 读操作。

(4) $\overline{WR}$写信号

输入,低电平有效。由 CPU 发出,用于对 8253 写控制字或写计数初值。

(5) A1A0 端口地址编码线

3 个独立的计数器各有一个端口地址,另外 3 个控制寄存器共用一个端口地址,所以 8253 共需 4 个端口地址。当 A1A0=11 时,为控制字寄存器端口;当 A1A0 等于 00、01 或 10 时,分别为计数器 0、计数器 1、计数器 2 的端口。只有选中该端口地址,才能对它进行读写操作。

上述各输入信号($\overline{CS}$、A1A0、$\overline{RD}$、$\overline{WR}$)的组合决定了 CPU 对 8253 的端口地址选择以及对该端口地址的具体读写操作,如表 3-2 所示。

表 3-2 8253 端口地址及读写操作

A1	A0	$\overline{RD}$	$\overline{WR}$	$\overline{CS}$	操 作
0	0	1	0	0	装入计数器 0
0	1	1	0	0	装入计数器 1
1	0	1	0	0	装入计数器 2
1	1	1	0	0	写方式字
0	0	0	1	0	读计数器 0
0	1	0	1	0	读计数器 1
1	0	0	1	0	读计数器 2
1	1	0	1	0	无操作三态
X	X	X	X	1	禁止三态
X	X	1	1	0	无操作三态

说明:X 表示任意态,其他表不再一一说明。

8253 的 A1A0 直接与 CPU 地址 A1A0 相连。

(6) CLK0~CLK2(时钟)脉冲信号

计数器 0、1、2 的(时钟)脉冲输入端,它们各自独立。脉冲信号的作用是在 8253 进行定时或计数工作时,每输入一个 CLK 脉冲,定时/计数值减 1。

(7) GATE0~GATE2 门控信号

计数器 0、1、2 的门控信号输入端,它们各自独立。该信号用来禁止、暂停、停止、允许、启动计数的控制,在 6 种不同的工作方式中,GATE 控制作用也不同,详见后述。

(8) OUT0~OUT2 计数器输出信号

计数器 0、1、2 的输出信号端,它们各自独立。当定时或计数值减为 0 时,在 OUT 端输出信号,该信号的波形取决于工作方式。该信号可供 CPU 检测、查询或作为中断请求信号使用,也可作为控制信号或信号源使用。

3. 8253 的控制字及初始化编程

在使用 8253 前必须对它进行初始化编程,对 8253 的工作方式、计数方式、操作方式的确定和通道的选择都是由控制字来确定的。不同计数器的控制字必须分别设置，但它们的端口地址共用一个。控制寄存器只能写入，不能读出。

(1) 8253 控制字

控制字的格式及功能如图 3-5 所示。

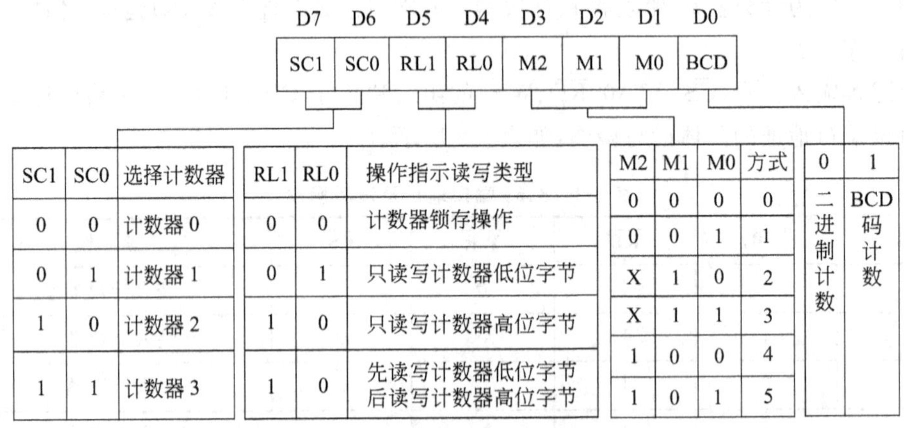

图 3-5 8253 工作方式及控制字定义

① SC1、SC0：计数器 CW 选择位。因为每个计数器的 CW 都用同一个端口地址，在控制字中用这两个特征位来具体表明控制字是对哪个 CW 设置的。

② RL1、RL0：读写选择位。00 用于命令所选定的计数器进行当前计数值锁存操作，使当前计数值在输出锁存器 OL 中锁定，以便 CPU 随后读取它，同时又不影响 CE 的计数进行。01、10、11 用于定义计数初值单/双字节操作，以及操作顺序。

③ M2、M1、M0：工作方式选择位。

④ BCD：计数方式选择位。它定义计数器按二进制计数还是按 BCD 码计数，所以在写计数初值时要注意数制的一致。

(2) 8253 的初始化编程

对 8253 编程常有两种操作：初始化写操作和读当前计数值操作。

① 初始化写操作——8253 的初始化编程。

刚加电时，8253 处于一种未定义状态，工作方式是不确定的，需要对它进行初始化编程，具体有两项内容：

一是首先设置控制字。需要用几个计数器，就要写几次控制字，不过控制字端口地址都相同。写入控制字，还起到复位作用：使该计数器清零及 OUT 端变为规定的初始状态。

二是向已选定的计数器端口地址内写入计数初值。但要注意：编程写入时必须按相应控制字中的要求顺序写入，例如，当 CW 中 RL1、RL0 为 11 时，应先写入计数初值低 8 位，再写入计数初值高 8 位，而如果计数初值为 0，则将初值 0000H 分两次顺序写入；正确选定初值是二进制数还是 BCD 码数。

由于 3 个计数器完全独立，有各自的端口地址，因此对这 3 个计数器分别进行初始化编程并没有先后次序要求。但是，对任一计数器初始化时必须先写控制字，再写计数初值。

② 读当前计数值操作——先锁存,再读操作。

在实际应用中,常需要读出某计数器某时刻的当前计数值,8253 的 OL 寄存器就是为此功能而设计的。在计数过程中,OL 实时跟随 CE,并不锁存其实时值,只有接到锁存指令时,OL 立即锁存当前值不再跟随 CE 变化,而同时 CE 继续减 1 计数。当 CPU 将锁定值用输入指令读走时,锁存器自动失锁,又跟随 CE 实时变化。这样就保证了在读出当前计数值的过程中不影响计数的进行。

具体的编程步骤为:先写锁存命令控制字(即设置控制字的 RL1、RL0 为 00),该锁存命令控制字仅起锁存作用,不影响计数器当前工作和状态;再读该计数器端口地址。

4. 8253 的基本功能

CPU 将 8253 看作一个 I/O 端口,其中每个计数器有 6 种工作方式。但从总体功能来讲,可分为计数器工作方式或定时器工作方式。

(1) 计数器工作方式

CPU 先写控制字,再写计数初值,当 GATE 启动条件存在时,计数器开始对由外部事件形成的 CLK 脉冲进行减 1 计数。在计数过程中,可通过读当前计数值了解到外部事件的状态,当减到 0 时,在 OUT 端得到输出信号。

作为对外部事件计数的 CLK 可以是均匀、连续的,也可以是非均匀、连续的,它只是脉冲的数量问题,不是脉冲的时间间隔。

(2) 定时器工作方式

定时器和计数器一样就其内部操作而言,都是利用一个减法计数器来完成。所不同的是,定时器工作方式时,CLK 必须是连续、均匀、周期精确的时钟脉冲,并且最终结果还与 CLK 脉冲周期有关,即计时时间等于计数值与 CLK 脉冲周期的乘积。

3.2.2 8253 的工作方式

8253 芯片的每个计数器都有 6 种工作方式可供选用,这 6 种工作方式的主要特点、区别表现在:

(1) 输出波形不同。

(2) 启动计数器的触发方式不同(电平触发、边沿触发)。

(3) 计数过程中门控信号 GATE 对计数操作的影响不同。

该 6 种方式功能为:

(1) 方式 0:计数结束产生中断信号输出。

(2) 方式 1:可编程单稳态信号输出。

(3) 方式 2:可编程频率发生器/分频器。

(4) 方式 3:可编程方波发生器。

(5) 方式 4:可编程软件触发的选通信号输出。

(6) 方式 5:可编程硬件触发的选通信号输出。

但不论用哪种工作方式,都遵循下面几条基本规则:

(1) 首先写控制字，使控制逻辑电路复位，OUT 端进入初始状态。

(2) 再写计数初值，经过一个 CLK 脉冲周期(在 GATE 允许或触发条件下)后，计数器才开始计数。

(3) 在 CLK 脉冲的上升沿对 GATE 信号进行采样，以检测是何种触发方式(电平触发/边沿触发)。

(4) 在 CLK 脉冲的下降沿，计数器作减 1 计数。

(5) 0 是计数器所能容纳的最大初值。当选用二进制时，0 相当于 2^{16}；当选用 BCD 码时，0 相当于 10^4。

下面分别讨论不同工作方式的特点和工作时序。

1. 方式 0——可编程阶跃信号发生器

能使 OUT 端产生正阶跃信号，常被用来作为中断申请信号。该方式的时序波形如图 3-6 所示，说明如下：

(1) 写入控制字，$\overline{WR}$信号的上升沿使 OUT 端输出低电平作为初始状态。

(2) 再写入计数初值 n，$\overline{WR}$信号的上升沿将这个计数初值先送到 CR 中，在$\overline{WR}$信号上升沿之后的第一个 CLK 脉冲的下降沿时才将初值从 CR 送到 CE 中。此时如果 GATE＝0，那么 CE 仍不能减 1 计数，只有当 GATE＝1 时，CE 立即开始对 CLK 脉冲下降沿作减 1 计数。在计数过程中，OUT 端仍输出低电平，直到减 1 计数到 0，OUT 端才变为高电平。此高电平一直保持到 CPU 又写入控制字或又重新写入新初值时，OUT 端才变为低电平，重新开始新周期。

(3) 在计数过程中，若 GATE 由 1 变为 0，则 CE 立即暂停计数，并保持当前计数值。一旦 GATE 变为 1，CE 才从暂停值开始继续计数。在暂停过程中，OUT 端仍输出低电平，也就是说 GATE 信号的变化不影响输出端状态。因此，利用这一功能，可延长定时时间。

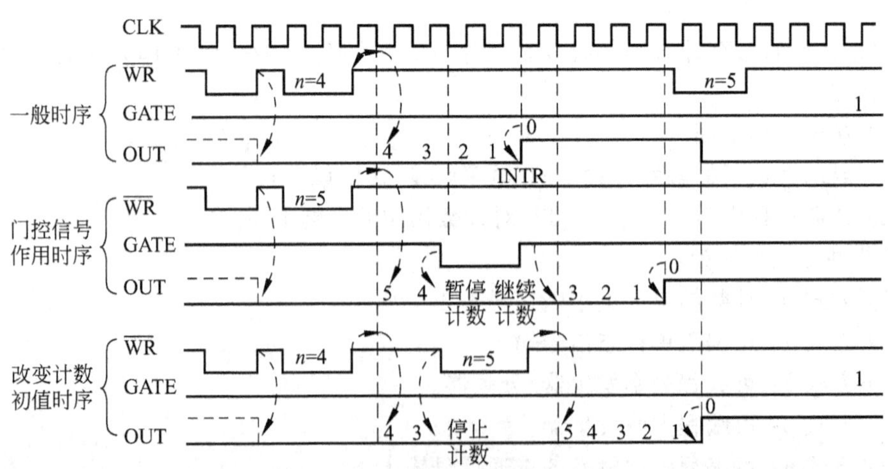

图 3-6 方式 0 的时序波形

(4) 在计数过程中，若 CPU 重新写入新的计数初值，则 CE 停止原计数，直到$\overline{WR}$信号上升沿后的第 1 个 CLK 脉冲的下降沿时将按新的初值 0 重新开始计数。

由上所述，可总结出启动/停止计数的具体方法。

(1) 启动计数法

① 在 GATE＝0 时，将初值写入计数器后，可由 GATE 信号由 0 变为 1 启动计数。

② 在已有 GATE＝1 的条件下，将初值写入计数器，也能启动计数。

(2) 停止计数法

① 在计数过程中，使 GATE 由 1 变 0，则立即停止/暂停计数。

② 计数器减 1 到 0，则自然停止计数。

③ 写控制字，使某计数器进入复位状态。

2. 方式 1——可编程单稳态输出方式

能使 OUT 端产生单脉冲波形信号，单脉冲宽度大小可由程序设定。该方式的时序波形如图 3-7 所示，说明如下：

(1) 写入控制字后，OUT 端输出高电平作为初始状态。

(2) 再写入计数初值 n，$\overline{WR}$信号上升沿将这个计数初值先送到 CR 中，在$\overline{WR}$信号上升沿之后的第一个 CLK 脉冲的下降沿时才将初值从 CR 送到 CE 中；然后，只有当 GATE 信号出现上升沿并在上升后的第一个 CLK 脉冲下降沿时才启动计数并使 OUT 端变为低电平，直到计数值减到 0 时，使 OUT 端再变为高电平。由此 OUT 端产生一个负单稳态脉冲波形，脉冲宽度为 n 个 CLK 脉冲周期宽度。

(3) 在计数过程中，如果 CPU 又写入新的计数初值，当前计数值将不受影响仍继续计数直到结束。计数结束后，只有再次出现 GATE 上升沿脉冲，才按新初值启动计数。

(4) 在计数过程中，如果 GATE 又出现上升沿脉冲，则计数器将立即从初值开始重新计数；直到计数结束，OUT 端才变为高电平。因此，利用这一功能，可延长 OUT 单脉

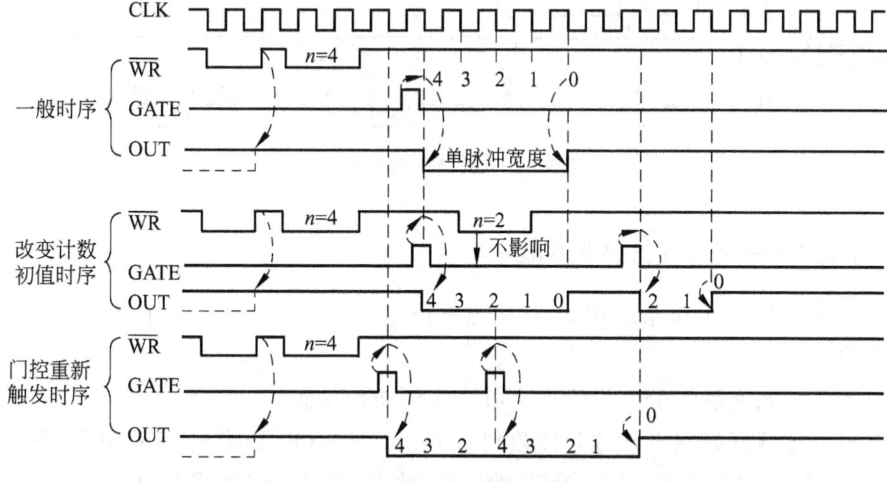

图 3-7 方式 1 的时序波形

冲宽度。

3. 方式 2——可编程频率发生器/分频器

使 OUT 端输出固定频率的脉冲，其中脉冲宽度等于 CLK 脉冲周期，输出脉冲周期等于 n 个 CLK 脉冲的宽度，也相当于对 CLK 脉冲 n 分频。这种方式给自动控制中的实时检测、实时控制提供了实时时钟，也可作为一个可编程脉冲速率发生器，如图 3-8 所示。

(1) 写入控制字后，OUT 端输出高电平作为初始状态。

(2) 写入计数初值后的第一个 CLK 脉冲下降沿，初值才送到 CE。在 GATE＝1 条件下，开始减 1 计数，当计数减到 1(注意不是减到 0)时，OUT 端变为低电平；再减 1，即计数减到 0，OUT 端又变为高电平，同时计数器自动重新从计数初值开始新的减 1 计数过程，如此重复进行。

(3) 在计数过程中，CPU 写入新的初值并不影响当时计数值，而是影响后面的循环计数。

(4) 在计数过程中，GATE 变为低电平，则停止计数，直到 GATE 恢复高电平后，计数器则从计数初值开始重新计数。由此可见，这种方式下，门控信号既可用电平触发，也可用上升沿触发。

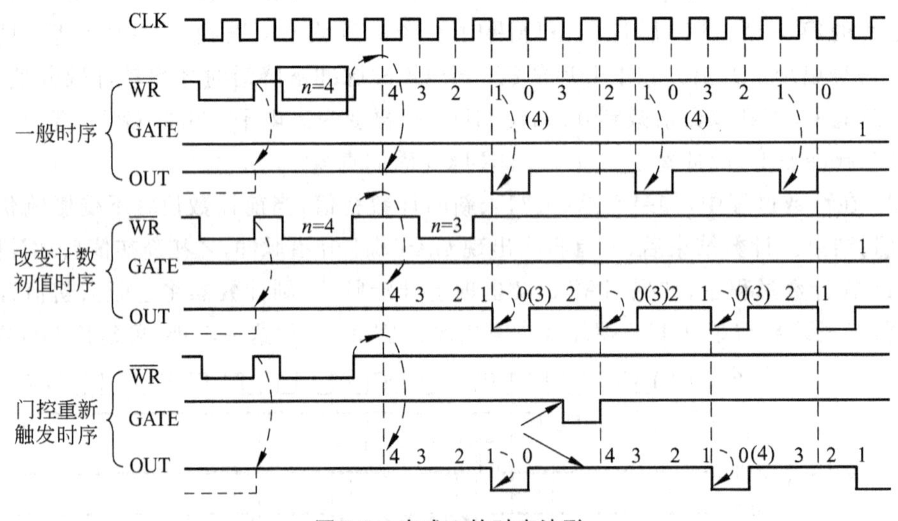

图 3-8 方式 2 的时序波形

4. 方式 3——可编程方波发生器

本方式与方式 2 工作原理相似，但输出波形则为占空比 1∶1 或近似 1∶1 的连续方波或矩形波。

(1) 写入控制字后，OUT 端输出高电平作为初始状态。

(2) 当计数器开始减 1 计数并计数到一半($n/2$)时，OUT 端就由高(电平)变为低(电平)；再继续减 1 计数，计到 0 时，OUT 端由低(电平)变为高(电平)，从而完成一个周期的工作；然后又自动开始重复计数。由此 OUT 端产生占空比为 1∶1 或近似 1∶1 的连续方波或矩形波。

当计数初值 n 为偶数时，OUT 端输出对称方波；当 n 为奇数时，OUT 端输出矩形波，正半周（高电平）为 $(n+1)/2$，负半周（低电平）为 $(n-1)/2$。其他功能时序与方式 2 相同，如图 3-8 所示。

5. 方式 4——可编程软件触发的选通信号发生器

本方式与方式 0 工作原理相似，但 OUT 端输出波形为单脉冲选通信号，如图 3-9 所示。

(1) 写控制字，OUT 端输出高电平作为初始状态。

(2) 写计数初值 n，该 $\overline{WR}$ 信号上升沿将这个计数初值先送到 CR 中，在 $\overline{WR}$ 信号上升沿之后的第一个 CLK 脉冲的下降沿时才送入 CE 中。此时，若 GATE=1，CE 就启动减 1 计数；若 GATE=0 则不计数，等待 GATE 条件。

当启动计数后，直到计数值减到 0 时，OUT 端才由高变低，并且仅保持一个时钟周期的低电平，就自动变为高电平，也就是在 OUT 端产生一个负单脉冲信号波形。

(3) 在计数过程中，若 CPU 又写入新的计数初值，则 $\overline{WR}$ 信号下降沿使计数器停止计数，然后在 $\overline{WR}$ 的上升沿后的第一个 CLK 脉冲下降沿开始按新计数初值作减 1 计数。

注意：*若该初值为双字节数，则写第一个字节时，不影响原计数，写第二个字节时 $\overline{WR}$ 信号才起作用。*

(4) 在计数过程中，若 GATE 由高变低，计数器立即停止计数，但是 OUT 端输出仍保持高电平，直到 GATE 恢复到高电平条件时，计数器将从初值开始重新减 1 计数。

(5) 由程序置入的计数初值只一次有效，减 1 计数到 0 输出一个负单脉冲信号后，计数结束，不再计数。若要继续进行计数，必须重新写计数初值，并在 GATE=1 条件下，启动计数。

使用方式 4 时，计数器主要靠写入新的计数初值来触发计数器工作，所以常称它为软件触发。OUT 端输出的负单脉冲信号常作为选通信号使用；另外还可用作定时功能，

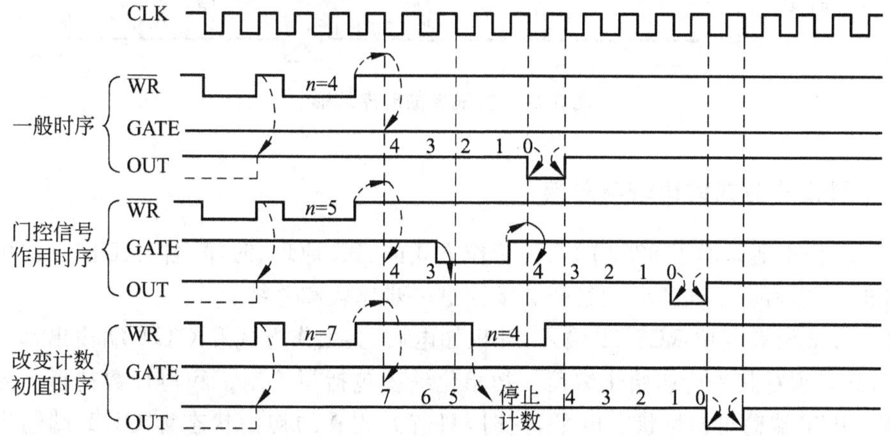

图 3-9　方式 4 的时序波形

定时时间为 n 个 CLK 周期;也可完成计数功能,将计数脉冲以 CLK 输入,使计数器减到 0,由 OUT 端输出负脉冲表示计数次数完成。

6. 方式 5——可编程硬件触发的选通信号发生器

本方式与方式 1 工作原理相似,由外门控信号的上升沿触发计数器计数,但 OUT 端输出波形为单脉冲选通信号,同方式 4,如图 3-10 所示。

(1) 写控制字,OUT 端输出高电平作为初始状态。

(2) 写计数初值 n,在 $\overline{WR}$ 信号上升沿将这初值先送到 CR 中,然后等待门控信号的出现。在 GATE 信号出现上升沿后的第一个 CLK 脉冲的下降沿时将初值送入 CE,并开始减 1 计数。直到减到 0 时,OUT 端由高变低,并仅保持一个 CLK 脉冲周期的低电平后就自动变为高电平,也就是在 OUT 端产生一个负单脉冲信号波形。

(3) 在计数过程中或计数结束后,若 GATE 信号再次出现上升沿,则计数器将自动重装初值并开始新的计数周期。

(4) 在计数过程中,若 CPU 又写入新的计数初值,只要 GATE 不出现上升沿,就不影响当前计数。如果在这以后,GATE 出现上升沿,则在其后的第一个 CLK 脉冲下降沿启动计数器,并按新初值开始计数。

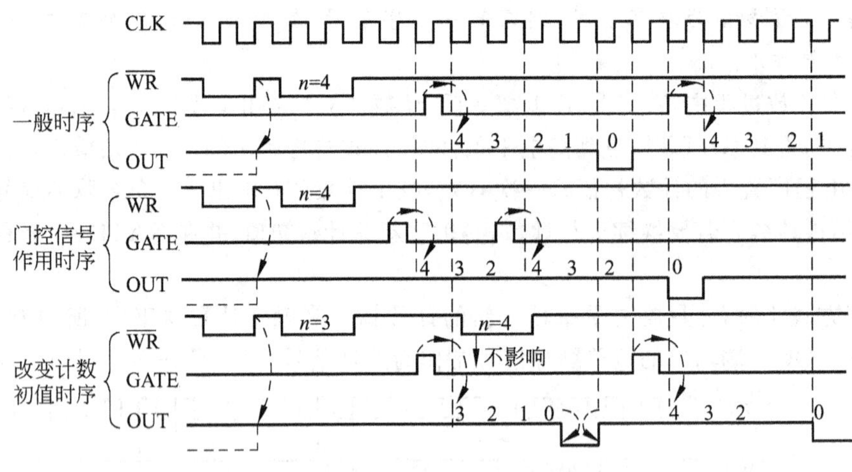

图 3-10 方式 5 的时序波形

7. 6 种工作方式的比较与总结

上面较详细地说明了 8253 的 6 种工作方式的工作原理、时序,各种工作方式可以输出不同波形,以适应不同的应用场合。下面进一步比较和总结。

(1) 8253 没有复位 RESET 输入,开机加电后,其工作方式和 OUT 端输出都是不确定的,因此必须对其进行初始化编程。初始化编程包括写控制字和写计数初值。先写控制字,使 OUT 端输出初始状态电平,此时,只有方式 0 的初始状态为 OUT 端输出低电平,其他方式的初始状态都是 OUT 端输出高电平。

(2) OUT 端输出波形都是在 CLK 脉冲下降沿时产生电平的变化。

(3) 门控信号的触发方式有两种：电平触发和边沿触发。方式 0、4 中 GATE 为电平触发；方式 1、5 中 GATE 为上升沿触发；方式 2、3 中 GATE 既用到电平触发也用到上升沿触发。

边沿触发时，门控信号可以是窄正脉冲或窄负脉冲；电平触发时，门控信号的高电平必须至少保持一段时间，即至少必须在下一个时钟上升沿前保持高电平，否则将视为无效。

(4) 计数器计数的启动或停止，各工作方式都有几种方法，参见各时序图。它们都受写控制字指令、写初值指令、GATE 信号、CLK 脉冲下降沿等控制。

(5) 方式 0 与方式 1 的 OUT 端输出波形类似，在计数过程中都保持低电平，计数结束后立即变为高电平，这种正阶跃信号输出常可用来作中断请求信号。但它们的 OUT 端初始状态不一样：方式 0 的 OUT 端输出正阶跃信号，方式 1 的 OUT 端输出负单稳态脉冲波。

(6) 方式 2 与方式 3 的共同特点是都具有减到 0 后计数初值自动再重装功能，所以 OUT 端都能输出连续的波形。它们的主要区别在于占空比不同：方式 2 输出连续的负脉冲波，其中脉冲宽度仅为一个 CLK 脉冲，而周期为 n 个 CLK 脉冲；方式 3 输出连续方波或矩形波，占空比为 1∶1 或近似 1∶1。

(7) 方式 4 与方式 5 的输出波形相同。它们的主要区别是计数启动的触发信号不同：方式 4 由写计数初值指令的 $\overline{\text{WR}}$ 上升沿启动计数，方式 5 由 GATE 上升沿启动计数。

(8) 6 种工作方式都受 GATE 门控信号的控制，具体控制情况如表 3-3 所示。

(9) 在使用计数器前，必须先写入计数初值 n。某些工作方式下初值只能用一次，如下次要用，必须重新写入初值 n；而在另外一些方式下，能自动重新装入初值 n 实现循环计数。

计数初值 n 使用规范：

方式 0：写入的初值 n 一次有效。

方式 1：写入的初值 n 一次有效。

方式 2：写入的初值 n 能自动重装。

方式 3：写入的初值 n 能自动重装。

方式 4：写入的初值 n 一次有效。

方式 5：写入的初值 n 能自动重装。

表 3-3 各方式中 GATE 信号的控制和 OUT 端输出波形

工作方式	从 GATE 脚输入的门控信号所起的作用				OUT 端输出波形
	低电平	下降沿	上升沿	高电平	
0	禁止计数	暂停计数	让 CE 从暂停处继续开始计数	允许计数	正阶跃信号波(计数过程中为低电平，计数到 0 则输出高电平)
1	不影响计数	不影响计数	① 启动计数 ② 重新开始计数	不影响计数	单稳态负脉冲波(脉冲宽度为 n 个 CLK 脉冲周期)

续表

工作方式	从GATE脚输入的门控信号所起的作用				OUT端输出波形
	低电平	下降沿	上升沿	高电平	
2	禁止计数	停止计数	重新以初值开始计数	允许计数	连续的负脉冲波形(周期为 n 个CLK,脉冲宽度为1个CLK)
3	禁止计数	停止计数	重新以初值开始计数	允许计数	连续的方波或矩形波(周期为 n 个CLK)
4	禁止计数	停止计数	重新以初值开始计数	允许计数	单负脉冲波形(脉冲宽度为1个CLK)
5	不影响计数	不影响计数	重新以(最新)初值开始计数	不影响计数	单负脉冲波形(脉冲宽度为1个CLK)

(10) 6种工作方式在计数过程中都可写入新计数初值,但是在不同方式时对当前计数及OUT输出的影响各不相同。计数过程中改变计数初值的作用如表3-4所示。

表3-4 各方式在计数过程中改变计数初值的作用

工作方式	($\overline{WR}$)写新 n 值的作用		
	下降沿	低电平	上升沿后
0	停止当前计数	停止计数	按新的 n 值开始计数
1	不影响当前计数	不影响计数	当前计数结束后,待到再来门控信号则计数将按新的 n 值计数
2	不影响当前计数	不影响计数	当前计数结束后,下次计数将按新的 n 值计数
3	不影响当前计数	不影响计数	当前计数结束后,下次计数将按新的 n 值计数
4	停止当前计数	停止计数	按新的 n 值开始计数
5	不影响当前计数	不影响计数	当前计数结束后,待到再来门控信号则计数将按新的 n 值计数

3.2.3 MCS-51与8253的接口方法

例3.5 在8253定时器/计数器0的时钟输入端输入14.4kHz脉冲信号时,在8253的输出端(OUT0)产生1Hz的方波,发光二极管不停闪烁,其原理图如图3-11所示。

根据$\overline{CS}$接P2.7引脚可算出片选地址为7000H,又据14.4kHz的脉冲可算出初值为3840H。

编程如下:

```
#include <reg51.h>
#include <absacc.h>
#define COM XBYTE[0X9003]
#define C0 XBYTE[0X9000]
```

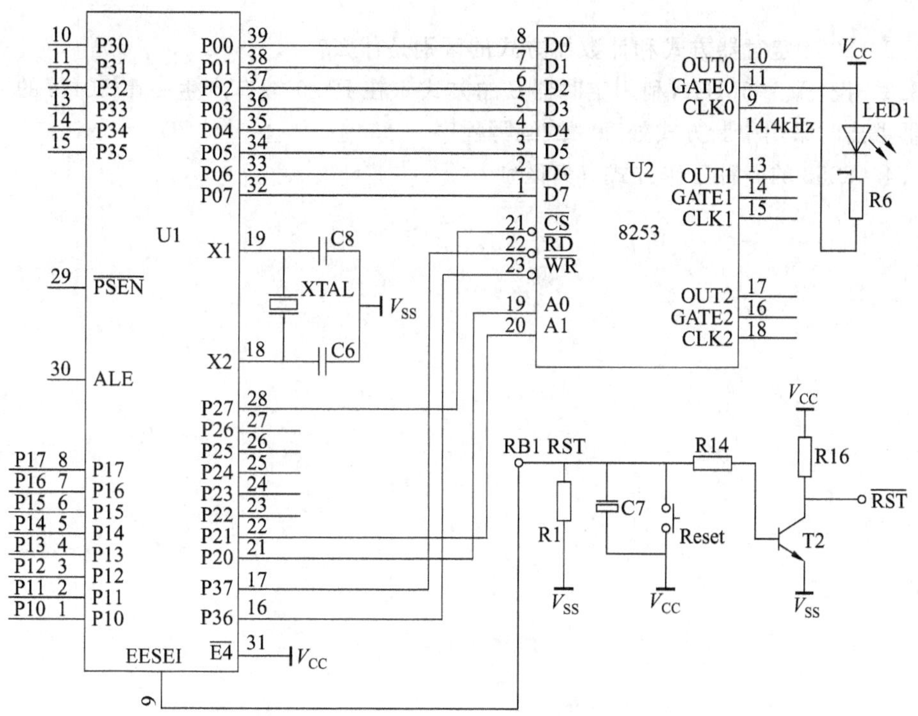

图 3-11　8253 输出 1Hz 方波的原理图

```
void ini_c0(void);

void ini_c0(void)
{
    COM=0X37;              /*控制字*/
    C0=0X40;               /*初值*/
    C0=0X38;
}

void main()
{
    ini_c0();              /*启动*/
loop:goto loop;
}
```

习题与思考题

3.1　8051 单片机内设有几个可编程的定时器/计数器？它们可以有 4 种工作方式，如何选择和设定？当作定时器或计数器应用时，它们的速率分别为晶振频率的多少倍？

3.2　8051 定时器方式和计数器方式的区别是什么？

3.3　设 f_{osc}=6MHz，利用定时器 0 的方式 1 在 P1.6 端口产生一串 50Hz 的方波，定时器溢出时采用中断方式处理。试编写程序。

3.4　8253 的 6 种工作方式有何区别？

第4章 chapter 4

通信接口扩展

通信的方法和方式很多，在单片机中的远距离通信都采用串行接口通信方式，本章主要介绍串行接口通信。

4.1 串行接口通信

MCS-51 单片机内部的串行接口是全双工的，即它能同时发送和接收数据。发送缓冲器只能写入不能读出，接收缓冲器只能读出不能写入。串行口还有接收缓冲作用，即从接收寄存器中读出前一个已收到的字节之前就能开始接收第二字节。

两个串行口数据缓冲器(实际上是两个寄存器)通过特殊功能寄存器 SBUF 来访问。写入 SBUF 的数据储存在发送缓冲器，用于串行发送；从 SBUF 读出的数据来自接收缓冲器。两个缓冲器共用一个地址 99H(特殊功能寄存器 SBUF 的地址)。

4.1.1 串行接口控制寄存器

控制串行口的特殊功能寄存器有两个：串行口控制寄存器(SCON)和电源控制器(PCON)。

1. PCON 中的波特率选择位

PCON 是一个特殊功能寄存器(如下图所示)，没有位寻址功能，字节地址为 87H。

D7	D6	D5	D4	D3	D2	D1	D0
SMOD							

D6～D0：无定义位

其中，D7 位(SMOD)为波特率选择位(波特率定义参见 4.1.3 节)，其他均无意义。复位时的 SMOD 值为 0。可用 MOV　PCON，#80H 或 MOV　87H，#80H 指令使该位置 1。当 SMOD=1 时，在串行口方式 1、2 或 3 情况下，波特率提高一倍。

2. 串行口控制寄存器SCON

特殊功能寄存器SCON用于定义串行口的操作方式和控制它的某些功能。其字节地址为98H。寄存器中各位内容如下：

D7	D6	D5	D4	D3	D2	D1	D0
SM0	SM1	SM2	REN	TB8	RB8	TI	RI

(1) SM0、SM1：串行口操作方式选择位。这两个选择位对应于4种状态，所以串行口能以4种方式工作，如表4-1所示。

(2) SM2：允许方式2和3的多机通信使能位。在方式2或3中，若将SM2置为1，且接收到的第9位数据(RB8)为0，则接收中断标志RI不会被激活；在方式1中，若SM2＝1，则只有收到有效的停止位时才会激活RI；在方式0中，SM2必须置为0。

(3) REN：允许串行接收位。由软件置位或清零，使能允许接收或禁止接收。

(4) TB8：是在方式2和3中要发送的第9位数据。可按需要由软件置位或复位。

(5) RB8：是方式2和3中已接收到的第9位数据。在方式1中，若SM2＝0，RB8是接收到的停止位；在方式0中，不使用RB8位。

(6) TI：发送中断标志。在方式0中当串行发送完第8位数据时由硬件置位；在其他方式中，在发送停止位的开始时由硬件置位。当TI＝1时，申请中断，CPU响应中断后，发送下一帧数据。在任何方式中，该位都必须由软件清零。

(7) RI：接收中断标志。在方式0中串行接收到第8位结束时由硬件置位。在其他方式中，在接收到停止位的中间时刻由硬件置位。RI＝1时申请中断，要求CPU取走数据。但在方式1中，当SM2＝1时，若未接收到有效的停止位，则不会对RI置位。在任何工作方式中，该位都必须由软件清零。在系统复位时，SCON中的所有位都被清零。

4.1.2 串行接口工作方式

串行口的操作方式由SM0、SM1定义，编码和功能如表4-1所示。

表4-1 串行口方式选择

SM0	SM1	方　式	功能说明	波特率
0	0	0	移位寄存器方式	$f_{osc}/12$
0	1	1	8位UART	可变
1	0	2	9位UART	$f_{osc}/64$ 或 $f_{osc}/32$
1	1	3	9位UART	可变

1. 方式0

串行口的工作方式0为移位寄存器输入输出方式，可外接移位寄存器，以扩展I/O口，也可外接同步输入输出设备。

(1) 方式 0 输出(发送)。串行数据通过 RXD 引脚输出,而在 TXD 引脚输出移位时钟,作移位脉冲输出端。

当一个数据写入串行口数据缓冲器时,就开始发送。在此期间,发送控制器送出移位信号,使发送移位寄存器的内容右移一位。直至最高位(D7 位)数字移出后,停止发送数据和移位时钟脉冲。完成了发送一帧数据的过程,并置 TI 为 1,就申请中断。若 CPU 响应中断,则从 0023H 单元开始执行串行口中断服务程序。

(2) 方式 0 输入(接收)。当串行口定义为方式 0 时,RXD 端为数据输入端,TXD 端为同步脉冲信号输出端。接收器以振荡频率的 1/12 的波特率接收 TXD 端输入的数据信息。

REN(D4)为串行口接收器允许接收控制位。当 REN=0 时,禁止接收;REN=1,允许接收。当串行口置为方式 0,且满足 REN=1 和 RI(D0)=0 的条件时,就会启动一次接收过程。在机器周期的 S_6P_2时刻,接收控制器向输入移位寄存器写入 1111 1110,并使移位时钟由 TXD 端输出。从 RXD 端(P3.0 引脚)输入数据,同时使输入移位寄存器的内容左移一位,在其右端补上刚由 RXD 引脚输入的数据。这样,原先在输入移位寄存器中的 1 就逐位从左端移出,而在 RXD 引脚上的数据就逐位从右端移入。当写入移位寄存器中最右端的一个 0 移到最左端时,其右边已经接收了 7 位数据。这时,将通知接收控制器进行最后一次移位,并将所接收的数据装入 SBUF。在启动接收过程开始后的第 10 个机器周期的 S_1P_1时刻,SCON 中的 RI 位被置位,从而发出中断申请。至此,完成了一帧数据的接收过程。若 CPU 响应中断,就去执行由 0023H 作为入口地址的中断服务程序。

方式 0 主要用于使用 CMOS 或 TTL 移位寄存器进行 I/O 扩展的场合。

MCS-51 串行口可以外接串行输入并行输出移位寄存器作为输出口,还可以外接并行输入串行输出移位寄存器作为输入口。

方式 0 发送或接收完 8 位数据后,由硬件置位发送中断标志 TI 或接收中断标志 RI。但 CPU 响应中断请求转入中断服务程序时并不清除 TI 或 RI。因此,中断标志 TI 或 RI 必须由用户在程序中清零(可用 TI=0x00 或 RI=0x00 等指令)。

以方式 0 工作时 SM2 位(多机通信制位)必须为 0。

2. 方式 1

串行口工作于方式 1 时,被控制为波特率可变的 8 位异步通信接口。传送一帧信息为 10 位,即 1 位起始位“0”、8 位数据位(低位在先)和 1 位停止位“1”。数据位由 TXD 发送,由 RXD 接收。波特率是可变的,取决于定时器 1 或 2 的溢出速率。

(1) 方式 1 发送。CPU 执行任何一条以 SBUF 为目标寄存器的指令,就启动发送。先将起始位输出到 TXD,然后将移位寄存器的输出位送到 TXD。接着发出第一个移位脉冲(SHIFT),使数据右移一位,并从左端补入 0。此后数据将逐位由 TXD 端送出,而其左面不断补入 0。当发送完数据位时,置位中断标志位 TI。

(2) 方式 1 接收。串行口以方式 1 输入时,当检测到 RXD 引脚上由 1 到 0 的跳变时开始接收过程,并复位内部 16 分频计数器,以实现同步。计数器的 16 个状态将 1 位时间等分成16份，并在第7、8、9个计数状态时采样RXD的电平，因此每位数值采样3次，当接收到的3个值中至少有两个值相同时，这两个相同的值才被确认接收。这样可排除噪声干扰。如果检测到起始位的值不是0，则复位接收电路，并重新寻找另一个1到0的跳变。当检测到起始位有效时，才将它移入移位寄存器并开始接收本帧的其余部分。一帧信息也是10位，即1位起始位、8位数据位(先低位)、1位停止位。在起始位到达移位寄存器的最左位时，它使控制电路进行最后一次移位。在产生最后一次移位脉冲时能满足下列两个条件：①RI=0；②接收到的停止位为1或SM2=0时，停止位进入RB8，8位数据进入SBUF且置位中断标志RI。如果上述两个条件中任何一个不满足，将丢失接收的帧。中断标志RI必须由用户在中断服务程序中清零。通常串行口以方式1工作时，将SM2置为0。

3. 方式2和方式3

串行口工作于方式2和方式3时，被自定义为9位的异步通信接口，发送(通过TXD)和接收(通过RXD)一帧信息都是11位，即1位起始位0、8位数据位(低位在先)、1位可编程位(即第9位数据)和1位停止位"1"。方式2和方式3的工作原理相似，唯一的差别是方式2的波特率是固定的，为$f_{osc}/32$或$f_{osc}/64$；方式3的波特率是可变的，利用定时器1或定时器2作波特率发生器。

(1) 方式2和方式3发送。方式2和方式3的发送过程是由执行任何一条以SBUF作为目的寄存器的指令来启动的。由"写入SBUF"信号将8位数据装入SBUF，同时还将TB8装到发送移位寄存器的第9位位置上(可由软件将TB8赋予0或1)，并通知发送控制器要求进行一次发送。发送开始后，将一个起始位"0"放到TXD端，经过一位时间后，数据由移位寄存器送到TXD端，然后通过第一位数据，出现第一个移位脉冲。在第一次移位时，将一个停止位"1"由控制器的停止位送入移位寄存器的第9位。此后，每次移位时，将0送入第9位。因此，当TB8的内容移到移位寄存器的输出位置时，其左面一位是停止位1，再往左的所有位全为0。这种状态由零检测器检测到后，就通知发送控制器作最后一次移位，然后置TI=1，并请求中断。第9位数据(即SCON中TB8的值)由软件置位或清零，可以作为数据的奇偶校验位，也可以作为多机通信中的地址(数据标志位)。如果将TB8作为奇偶校验位，可以在发送中断服务程序时，在数据写入SBUF之前，先将数据的奇偶位写入TB8。

(2) 方式2和方式3接收。方式2和方式3的接收过程与方式1类似。数据从RXD端输入，接收过程由RXD端检测到负跳变时开始(CPU对RXD不断采样，采样速率为所建立的波特率的16倍)。当检测到负跳变时，16分频计数器就立即复位，同时将1FFH写入移位寄存器，计数器的16个状态将一位时间等分成16份，在每一位的第7、8、9个状态，位检测器对RXD端的值采样。如果所接收到的起始位不是0，则复位接收电路等待另一个负跳变的到来；若起始位有效(等于0)，则起始位移入移位寄存器，并开始接收这一帧的其余位。当起始位0移到最左面时，通知接收控制器进行最后一次移位，将8位数据装入接收缓冲器，第9位数据装入SCON中的RB8，并置中断标志RI=1。若数据装入接收缓冲器和RB8后置位RI，并且只产生最后一个移位脉冲时，需要满足下列条件：①RI=0,SM2=0；②接收到的第9位数据为1时，才会进行。如果不满足上述条件，则接收到的数据信息就会丢失，而且中断标志RI不置1。

请注意与方式1的区别：在方式2和方式3中装入RB8的是第9位数据，而不是停止位（方式1中装入的是停止位）。此方式所接收的停止位的值可用于多机处理（多机通信中的地址/数据标志位），也可作奇偶校验位。

4. 多机通信

如前所述，串行口以方式2和方式3接收时，若SM2（串行口控制寄存器SCON中的SM2为多机通信控制位）为1，则只有当接收器收到的第9位数据为1时，数据才装入接收缓冲器，并将中断标志RI置1，向CPU发中断申请；如果接收到的第9位数据为0，则不产生中断标志，信息将丢失。而当SM2为0时，则接收到一个数据字节后，不管第9位数据是1还是0，都产生中断标志（RI=1）并将接收到的数据装入接收缓冲器。利用这个特点，可实现多个MCS-51之间的通信。如图4-1所示为一种简单的主从式多机系统，即主机控制与从机之间的通信，从机之间的通信只能经主机才能实现，从机是被动的。

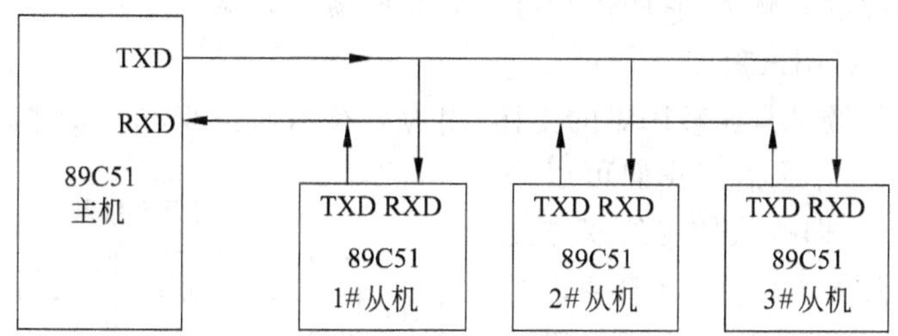

图4-1 多处理机通信连接

从机系统由从机的初始化程序（或相关的处理程序）将串行口编程为方式2或方式3接收，且置SM2为1，允许串行口中断。当主机要发送一个数据块给从机时，它先送出一个地址字节，以辨认目标从机。地址字节与数据字节可用第9位来区别，发出地址信息时第9位为1，发数据（包括命令）信息时第9位为0。当主机发送地址时，各从机的串行口接收到第9位信息（RB8）为1，则将中断标志RI置1。这样，使每一台从机都检查一下所接收到的主机发送来的地址是否与本机相符。若为本机地址，则清除SM2（等于0），并准备接收即将来到的数据（或命令）。没有被寻址的从机，则保持SM2=1的状态，这些从机将不理睬进入到串行口的数据字节。在主机发送数据时，各从机串行口接收到RB8为0的信息，此时只有被寻址的从机（已清除SM2）激活中断标志RI，才能接收主机的数据（或执行主机的命令），实现和主机的信息传送。其余从机因SM2≠0，且第9位RB8为0，不满足接收数据的条件，即所接收到的数据将丢失。

4.1.3 波特率

串行口每秒钟发送（或接收）的位数称为波特率。假设发送一位数据所需要的时间为T，则波特率为$\frac{1}{T}$。

串行口以方式0工作时,波特率固定为振荡器频率的1/12。以方式2工作时,波特率为振荡器频率的1/64或1/32,它取决于特殊功能寄存器PCON中SMOD位的状态。即如果SMOD=0(复位时SMOD=0),波特率为振荡器频率的1/64;如果SMOD=1,波特率为振荡器频率的1/32。

方式1和3的波特率由定时器1的溢出率所决定。当定时器1作波特率发生器时,波特率由下式确定:

$$波特率=(定时器1溢出率)/n$$

式中:定时器1溢出率等于定时器1的溢出次数(s);n为32或16,取决于特殊功能寄存器PCON中的SMOD位的状态。若SMOD=0,则$n=32$;若SMOD=1,则$n=16$。

对于定时器的不同工作方式,得到的波特率范围是不一样的,这主要由定时器1的计数位数所决定。对于非常低的波特率,应选择16位定时器方式(即TMOD5=0,TMOD4=1),并且在定时器1中断程序中实现时间常数重新装入。在这种情况下应该允许定时器1中断(IE3=1)。

在任何情况下,如果定时器1的$C/\overline{T}=0$,则计数率为振荡器频率的1/12;若$C/\overline{T}=1$,则计数率为外部输入频率,它的最大可用值为振荡器频率的1/24。

例4.1 串行口调试程序。

串行口通信的调试是比较困难的工作,因为只有当通信双方的硬件和软件都正确无误时才能实现成功的通信。我们可以采用分别调试的方法,即按通信规约双方先各自调试好,然后再联调。如图4-2所示,我们借用终端来进行单片机通信口的调试。只要方式设置正确,终端就具有正常的通信功能;如果通信不正常便是单片机部分引起的,这样便于查出故障的所在。下面给出的串行口调试程序,其功能是对串行口的工作方式编程,然后在串行口上输出字符串:MCS-51 Microcomputer,接着从串行口上输入字符,又将输入的字符从串行口上输出,最后将终端键盘上输入的字符在屏幕上显示出来。这个功能实现以后,表明串行口的硬件和串行口的编程部分调试成功,接着便可以按通信规约,实现单片机和终端之间串行通信,完成通信软件的调试工作。

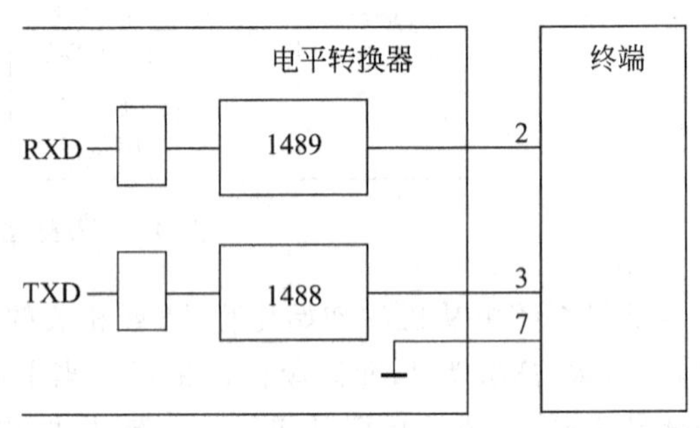

图4-2 串行口通信的调试电路

程序如下:

```
#include <reg51.h>
#define uchar unsigned char
#define uint unsigned int
uchar code asab[]={'M','C','S','-','5','1','M','i','c','r','o','c','o','m',
                   'p','u','t','e','r',0x0a,0x0d,0};
```

```
void main()
  {
     uchar i,temp;
     TMOD=0x20;          /*定时器1方式2*/
     TL1=0xe8;
     TH1=0xe8;
     SCON=0xda;
     TR1=1;
     i=0;
  next:
     temp=asab[i];
     if(temp==0)
     {
      loop:
         while(RI==0);
        RI=0;
        temp=SBUF;
        while(TI==0);
        TI=0;
        SBUF=temp;
        goto loop;
     }
     else
     {
        while(TI==0);
        TI=0;
        SBUF=temp;
        i++;
     }
     goto next;
  }
```

4.2 可编程通用串行通信接口 8251

MCS-51 的串行口基本上是一种异步通信接口,不能用于同步串行通信。为了获得功能更强的串行口,MCS-51 常采用 USART 器件来扩展串行口。常用的 USART 器件有 Intel 公司的 8251 和 Zilog 公司的 SIO 等。现以 Intel 公司的 8251A 为例加以讨论。

4.2.1 8251A 的基本特点

8251A 是一种高性能串行通信接口,可以和多种微处理器连接。其主要特点有:

(1) 可用于串行异步通信,也可用于串行同步通信。

(2) 在异步通信时,8251A 可设定 1 位、1.5 位或 2 位停止位,数据位可在 5～8 位之间选择,时钟频率可设定为通信波特率的 1 倍、16 倍或 64 倍,通信波特率为 0～56Kbps。

(3) 在同步通信时,8251A 可设定为内同步和外同步工作方式,同步字符的个数有单同步字符和双同步字符之分,由用户根据情况选定。数据位可在 5～8 位之间选择,通信波特率为 0～56Kbps。

(4) 8251A 有奇偶校验、帧校验和溢出校验 3 种字符数据的校验方式,校验位的插入、检出和出错标志的建立均可由芯片自动完成。

(5) 8251A 能提供和 MODEM 直接相连的联络线,接收和发送的数据均可存放在各自的缓冲器内,以便实现全双工通信。

4.2.2 8251A的内部结构和引脚功能

1. 内部结构

8251A 的内部结构由发送器、接收器、读写控制逻辑、MODEM 控制逻辑和数据总线缓冲器 5 部分组成,如图 4-3 所示。

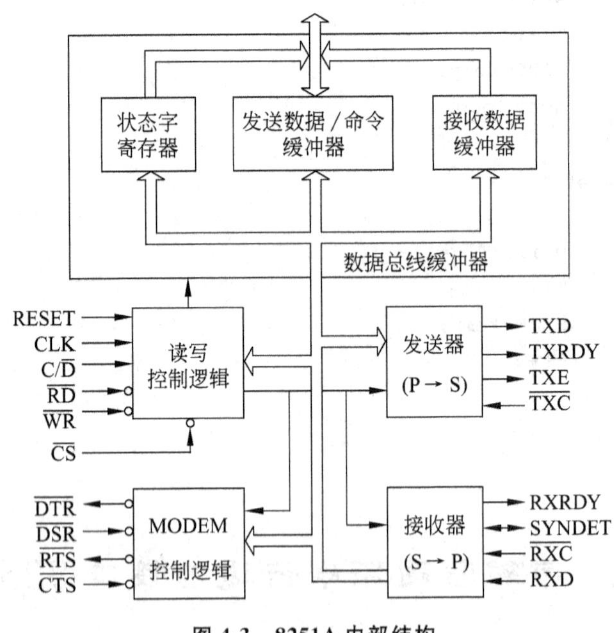

图 4-3　8251A 内部结构

(1) 接收器

接收器从 RXD 线上串行接收数据,并能按规定将串行数据转换成并行数据,再经过内部总线将数据传送到“接收数据缓冲器”。

在异步通信中,接收器的接收过程和 MCS-51 串行口的接收过程相同,在此不再赘述。

在同步通信中,USART 监视 RXD 线,一位一位地串行接收 RXD 线上的数据,并将它送入“接收移位寄存器”。然后，8251A 将它和含有同步字符(由程序设定)的寄存器进行比较。若比较结果不等，则接收器重复上述过程；若比较结果相等，则接收器使 SYNDET=1，表示它已接收到同步字符(若为双同步字符，则要连续接收和比较两个字符)。在捕捉到同步字符后，接收器将对 RXD 线上的数据进行采样，并在移位脉冲作用下按规定位数将串行数据变成并行数据送到“接收数据缓冲器”，然后在 RXRDY 线上输出高电平。

(2) 发送器

发送器并行接收来自“发送数据缓冲器”中的数据，然后由 TXD 线串行发送出去。

在异步通信时，发送器从“发送数据/命令缓冲器”并行地获得发送数据，并按规定加上起始位、奇偶校验位和停止位，然后在移位脉冲作用下一位一位地将数据从 TXD 线上发送出去。

在同步通信时，发送器按规定在发送数据前插入 1～2 个同步字符，然后在 TXD 线上组织发送。如果发送器在前一个字符发送出去后，CPU 来不及将新的字符传送给发送器发送，那么发送器将自动在 TXD 线上插入同步字符。因为，在同步方式下相邻的两个字符之间是不允许存在间隙的。

不论同步或者异步方式，只有在 TXE=1 和 $\overline{\text{CTS}}$=0 时，发送器的发送才会有效。在全双工通信时，8251A 是通过连续发送中止符(BREAK)来终止发送的。8251A 发送中止符时要求命令寄存器中的 SBRK=1。中止符是由通信线上的连续 SPACE 符组成。

(3) 数据总线缓冲器

数据总线缓冲器由状态字寄存器、发送数据/命令缓冲器和接收数据缓冲器 3 部分组成。状态字寄存器用于存放 8251A 的状态字，发送数据/命令缓冲器用于存放 CPU 送来的欲发送数据和命令控制字，接收数据缓冲器用来存放 8251A 收到的串行数据。

(4) 读写控制逻辑

读写控制逻辑用于接收和译码 CPU 送来的控制信号，以实现对 8251A 的操作控制。8251A 共有 5 种读写操作，如表 4-2 所示。

表 4-2 8251A 操作表

$\overline{\text{CS}}$	C/$\overline{\text{D}}$	$\overline{\text{RD}}$	$\overline{\text{WR}}$	功　能
0	0	0	1	CPU 从 8251A 读数据
0	1	0	1	CPU 从 8251A 读数据状态
0	0	1	0	CPU 写数据到 8251A
0	1	1	0	CPU 写命令到 8251A
1	×	×	×	USART 总线浮空(无操作)

(5) MODEM 控制逻辑

这部分电路可以使 8251A 和 MODEM 直接相接，用于传送 8251A 和 MODEM 之间的应答信号。

2. 引脚功能

8251A有28条引脚，共分为3组。一组是和CPU的接口线，用于传送CPU和8251A之间的命令/状态和数据；另一组是和外设的接口线，用于传送8251A和外设（或MODEM）间的接口信号；三是电源线，用于提供+5V直流电源，如图4-4所示。

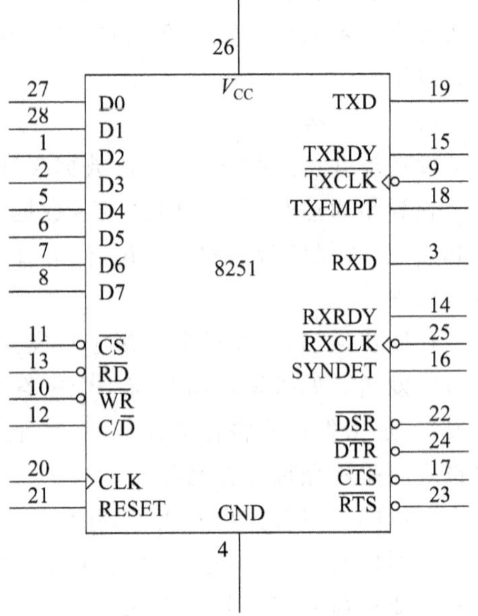

图4-4 8251A引脚的逻辑分配图

(1) 和CPU的接口线(14条)

① D7～D0线：为双向三态数据总线，常和CPU的数据总线相接，用于传送命令、数据和状态信息。

② $\overline{CS}$、C/$\overline{D}$、$\overline{RD}$和$\overline{WR}$线：$\overline{CS}$为片选线，$\overline{CS}$=0表示本片被选中工作，$\overline{CS}$=1表示本片未被选中工作。C/$\overline{D}$为命令/数据选择线，常和CPU地址总线相接。若使C/$\overline{D}$=0，则选中8251A数据口；若C/$\overline{D}$=1，则选中8251A的命令/状态口。若$\overline{RD}$=0($\overline{WR}$=1)，则8251A处于读出状态；若$\overline{RD}$=1($\overline{WR}$=0)，则8251A处于写入状态。上述4条控制线的控制功能如表4-2所示。

③ CLK和RESET线。

CLK：为时钟输入线，用于产生8251A内部时序。在同步通信时，CLK至少为发送或接收时钟的30倍；在异步通信时，CLK至少为发送或接收时钟的4.5倍。

RESET：为复位输入线，用于高电平时使8251A处于复位状态。

(2) 和外设的接口线(12条)

① 接收和接收控制线有以下几条。

RXD(Receiver Data)：接收数据输入线，用于接收串行数据。若RXD=0，表示所接收数据为空号(SPACE)；若RXD=1，表示所接收数据为传号(MARK)。

RXC(Receiver Clock)：接收时钟输入线，用于控制接收数据的速率。在同步方式中，RXC的频率等于接收波特率；在异步方式中，RXC的时钟频率应为波特率的1倍、16倍和64倍(由工作方式选定)。

RXRDY(Receiver Ready)：接收准备好线，用于向CPU指示8251A是否已准备好接收一个字符。当命令寄存器中RXE=1和RXD线上已串行接收到一个字符并装入“接收数据缓冲器”时，RXRDY线输出高电平。因此，RXRDY线可供CPU查询或作为接收中断请求输入线。一旦CPU读出“接收数据缓冲器”中的数据，RXRDY就复位成低电平。

SYNDET(Synchronous Detect)：同步检测线，仅在同步通信方式下使用。SYNDET线既可作输入又可作输出线使用：8251A设定为内同步方式时SYNDET线用作输出,8251A 为外同步方式时 SYNDET 线用作输入。RESET 后 SYNDET 复位。

在内同步方式下,8251A 检测到 RXD 线上输入的同步字符时,SYNDET 线输出高电平(在双同步字符方式下,SYNDET 线在 8251A 接收到第二个同步字符的最后一位中间时变高),以表示 8251A 已捕捉到同步字符。

在外部同步方式下,SYNDET 线用于输入外同步脉冲。SYNDET 的上升沿可以指示 8251A 从下一个 RXC 的下降沿开始捕捉 RXD 线上的同步字符,故它的高电平至少应维持一个 RXC 周期。

② 发送和发送控制线有以下几条。

TXD(Transmitter Data):发送数据线,用于发送串行数据。若 TXD=0,则表示所发送数据为空号(SPACE);若 TXD=1,则表示所发送数据为传号(MARK)。

TXC(Transmitter Clock):发送时钟输入线,用于控制发送数据的速率。TXC 的频率应和 RXC 的相同。

TXRDY(Transmitter Ready):发送准备好输出线,用于向 CPU 指示 8251A 是否已准备好发送一个字符。只有在允许发送(CTS=0 和 TXEN=1)和发送命令/数据缓冲器为空时,TXRDY 才会高电平有效。因此,TXRDY 可供 CPU 查询或作为 CPU 的发送中断请求线。8251A 从 CPU 接收到一个发送字符时,TXRDY 复位成低电平。

TXE(Transmitter Empty):发送器空输出线,用于向 CPU 指示发送器是否已发送完一个字符。在异步通信时,TXE=1 表示 8251A 已发送完一个字符;在同步通信时,TXE=1 表示 8251A 要求从 CPU 输入一个发送字符。若 CPU 来不及送一个发送字符,发送器会自动在 TXD 线上插入同步字符,以填补传送空隙。

③ MODEM 控制线共有 4 条,专用于和 MODEM 联络。

DTR(Data Terminal Ready):数据终端准备好输出线,低电平有效,用于向 MODEM(或 DCE)表示 DTE(数据终端)已准备好。DTR 线由命令字中 D1(DTR)置 1 而变为有效。

DSR(Data Set Ready):数据通信装置(DCE)准备好输入线,低电平有效,用于向 8251A 表示 MODEM(或 DCE)已准备就绪。DSR 上状态由状态字中 D7(DSR)指示。

RTS(Reguest to Send):请求发送输出线,低电平有效,用于向 MODEM(或 DCE)表示 DTE 已准备好。RTS 由命令字中 D5(RTS)控制。

CTS(Clear to Send):允许发送输入线,低电平有效。CTS 由 MODEM(或 DCE)发出,用于向 8251A 表示 MODEM(或 DCE)已准备就绪。

(3) 电源线(2 条)

V_{CC}为+5V 电源线,GND 为直流接地线。

4.2.3 8251A 的控制字

8251A 有方式控制字、命令控制字和状态字 3 种控制字,它们是 8251A 初始化和编程的基础。现对它们分别讨论。

1. 方式控制字

8251A 的方式控制字用于确定 8251A 的工作方式、校验方式、波特率和数据位数等。各位定义如图 4-5 所示。

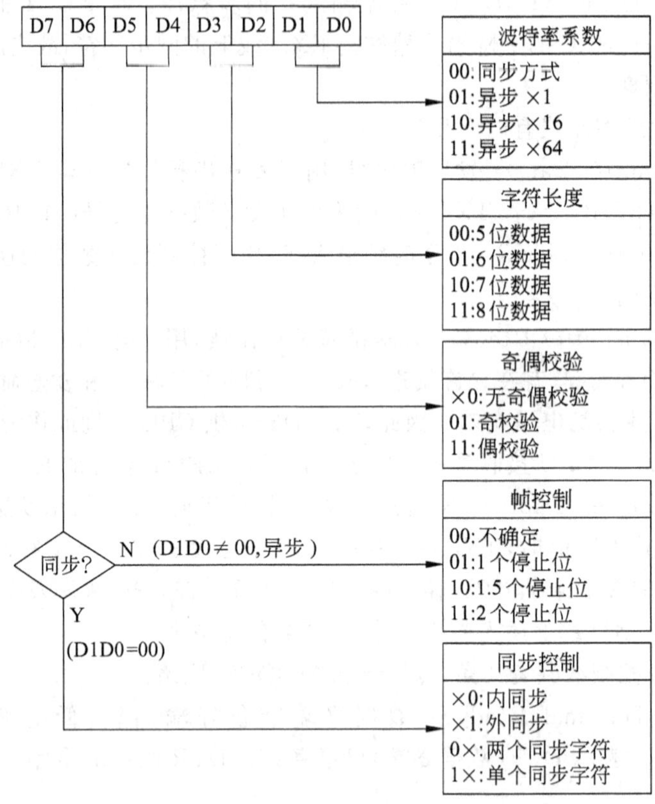

图 4-5 方式控制字

D1D0：同步/异步波特率系数控制位。在 D1D0＝00 时，8251A 设定为同步通信方式；在 D1D0≠00 时，8251A 设定为异步方式。在异步方式下，时钟频率和通信波特率间的系数有×1、×16 和×64 共 3 种组合可以选取。

D3D2：数据位数选择位。

D5D4：数据校验方式选择位。

D7D6：同步/帧长控制位。在同步通信方式(D1D0＝00 时)下，D7D6 用来规定内同步还是外同步、单同步字符还是双同步字符等；在异步通信方式(D1D0≠00 时)下，D7D6 用于设定停止位的个数。

2. 命令控制字

8251A 的命令控制字用于接收/发送控制、中断控制、复位和出错复位等操作，由 CPU 通过程序在命令方式下送来。命令控制字各位定义如图 4-6 所示。

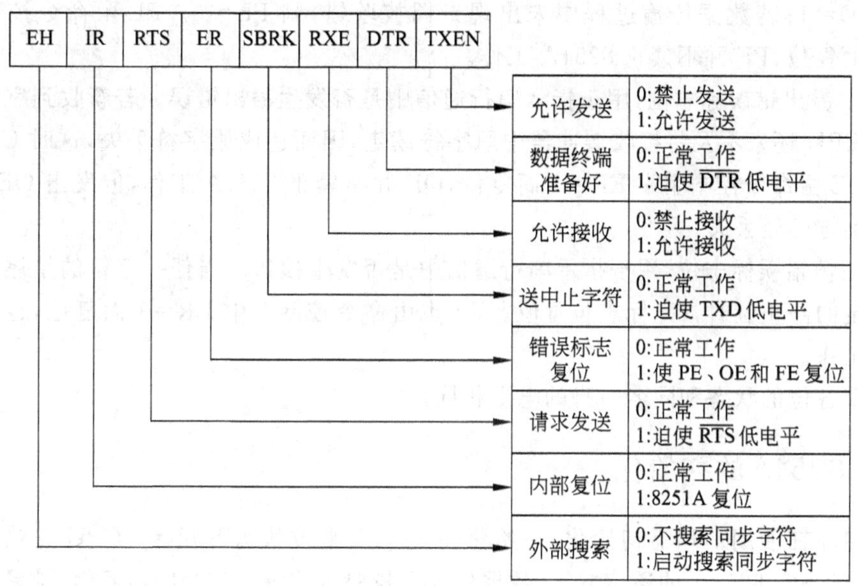

图 4-6 命令控制字

本命令控制字在异步通信方式时紧跟方式控制字之后送给 8251A;在同步通信方式时,送完方式控制字后,先送 1～2 个同步字符,然后再送命令控制字。

3. 状态字

8251A 的状态字能够反映 8251A 的出错状态和有关控制引脚的电平状态,CPU 通过对控制/命令口读出操作可以获取状态字。状态字各位定义如图 4-7 所示。

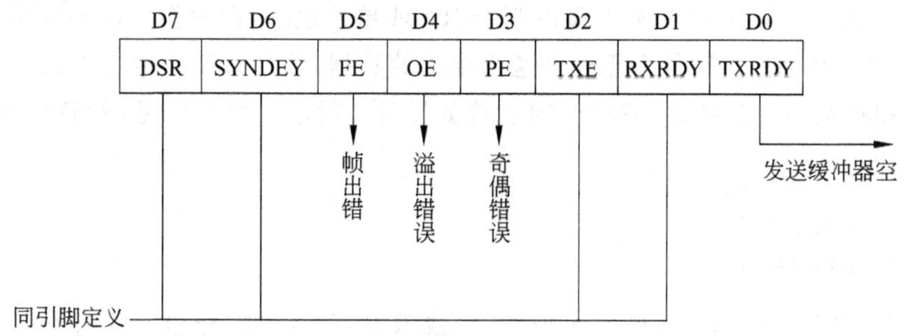

图 4-7 状态字

TXRDY:发送数据缓冲器状态位,只要发送缓冲器为空,TXRDY 便可置位,它和 TXRDY 引脚状态不同。引脚 TXRDY 表示是否可以发送,需要如下条件同时满足时才能变为高电平,即

① 发送缓冲器空;

② RTS=0;TXEN=1(如图 4-6 所示)。

PE:奇偶校验位,用于指示奇偶校验是否有错。若数据传输过程中出现奇偶校验错，则 PE＝1；若数据传输过程中未出现奇偶校验错，则 PE＝0。PE 由命令控制字中 ER＝1 而复位，PE 并不禁止 8251A 工作。

OE：溢出错误标志位，用于指示串行通信中是否发生溢出错误。若新收到字符已经来到而 CPU 还来不及将接收缓冲器中原字符读走，因而造成原字符丢失，这时 OE 位被置位。OE 由命令控制字中 ER＝1 而复位，OE 并不禁止 8251A 工作，但发出 OE＝1 时上一个字符已经丢失。

FE：帧错误标志位，用于指示串行通信中是否发生帧错。当任一字符的结尾没有检测到规定的停止位时，FE 标志位置位。FE 也由命令控制字中 ER＝1 而复位，也不禁止 8251A 工作。

其余各位的状态和同名引脚的电平相同。

4.2.4 8251A 的初始化

8251A 在使用前均需初始化，初始化在 8251A 复位状态下开始。CPU 先输入方式控制字，以决定 8251A 的通信方式、数据位数和校验方式等。若为同步通信，则紧接着输入一个或两个同步字符；若是异步通信，则在输入方式控制字后可直接输入命令控制字。命令控制字送入后，8251A 便可开始发送或接收数据了。由于 8251A 只有一个控制口（$C/\overline{D}$＝1 时），且控制字有两个，而 8251A 依靠写入顺序加以区分，因此图 4-5 中的方式控制字和命令控制字的装入顺序不可颠倒。

4.2.5 MCS-51 和 8251A 的接口

MCS-51 和 8251A 的接口比较简单，只要将 8251A 作为 MCS-51 的外部 RAM 单元来连接就可以了。但 8251A 至少要占两个 RAM 单元地址，即数据口（$C/\overline{D}$＝0）和控制口（$C/\overline{D}$＝1）。数据口用于传送需要发送或接收的数据，控制口用于传送方式控制字、命令控制字和状态字。8031 和 8251A 的连接如图 4-8 所示。由图可见，8251A 的端口地址为：

```
F0H 8251A 的数据口
F1H 8251A 的控制口
```

8251A 在同步方式时 CLK 宜大于 TXC 或 RXC 的 30 倍，异步方式时 CLK 宜大于 TXC 或 RXC 的 4.5 倍。

8031 同 8251A 之间通常采用中断方式交换数据，故 8251A 的 TXRDY 和 RXRDY 引脚应通过或非门接到 8031 的 $\overline{INT0}$ 或 $\overline{INT1}$。整个程序应由主程序和中断服务程序组成。主程序应完成对 8251A 和 8031 中断的初始化，中断服务程序应能根据状态字中的 RXRDY 和 TXRDY 位来判断究竟发生的是发送中断还是接收中断。

假设 8251A 工作于外同步通信方式，波特率系数为×1，字符长度为 7 位，偶校验，故方式控制字为 78H。又假设 8251A 串行口为全双工方式，数据终端已准备好（通常，加电后数据终端就已准备好），出错标志复位，故命令控制字应为 B7H。相应初始化程序为：

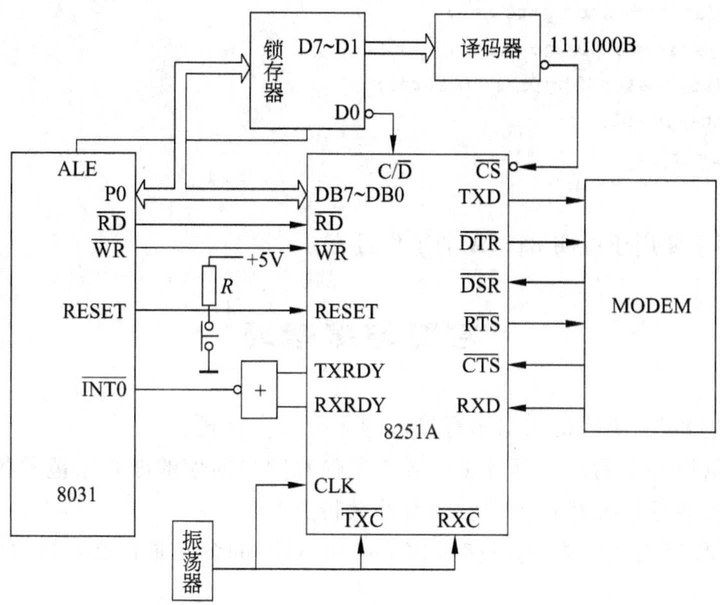

图 4-8 8031 与 8251A 电路图

```
#define D8251 XBYTE[0Xf0]
#define C8251 XBYTE[0Xf1]
void main ()
{
 C8251=0X78;
 C8251=0XEB;
 C8251=0X90;
 C8251=0XB7;
 EA=1;
 EX0=1;
 IP=0X01;
…
}

void intsv() interrupt 0 using 0
{
 ACC=C8251;
 temp=ACC&&0X01;
 if(temp=0x01)goto ;
 temp=ACC&&0X02;
 if(temp=0x02)goto RXSUB;
 goto ren;
TXSUB:D8251=sdata;
      goto ren;
RXSUB:sdata=D8251;
```

```
    if (sdata=0xeb) goto ren;
    if (sdata=0x90) goto ren;
    if(sdata&&0x38!=0) goto error;
    sdata=D8251;
ren:  EX0=1;
}
```

上述程序主要用于说明 8251A 的工作过程。

习题与思考题

4.1 简述 8051 单片机内部串行接口的 4 种工作方式。

4.2 通信波特率的定义是什么？异步通信和同步通信的波特率范围各为多少？

4.3 串行通信有哪几种制式？各有什么特点？

4.4 MCS-51 串行口控制寄存器 SCON 中 SM2 的含义是什么？其主要在什么方式下使用？

4.5 试用中断法编写串行口方式 1 下的发送程序。设单片机主频为 6MHz，波特率为 300bps，发送数据缓冲区在外部 RAM，始址为 TBLOCK，数据块长度为 30，采用偶校验，放在发送数据第 8 位(数据块长度不发送)。

4.6 试述 8251 初始化时，所要做的工作。

第 5 章

MCS-51 存储器扩展

MCS-51 系列单片微型计算机的特点之一是系统结构紧凑、硬件设计简单灵活。对于简单的应用场合，MCS-51 的最小系统（一片 8051 或一片 8751 或一片 8031 外接一片 EPROM）就能满足功能上的要求；对于复杂的应用场合，在需要较大存储器容量和较多 I/O 接口的情况下，MCS-51 系列单片机能提供很强的扩展功能，可以直接外接标准的存储器电路和 I/O 接口电路，以构成功能很强、规模较大的系统。本章将重点讨论 8031 的系统扩展方法，以及相应的程序设计。

5.1 程序存储器的扩展设计

MCS-51 应用系统通常为特定功能的专用计算机系统。在系统调试完后，其软件基本上定型，因此，MCS-51 的程序存储器通常由 ROM、EPROM 或 E^2PROM 电路构成。其特点是掉电以后，内部的程序信息不会丢失，因而提高了系统的可靠性。

5.1.1 访问外部程序存储器的时序

MCS-51 单片机外部程序存储器扩展的硬件电路如图 5-1 所示。

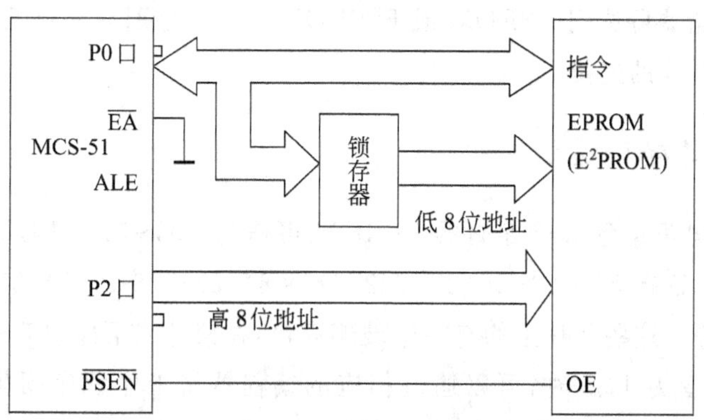

图 5-1 MCS-51 单片机外部程序存储器扩展的硬件电路

在 CPU 访问外部程序存储器时，P2 口输出地址高 8 位（PCH），P0 口分时输出地址

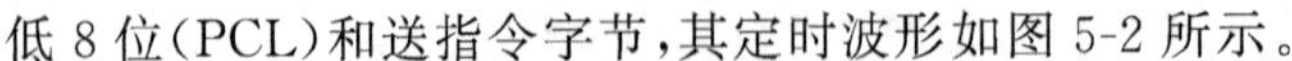

低 8 位(PCL)和送指令字节,其定时波形如图 5-2 所示。

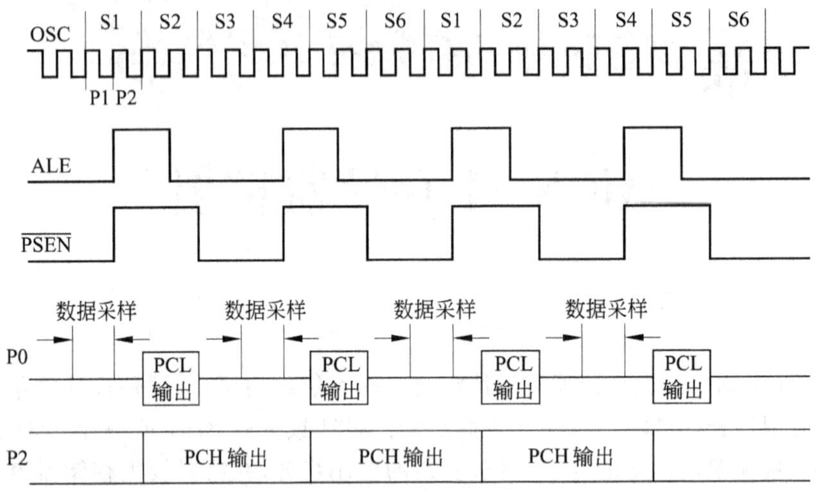

图 5-2　定时波形图

控制信号 ALE 上升为高电平后,P0 口输出地址低 8 位(PCL),P2 口输出地址高 8 位(PCH),由 ALE 的下降沿将 P0 口输出的低 8 位地址锁存到外部地址锁存器中;接着 P0 口由输出方式变为输入方式即浮空状态,等待从程序存储器读出指令,而 P2 口输出的高 8 位地址信息不变;紧接着程序存储器选通信号$\overline{PSEN}$变为低电平有效,由 P2 口和地址锁存器输出的地址对应单元指令字节传送到 P0 口上供 CPU 读取。从图 5-2 中还可以看到 MCS-51 的 CPU 在访问外部程序存储器的机器周期内,控制线 ALE 上出现两个正脉冲,程序存储器选通线$\overline{PSEN}$上出现两个负脉冲,说明在一个机器周期内 CPU 访问两次外部程序存储器。对于时钟选为 12MHz 的系统,$\overline{PSEN}$的宽度为 230ns,在选 EPROM 芯片时,除了考虑容量之外,还必须使 EPROM 的读取时间与主机的时钟匹配。

外部程序存储器可选用 EPROM 或 E^2PROM。下面分别介绍这两种形式的存储器与 MCS-51 系列芯片的连接。

5.1.2　EPROM 接口设计

紫外线擦除电可编程只读存储器 EPROM 可作为 MCS-51 系列芯片的外部程序存储器,其典型的产品有 2716(2K×8)、2732(4K×8)、2764(8K×8)、27128(16K×8)和 27256(32K×8)等。这些芯片上均有一个玻璃窗口,在紫外光下照射 5～20 分钟,存储器中的各位信息均变为 1,此时,可以通过相应的编程器将工作程序固化到这些芯片中。2716、2732 现在已经停产了,要购买很难,其价格又贵。

下面介绍 2764EPROM 存储器。2764 是一种 8K×8 位的紫外线擦除电可编程只读存储器,单一＋5V 供电,工作电流为 100mA,维持电流为 50mA,读出时间最大为

250ns。

2764为28线双列直插式封装，其引脚配置如图5-3所示，各引脚的含义如下：

A0～A12：地址线。

D0～D7：数据输出线。

$\overline{\text{CE}}$：片选线。

$\overline{\text{OE}}$：数据输出选通线。

$\overline{\text{PGM}}$：编程脉冲输入。

Vpp：编程电源。

引脚号	名称	名称	引脚号
1	Vpp	VCC	28
2	A12	$\overline{\text{PGM}}$	27
3	A7	NC	26
4	A6	A8	25
5	A5	A9	24
6	A4	A11	23
7	A3	$\overline{\text{OE}}$	22
8	A2	A10	21
9	A1	$\overline{\text{CE}}$	20
10	A0	D7	19
11	D0	D6	18
12	D1	D5	17
13	D2	D4	16
14	GND	D3	15

图5-3　2764引脚配置

2764的5种工作方式如表5-1所示。

表5-1　2764工作方式选择

方　式	引　脚					
	$\overline{\text{CE}}$ (20)	$\overline{\text{OE}}$ (22)	$\overline{\text{PGM}}$ (27)	V_{PP} (1)	V_{CC} (28)	输出 (11～13)，(15～19)
读	V_{IL}	V_{IL}	V_{IH}	V_{CC}	V_{CC}	D_{OUT}
维持	V_{IH}	任意	任意	V_{CC}	V_{CC}	高阻
编程	V_{IL}	V_{IL}	V_{IL}	V_{PP}	V_{CC}	D_{IN}
编程检验	V_{IL}	V_{IL}	V_{IH}	V_{PP}	V_{CC}	D_{OUT}
编程禁止	V_{IH}	任意	任意	V_{PP}	V_{CC}	高阻

图5-4给出了2764与8031的硬件连接图。

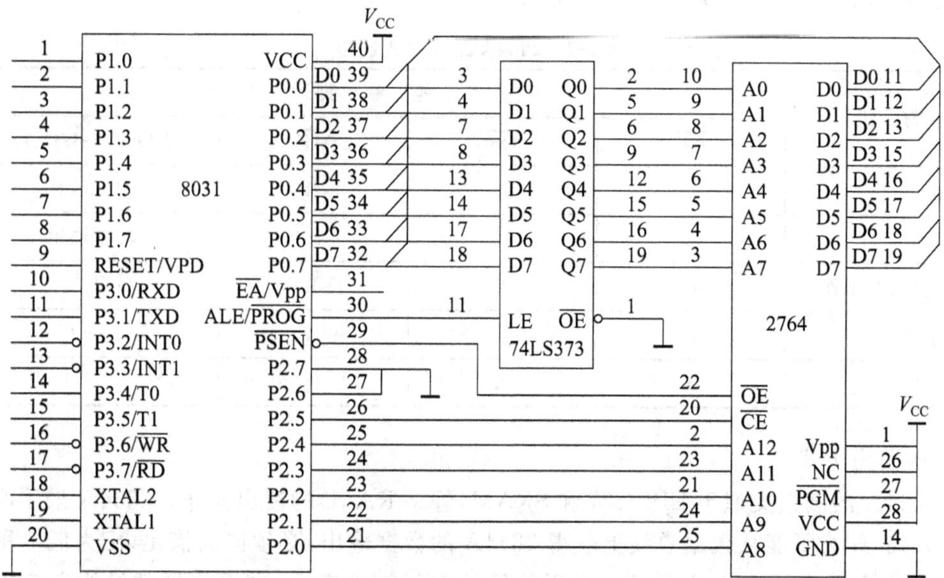

图5-4　2764与8031的硬件连接

5.1.3 E^2PROM 接口设计

电擦除可编程只读存储器 E^2PROM 是近年来国外厂家推出的新产品，它的主要特点是能在计算机系统中进行在线修改，并能在断电的情况下保持修改的结果。因此，自从 E^2PROM 问世以来，在智能化仪器仪表、控制装置、终端机、开发装置等各种领域中受到极大的重视。下面介绍 2864A E^2PROM 存储器。

Intel 公司的 2864A 是 8K×8 位的电可擦除可编程只读存储器，单一＋5V 供电，最大工作电流为 140mA，维持电流 60mA。由于其片内设有编程所需的高压脉冲产生电路，因而无需外加编程电源和写入脉冲即可工作。采用典型的 28 脚结构，与常用的 8KB 静态 RAM6264 引脚完全兼容。内部地址锁存，并且有 16B 的数据"页缓冲器"，允许对页快速写入，在片上保护和锁存数据信息。另外，该存储器还提供软件查询的标志信号，以判定数据是否完成对 E^2 PROM 写入。其芯片的引脚、结构如图 5-5 所示，各引脚的含义如下：

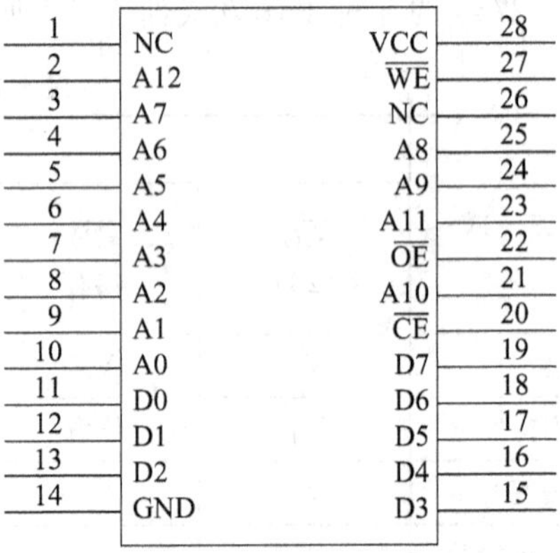

引脚	名称	名称	引脚
1	NC	VCC	28
2	A12	$\overline{WE}$	27
3	A7	NC	26
4	A6	A8	25
5	A5	A9	24
6	A4	A11	23
7	A3	$\overline{OE}$	22
8	A2	A10	21
9	A1	$\overline{CE}$	20
10	A0	D7	19
11	D0	D6	18
12	D1	D5	17
13	D2	D4	16
14	GND	D3	15

图 5-5 2864A 引脚分配

A0～A12：地址线。

D0～D7：数据线。

$\overline{CE}$：片选线。

$\overline{OE}$：输出使能端。

$\overline{WE}$：写使能端。

1. 2864A 的工作方式

2864A 的 5 种工作方式如表 5-2 所示。

表 5-2 2864A 工作方式选择

方　式	控　制　脚			
	$\overline{CE}$	$\overline{OE}$	$\overline{WE}$	I/O(0)～I/O(7)
读出	L	L	H	输出信息
写入	L	H	L	数据输出
禁止写、不工作	H	X	X	高阻
禁止写	X	L	X	—
禁止写	X	X	H	—

① 读出方式

2864A 的读出类似于 EPROM 和 SRAM(静态 RAM)的读出操作。2864A 采用两线控制方式，即为了能从数据总线上获得 2864A 的数据输出，必须同时满足$\overline{OE}$为低电平和$\overline{CE}$为低电平。当 2864A 在系统中占用的地址空间被确定后，在系统硬件结构上应确保地址译码线$\overline{CE}$为低电平；当芯片被选中后，由输出使能端$\overline{OE}$来控制。

一般$\overline{OE}$端与系统中处理机给出的$\overline{RD}$脚相连接。这样，当执行指向该芯片的读指令地址，即可将所指定单元内容送到数据总线上。

2864A芯片内容在正确使用下可以允许无限次地读出。读出延时时间在200～350ns范围内，可以满足一般处理机的时序要求。

② 写入方式

早先提供的E^2PROM，诸如2815、2816、2827等在写入信息时都要求外加高压(21V)作为编程电压，而且都是逐一地将指定字节写入，需要较长的写入时间。2864A内部包含电压提升电路，不必增加高压，完全由单独的+5V供电。这样，保证了写入时在硬件结构上与平常的读出过程完全一样，实现了完全在软件管理下无需外加干预的写入。为达到便于管理和缩短写入时间的目的，其在结构上提供了数据、地址的缓冲、锁存器。例如安排了一个16B的页暂存器组，并将整个E^2PROM存储器阵列按16B按页地划分成512页。页的区分地址由高几位地址确定(A4～A12)。将数据写入E^2PROM存储单元的过程可分成两步来完成。第1步：在处理器软件控制下将数据写入页缓冲器，这个过程即为“向页装入”周期；第2步：2864A在自己内部时序的管理下，将页暂存器的内容送入地址指定的E^2PROM单元内，这即为“页内容存储”周期。全部写入过程即由上述两个周期组成。

“向页装入”操作进行时，对片选选中的2864A芯片，利用每个控制信号$\overline{WE}$脉冲，在它的下降沿时锁存处理器提供的地址信息，在它的上升沿时锁存数据总线的内容。从$\overline{WE}$脉冲的下降沿开始算起，用户的写入程序应当在有效的20μs内向页暂存器写入数据，并按照这个时间要求，将数据逐一送入页暂存器。这个写入页暂存器的过程是重复地执行的，直到写完一页的16B才停止。对写入页暂存器的过程，相当于给用户写入程序提供了一个打开20μs宽度的窗口时间，写入程序应当保证在这个窗口时间的允许宽度内将一个字节写入。由于内部E^2PROM按“页”安排，在对页暂存器的每一个完全的装入过程中，地址的高8位(A4～A12)必须保持不变，以保证在本次的页装入过程是对同一页装入。

这个内部规定的20μs时序，被定义为完成一个字节数据的写入操作的上限时间(t_{BLW})。当要求将连续8个数据送入某一页时，开始写入后，它内部时序将连续地启动，并用上述的窗口时间来判断是否已有数据写入页暂存器。对用户的写入程序而言，应当按此特性来操作2864A，在将指定的数据块向某一页传送时，在送入第一字节后，应当保证连续送入的下一字节在不超过20μs的时间窗口内向页写入。这就是“向页装入”的关键要求。如果对页暂存器某一单元中写入多于一个字节时，而这些多写的内容都是在同一次的页装入过程中出现，那么，最后写入的数据才被作为有效数据处理，先前的不保留。在2864A内部定时器判定超出了窗口时间20μs的限制后，处理器仍未写入下一数据时，2864A将完成本次页装入自动地进入“页内容存储”周期。

“页内容存储”操作出现在“向页装入”周期完成后，即20μs的窗口定时时间超出后自动进入，其全部过程是内部自动完成的。它首先将选中页的内容擦去，然后将页暂存器的内容作为新数据送入E^2PROM指定的页中。在“页内容存储”操作进行时，该片

2864A所用的所有控制信号线将失效，数据总线接口处于高阻态。这样，处理器能够在2864A进入“页内容存储”周期时可使用数据总线传送其他信息。在页内容存储期间并不要求有额外的高压电源，电源功耗处于操作水平，在写入周期内电源应当保持在特性要求的范围内，不应有明显的波动。在“页内容存储”期间，如对该2864A执行读出操作，这时读出的是最后写入的字节，但是它的最高位将是原来字节最高位的反码。

上述的写入是以“页”来划分的，但2864A也可以独立地将任一字节写入E^2PROM，这就是早先各种E^2PROM所采用的字节写入方式。其实，按字节写入操作，可以仅将一字节写入到页暂存器内，然后进入页内容存储周期。内部仍是按“页”操作，但有效的新数据仅有一个字节，其他15B内容处于无效的重复操作。

2864A的每个字节重复写入寿命大于10 000次，当每天写10次时，起码能正常工作3年。

③ 未选中方式

与一般的EPROM类似，2864A也提供同样的“未选中方式”。进入这种方式时，所需的功耗大大降低，从正常工作的700mV降低到300mV。当2864A的片选端$\overline{CE}$未被选中(处于TTL的逻辑高电平)时，2864A的数据总线接口处于高阻状态，并与允许输出端($\overline{OE}$)的给定状态无关。

④ 禁止写方式

最后的两种工作方式均属“禁止写方式”，这时不会出现写入操作。当控制信号中只要出现$\overline{OE}$端输入低电平，或$\overline{WE}$端输入高电平时都必然禁止写入操作。

2. 编程的考虑因素

2864A接入系统中，加电后的工作状态总是处于上述5种工作方式中的某一种。对它的管理关键是写入管理，按上述讨论，对2864A的写入程序必须考虑到它工作的特点，对它的写入过程时向页装入及页内容存储的两个周期的详细时序要求必须首先仔细分析，所设计的系统结构及软件必须与之相配，满足2864A的时序要求才能实现正确的操作。

2864A由它的内部时序给出$3\mu s < t_{BLW} < 20\mu s$范围的字节装入页暂存器的窗口时间。它包括了时序图所示的$\overline{WE}$信号出现的整个周期时间，即$\overline{WE}$为低电平时的t_{WPL}与高电平t_{WPH}的时间总和。当这周期时间在$3\mu s$和$20\mu s$范围内时，字节装入时间符合窗口时间要求，能在内部时序控制下自动进入下一个窗口时间。

从外部RAM将一页数据送入2864A的页暂存器的功能可以通过编写一段“向页装入”子程序来实现。在这子程序中装入一字节的执行时间应当在窗口时间的允许范围内。例如，具有12MHz的8051系统，当内部数据存储器向外部数据存储器传送数据时(2864A占用了外部数据存储空间地址)，一般仅需8条指令，其中一机器周期有3条，二机器周期有5条，所以总共要求传送1B的时间为：

$$\text{XFFR RATE} = t_{BLW} = (5\times2+3\times1)\times1\mu s = 13\mu s$$

它在13个机器周期内完成一次传送，符合2864A的时序要求。假如数据在8051的两组不同空间中传送，如从程序存储空间向数据存储空间传送时，由于指针的保存

(DPTR)往往要求必须执行13条指令才能完成一字节的传送，这些指令均要求二机器周期时，数据传送时间将为：

$$\text{XFFR RATE}=t_{\text{BLW}}=13\times2\times1/12\text{MHz}=26\mu\text{s}$$

由于它大于20μs，2864A在写入命令出现后的20μs将自动进入“页内容存储”周期。这时它将不再响应外部对它写入新数据，外加控制信号无效。所以尽管程序的执行过程中完成了向2864A写入16B的操作，但实际上仅对2864A正确地写入了第一字节。即第二字节写入时，已超出了窗口时间，无法写入。为此，上述的写入过程可以分成两步：先将原数据送入8051的内部数据存储器，然后再从内部数据存储器按小于20μs/B的速率向页暂存器传送。内部数据存储器向外部数据存储器的传送数据过程，用8051的指令仅需5条指令，8μs就足够了。

写入程序还应当满足2864A将页内容存入E^2PROM阵列的时间要求，在这段时间内2864A不接收新数据送入页暂存器内。为保证每一数据的正确送入，在写入程序中可用软件查询方法来获得最快速的写入操作。这种操作在基于2864A进入“页内容存储”阶段时，如果执行一条读出指令，在数据总线上的最高位(D7)将会读到最后送入页暂存器字节最高位的反码。这个反码一直保留到存储周期完成为止，所以在写入程序可以通过不断查询数据最高位状态来判明“页内容存储”是否已经完成，这样将可以优化写入特性。

以8051为例，在完成向页暂存器写入后，处理器会不断地将最后写入地址的数据与读出的内容相比较，当它们的最高位不同时，将重复检测，直到结果一致，表示写入周期完成，才进入下一写入周期。程序中设原数据存放在外部数据存储器中，首地址存入DPTR中，2864A地址也在外部数据存储器，写入程序如下：

```
#include <reg51.h>
#include <absacc.h>
#define BYTE unsigned char
#define WORD unsigned int
#define dptr XBYTE [0X1000]
#define A2864 XBYTE [0X2000]

void main()
{
 BYTE i,temp,temp1;
 for(i=0;i<=10;i++)
 {
  temp=dptr;
  A2864=temp;
  dptr++;
  A2864++;
  }
L:  temp1=A2864;
  if(temp==temp1)
```

```
goto L;
i++;
}
```

上述写入程序中向页装入的循环部分使用13个机器周期,使用12MHz时满足窗口时间的要求。在等待内容存储周期完成部分,用了上述查询读出的最高位与写入状态是否一致的原理。在完成后,最多延长10μs即可转到下一处理过程。

3. 2864A与8031的连接

2864A与8031的硬件连接如图5-6所示。该连接采用了将外部数据存储器空间和程序存储器空间合并的方法,即将$\overline{PSEN}$信号与$\overline{RD}$信号相"或",其输出作为单一的公共存储器读选通信号。这样,8031即可对2864A进行读写操作了。此外,为了简单起见,图中2864A的片选信号端$\overline{CE}$直接接地,在实际应用中应通过74LS138译码器输出片选信号。

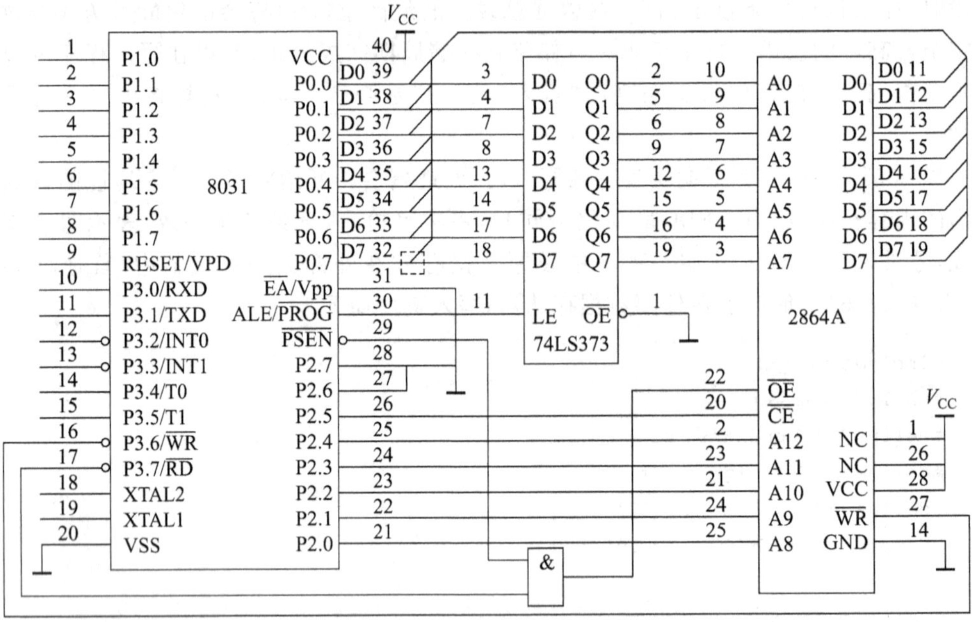

图5-6 2864A与8031的硬件连接

5.2 数据存储器的扩展设计

由于MCS-51芯片内部具有128个字节RAM存储器,所以它们可以作为工作寄存器、堆栈、软件标志和数据缓冲器。CPU对其内部RAM有丰富的操作指令,因此RAM是十分珍贵的资源,我们应合理、充分地使用片内RAM存储器,并使其发挥作用。在诸如数据采集处理的应用系统中,仅仅片内的RAM存储器往往是不够的,在这种情况下,利用MCS-51系列的3个产品来扩展外部RAM存储器的方法是相同的。本节将以

8031 为例讨论外部数据存储器的扩展方法。

5.2.1 MCS-51 访问外部 RAM 的定时波形

图 5-7 给出了单片机扩展 RAM 的电路结构。图中 P0 口为分时传送的 RAM 低 8 位地址/数据线，P2 口的高 8 位地址线用于对 RAM 进行页寻址。在外部 RAM 读写周期，CPU 产生$\overline{RD}$/$\overline{WR}$信号。

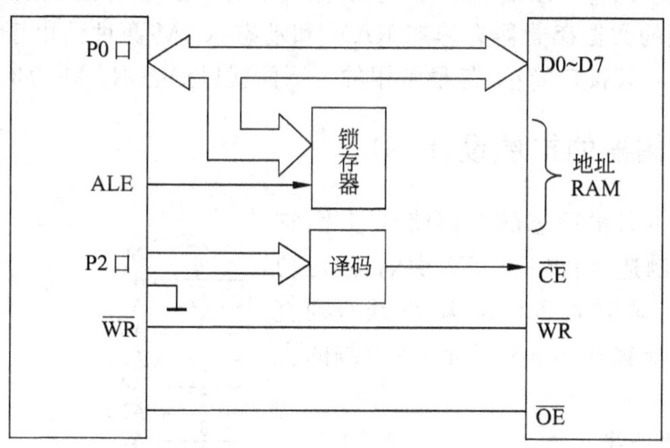

图 5-7　MCS-51 单片机外部数据存储器扩展

MCS-51 单片机与外部 RAM 单元之间数据传送的定时波形如图 5-8 所示。

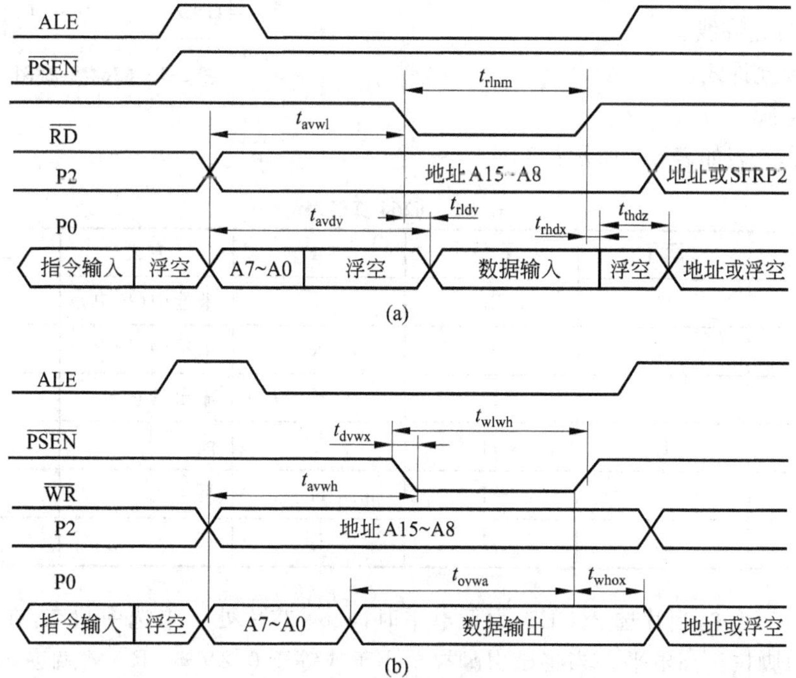

图 5-8　MCS-51 访问外部 RAM 定时波形

在图 5-8(a)所示的外部数据存储器读周期中，P2 口输出外部 RAM 单元的高 8 位地址(页面地址)，P0 口分时传送低 8 位地址及数据。当地址锁存允许信号 ALE 为高电平时，P0 口输出的地址信息有效，ALE 的下降沿将此地址打入外部地址锁存器。接着 P0 口变为输入方式，使读信号$\overline{RD}$有效，并选通外部 RAM，此时相应存储单元的内容出现在 P0 口上，由 CPU 读入累加器。

外部数据存储器写周期波形，如图 5-8(b)所示。其操作过程与读周期类似。写操作时，在 ALE 下降为低电平以后，$\overline{WR}$信号才有效，P0 口上才将出现的数据写入相应的 RAM 单元。常用的数据存储器有静态 RAM 和动态 RAM 两种。由于静态 RAM 无需考虑刷新问题，所以其接口简单，是最常用的。下面就以静态 RAM 为例进行讨论。

5.2.2 数据存储器的扩展设计

6264 是 8K×8 位的静态随机存储器芯片，它采用 CMOS 工艺制造，由单一+5V 供电，额定功耗 200mW，典型存取时间 200ns，为 28 线双列直插式封装，其引脚配置如图 5-9 所示，各引脚的含义如下：

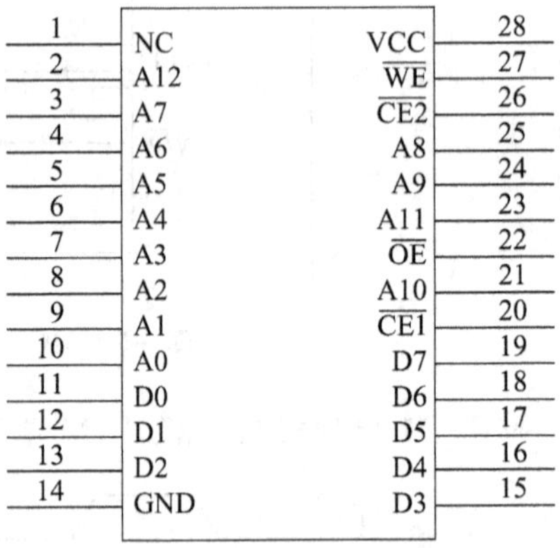

A0～A12：地址线。

D0～D7：双向数据线。

$\overline{CE1}$：片选线 1。

$\overline{CE2}$：片选线 2。

$\overline{WE}$：写允许线。

$\overline{OE}$：读允许线。

NC：空脚。

6264 真值表如表 5-3 所示。

图 5-9 6264 引脚图

表 5-3 6264 真值表

$\overline{WE}$	$\overline{CE1}$	$\overline{CE2}$	OE	方式	D0～D7
X	H	X	X	未选中(掉电)	高阻
X	X	L	X	未选中(掉电)	高阻
H	L	H	H	输出禁止	高阻
H	L	H	L	读	D_{OUT}
L	L	H	H	写	D_{IN}
L	L	H	L	写	D_{IN}

由表 5-3 可知，当片选 2($\overline{CE2}$)为低电平时，6264 芯片处于未选中状态，在一般情况下需将此引脚拉至高电平。当将该引脚拉至小于或等于 0.2V 时，RAM 就进入数据保持状态。片选 1($\overline{CE1}$)为高电平时芯片未选中，为低电平时芯片被选中。从逻辑上看符合 74LS138 要求，所以一般将$\overline{CE1}$作为片选信号并接于译码器，而$\overline{CE2}$在不需保持状态时必

须接高电平。图 5-10 给出了 6264 与 8031 的硬件连接图。

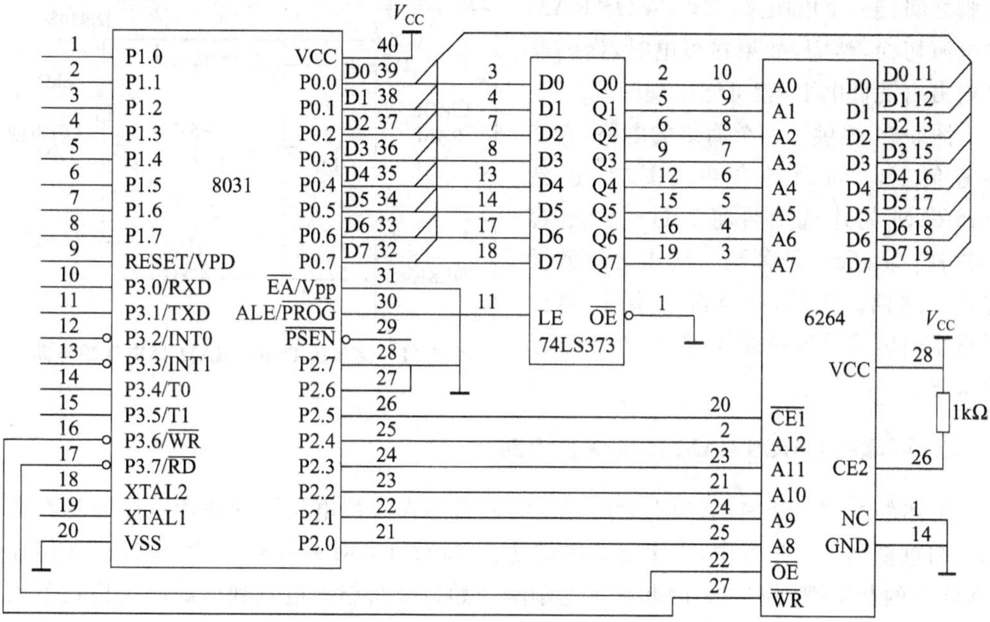

图 5-10 6264 与 8031 的硬件连接

由于数据存储器的地址空间和程序存储器占有的地址空间是相同的，所以在某些应用中，要执行的程序的地址与存放数据的地址相同。在 8051 中可以用$\overline{\text{PSEN}}$信号和$\overline{\text{RD}}$信号相“或”使外部程序存储器与外部数据存储器的存储空间重叠而又能分别访问。

5.2.3 RAM 的掉电保护

单片机在某些测量、控制等领域的应用中，常要求单片机内部和外部 RAM 中的数据在电源掉电时不丢失，重新加电时 RAM 中的数据能够保存完好。这就需要对单片机系统加接掉电保护电路。

掉电保护通常可采用以下两种方法：其一，加装不间断的电源，使整个系统在掉电时继续工作；其二，采用备份电源，掉电后保护系统中全部或部分数据存储单元的内容。由于第一种方法体积大、成本高，对单片机系统来说，不宜采用。第二种方法是根据实际需要，在掉电时保存一些必要的数据，使微机在电源电压恢复后，能够继续执行程序，因而经济、实用。

在具有掉电保护功能的单片机系统中，一般采用 CHMOS 单片机和 CMOS RAM。这里仅讨论两种常用的 CMOS RAM 掉电保护电路。

1. 简单的 CMOS RAM 掉电保护电路

我们知道，当 CMOS RAM 从正常电源($V_{CC}=5V$)切换到备份电源(V_{BAT})时，为了防止丢失 RAM 中的数据，必须保证整个切换过程中$\overline{\text{CS}}$引脚的信号一直保持接近 V_{CC}。

通常，都是采用在 RAM 的 $\overline{CS}$ 和 V_{CC} 引脚之间接一个电阻来实现 CMOS RAM 的电源切换，然而，如果在掉电时，译码器的输出出现低电平，就可能出现问题。

图 5-11 提供了一个简单的电路，它能够避免上述问题的产生。图中，连到 6116RAM 的片选信号将经过一个电容 C，这样 V_{BAT} 和地址译码器输出之间就没有直流通路。因而，在电源切换时，无论译码器输出信号为高或低，都不会影响 $\overline{CS}$ 的状态。

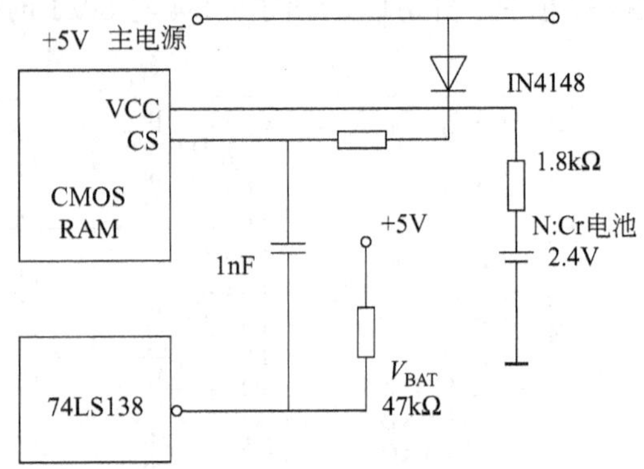

图 5-11 简单的 CMOS RAM 掉电保护电路

2. 可靠的 CMOS RAM 掉电保护电路

上述的电路虽然简单，但有时可能不能起到 RAM 掉电保护的作用。原因是在电源掉电和重新加电的过程中，由于电源的切换，可能使 RAM 瞬间处于读写状态，而使原来 RAM 中的数据遭到破坏。因此在掉电刚刚开始以及重新加电直到电源电压稳定下来之前，RAM 应处于数据保持状态，如 6264RAM、5101RAM 等。这种 RAM 芯片上有一个 CE2 引脚，在一般情况下需将此引脚拉至高电位。当将该引脚拉至小于或等于 0.2V 时，RAM 就进入数据保持状态。

实用的静态 RAM 掉电保护电路现在都采用专用的芯片 X25045/43，2000 年 XICOR 又全面升级所有电源管理芯片，新面世的 X5045/43 在原 X25045/43 的基础上增加多种复位门限并且在一定范围内可通过编程设定。与此同时，又推出 I^2C 总线的 X4045/43，所有 X4043/54、X5043/45 系列，根据功能和存储容量不同还有多种型号，都自带可编程的看门狗定时器、低 V_{CC} 检测和复位。5 种标准复位门限电压直至 $V_{CC}=1V$ 时复位信号有效。

5.3 串行(I^2C 总线)数据存储器扩展设计

1. 概述

I^2C (Inter-IC)总线是英文 INTER IC BUS 或 IC TO IC BUS 的简称，十多年前由 Philips 公司推出，是近年来在微电子通信控制领域广泛采用的一种新型总线标准。它是同步通信的一种特殊形式，具有接口线少、控制方式简单、器件封装形式小、通信速率较高等优点。在主从通信中，可以有多个 I^2C 总线器件同时接到 I^2C 总线上，所有 I^2C 兼容的器件都有标准的接口，通过地址来识别通信对象，使它们可以经由 I^2C 总线互相直接通信。此总线设计对系统设计及仪器制造都有利，因为可增加硬件的效率及简化电路，同时可提高仪器设备的可靠性，以及解决很多在设计数字控制电路上所遇到的接口问题。

I^2C 总线是由数据线 SDA 和时钟 SCL 构成的串行总线，可发送和接收数据。在

CPU与被控IC之间、IC与IC之间进行双向传送时，最高传送速率为400Kbps。各种被控制电路均并联在这条总线上，就像电话机一样只有拨通各自的号码才能工作，所以每个电路和模块都有唯一的地址。在信息的传输过程中，I^2C总线上并接的每一模块电路既是主控器(或被控器)，又是发送器(或接收器)，这取决于它所要完成的功能。CPU发出的控制信号分为地址码和数据码两部分：地址码用来选址，即接通需要控制的电路，确定总线通信的器件；数据码是通信的内容。这样，各控制电路虽然挂在同一条总线上，却彼此独立，互不干扰。

I^2C总线始终和先进技术保持同步，但仍然保持其向下兼容性，并且最近还增加了高速模式，其速度可达3.4Mbps。它使得I^2C总线能够支持现有以及将来的高速串行传输应用，例如E^2PROM和FLASH存储器。

随着I^2C总线技术的推出，Philips公司及其他一些电子、电气厂家相继推出了许多带I^2C接口的器件。除大量用于视频、音像、通信领域的器件外，还有一批I^2C接口的通用器件，可广泛用于单片机应用系统之中，如RAM、E^2PROM、I/O接口、LED/LCD驱动控制、A/D、D/A和日历时钟等。表5-4给出了常用的通用I^2C接口器件的种类、型号及寻址字节等。

表5-4 常用I^2C接口通用器件的种类、型号及寻址字节

种类	型号	器件地址及寻址字节	备注
256×8/128×8 静态RAM 256×8 静态RAM	PCF8570/71 PCF8570C	1010 A2 A1 A0 R/W 1011 A2 A1 A0 R/W	3位数字引脚地址A2 A1 A0 3位数字引脚地址A2 A1 A0
256B E^2PROM 256B E^2PROM 512B E^2PROM 1024B E^2PROM 2048B E^2PROM	PCF8582 AT24C02 AT24C04 AT24C08 AT24C16	1010 A2 A1 A0 R/W 1010 A2 A1 A0 R/W 1010 A2 A1 P0 R/W 1010 A2 P1 P0 R/W 1010 P2 P1 P0 R/W	3位数字引脚地址A2 A1 A0 3位数字引脚地址A2 A1 A0 2位数字引脚地址A2 A1 1位数字引脚地址A2 无引脚地址，A2 A1 A0悬空处理
8位I/O口	PCF8574 PCF8574A	0100 A2 A1 A0 R/W 0111 A2 A1 A0 R/W	3位数字引脚地址A2 A1 A0 3位数字引脚地址A2 A1 A0
4位LED驱动控制器	SAA1064	0111 0 A1 A0 R/W	2位模拟引脚地址A1 A0
160段LCD驱动控制器	PCF8576	0111 0 0 A0 R/W	1位数字引脚地址A0
点阵式LCD驱动控制器	PCF8578/79	0111 1 0 A0 R/W	1位数字引脚地址A0
4通道8位A/D、1路D/A转换器	PCF8591	1001 A2 A1 A0 R/W	3位数字引脚地址A2 A1 A0
日历时钟(内含256×8RAM)	PCF8583	1010 0 0 A0 R/W	1位数字引脚地址A0

在I^2C总线器件中，E^2PROM拥有最多类型的厂家系列。除了Philips公司早期推出的PCF88582外，NS公司的NM24C02L/C04L、NM24C03L/C05L和ATMEL公司的AT24C02/04/08/16都是优异的带I^2C接口的E^2PROM器件，且结构与工作原理相似。本节重点介绍AT24C系列。

2. I²C 总线的数据传输

在开始传输数据前，主控器件应发送起始位，通知从接收器件作好接收准备；在传输数据结束时，主控器件应发送停止位，通知从接收器件停止接收。这两种信号是启动和关闭 I²C 器件的信号。以下分别为所需的起始位及停止位的时序条件(如图 5-12 所示)。

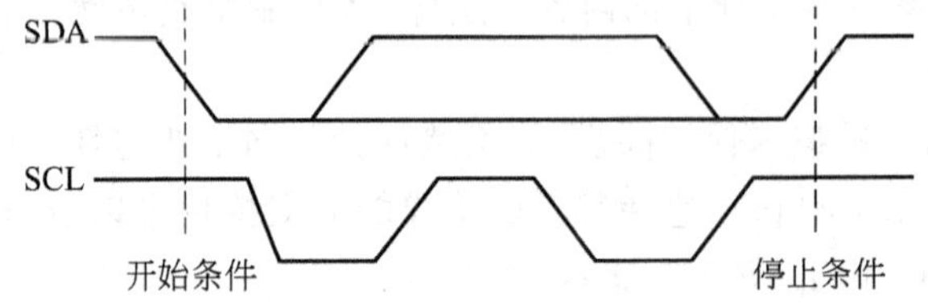

图 5-12　开始和停止条件

起始位时序：当 SCL 线在高位时，SDA 线由高转换至低。

停止位时序：当 SCL 线在高位时，SDA 线由低转换至高。

开始和停止条件由主控器产生。使用硬件接口可以很容易地检测开始和停止条件，没有这种接口的单片机必须以每时钟周期至少两次的频率对 SDA 取样，以便检测这种变化。

SDA 线上的数据在时钟高位时必须稳定；数据线上高低状态只有当 SCL 线的时钟信号为低电平时才可变换，如图 5-13 所示。输出到 SDA 线上的每个字节必须是 8 位，每次传输的字节不受限制，每个字节必须有一个确认位(又称应答位 ACK)。如果接收器件在完成其他功能(如内部中断)前不能接收另一数据的完整字节，它可以保持时钟线 SCL 为低电平，以促使发送器进入等待状态。当接收器件准备好接收数据的其他字节并释放时钟 SCL 后，数据传输继续进行。

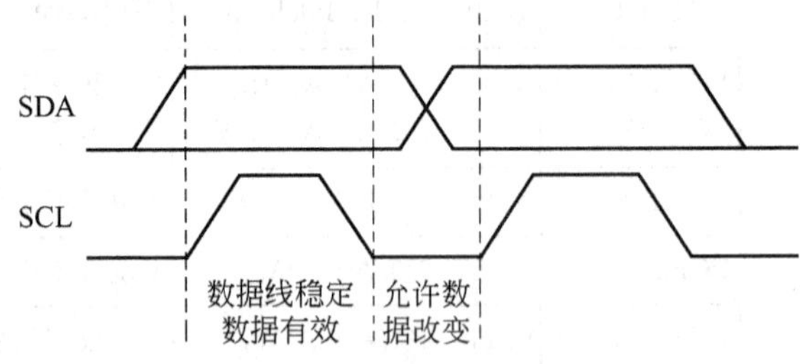

图 5-13　I²C 总线中的有效数据位

数据传送必须有确认位。与确认位对应的时钟脉冲由主控器产生，发送器在应答期间必须下拉 SDA 线，如图 5-14 所示。

当不能确认寻址的被控器件时，数据线保持为高电平，接着主控器产生停止条件终止传输。在传输结束时，主控接收器必须发出一个数据结束信号给被控发送器，被控发送器必须释放数据线，以允许主控器产生停止条件。合法的数据传输格式如下：

起始位	被控接收器地址	R/$\overline{W}$	确认位	数据	确认位	…	停止位

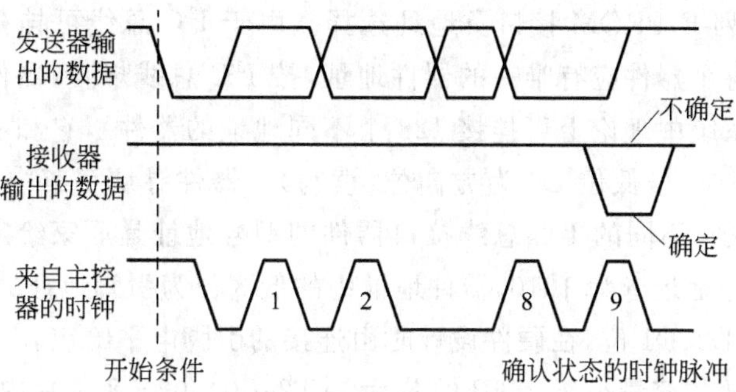

图 5-14 I^2C 总线的确认位

I^2C 总线在起始位(开始条件)后的首字节决定哪个被控器将被主控器选择,例外的是"通用访问"地址,它可以寻址所有器件。当主控器输出地址时,系统中的每一器件都将起始位后的前7位地址和自己的地址进行比较。如果相同,该器件认为自己被主控器寻址。该器件是作为被控接收器或是被控发送器则取决于第8位(R/$\overline{W}$位)。它是一个数据方向位(读写)——"0"代表发送(写入),"1"代表需求数据(读入)。数据传送通常以主控器所发出的停止位(停止条件)而终结,时序关系如图5-15所示。

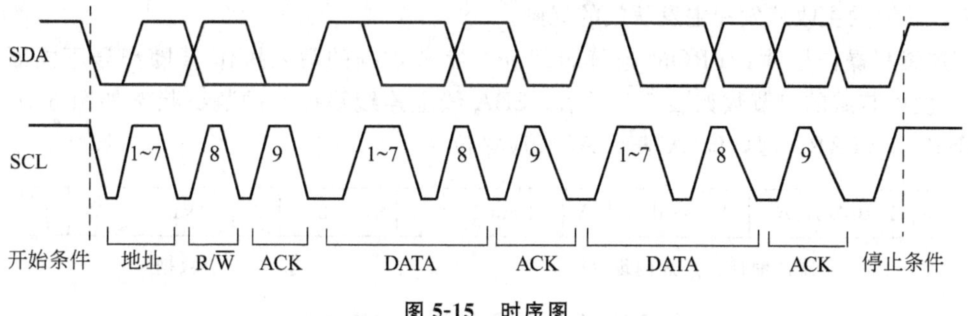

图 5-15 时序图

3. AT24C 系列串行 E^2PROM 的应用

(1) AT24C 系列串行 E^2PROM 简介

AT24C 系列串行 E^2PROM 具有 I^2C 总线接口功能,功耗小,电源电压宽(根据不同型号 2.5~6.0V),工作电流约为 3mA,静态电流随电源电压不同为 30~110μA,存储容量如表5-5所示。

表 5-5 AT24C 系列串行 E^2PROM 参数

型号	容量	器件寻址字节(8位)	一次装载字节数
AT24C01	128×8	1010A2A1A0R/W	4
AT24C02	256×8	1010A2A1A0R/W	8
AT24C04	512×8	1010A2A1P0R/W	16
AT24C08	1024×8	1010A2P1P0R/W	16
AT24C16	2048×8	1010P2P1P0R/W	16

① AT24C 系列 E^{2}PROM 接口及地址选择。由于 I^{2}C 总线可挂接多个串行接口器件，在 I^{2}C 总线中每个器件应有唯一的器件地址，按 I^{2}C 总线规则，器件地址为 7 位数据(即一个 I^{2}C 总线系统中理论上可挂接 128 个不同地址的器件)，它和一位数据方向位构成一个器件寻址字节，最低位 D0 为方向位(读写)。器件寻址字节中的最高 4 位(D7～D4)为器件型号地址，不同的 I^{2}C 总线接口器件的型号地址是厂家给定的，如 AT24C 系列 E^{2}PROM 的型号地址皆为 1010，器件地址中的低 3 位为引脚地址 A2A1A0，对应器件寻址字节中的 D3、D2、D1 位，在硬件设计时由连接的引脚电平给定。

对于 E^{2}PROM 的容量小于 256B 的芯片(AT24C01/02)，8 位片内寻址(A0～A7)即可满足要求。然而对于容量大于 256B 的芯片，8 位片内寻址范围不够，如 AT24C16，相应的寻址位数应为 11 位($2^{11}=2048$)。若以 256B 为一页，则多于 8 位的寻址视为页面寻址。在 AT24C 系列中，对页面寻址位采取占用器件引脚地址(A2、A1、A0)的办法，如 AT24C16 将 A2、A1、A0 作为页地址。凡在系统中引脚地址用作页地址后，该引脚在电路中不得使用，作悬空处理。AT24C 系列中串行 E^{2}PROM 的器件地址寻址字节如表 5-4 所示，表中 A0A1A2 表示页面寻址位。

② AT24C 系列 E^{2}PROM 读写操作。对 AT24C 系列，E^{2}PROM 的读写操作完全遵守 I^{2}C 总线的主收从发和主发从收的规则。

连续写操作是对 E^{2}PROM 连续装载 n 个字节数据的写入操作，n 随型号不同而不同，一次可装载的字节数如表 5-5 所示。SDA 线上连续写操作的数据状态如图 5-16 所示，S 表示 START 起始位，A 表示 ACK 应答位。

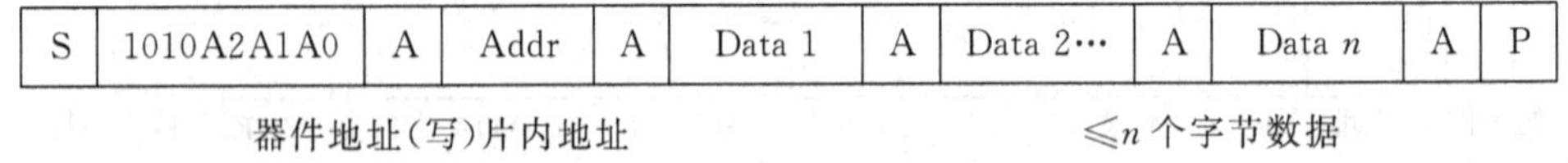

图 5-16 SDA 线连续写操作数据状态

AT24C 系列片内地址在接收到每一个数据字节地址后自动加 1，故装载一页以内的规定数据字节时，只需输入首地址。若装载字节多于规定的最多字节数，数据地址将自动翻页，新页中以前的数据被覆盖。

连续读操作是为了指定首地址，需要两个“伪字节写”来给定器件地址和片内地址，重复一次启动信号和器件地址(读)，就可读出该地址的数据。由于“伪字节写”中并未执行写操作，因此地址没有加 1。以后每读取一个字节，地址自动加 1。在读操作中，接收器接收到最后一个数据字节后不返回肯定应答(保持 SDA 高电平)，随后发停止信号。SDA 上连读操作的数据状态如图 5-17 所示。

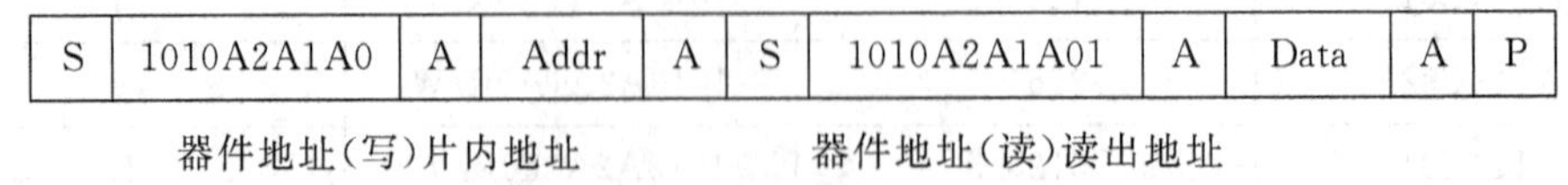

图 5-17 SDA 线连续读操作数据状态

(2) 51 单片机与 AT24C16 通信的硬件实现及 C 语言程序

① 硬件电路。图 5-18 是用 51 单片机 P1 口模拟 I²C 总线与 E²PROM 连接的电路图(以 AT24C16 为例)。由于 AT24C16 是漏极开路,图中 R1、R2 为上拉电阻(5.1kΩ);A0～A2 为地址引脚;TEST 为测试脚,悬空。

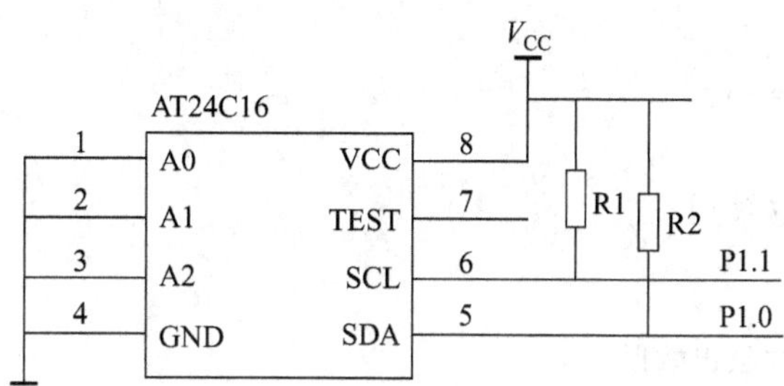

图 5-18　51 单片机 P1 口与 E²PROM 连接电路图

② 软件实现。由前述分析和图 5-18 的硬件电路,可编制 E²PROM 的读写子程序。两者的主要区别在于读子程序需发送器件地址(写)和片内地址作为伪字节,之后再发送一次开始信号和器件地址(读命令)。

读、写串行 E²PROM 的子程序如下:

```
#include <reg51.h>
#define uchar unsigned char
sbit A_SDA=P1^1;
sbit A_SCL=P1^0;
uchar code A_ADDR=0X55;
uchar code A_DATA=0X77;
uchar codedicode[10]={0x03,0x9F,0x25,0x0D,0x99,0x49,0x41,0x1F,0x01,0x09};
                   /*0    1    2    3    4    5    6    7    8    9*/
 uchar dd;
 void disp(uchar aa);
 void dsend(uchar bb);
 void a_write(A_ADDR,A_DATA);
 uchar a_read(A_ADDR);
 void a_send(uchar dd);
 uchar a_receive(void);

 /*写数据到指定的地址中*/
 void a_write(A_ADDR,A_DATA)
 {
  uchar j;
  A_SCL=1;A_SDA=1;A_SDA=0;
  dd=0xA0;
  a_send(dd);
  dd=A_ADDR;
  a_send(dd);
```

```
 dd=A_DATA;
 a_send(dd);
 A_SDA=0;
 for(j=0;j<2;j++);
 A_SCL=1;
 for(j=0;j<2;j++);
 A_SDA=1;
 for(j=0;j<100;j++);
}

/*从指定的地址中读出数据 */
uchar a_read(A_ADDR)
{
 uchar j,cc;
 A_SCL=1;A_SDA=1;A_SDA=0;
 dd=0xA0;
 a_send(dd);
 dd=A_ADDR;
 a_send(dd);
 A_SCL=1;A_SDA=1;A_SDA=0;
 dd=0xA1;
 a_send(dd);
 cc=a_receive();
  A_SDA=0;
  for(j=0;j<2;j++);
  A_SCL=1;
  for(j=0;j<2;j++);
  A_SDA=1;
  return (cc);
}

/*字节发送子程序*/
void a_send(uchar dd)
{
  uchar i,j,temp2;
  for(i=0;i<8;i++)
  {
    temp2=dd;
    A_SCL=0;
   temp2=(temp2<<i)&0x80;
    if(temp2==0x80)
     A_SDA=1;
    else  A_SDA=0;
    for(j=0;j<2;j++);
```

```
      A_SCL=1;
      for(j=0;j<2;j++);
    }
    A_SCL=0;
    for(j=0;j<2;j++);
     A_SCL=1;
    while(A_SDA==1);
    A_SCL=0;
}

/*字节接收子程序*/
uchar a_receive(void)
{
    uchar i,j,temp3,aa;
    for(i=0;i<8;i++)
    {
     A_SCL=1;
       for(j=0;j<2;j++);
       temp3=(temp3<<1)|A_SDA;
       A_SCL=0;
       for(j=0;j<2;j++);
    }
    aa=temp3;
    A_SDA=1;
    for(j=0;j<2;j++);
    A_SCL=1;
    for(j=0;j<2;j++);
    A_SCL=0;
    for(j=0;j<2;j++);
    A_SDA=1;
    return (aa);
}

void main(void)
{
uchar aa,j;
  do
  {
   a_write(A_ADDR,A_DATA);      /*在指定的地址中写入数据*/
   for(j=0;j<200;j++);          /*延时*/
   aa=a_read(A_ADDR);           /*在指定的地址中读出数据*/
}
 while(1);
}
```

在程序中，多处用了延时子程序，这是为了满足 I^2C 总线上数据传送速率的要求，即只有当 SDA 数据线上的数据稳定下来之后才能进行读写(即 SCL 线发出正脉冲)操作。另外，在读最后一个数据字节时，置应答信号为"1"，表示读操作即将完成。

5.4 串行(SPI 总线)数据存储器扩展设计

1. 概述

串行外设接口(Serial Peripheral Interface，SPI)总线系统是一种同步串行外设接口，允许 MCU 与各种外围设备以串行方式进行通信。它使用 4 条线：串行时钟线(SCK)、主机输入/从机输出数据线 MISO(SO)、主机输出/主机输入数据线 MOSI(SI)和低电平有效的从机选择线 SS(OE)。X25045 是一个集电源监控、看门狗和高速非易失性存储器 3 项功能于一块芯片的多功能器件，其引脚功能如表 5-6 所示。

表 5-6　X25045 引脚功能

引脚名称	功　能	引脚名称	功　能
$\overline{CS}$	片选端(低电平有效)	SCK	串行时钟信号端
SO	串行数据输出端	$\overline{WP}$	写保护
SI	串行数据输入端	RESET	复位输出

(1) 写使能寄存器

X25045 包含一个写使能寄存器，在写操作之前必须对这个寄存器置 1，写使能指令(WREN)置位该寄存器，写禁止指令(WRDI)复位该寄存器。该寄存器在上电或在完成写周期后自动复位，当$\overline{WP}$为低电平时也能复位。

(2) 状态寄存器

读状态寄存器指令(RDSR)能够在任意时间读写状态寄存器(甚至在写周期)。状态寄存器格式如下：

7	6	5	4	3	2	1	0
X	X	WD1	WD0	BL1	BL0	WEL	WIP

WIP(Write-In-Process)：该位指示是否在忙于处理写操作。为 1 表示在处理，为 0 表示不在处理。在写处理期间，所有其他位均为 1。WIP 是只读位。

WEL(Write Enable Latch)：该位指示写使能寄存器的状态。为 1 表示写使能寄存置位，反之则复位写使能寄存器。该位也是只读位，能被写使能指令置位，被禁止写指令复位。写周期的完成也能复位该位。

BL0、BL1(Block Protect)：指示保护区的范围。可被 WRSR 指令置位。用户可选择四分之一的保护区来进行看门狗定时器的编程。X25045 被分为 4 个 1024b 的段，一个或全部的段可以被锁定。被选中的段只能读不能写。保护区如表 5-7 所示。

WD0、WD1(Watchdog Timer)：该位可用来设置看门狗的时间输出功能，可被 WRSR 指令置位(如表 5-8 所示)。

表 5-7　保护区

状态寄存器位		保护地址范围
BL1	BL0	
0	0	None
0	1	$180～$1FF
1	0	$100～$1FF
1	1	$000～$1FF

表 5-8　看门狗

状态寄存器位		看门狗时间输出 (Typeical)
WD1	WD0	
0	0	1.4s
0	1	600ms
1	0	200ms
1	1	Disabled

指令设置如表 5-9 所示。

表 5-9　指令设置

指令名称	指令格式	操　　作
WREN	0000 0110	写使能
WRDI	0000 0100	写禁止
RDSR	0000 0101	读状态寄存器
WRSR	0000 0001	写状态寄存器
READ	0000 $A_8$011	以指定的地址为首地址读出数据
WRITE	0000 $A_8$010	以指定的地址为首地址写入数据

各操作时序如图 5-19 所示。

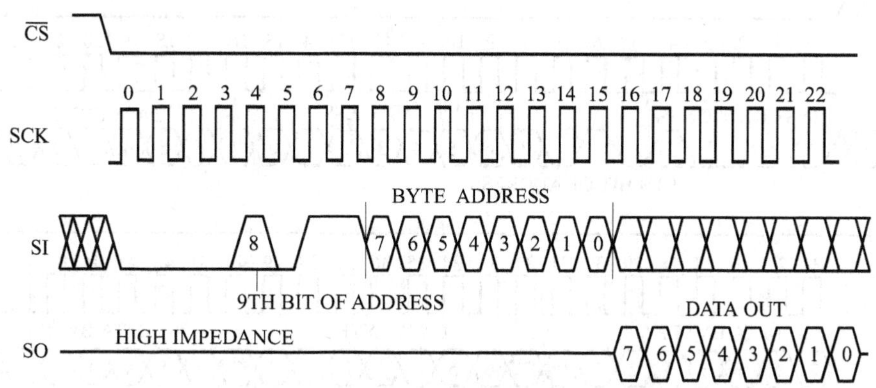

(a) 读 E^2PROM 时序

图 5-19　时序图

CS
SCK
SI
SO
HIGH IMPEDANCE
DATA OUT
(b) 读状态寄存器时序
CS
SCK
SI
SO
HIGH IMPEDANCE
(c) 写使能寄存器时序
CS
SCK
SI
SO
INSTRUCTION
BYTE ADDRESS
DATA BYTE
9TH BIT OF ADDRESS
HIGH IMPEDANCE
(d) 写字节时序
CS
SCK
SI
INSTRUCTION
BYTE ADDRESS
DATA BYTE 1
9TH BIT OF ADDRESS
DATA BYTE 2
DATA BYTE 3
DATA BYTE 4
(e) 写页时序

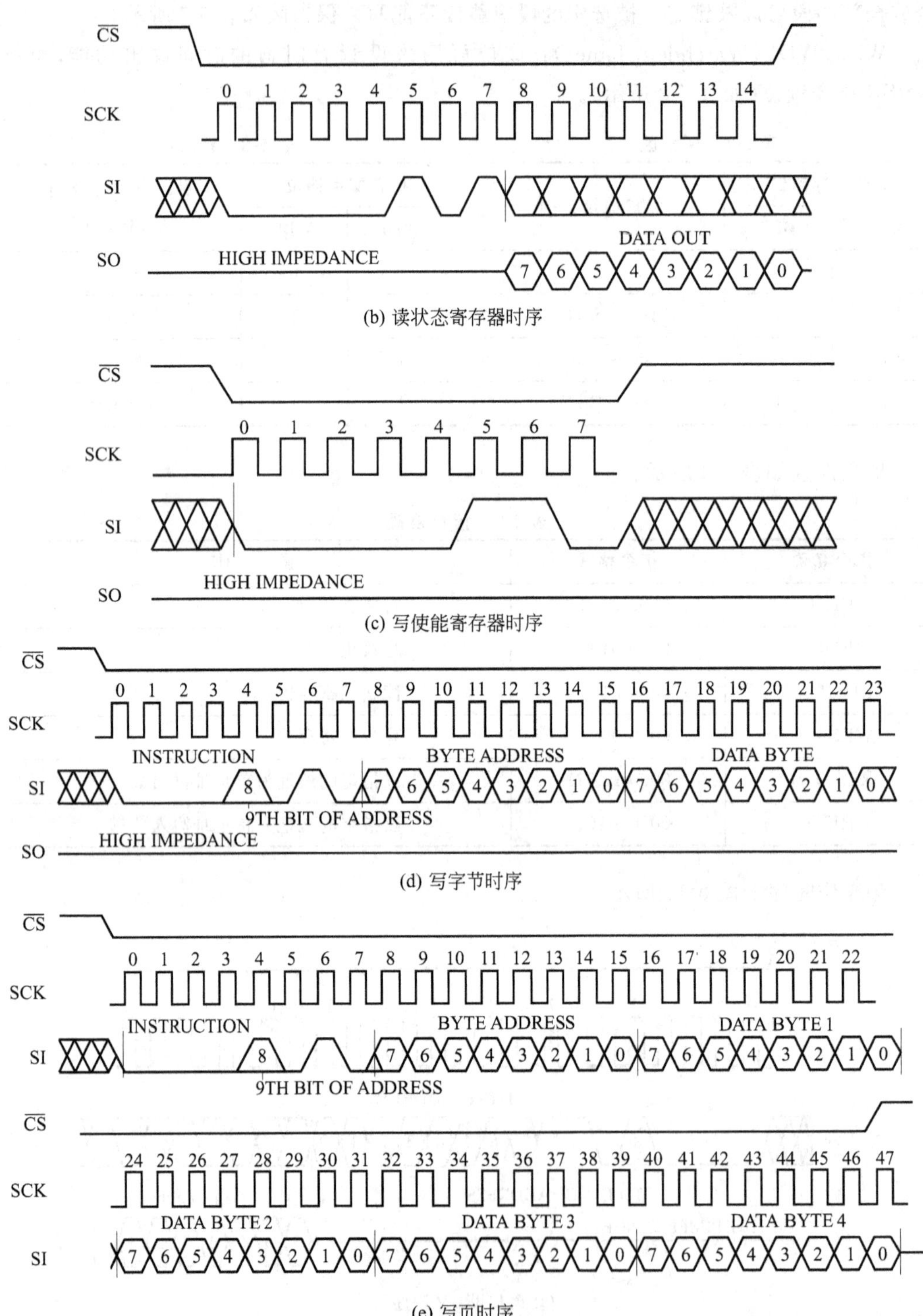

图 5-19 （续）

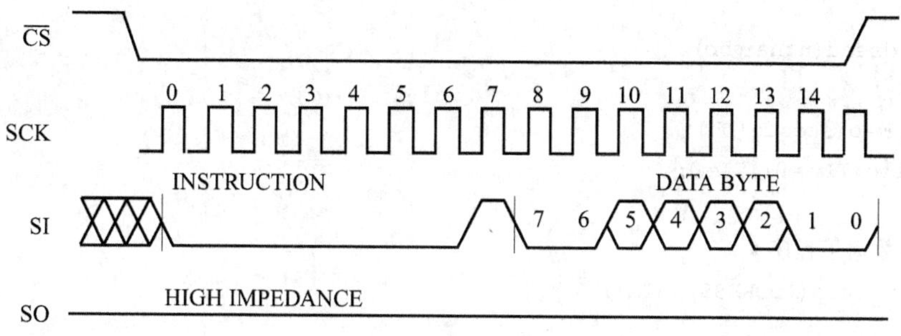

(f) 写状态寄存器时序

图 5-19 （续）

2. 51单片机与X25045通信的硬件实现及C语言程序

图5-20中RST接复位电路。

该芯片的操作程序如下：

```
#include <reg51.h>
#define uchar unsigned char
#define uint unsigned int
sbit CS=P1^0;
sbit SO=P1^1;
sbit SCK=P1^2;
sbit SI=P1^3;
uint code ADDRESS=0X0055;
uchar code DATA1=0X33;
uchar dis_code[10]={0x03,0x9F,0x25,0x0D,0x99,0x49,0x41,0x1F,0x01,0x09};
                     /*0    1    2    3    4    5    6    7    8    9*/
void disp(uchar aa);
void dsend(uchar bb);
void w_data(ADDRESS,DATA1);
uchar r_data(ADDRESS);
void w_control(void);
void r_control(void);
void w_enable(void);
void xsi(uchar cc);
uchar xso();
void disp(uchar aa)
{
  uchar bb;
  bb=aa&0x0f;
 dsend(bb);
  bb=aa>>4;
  dsend(bb);
```

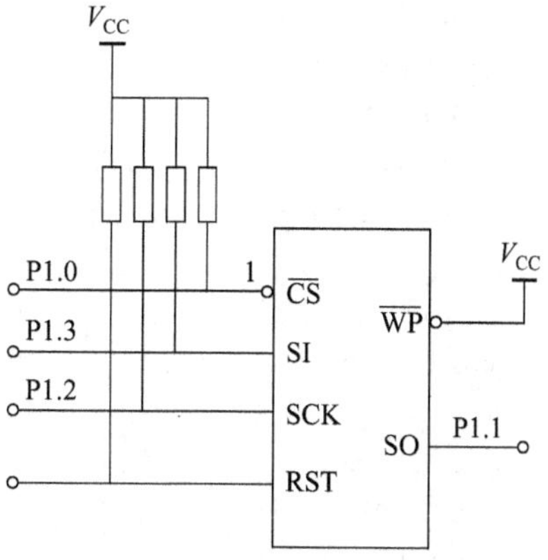

图 5-20 X25045 接口电路图

```
}
void dsend(uchar bb)
{
  SBUF=dis_code[bb];
  while(TI==0);TI=0;
}
/*写数据子程序*/
void w_data(ADDRESS,DATA1)
{
  uchar cc;
 SCK=0;
  CS=0;
  cc=0x02|((ADDRESS>>5)&0X08);
  xsi(cc);
  cc=ADDRESS;
  xsi(cc);
  cc=DATA1;
  xsi(cc);
  SCK=0;
  CS=1;
}
/*读数据子程序*/
uchar r_data(ADDRESS)
{
  uchar cc,aa;
  SCK=0;
  CS=0;
  cc=0x03|((ADDRESS>>5)&0X08);
  xsi(cc);
  cc=ADDRESS;
  xsi(cc);
  aa=xso();
  SCK=0;
  CS=1;
  return(aa);
}
/*写控制子程序*/
void w_control(void)
{
  uchar cc;
  SCK=0;
  CS=0;
  cc=0x01;
  xsi(cc);
```

```
    cc=0x00;
    xsi(cc);
    SCK=0;
    CS=1;
  }
  /*写使能子程序 */
  void w_enable(void)
  {
    uchar cc;
    SCK=0;
    CS=0;
    cc=0x06;
    xsi(cc);
    SCK=0;
    CS=1;
  }
  /*发送字节子程序 */
  void xsi(uchar cc)
  {
    uchar i,temp1;
    for(i=0;i<8;i++)
    {
      SCK=0;
      temp1=(cc<<i)&0x80;
      if(temp1==0x80)
       SI=1;
      else SI=0;
      SCK=1;
    }
    SI=0;
  }
  /*接收字节子程序 */
  uchar xso()
  {
    uchar i,temp2;
    for(i=0;i<8;i++)
    {
      SCK=1;
      SCK=0;
      temp2=(temp2<<1)|SO;
    }
    return(temp2);
  }
  void main(void)
```

```
{
  uint j;
  uchar aa;
  do
  {
   CS=1;
   SO=1;
   SCK=0;
   SI=0;
   w_enable();             /*写使能*/
   w_control();            /*写控制字*/
   for(j=0;j<500;j++);     /*延时*/
   w_enable();             /*写使能*/
   w_data(ADDRESS,DATA1);/*向指定的地址中写入数据*/
   for(j=0;j<500;j++);
   aa=r_data(ADDRESS);     /*从指定的地址中读出数据*/
  }
  while(1);
}
```

5.5 串行(MicroWire/Plus 总线)数据存储器扩展设计

1. 概述

MicroWire 总线是三线同步串行总线，由一根数据输出线(SO)、一根数据输入线(SI)和一根时钟线(SK)组成。主机向 SK 线发送时钟脉冲信号，从机设备在时钟信号的同步沿输出输入数据。主机设备的数据输出线 SO 和所有从机设备的数据输入线相接，从机设备的数据输出线都接到主机输入线上。主机经另外的片选线选通某一从机设备，然后发出时钟脉冲。主机和选中的从机在时钟的下降沿从各自的 SO 线输出一位数据，在时钟的上升沿从各自的 SI 端读入一位数据。每个时钟周期在发送一位数据的同时接收一位数据，从而实现数据的交换。该芯片具有如下特性：

(1) 低电压和标准电压操作：5.0V(VCC 为 4.5～5.5V)、2.7V(VCC 为 2.7～5.5V)、2.5V(VCC 为 2.5～5.5V)、1.8V(VCC 为 1.8～5.5V)。

(2) 可选择内部结构：具有 1K 空间，可选择 128×8 或 64×16，由引脚 ORG 确定。

(3) 三线串行接口。

(4) 2M 时钟频率(5V)。

(5) 自身时钟总线周期(max=10ms)。

(6) 高可靠性：可反复擦写一百万次、数据保持一百年以上。

AT93C46 共有 7 条控制命令。控制命令由 1 位起始位开始，接着是 2 位操作码，然后是 6 位的地址段，最后是 16/8(由引脚 ORG 确定，为 0 时 8 位数据，为 1 时 16 位数据)

位的数据段。各控制命令代码如表 5-10 所示，各操作时序如图 5-21 所示。

表 5-10 控制命令代码表

操作命令	起始位	操作码	地址段		数据段	
			×8	×16	×8	×16
读	1	10	A6～A0	A5～A0		
写使能	1	00	11×××××	11×××××		
擦除	1	11	A6～A0	A5～A0		
写	1	01	A6～A0	A5～A0	D7～D0	D15～D0
全擦除	1	00	10×××××	10×××××		
全写	1	00	01×××××	01×××××	D7～D0	D15～D0
写禁止	1	00	00×××××	00×××××		

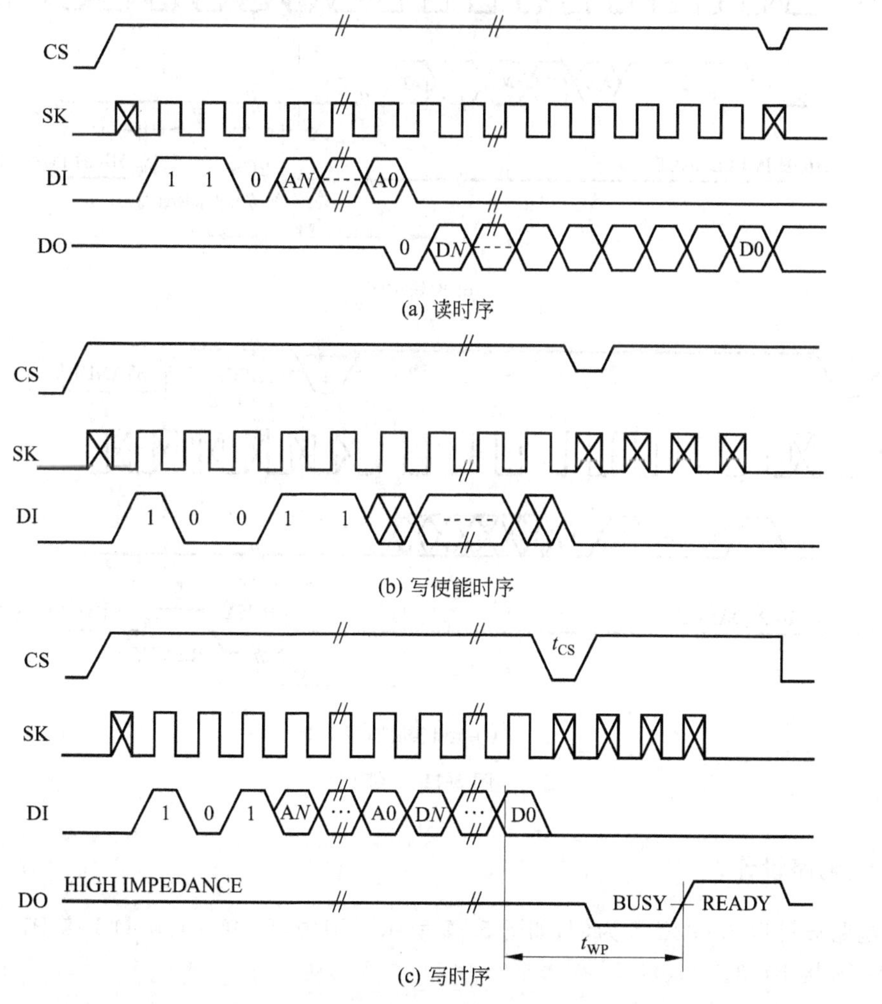

图 5-21 操作时序图

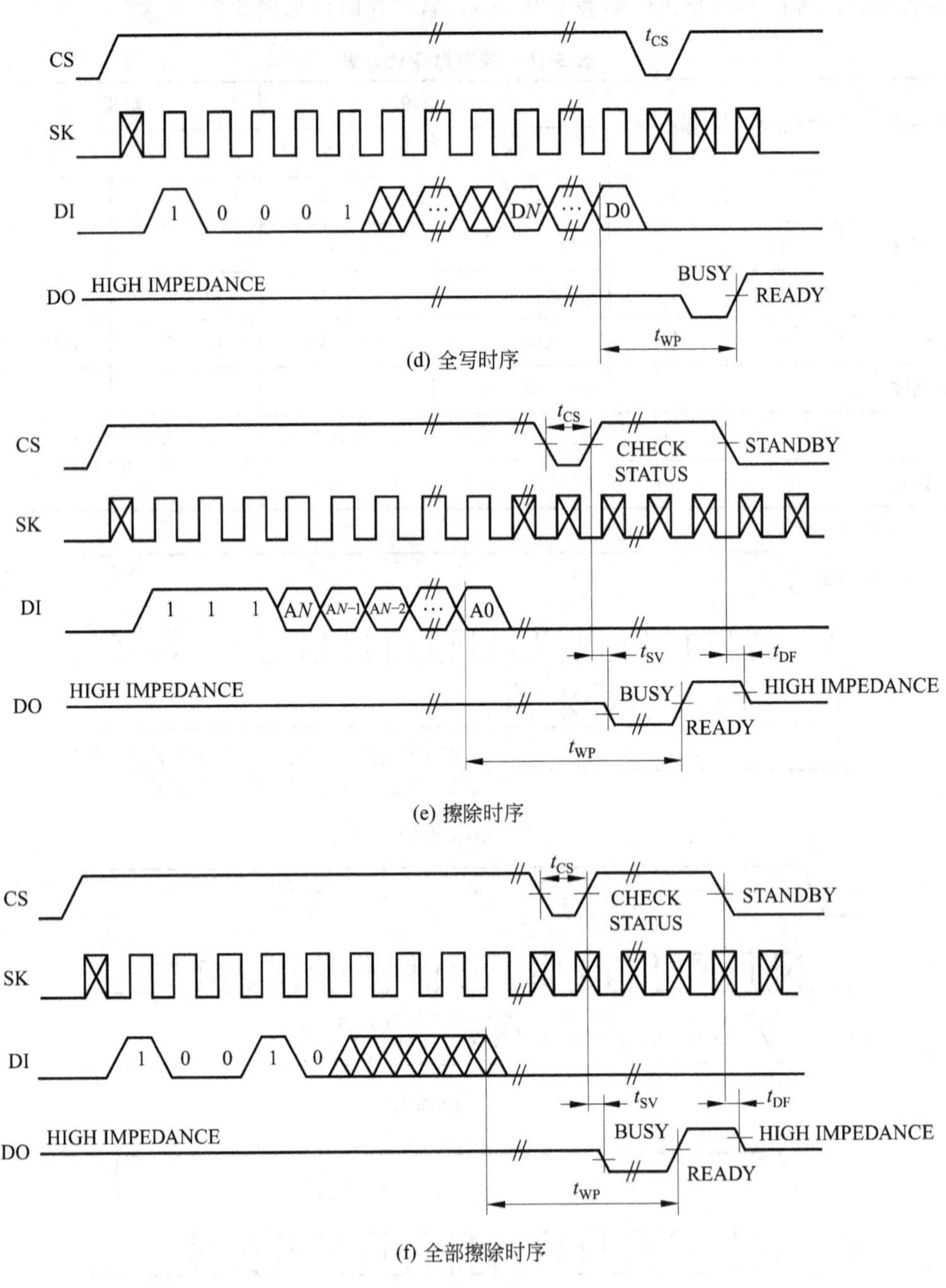

(d) 全写时序

(e) 擦除时序

(f) 全部擦除时序

图 5-21 （续）

2. 电路设计

电路设计以 AT93C46 为例，如图 5-22 所示。图中，DI 接 P1.0；DO 接 P1.1；SK 接 P1.2；CS 接 P1.3。

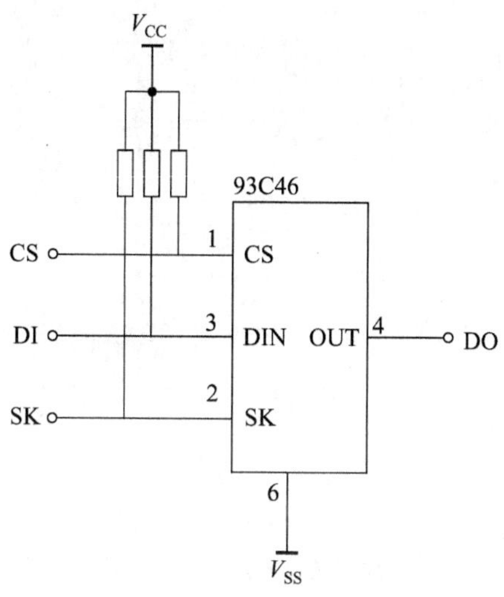

图 5-22 电路设计图

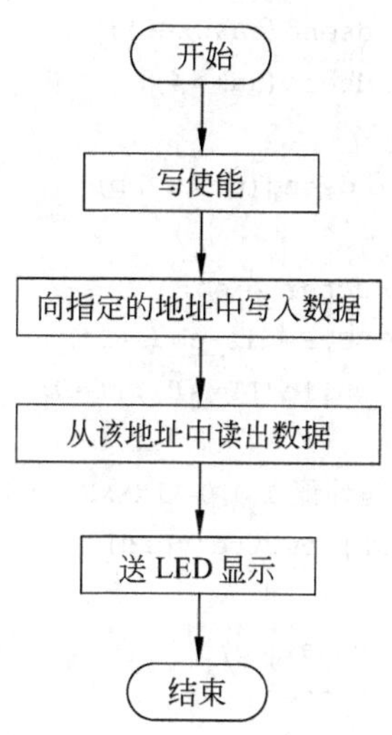

图 5-23 程序流程图

3. 程序设计

编写程序对 AT93C46 进行读写操作，将数据写入指定的地址中，然后从该地址中读出数据并送 LED 显示。程序流程图如图 5-23 所示。程序如下：

```
#include <reg51.h>
#define uchar unsigned char
#define uint unsigned int
sbit F_DI=P1^0;
sbit F_DO=P1^1;
sbit F_SK=P1^2;
sbit F_CS=P1^3;
uchar BYTEADDR;
uchar BYTEDATA;
uchar dis_code[17]={0x03,0x9f,0x25,0x0d,0x99,0x49,
                    0x41,0x1f,0x01,0x09,0x11,0xc1,
                    0x63,0x85,0x61,0x71,0x00};/*0~F*/
void disp(uchar aa);
void dsend(uchar bb);
void f_ewrite(void);
void f_dwrite(void);
uchar f_read(BYTEADDR);
void f_write(BYTEADDR,BYTEDATA);
void f_erase(void);
uchar f_receive(void);
void f_send(uchar aa);
void disp(uchar aa)
{
```

```
    dsend(aa&0x0f);
    dsend(aa>>4);
}
void dsend(uchar bb)
{
    uchar i=bb;
    SBUF=dis_code[i];
    while(TI==0);TI=0;
}
/*写使能 1 0,0 11XXXXX */
void f_ewrite(void)
{
    uchar aa;
    F_CS=1;                          /*片选为1*/
    F_SK=1;                          /*时钟*/
    F_SK=0;
    F_DI=1;                          /*起始位1*/
    F_SK=1;                          /*时钟*/
    F_SK=0;
    F_DI=0;                          /*操作码为0*/
    F_SK=1;                          /*时钟*/
    F_SK=0;
    aa=0x60;                         /*第二位操作码和地址段*/
    f_send(aa);
    F_DI=0;
    F_CS=0;
}
/*写禁止 1 0,0 00XXXXX */
void f_dwrite(void)
{
    uchar aa;
    F_CS=1;                          /*片选为1*/
    F_SK=1;                          /*时钟*/
    F_SK=0;
    F_DI=1;                          /*起始位为1*/
    F_SK=1;                          /*时钟*/
    F_SK=0;
    F_SK=0;
    F_DI=0;                          /*操作码为0*/
    F_SK=1;
    F_SK=0;
    aa=0x00;                         /*第二位操作码和地址段*/
    f_send(aa);
    F_DI=0;
```

```
    F_CS=0;
}
/*从指定的地址中读出数据 1 10 A6~ A0 */
uchar f_read(BYTEADDR)
{
    uchar temp1=BYTEADDR,aa,cc;
    F_CS=1;                             /*片选为 1*/
    F_SK=1;                             /*时钟*/
    F_SK=0;
    F_DI=1;                             /*起始位为 1*/
    F_SK=1;                             /*时钟*/
    F_SK=0;
    F_DI=1;                             /*操作码为 1*/
    F_SK=1;                             /*时钟*/
    F_SK=0;
    aa=(temp1&0x7f)|0x00;               /*第二位操作码和地址段*/
    f_send(aa);
    F_DI=0;
    cc=f_receive();                     /*数据段*/
    F_CS=0;
    return(cc);
}
/*写数据到指定的地址中 1 01 A6~ A0 */
void f_write(BYTEADDR,BYTEDATA)
{
    uchar aa;
    F_CS=1;                             /*片选为 1*/
    F_SK=1;                             /*时钟*/
    F_SK=0;
    F_DI=1;                             /*起始位为 1*/
    F_SK=1;                             /*时钟*/
    F_SK=0;
    F_DI=0;                             /*操作码为 1*/
    F_SK=1;                             /*时钟*/
    F_SK=0;
    aa=(BYTEADDR&0x7f)|0x80;            /*第二位操作码和地址段*/
    f_send(aa);
    aa=BYTEDATA;                        /*数据段*/
    f_send(aa);
    F_DI=0;
    F_CS=0;
    F_CS=0; F_DO=1;
    F_CS=1; F_SK=1;
    while(F_DO==0) {                    /*等待写完毕*/
```

```
    F_SK=0; F_SK=1;
}
    F_SK=0; F_CS=0;
}
/*擦除芯片 1 00 10XXXXX */
void f_erase()
{
    uchar aa;
    F_CS=1;                                  /*片选为 1*/
    F_SK=1;                                  /*时钟*/
    F_SK=0;
    F_DI=1;                                  /*起始位为 1*/
    F_SK=1;                                  /*时钟*/
    F_SK=0;
    F_DI=0;                                  /*操作码为 0*/
    F_SK=1;                                  /*时钟*/
    F_SK=0;
    aa=0x40;
    f_send(aa);
    F_DI=0;
    F_CS=0;
    F_CS=0; F_DO=1;
    F_CS=1; F_SK=1;
    while(F_DO==0) {                         /*等待写完毕*/
    F_SK=0; F_SK=1;
}
    F_SK=0; F_CS=0;
}
/*字节接收子程序 */
uchar f_receive(void)
{
    uchar i,dd;
    for(i=0;i<8;i++)
    {
        F_SK=1;
        F_SK=0;
        dd=F_DO|(dd<<1);
    }
    return(dd);
}
/*字节发送子程序 */
void f_send(uchar aa)
{
    uchar i,temp2;
```

```
    for(i=0;i<8;i++)
    {
        temp2=aa;
        temp2=(temp2<<i)&0x80;
        if(temp2==0x80)
            F_DI=1;
        else  F_DI=0;
        F_SK=1;
        F_SK=0;
    }
    F_DI=0;
}
void main (void)
{
     uint j;
     uchar aa,i;
     P1=0xF2;
        f_erase();                              /*擦除芯片*/
        f_ewrite();                             /*写使能*/
        BYTEADDR=0x00;
        BYTEDATA=0x00;
        for(i=0;i<0x80;i++)
        {
            f_write(BYTEADDR,BYTEDATA);   /*在指定的地址中写入数据*/
            BYTEADDR++;
            BYTEDATA++;
        }
            BYTEADDR=0x00;
        do{
            for(j=0;j<30000;j++);           /*从指定的地址中读出数据*/
            aa=f_read(BYTEADDR);
            BYTEADDR++;
            disp(aa);                       /*显示*/
          }
        while(1);
}
```

习题与思考题

5.1 8051单片机如何访问外部ROM及外部RAM?

5.2 试用Intel 2764、6116为8031单片机设计一个存储器系统，它具有8K EPROM(地址由0000H～1FFFH)和16K的程序、数据兼用的RAM存储器(地址为

2000H～5FFFH)。具体要求：画出该存储器系统的硬件连接图。

5.3 试用 Intel 2764、2864 为 8031 单片机设计一个存储器系统，它具有 8K EPROM(地址为 0000H～1FFFH)和 16K 的程序、数据兼用的 RAM 存储器(地址为 2000H～5FFFH)。具体要求：画出硬件连接图，并指出每片芯片的地址空间。

5.4 试述并口存储芯片与串口存储芯片的主要区别?

5.5 试述串口芯片的读写过程。

第6章 chapter 6

I/O接口扩展

MCS-51系列单片微型计算机的特点之一是系统结构紧凑、硬件设计简单灵活。对于简单的应用场合，MCS-51的最小系统(一片8051或一片8751或一片8031外接一片EPROM)就能满足功能上的要求；对于复杂的应用场合，需较多I/O接口的情况下，MCS-51系列单片机能提供很强的扩展功能，可以直接外接标准的I/O接口电路，以构成功能很强、规模较大的系统。所谓I/O口线扩展是把系统所需的外设与单片机连起来，使单片机系统能与外界进行信息交换。如通过键盘、A/D转换器、磁带机、开关等外部设备向单片机送入数据、命令等有关信息，去控制单片机运行，通过显示器、发光二极管、打印机、继电器、音响设备等把单片机处理的结果送出去，向人们提供信息或对外界设备提供控制信号，有时也称这些为单片机接口设计。本章重点讨论8031的I/O口线扩展方法，以及相应的程序设计。

6.1 概　　述

在单片机应用系统中，单片机本身所提供的资源如I/O口、定时器/计数器、串行口等往往不能满足要求，因此需要在单片机上扩展其他外围接口芯片。

由于MCS-51系列单片机的外部RAM和I/O口是统一编址的，因此用户可以将单片机外部64KB RAM空间的一部分作为扩展I/O的地址空间。这样，单片机就可以像访问外部RAM存储器那样访问外部接口芯片，并对其进行读写操作。

Intel公司常用的外围器件如表6-1所示，它们可以与MCS-51单片机直接相接。下面分别介绍这些常用外围芯片与单片机连接的方法，限于篇幅，仅对较常用的8255作介绍，而8279已停产，就不再讲述。

表6-1　MCS-51单片机常用外围芯片

型　　号	名　　称
8255	可编程外围并行接口
8259	可编程中断控制器
8279	可编程键盘/显示器接口
8291、8292、8293	可编程GB-1B系统讲者、听者、控者

续表

型　号	名　称
8155/8156	具有I/O口及定时器的2048位静态RAM
8253	可编程通用定时器
8755	具有I/O口及定时的2048位静态RAM
8251	可编程通信接口
8243	MCS-48输入输出扩展器

8255是一种可编程的并行I/O接口芯片。8255有24条I/O引脚，分为A、B两大组(每组12条)，允许分别编程，工作方式可分为方式0、1和2三种。

使用8255可实现以下各项功能：

(1) 并行输入或输出多位数据。

(2) 实现输入数据锁存和输出数据缓冲。

(3) 提供多个通信接口联络控制信号(如中断请求、外设准备好及选通脉冲等)。

(4) 通过读取状态字可实现程序对外设的查询。

显而易见，这些功能可适应于很大一部分外设接口的要求，因而并行I/O接口芯片几乎已成为微型计算机中(尤其是单片机)应用最为广泛的芯片之一。

1. 8255的结构

8255由下列几部分组成。

(1) 数据端口A、B、C

它有3个输出端口：端口A、端口B、端口C。每个端口都是8位，都可以选择作为输入或输出，但功能上有着不同的特点。

① 端口A：一个8位数据输出锁存和缓冲器；一个8位数据输入锁存器。

② 端口B：一个8位数据输入输出、锁存/缓冲器；一个8位数据输入缓冲器。

③ 端口C：一个8位数据输出锁存/缓冲器；一个8位数据输入缓冲器(输入没有锁存)。

通常端口A或B作为输入输出的数据端口，而端口C作为控制或状态信息的端口，它在“方式”字控制下，可以分成两个4位的端口。每个端口包含一个4位锁存器，它们分别与端口A和B配合使用，可用以作为控制信号输出或作为状态信号输入。

(2) A组和B组控制电路

这是两组根据CPU的命令控制8255A工作方式的电路。它们有控制寄存器，接收CPU输出的命令字，然后分别决定两组的工作方式，也可以根据CPU的命令字对端口C的每一位实现按位“复位”或“置位”。

A组控制电路控制端口A和端口C的上半部(PC7～PC4)。

B组控制电路控制端口B和端口C的下半部(PC3～PC0)。

(3) 数据总线缓冲器

这是一个三态双向8位缓冲器,它是8255与系统数据总线的接口。输入输出数据、输出指令以及CPU发出的控制字和外设的状态信息,都是通过这个缓冲器传送的,通常与CPU的双向数据总线相接。

(4) 读写和控制逻辑

它与CPU地址总线中的A0、A1以及有关的控制信号$\overline{RD}$、$\overline{WR}$、RESET、$\overline{CS}$相连,由它控制将CPU的控制命令或输出数据送至相应的端口;也由它控制将外设的状态信息或输入数据通过相应的端口送至CPU。

$\overline{CS}$——选片信号,当$\overline{CS}$为低电平时,8255被选中。

$\overline{RD}$——读信号,低电平有效。它控制8255送出数据或状态信息至CPU。

$\overline{WR}$——写信号,低电平有效。它控制将CPU输出的数据或命令信息写到8255。

RESET——复位信号,高电平有效。它清除控制寄存器和置所有端口(A、B、C)到输入方式。

(5) 端口地址

8255中有3个输入输出端口。另外,内部还有一个控制寄存器,它有4个端口,由A1、A0来加以选择。A1、A0、$\overline{RD}$、$\overline{WR}$及$\overline{CS}$组合所实现的各种功能如表6-2所示。

表6-2 组合功能表

$\overline{CS}$	A1	A0	$\overline{RD}$	$\overline{WR}$	D7～D0数据传输方向
0	0	0	0	1	端口A→数据总线
0	0	0	1	0	端口A←数据总线
0	0	1	0	1	端口B→数据总线
0	0	1	1	0	端口B←数据总线
0	1	0	0	1	端口C→数据总线
0	1	0	1	0	端口C←数据总线
0	1	1	0	1	无效
0	1	1	1	0	数据总线→8255控制寄存器
0	X	X	1	1	数据总线为三态
1	X	X	X	X	数据总线为三态

2. 8255的引脚功能

8255采用40线双列直插式封装(如图6-1所示)。40条引脚信号可分为以下两组:

(1) CPU控制信号

① RESET(输入):当CPU向8255的RESET端发送一个高电平后,8255将复位到初始状态。

② D7～D0:(双向、三态)数据总线。D7～D0是8255与CPU之间交换数据、控制

字/状态字的总线，通常与系统的数据总线相连。

③ $\overline{CS}$：输入芯片选中输入端。当$\overline{CS}$为低电平时，该8255被选中。

④ $\overline{RD}$：输入。$\overline{RD}$为主机发来的读数脉冲输入端。

⑤ $\overline{WR}$：输入。$\overline{WR}$为主机发来的写数脉冲输入端。

⑥ A1、A0(输入)：A1、A0为端口选择信号。A1、A0输入不同时，数据总线D7～D0将与不同的转接口或控制字寄存器相连(如表6-2所示)。

使用时一般将A1、A0接入地址总线的最低2位，因而一块8255芯片占用4个设备地址，分别对应于端口A、端口B、端口C和控制寄存器。

引脚	8255		引脚
1	PA3	PA4	40
2	PA2	PA5	39
3	PA1	PA6	38
4	PA0	PA7	37
5	$\overline{RD}$	$\overline{WR}$	36
6	$\overline{CS}$	RESET	35
7	GND	D0	34
8	A1	D1	33
9	A0	D2	32
10	PC7	D3	31
11	PC6	D4	30
12	PC5	D5	29
13	PC4	D6	28
14	PC0	D7	27
15	PC1	VCC	26
16	PC2	PB7	25
17	PC3	PB6	24
18	PB0	PB5	23
19	PB1	PB4	22
20	PB2	PB3	21

图6-1 8255引脚配置

(2) 并行端口信号

① PA7～PA0(双向)：A端口的并行I/O数据线。

② PB7～PB0(双向)：B端口的并行I/O数据线。

③ PC7～PC0(双向)：当8255工作于方式0时，PC7～PC0为两组并行I/O数据线；当8255工作于方式1或方式2时PC7～PC0将分别供给A、B两组转接口的联络控制线，此时每根线赋予新的含义。

3. 3种工作方式及控制字/状态字

由于方式1和方式2应用较少，重点讨论方式0。

8255有两个控制字和一个状态字。两个控制字均在A1A0为11的情况下发送，共用一个设备地址。如果控制字的最高位为1，表示是工作方式控制字；若最高位为0，则表示是按位置数控制字(如图6-2所示)。工作方式控制字用于规定端口的工作方式，分别由3位及4位对B、A两组进行设定。按位置数控制字用于对端口C的I/O引脚的输出进行控制。其中，D3～D1指示输出的位数；D0指示输出的值；"0"输出低电平，"1"输出高电平。显然，利用按位置来控制字可使端口C中每一位分别产生输出，而对其他各位不造成影响。

8255没有专门的状态字，而是当工作于方式1和方式2时，读取端口C的数据，即为状态字(如图6-3所示)。当状态字中的有效信息不满8位时，所缺的即为对应端口C引脚的输入电平。

下面根据8255的方式0，对控制字和状态字进行叙述。

方式0(基本输入输出)。采用图6-4所示格式的工作方式控制字，可设定8255工作于方式0。方式0将24条I/O引脚分成4组(PA7～PA0，PB7～PB0，PC7～PC4，PC3～PC0)，可提供基本的输入输出功能，但不带联络信号或选通脉冲。方式0可将数据并行写到(输出)某个端口锁存，外部数据也可通过某个端口缓冲后并行读入(输入)

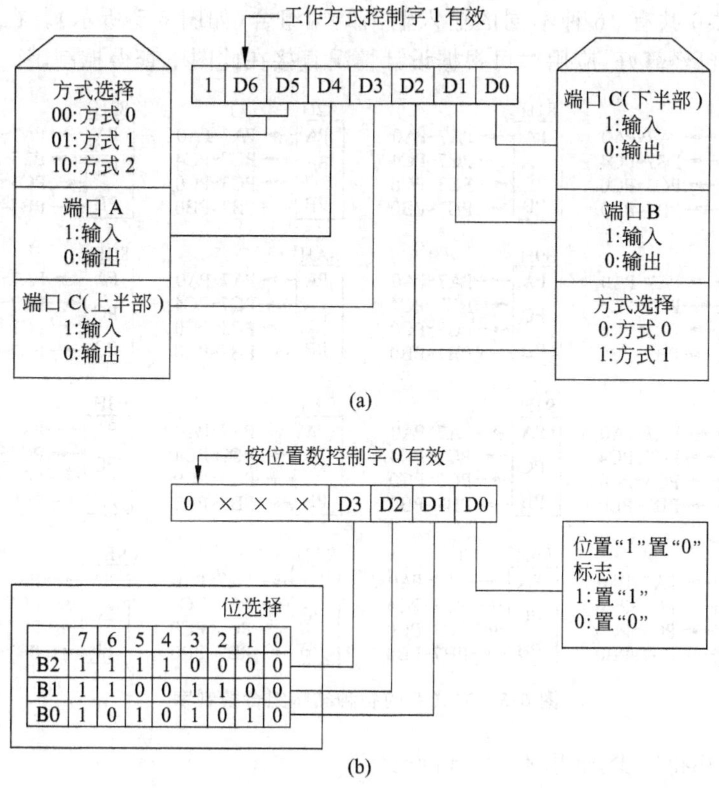

图 6-2　8255 控制字

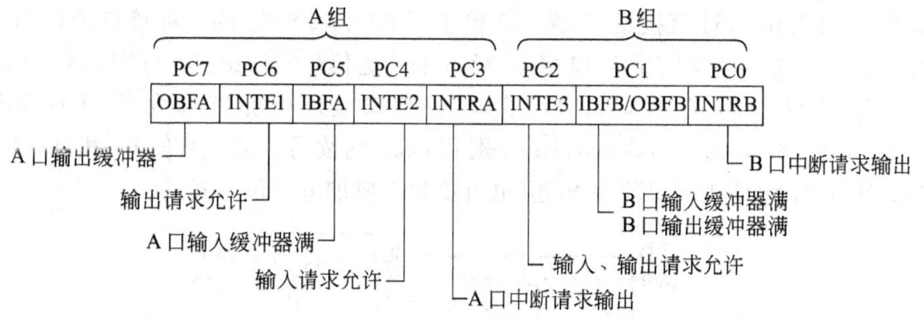

图 6-3　8255 的状态字格式

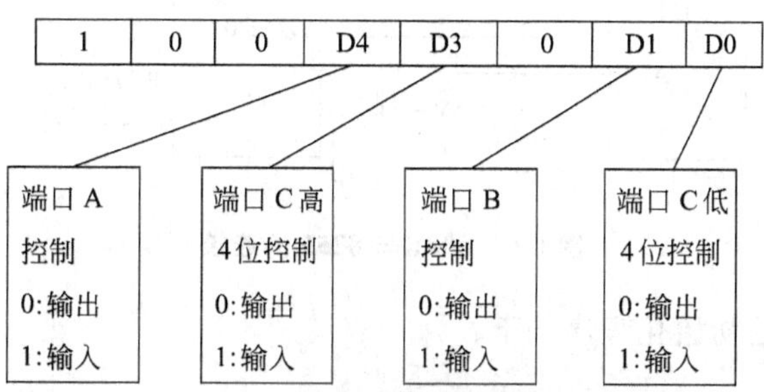

图 6-4　方式 0 的控制字格式

到 CPU。方式 0 共有 16 种不同的输入输出结构组合(如图 6-5 所示)。在图 6-5 中，16 种组合控制字已经算好，应用时可根据设计情况直接在此图中查得控制字。

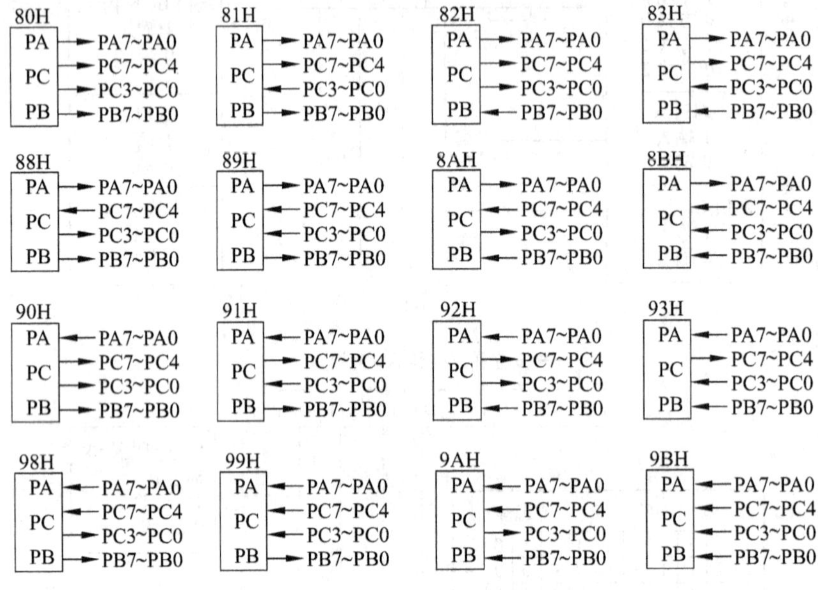

图 6-5 方式 0 的各种结构组合控制字

其他方式用得较少，这里不一一讨论。

4. 8031 和 8255 的接口方式

MCS-51 可以和 8255 直接接口，图 6-6 给出了 8031 和 8255 的一种接口原理图。8255 的数据总线 D0～D7 和 8031 的 P0 口相连，8255 的片选信号 $\overline{\text{CS}}$、A0、A1 分别和 8031 的 A7、A0、A1 相连，所以 8255 的 A 口、B 口、C 口、控制口地址可分别选为 FF7CH、FF7DH、FF7EH、FF7FH。8255 的读写线 $\overline{\text{WR}}$、$\overline{\text{RD}}$ 分别和 8031 的读写选通线 $\overline{\text{WR}}$、$\overline{\text{RD}}$ 相连。8255 的复位端 RESET 与 8031 的 ESET 端相连(也可单独接成加电复位方式)。

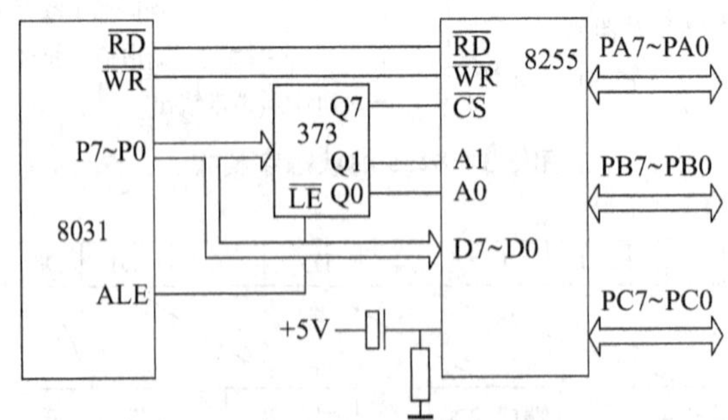

图 6-6 8031 与 8255 的连接

8255 的 I/O 口的初始化程序如下：

```
void start()
{
```

```
XBYTE[0x7f04]=0x18;
XBYTE[0x7f05]=0x40;
XBYTE[0x7f00]=0xc2;
...
}
      ⋮
```

6.2 显示器接口扩展设计

显示器是最常用的输出设备之一。特别是发光二极管显示器(LED)和液晶显示器(LCD),由于其结构简单、价格便宜、接口容易,因而得到广泛的应用,尤其在单片机系统中大量使用。下面分别介绍发光二极管显示器(LED)与8031的接口设计和相应的程序设计。液晶显示器(LCD)与8031的接口设计和相应的程序设计各厂家都有详细说明,而且种类很多,这里不多叙述。

1. LED结构与原理

发光显示器是单片机应用产品中常用的廉价输出设备。它是由若干个发光二极管组成的,当发光二极管导通时,相应的一个点或一个笔画发光,控制不同组合的二极管导通,就能显示出各种字符。常用的7段显示器结构如图6-7所示。

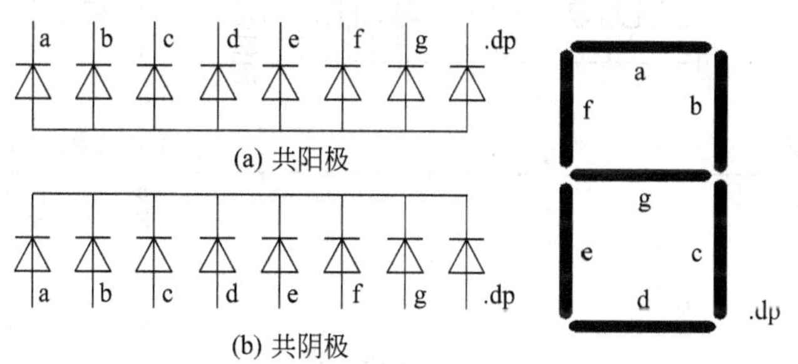

图6-7 发光管结构

点亮显示器有静态和动态两种方法。所谓静态显示,就是当显示器显示某一个字符时,相应的发光二极管恒定地导通或截止。例如,7段显示器的a、b、c、d、e、f导通,g截止,则显示0。这种显示方式,每一位都需要有一个8位输出口控制,所以占用硬件多,一般用于显示器位数较少的场合。当位数较多时,用静态显示所需的I/O口太多,一般采用动态显示方法。

所谓动态显示就是一位一位地轮流点亮各位显示器(扫描),对于每一位显示器来说,每隔一段时间点亮一次。显示器的点亮,既跟点亮时的导通电流有关,也跟点亮时间和间隔时间的比例有关。调整电流和时间的参数,可实现亮度较高、较稳定的显示。若显示器的位数不大于8位,则控制显示器公共极电位只需一个I/O口(称为扫描口),控制各位显示器所显示的字形也需一个8位口(称为段数据口)。8位共阴极显示器和8255的接口逻辑如图6-8所示。8255的A口作为扫描口,经同相驱动器7545N接显示器公共极;B口作为段数据口,经同相驱动器7407接显示器的各个极。

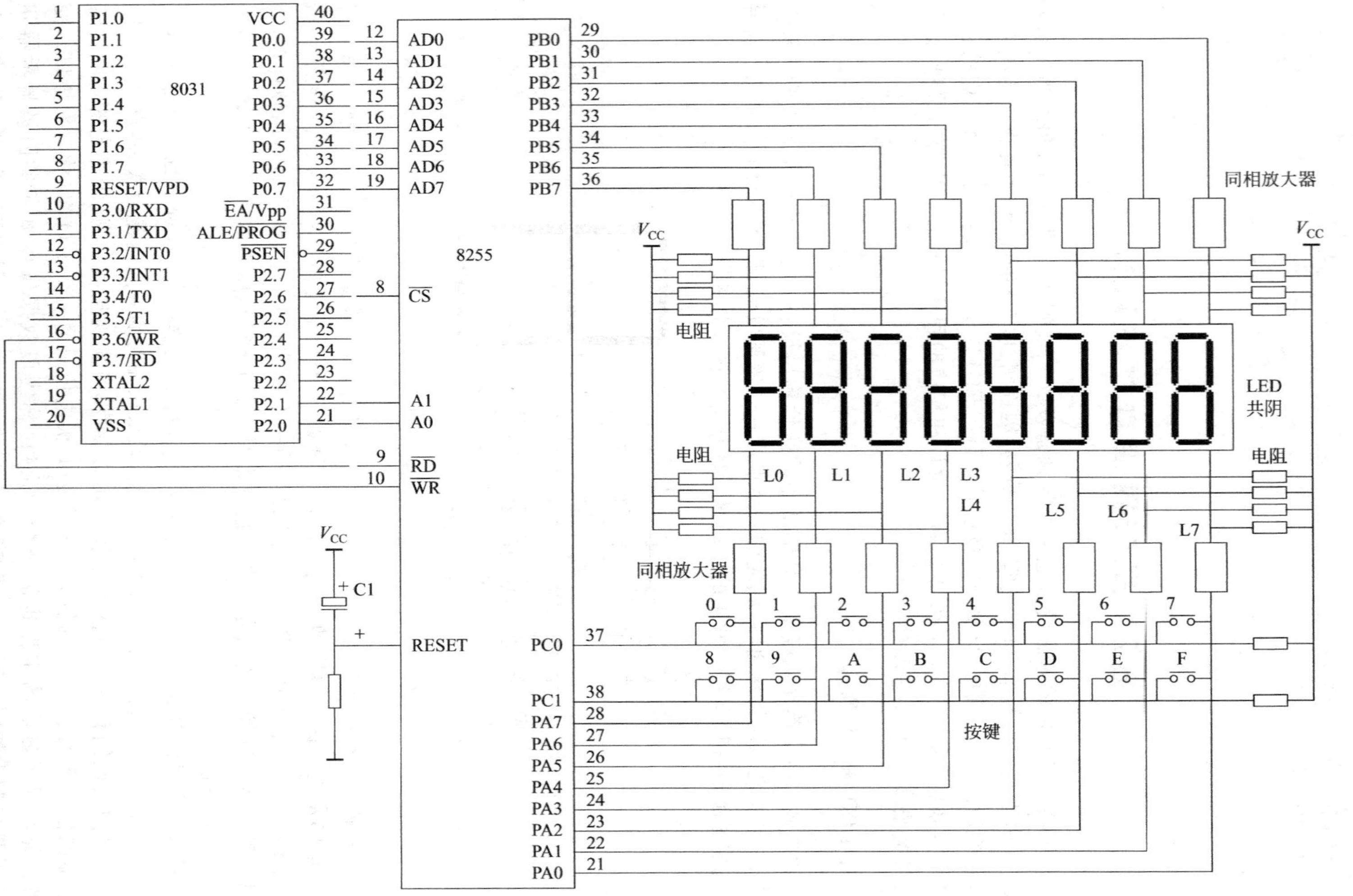

图 6-8 8 位动态显示接口

2. 动态显示程序设计

对于图 6-8 中的 8 位显示器，在 8031 RAM 存储器中设置 8 个显示缓冲单元 77H～7EH，分别存放 8 位显示器的显示数据。8255 的 A 口扫描输出总是有一位为高电平，8255 的 B 口输出相应位(共阴极)的显示数据的段数据使某一位显示出一个字符，其他位为暗，这样依次地改变 A 口输出为高电平的位，B 口输出对应的段数据，从而 8 位显示器就显示出缓冲器中显示数据所确定的字符。显示子程序流程图如图 6-9 所示。在编此显示子程序之前，必须明确以下 3 个问题：

(1) 要初始化 8255。任何接口芯片不初始化是不工作的，也就是说不由你控制；初始化就是根据你怎样使用它而设定控制字，此题我们是将 A 口、B 口用作输出口，C 口用作输入口(下节讲键盘时用)，在图 6-5 中可查得在方式 0 下的控制字为 89H。

(2) 各口的地址计算。从图 6-8 可见我们是将片选信号线$\overline{CS}$接 P2.6，A0 接 P2.0，A1 接 P2.1，结合表 6-2 可算得控制口地址为 BFFFH，A 口地址为 BCFFH，B 口地址为 BDFFH，C 口地址为 BEFFH。

(3) 显示过程是：先让第一块点亮(向 A 口送 FEH)，然后根据第一个显示缓冲区中的数字，到表中取得对应的驱动码送到数据输出口(B 口)去显示。

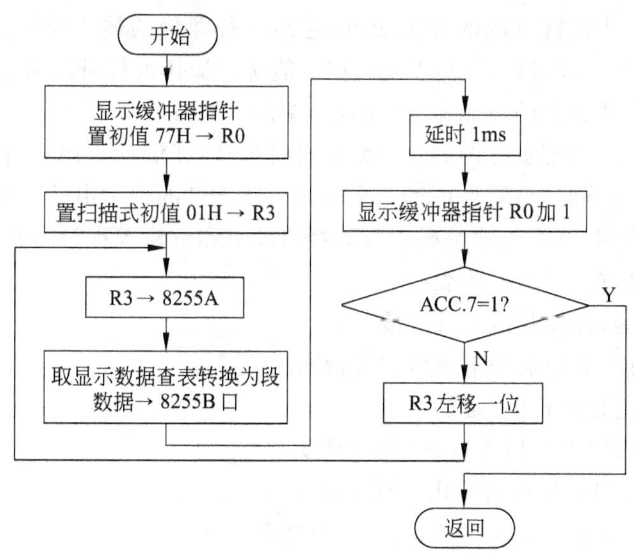

图 6-9　显示子程序流程图

根据以上 3 点可编出显示子程序如下：

```
BYTE code dseg[]={0x3f,0x06,0x5b,0x4f,0x66,0x6d,0x7d,0x07,     /*0~7*/
      0x7f,0x6f,0x77,0x7c,0x39,0x5e,0x79,0x71,                  /*8~F*/
      0x00,0x09,0x02};
BYTE ssbuf[8];                                                   /*显示缓冲区*/
WORD j;
void dir()
```

```
{
XBYTE[0xbfff]=0x89;
dirl:
addr=0x01;

for(i=0;i<8;i++)
{
XBYTE[0xbcff]=addr^0xff;
XBYTE[0xbdff]=dseg[i];
dl1();
addr=addr<<1;
}
goto dirl;

}
```

6.3 键盘接口设计

键盘是由若干个按键组成的开关矩阵，它是一种廉价的输入设备。一个键盘，通常包括数字键(0～9)、字母键(A～Z)以及一些功能键。操作人员可以通过键盘向计算机输入数据、地址、指令或其他的控制命令，实现简单的人机对话。

用于计算机系统的键盘有两类：一类是编码键盘，即键盘上闭合键的识别由专用硬件实现的；另一类是非编码键盘，即键盘上输入及闭合键的识别由软件来完成。

本节将主要介绍8031与非编码键盘的接口技术和键输入程序的设计。

(1) 键盘接口应具有如下功能：

① 键扫描功能，即检测是否有键按下。

② 键识别功能，确定被按下键所在的行列的位置。

③ 产生相应的键的代码(键值)。

④ 消除按键弹跳及对付多键或串键(复按)。

(2) 8031与键盘的接口可采用下列3种方式：

① 8031通过并行接口(如8155、8255)与键盘接口。

② 8031通过串行口与键盘接口。

③ 8031的并行口直接与键盘接口。

6.3.1 键盘的工作原理

3×3的键盘结构如图6-10所示，图中列线通过电阻接+5V。当键盘上没有键闭合时，所有的行线和列线断开，列线Y0～Y2都呈高电平。当键盘上某一个键闭合时，则该键所对应的列线与行线短路。例如，4号键按下闭合时，行线X1和列线Y1短路，此时Y1的电平由X1行线的电位所决定。如果把列线接到微机的输入口，行线接到微机的输出口，则在微机的控制下，使行线 X0 为低电平(0)，其余 X1、X2 都为高电平，读列线状态。如果 Y0Y1Y2 都为高电平，则 X0 这一行上没有闭合键，如果读出的列线状态不全为高电平，则为低电平的列线与 X0 相交处的键处于闭合状态。这种逐行逐列地检查键盘状态的过程称为对键盘一次扫描。CPU 对键盘的扫描可以采取程序控制的随机方式，即 CPU 空闲时扫描键盘。也可以采取定时控制方式，即每隔一定时间，CPU 对键盘扫描一次；还可以采用中断方式，即每当键盘上有键闭合时，向 CPU 请求中断，CPU 响应键盘输入中断后，对键盘扫描，以识别哪一个键处于闭合状态，并对键输入信息作出相应处理。CPU 对键盘上闭合键的键号确定，可以根据行线和列线的状态计算求得，也可以根据行线和列线的状态查表求得。

在图 6-10 中，X0 为低电平，1 号键闭合一次。Y1 的电压波形如图 6-11 所示，图中 t1 和 t3 分别为键的闭合和断开过程中的抖动期(呈现一串负脉冲)，抖动时间长短与开关的机械特性有关，一般为 5～10ms；t2 为稳定闭合期，其时间由操作员的按键动作所确定，一般为十分之几秒到几秒；t0 和 t4 为断开期。为了保证 CPU 对键的闭合作一次处理，必须去除抖动，在键的稳定闭合或断开时，读键的状态，以便判别键由闭合到释放后再作键输入的处理。

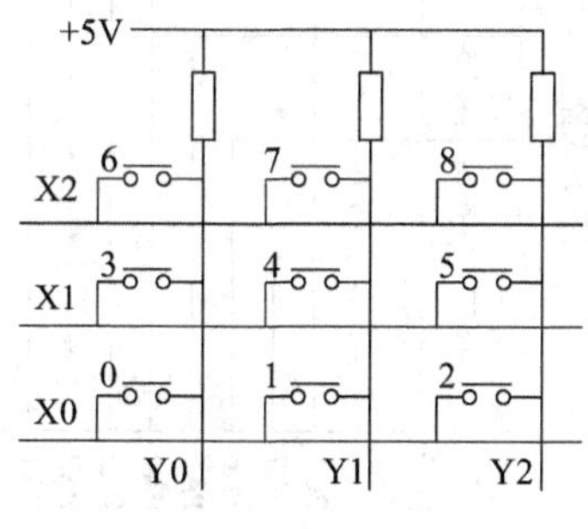

图 6-10 键盘结构

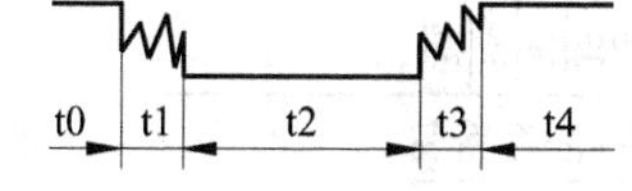

图 6-11 键闭合时列线电压波形

6.3.2 键盘接口设计

1. 8031 经 8255 与键盘/显示器接口方法

图 6-12 中包含 8×2 键盘，6 位显示器和 8031 的接口逻辑，8031 外接一片 8255。因 8255 的 $\overline{CS}$ 与 P2.6 接(A14＝0)，A0 与 P2.0 接(A8)，A1 与 P2.1 接(A0)，所以可选 83E8H 为 8255 控制字地址，84E8H 为 A 口地址，85E8H 为 B 口地址，86E8H 为 C 口地址。8255 的 PB 口为输出口，控制显示器字形；PA 口为输出口，控制键扫描，作为键扫描口，同时又是 6 位显示器的扫描输出口；8255 的 C 口作为输入口；PC0～PC1 读入键盘数，称为键输入口。

2. 键输入程序

键输入程序的功能有以下 4 个方面：

① 判别键盘上有无键闭合，其方法为扫描口PA0～PA7输出全“0”，读PC口的状

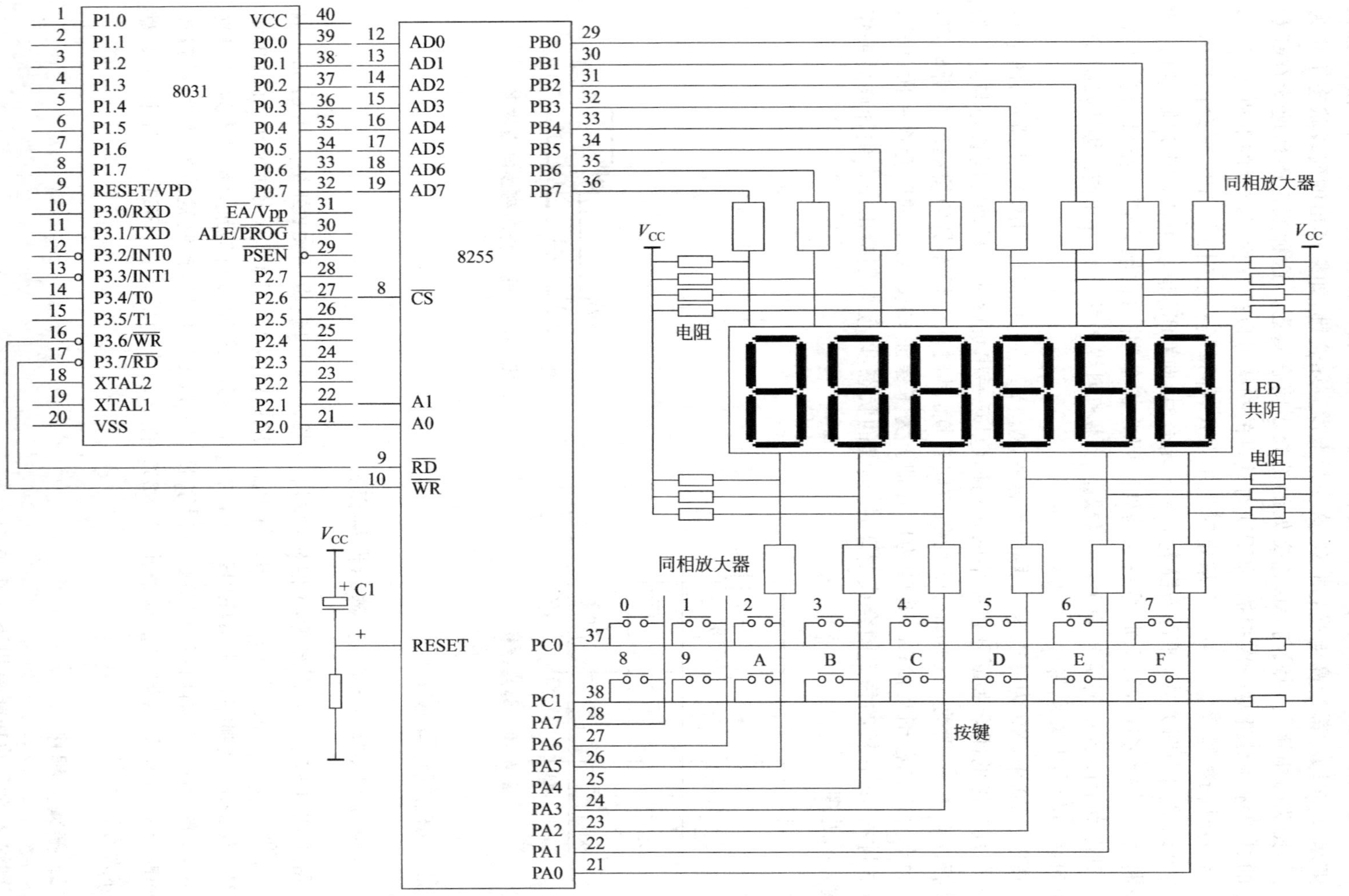

图 6-12　8031 与 8255A 的键盘显示接口电路

态。若 PC0～PC3 为全“1”(键盘上行线全为高电平)则键盘上没有闭合键,若 PC0～PC3 不为全“1”则有键处于闭合状态。

② 去除键的机械抖动,其方法为判别到键盘上有键闭合后,延迟一段时间再判别键盘的状态。若仍有键闭合,则认为键盘上有一个键处于稳定的闭合期,否则认为是键的抖动。

③ 判别闭合键的键号,其方法为对键盘的列线进行扫描,扫描口 PA0～PA7 依次输出：

PA7	PA6	PA5	PA4	PA3	PA2	PA1	PA0
1	1	1	1	1	1	1	0
1	1	1	1	1	1	0	1
1	1	1	1	1	0	1	1
			⋮				
1	0	1	1	1	1	1	1
0	1	1	1	1	1	1	1

并相应地顺次读 PC 口的状态。若 PC0～PC1 不全为“1”,则列线为 0 的这一列上没有键闭合,否则这一列上有键闭合,闭合键的键号等于低电平的列号加上低电平的行的首键号。例如,PA 口输出为 1111 1011 时,读出 PC0～PC3 为 1101,则 1 行 1 列相交的键处于闭合状态。若第 1 行的首键号为 8,列号为 1,则闭合键的键号为：

N＝行首键号＋列号＝8＋1＝9

④ 使 CPU 对键的一次闭合仅作一次处理,采用的方法为等待闭合键释放以后再作处理。

键输入程序的流程如图 6-13 所示。我们采用显示子程序作为延迟子程序,其优点是在进入键输入子程序后,显示器始终是亮的。在键输入源程序中,DISUP 为显示程序,调用一次用 6ms,DIGL 为 84E8H,即 A 口的地址,DISM 为显示器占有数据存储单元首地址。

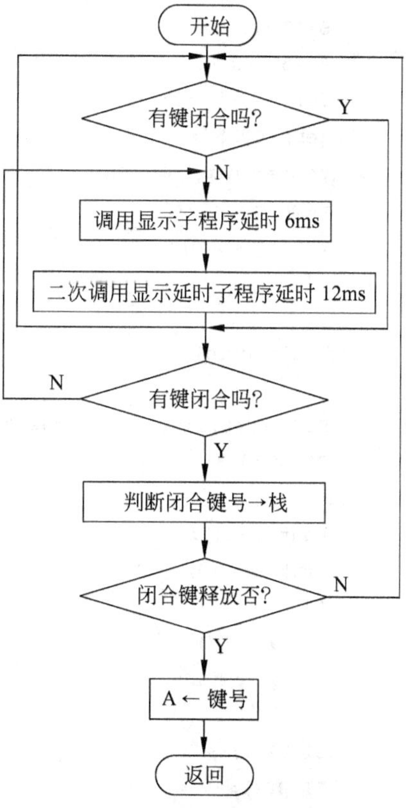

图 6-13 键输入子程序流程图

键输入源程序如下：

```
#define A8255   XBYTE [0X84E8]
#define B8255   XBYTE [0X85E8]
#define C8255   XBYTE [0X86E8]
#define D8255   XBYTE [0X83E8]
BYTE code dseg [ ] = {0x3f, 0x06, 0x5b, 0x4f,
0x66,0x6d,0x7d,0x07,          /* 0~7 */
                     0x7f, 0x6f, 0x77, 0x7c,
0x39,0x5e,0x79,0x71,          /* 8~F */
                     0x00,0x09,0x02};
BYTE ssbuf[8];                /* 显示缓冲区 */
WORD j;

void DISUP()
```

```
{
    BYTE L,LB,i=0,b,c;
    L=0xfe;
    LB=0xfe;
    A8255=LB;                          /*置位选码初值送 8155 B口*/
DIGL:
    B8255=dseg[ssbuf[i]];              /*段选码送 8255 A口*/
    for(j=0;j<=10;j++);
    if(i!=0x07)
    {
        i++;                           /*显示字左移一位*/
        b=L>>(8-i);
        c=L<<i;
        LB=c|b;
        goto DIGL;
    }
}

BYTE KS1()
{
    BYTE temp;
    A8255=0x00;
    for(j=0;j<=5;j++);
    temp=C8255;
    temp=~temp;
    temp=temp&0x03;
    return(temp);
}

void main(void)
{
    BYTE kdat,line,lineb,row,temp,i,b,c;
    D8255=0x81;                        /*8255 初始化*/
KEY:
    kdat=KS1();
    if(kdat==0)
    {                                  /*无键按下*/
        DISUP();                       /*调用显示子程序用于延时*/
        goto KEY;
    }
    DISUP();                           /*有键按下*/
    DISUP();                           /*延时*/
    kdat=KS1();                        /*再次检测键是否按下*/
    if(kdat==0)
```

```
    {
        DISUP();                                /*无键按下,为键抖动*/
        goto KEY;
    }
    line=0xfe;                                  /*扫描模式*/
    lineb=0xfe;
    i=0x00;                                     /*列计数器*/
LK4:
    A8255=lineb;                                /*列线扫描*/
    for(j=0;j<=5;j++);
    row=C8255;                                  /*读 C 口值*/
    temp=row&0x01;
    if(temp==0x01)goto LONE;                    /*该列第一行无键按下*/
    kdat=i;                                     /*有键按下计算键号*/
    goto LK3;
LONE:
    temp=row&0x02;
    if(temp==0x02)goto NEXT;                    /*该列第二行无键按下*/
    kdat=i+0x08;                                /*有键按下计算键号*/
    goto LK3;
NEXT:                                           /*检测下一列*/
    if(i!=0x07)
    {   i++;
        b=line>>(8-i);
        c=line<<i;
        lineb=c|b;
        goto LK4;
    }
    else goto KEY;
LK3:DISUP();
    temp=KS1();
    if(temp!=0)     goto LK3;
}
```

注意:DISM 为显示缓冲存储器 DISM0～DISM5(存放被显示内容);DIGL 为显示器口地址,即键输出口地址(PA 口)。

6.4 ZLG7289A、串行接口 LED、数码管及键盘管理器件

ZLG7289A 是广州周立功单片机发展有限公司自行设计的串行键盘显示接口芯片,下面具体讨论该芯片的使用方法。

6.4.1 概述

ZLG7289A 是一片具有 SPI 串行接口功能的、可同时驱动 8 位共阴极数码管(或 64 只独立 LED) 的智能显示驱动芯片，该芯片同时还可连接多达 64 键的键盘矩阵，单片即可完成 LED 显示、键盘接口的全部功能。

ZLG7289A 内部含有译码器，可直接接收 BCD 码或十六进制码，并同时具有两种译码方式，此外，还具有多种控制指令，如消隐、闪烁、左移、右移、段寻址等。

ZLG7289A 具有片选信号，可方便地实现多于 8 位的显示或多于 64 键的键盘接口。典型的应用有仪器仪表、工业控制器、条形显示器、控制面板等。其特点是：串行接口无需外围元件可直接驱动 LED；各位独立控制译码/不译码及消隐和闪烁属性；具有循环左移/循环右移指令；具有段寻址指令，方便控制独立 LED；64 键控制器内含去除抖动电路。

电气特性如表 6-3 所示(测试条件为 VCC=5.0V，f_{osc}=16MHz，t=25℃)。

表 6-3 电气特性

符号	参数	测试条件	最小	典型	最大	单位
VCC	电源电压		2.0	5.0	6.0	V
ICC	工作电流	不接 LED		3	5	mA
ICC	工作电流	LED 全亮，ISEG =10mA		60	100	mA
VIH	逻辑输入高电平		2.0		5.5	V
VIL	逻辑输入低电平		0		0.8	V
TKEY	按键响应时间	去除抖动时间	10	18	40	ms
IKO	KEY 引脚输出电流				7	mA
IKI	KEY 引脚输入电流				10	mA
T1	从 CS 下降沿至 CLK 脉冲时间		25	50	250	μs
T2	传送指令时 CLK 脉冲宽度		5	8	250	μs
T3	字节传送中 CLK 脉冲时间间隔		5	8	250	μs
T4	指令与数据时间间隔		15	25	250	μs
T5	读键盘指令中指令与输出数据时间间隔		15	25	250	μs
T6	输出键盘数据建立时间		5	8	—	μs
T7	读键盘数据时 CLK 脉冲宽度		5	8	250	μs
T8	读键盘数据完成后 DATA 转为输入状态时间				5	μs

引脚功能如表 6-4 所示。

表 6-4 引脚功能

引 脚	名 称	说 明
1、2	VDD	正电源
3、5	NC	悬空
4	VDD	接地
6	/CS	片选输入端，引脚为低电平时，向芯片发送指令及读取键盘数据
7	CLK	同步时钟输入端向芯片发送数据及读取键盘数据时，引脚电平上升沿表示数据有效
8	DATA	串行数据输入输出端，芯片接收指令时，引脚为输入端；读取键盘数据时，此引脚在读指令最后一个时钟的下降沿变为输出端
9	/KEY	按键有效输出端，初值为高电平，检测到有效按键时，引脚变为低电平
10～16	SG～SA	段 g～段 a 驱动输出
17	DP	小数点驱动输出
18～25	DIG0～DIG7	数字 0～数字 7 驱动输出
26	OSC2	振荡器输出端
27	OSC1	振荡器输入端
28	/RESET	复位端

6.4.2 控制指令

ZLG7289A 的控制指令分为两大类：纯指令和带有数据的指令。

1. 纯指令

(1) 复位(清除)指令

D7	D6	D5	D4	D3	D2	D1	D0
1	0	1	0	0	1	0	0

当 ZLG7289A 收到该指令后，所有的显示清除，所有设置的字符消隐、闪烁等属性也被一起清除。执行该指令后，芯片所处的状态与系统上电后所处的状态一样。

(2) 测试指令

D7	D6	D5	D4	D3	D2	D1	D0
1	0	1	1	1	1	1	1

该指令使所有的 LED 全部点亮并处于闪烁状态，主要用于测试。

(3) 左移指令

D7	D6	D5	D4	D3	D2	D1	D0
1	0	1	0	0	0	0	1

使所有的显示自右向左(从第 1 位向第 8 位)移动一位(包括处于消隐状态的显示位),但对各位所设置的消隐及闪烁属性不变。移动后,最右边一位为空(无显示)。例如,原显示为

1	2	3	4	5	6	7	8

其中第二位“2”和第四位“4”为闪烁显示,执行了左移指令后显示变为

2	3	4	5	6	7	8	

第二位“3”和第四位“5”为闪烁显示。

(4) 右移指令

D7	D6	D5	D4	D3	D2	D1	D0
1	0	1	0	0	0	0	0

与左移指令类似,但所做移动为自左向右(从第 8 位向第 1 位)移动,移动后,最左边一位为空。

(5) 循环左移指令

D7	D6	D5	D4	D3	D2	D1	D0
1	0	1	0	0	0	1	1

与左移指令类似,不同之处在于移动后原最左边一位(第 8 位)的内容显示于最右位。(第 1 位)在上例中,执行完循环左移指令后的显示为

2	3	4	5	6	7	8	1

第二位“3”和第四位“5”为闪烁显示。

(6) 循环右移指令

D7	D6	D5	D4	D3	D2	D1	D0
1	0	1	0	0	0	1	0

与循环左移指令类似,但移动方向相反。

2. 带有数据的指令

(1) 下载数据且按方式 0 译码

D7	D6	D5	D4	D3	D2	D1	D0
1	0	1	0	0	a2	a1	a0

D7	D6	D5	D4	D3	D2	D1	D0
DP	X	X	X	d3	d2	d1	d0

X＝无影响

此命令由两个字节组成，前半部分为指令，其中 a2、a1、a0 为位地址，具体分配如表 6-5 所示（显示位编号请参阅典型应用电路图）。

表 6-5　位地址分配表

a2	a1	a0	显示位	a2	a1	a0	显示位
0	0	0	1	1	0	0	5
0	0	1	2	1	0	1	6
0	1	0	3	1	1	0	7
0	1	1	4	1	1	1	8

d0～d3 为数据，收到此指令时，ZLG7289A 按以下规则（方式 0）进行译码，如表 6-6 所示。

表 6-6　驱动码表 1

d0～d3（十六进制）	d3	d2	d1	d0	7 段显示
00H	0	0	0	0	0
01H	0	0	0	1	1
02H	0	0	1	0	2
03H	0	0	1	1	3
04H	0	1	0	0	4
05H	0	1	0	1	5
06H	0	1	1	0	6
07H	0	1	1	1	7
08H	1	0	0	0	8
09H	1	0	0	1	9
0AH	1	0	1	0	—
0BH	1	0	1	1	E
0CH	1	1	0	0	H
0DH	1	1	0	1	L
0EH	1	1	1	0	P
0FH	1	1	1	1	空（无显示）

小数点的显示由 DP 位控制。DP=1 时，小数点显示；DP=0 时，小数点不显示。

(2) 下载数据且按方式 1 译码

D7	D6	D5	D4	D3	D2	D1	D0
1	1	0	0	1	a2	a1	a0

D7	D6	D5	D4	D3	D2	D1	D0
DP	X	X	X	d3	d2	d1	d0

X=无影响

此指令与上一条指令基本相同，所不同的是译码方式，该指令的译码按表 6-7 进行。

表 6-7　驱动码表 2

d0～d3(十六进制)	d3	d2	d1	d0	7 段显示
00H	0	0	0	0	0
01H	0	0	0	1	1
02H	0	0	1	0	2
03H	0	0	1	1	3
04H	0	1	0	0	4
05H	0	1	0	1	5
06H	0	1	1	0	6
07H	0	1	1	1	7
08H	1	0	0	0	8
09H	1	0	0	1	9
0AH	1	0	1	0	A
0BH	1	0	1	1	B
0CH	1	1	0	0	C
0DH	1	1	0	1	D
0EH	1	1	1	0	E
0FH	1	1	1	1	F

(3) 下载数据但不译码

D7	D6	D5	D4	D3	D2	D1	D0
1	0	0	1	0	a2	a1	a0

D7	D6	D5	D4	D3	D2	D1	D0
DP	A	B	C	D	E	F	G

其中，a2、a1、a0 为位地址；A～G 和 DP 为显示数据，分别对应 7 段 LED 数码管的各段。数码管各段的定义如表 6-6 和表 6-7 所示。当相应的数据位为“1”时，该段点亮，否则不亮。

(4) 闪烁控制

D7	D6	D5	D4	D3	D2	D1	D0
1	0	0	0	1	0	0	0

D7	D6	D5	D4	D3	D2	D1	D0
d8	d7	d6	d5	d4	d3	d2	d1

此命令控制各个数码管的消隐属性。d1～d8 分别对应数码管 1～8，0＝闪烁，1＝不闪烁。开机后，默认的状态为各位均不闪烁。

(5) 消隐控制

D7	D6	D5	D4	D3	D2	D1	D0
1	0	0	0	1	0	0	0

D7	D6	D5	D4	D3	D2	D1	D0
d8	d7	d6	d5	d4	d3	d2	d1

此命令控制各个数码管的消隐属性。d1～d8 分别对应数码管 1～8，1＝显示，0＝消隐。当某一位被赋予了消隐属性后，ZLG7289A 扫描时将跳过该位，因此在这种情况下无论对该位写入何值，均不会被显示，但写入的值将被保留，在将该位重新设为显示状态后，最后一次写入的数据将被显示出来。当无需用到 8 个数码管全部显示的时候，将不用的位设为消隐属性，可以提高显示的亮度。

注意：至少应有一位保持显示状态，如果消隐控制指令中 d1～d8 全部为 0，该指令将不被接受，ZLG7289A 保持原来的消隐状态不变。

(6) 段点亮指令

D7	D6	D5	D4	D3	D2	D1	D0
1	1	1	0	0	0	0	0

D7	D6	D5	D4	D3	D2	D1	D0
X	X	d5	d4	d3	d2	d1	d0

此为段寻址指令，其作用为点亮数码管中某指定的段，或 LED 矩阵中某一指定的 LED。指令中，X＝无影响；d0～d5 为段地址，范围从 00H～3FH，具体分配为：

第 1 个数码管的 G 段地址为 00H，F 段为 01H，…A 段为 06H，小数点 DP 为 07H；第 2 个数码管的 G 段为 08H，F 段为 09H，…，依此类推直至第 8 个数码管的小数点 DP 地址为 3FH。

(7) 段关闭指令

D7	D6	D5	D4	D3	D2	D1	D0
1	1	0	0	0	0	0	0

D7	D6	D5	D4	D3	D2	D1	D0
X	X	d5	d4	d3	d2	d1	d0

段寻址命令，作用为关闭(熄灭)数码管中的某一段。其指令结构与“段点亮指令”相同，请参阅上文。

(8) 读键盘数据指令

D7	D6	D5	D4	D3	D2	D1	D0
0	0	0	1	0	1	0	1

D7	D6	D5	D4	D3	D2	D1	D0
d7	d6	d5	d4	d3	d2	d1	d0

该指令从 ZLG7289A 读出当前的按键代码。与其他指令不同，命令的前一个字000 1010B为单片机传送到 ZLG7289A 的指令，而后一个字节 d0～d7 则为 ZLG7289A 返回的按键代码，其范围是 0～3FH（无键按下时为 0xFF）。各键键盘代码的定义，请参阅“ZLG7289A 型应用图（第 7 页）”，其中图中与 S0～S63 号键分别对应的键值为 0～63(0～3FH)。

此指令的前半段，ZLG7289A 的 DATA 引脚处于高阻输入状态，以接收来自微处理器的指令；在指令的后半段，DATA 引脚从输入状态转为输出状态，输出键盘代码的值。故微处理器连接到 DATA 引脚的 I/O 口应有一个从输出态到输入态的转换过程，详情请参阅 6.3.4 节的内容。

当 ZLG7289A 检测到有效的按键时，KEY 引脚从高电平变为低电平，并一直保持到按键结束。在此期间，如果 ZLG7289A 接收到“读键盘数据指令”，则输出当前按键的键盘代码；如果在收到“读键盘指令”时没有有效按键，ZLG7289A 将输出 FFH(1111 1111B)。

6.4.3 SPI 串行接口

ZLG7289A 采用串行方式与微处理器通信，串行数据从 DATA 引脚送入芯片，并与 CLK 端同步。当片选信号变为低电平后，DATA 引脚上的数据在 CLK 引脚的上升沿被写入 ZLG7289A 的缓冲寄存器。

ZLG7289A 的指令结构有 3 种类型：

(1) 不带数据的纯指令，指令的宽度为 8bit，即微处理器需发送 8 个 CLK 脉冲。

(2) 带有数据的指令，宽度为 16bit，即微处理器需发送 16 个 CLK 脉冲。

(3) 读取键盘数据指令，宽度为 16bit，前 8bit 为微处理器发送到 ZLG7289A 的指令，后 8bit 为 ZLG7289A 返回的键盘代码。执行此指令时，ZLG7289A 的 DATA 端在第 9 个 CLK 脉冲的上升沿变为输出状态，并于第 16 个脉冲的下降沿恢复为输入状态，等待接收下一个指令。这三种指令的时序如图 6-14 所示。

ZLG7289A 应连接共阴极数码管，应用中无需用到的数码管和键盘可以不连接。省去数码管和对数码管设置消隐属性均不会影响键盘的使用。

如果不用键盘，则典型电路中连接到键盘的 8 只 10kΩ 电阻和 8 只 100kΩ 下拉电阻均可以省去。如果使用了键盘（哪怕只使用了一个键），则电路中没有用到的 10kΩ 电阻可以省掉，但 8 只 100kΩ 下拉电阻都不得省略。除非不接数码管，否则串入 DP 及 SA～SG 连线的 8 只电阻均不能省去。

实际应用中，8 只下拉电阻和 8 只键盘连接位选线 DIG0～DIG7 的 8 只电阻（位选电阻），应遵从一定的比例关系，下拉电阻应大于位选电阻的 5 倍，而小于其 50 倍。典型值为 10 倍下拉电阻的取值范围是 10～100kΩ，位选电阻的取值范围是 1～10kΩ。在不影响显示的前提下，下拉电阻应尽可能地取较小的值，这样可以提高键盘部分的抗干扰能力。

因为采用循环扫描的工作方式，所示如果采用普通的数码管，亮度有可能不够，而采用高亮或超高亮的型号，可以解决这个问题。数码管的尺寸，也不宜选得过大，一般字符

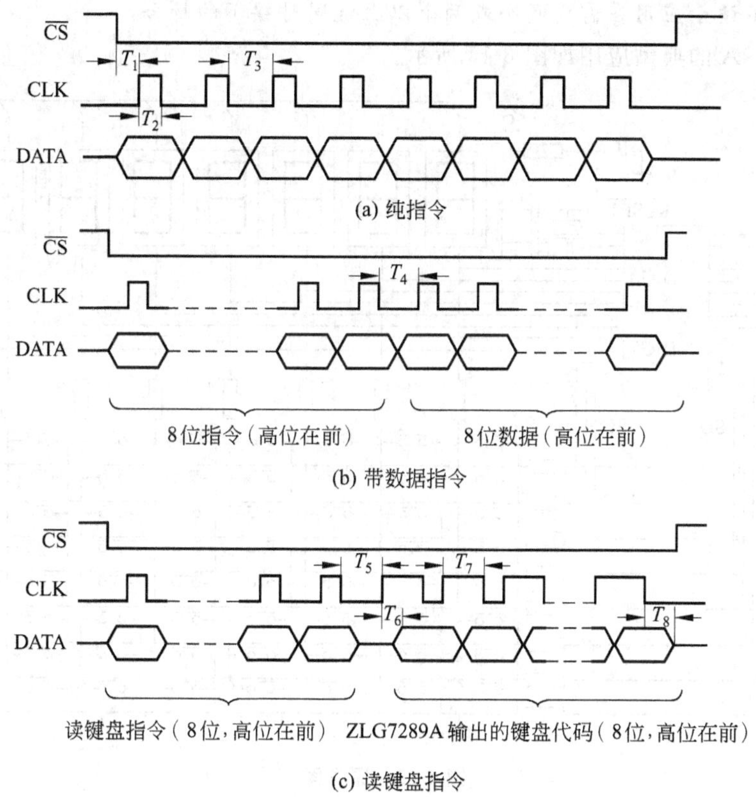

图 6-14 时序图

高度不超过 0.025 4m(1 英寸)，如使用大型的数码管，应使用适当的驱动电路。

ZLG7289A 需要一个外接晶体振荡电路供系统工作。其典型值分别为 F=16MHz，C=15P，如果芯片无法正常工作，则应首先检查此振荡电路。在印刷电路板布线时，所有元件，尤其是振荡电路的元件应尽量靠近 ZLG7289A，并尽量使电路连线最短。

ZLG7289A 的 RESET 复位端在一般应用情况下，可以直接和 VCC 相连，而在需要较高可靠性的情况下，可以连接一个外部复位电路，或直接由 MCU 控制。在上电或 RESET 端由低电平变为高电平后，ZLG7289A 要经过 18～25ms 的时间才会进入正常工作状态。

上电后，所有的显示均为空。所有显示位的显示属性均为“显示”或“不闪烁”。当有键按下时，KEY 引脚输出低电平，此时如果接收到“读键盘”指令，ZLG7289A 将输出所按下键的代码。键盘代码的定义，请参阅表 6-6 和表 6-7 的内容。如果在没有按键的情况下收到“读键盘”指令，ZLG7289A 将输出 0FFH(255)。

程序中，尽可能地减少 CPU 对 ZLG7289A 的访问次数，可以使程序更有效率。

因为芯片直接驱动 LED 数码管显示，电流较大，且为动态扫描方式，故如果该部分电路电源连线较细较长，可能会引入较大的电源噪声干扰。在电源的正负极并联接入一个一47V～220V 的电容，可以提高电路抗干扰的能力。

注意：如果有两个键同时按下，ZLG7289A 将只能给出其中一个键的代码，因此

ZLG7289A 不适于应用在需要两个或两个以上键同时按下的场合。

ZLG7289A 的典型应用如图 6-15 所示。

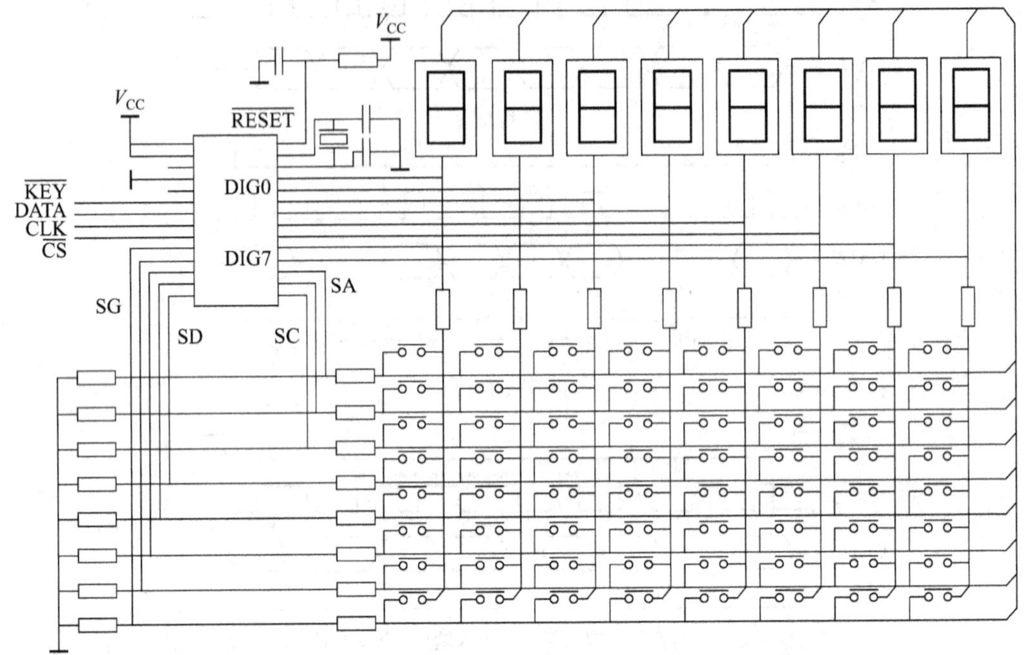

图 6-15 原理图

6.4.4 接口程序

下面给出 8031 与 ZLG7289A 连接的应用实例。模块 7289 部分与 CPU 模块部分的连线为：7289 的$\overline{\text{CS}}$接 P2.0，$\overline{\text{KEY}}$接 P2.3，DATA 接 P2.2，CLK 接 P2.1。连线无误后可进行下列程序的编写和调试。

例 6.1 在 8 位数码管上显示：1、2、3、4、5、6、7、8。

```
#include <reg51.h>
#include <intrins.h>
#define uchar unsigned char
#define uint unsigned int
sbit KEY_CS=P2^0;
sbit KEY_CLK=P2^1;
sbit KEY_DAT=P2^2;
sbit KEY=P2^3;

void main()
{
 P1=0XFF;
 P2=0XFF;
```

```
 P3=0XFF;
 send(0xa4);
 KEY_CS=1;
 ddata[0]=1;
 ddata[1]=2;
 ddata[2]=3;
 ddata[3]=4;
 ddata[4]=5;
 ddata[5]=6;
 ddata[6]=7;
 ddata[7]=8;
 dsup();
LOOP:goto LOOP;
}

void key_send(uchar data_out)                        /*发送8位数据*/
{
    uchar i,temp;
    KEY_CS=0;
    delay(2);
    for(i=0;i<8;i++)
    {
         temp=(data_out<<i)&0x80;
         if(temp==0x80)
           KEY_DAT=1;
         else
           KEY_DAT=0;
         KEY_CLK=1;
         delay(2);
         KEY_CLK=0;
         delay(2);
    }
    KEY_DAT=0;
}

void dsup(uchar ddata[7])
{
temp=0x87;
KEY_CS=1;
for(i=0;i<8;i++)
{
  key_send(temp||0x48);
  key_send(ddata[i]);
  temp--;
```

```
  KEY_CS=1;
  delay();
}
}
```

例 6.2 编写跳“8”程序，即从左到右跳动显示“8”，反复循环。

```
#include <reg51.h>
#include <intrins.h>
#define uchar unsigned char
#define uint unsigned int
sbit KEY_CS=P2^0;
sbit KEY_CLK=P2^1;
sbit KEY_DAT=P2^2;
sbit KEY=P2^3;

void main()
{
 P1=0XFF;
 P2=0XFF;
 P3=0XFF;
 send(0xa4);
 KEY_CS=1;
 ddata[0]=8;
 ddata[1]=0x1f;
 ddata[2]=0x1f;
 ddata[3]=0x1f;
 ddata[4]=0x1f;
 ddata[5]=0x1f;
 ddata[6]=0x1f;
 ddata[7]=0x1f;
 dsup();
 cycled();
}
void cycled()
{
  cr_r: for(i=0;i<=23;i++)
  {key_send(0xa2);
        KEY_CS=1;
        delay500ms();
    }

  cr_l: for(i=0;i<=23;i++)
  {key_send(0xa3);
        KEY_CS=1;
```

```
        delay500ms();
    }
  delay500ms();
}

void key_send(uchar data_out)                          /*发送8位数据*/
{
     uchar i,temp;
     KEY_CS=0;
     delay(2);
     for(i=0;i<8;i++)
     {
          temp=(data_out<<i)&0x80;
          if(temp==0x80)
            KEY_DAT=1;
          else
            KEY_DAT=0;
          KEY_CLK=1;
          delay(2);
          KEY_CLK=0;
          delay(2);
     }
     KEY_DAT=0;
}

void dsup(uchar ddata[7])
{
temp=0x87;
KEY_CS=1;
for(i=0;i<8;i++)
{
  key_send(temp||0x48);
  key_send(ddata[i]);
  temp--;
  KEY_CS=1;
  delay();
}
}
```

例 6.3 编写程序,使得在键盘上按一个键后,在数码管上显示对应的键值。

```
#include <reg51.h>
#include <intrins.h>
#define uchar unsigned char
```

```
#define uint unsigned int
sbit KEY_CS=P2^0;
sbit KEY_CLK=P2^1;
sbit KEY_DAT=P2^2;
sbit KEY=P2^3;
uchar code key_tab[]={0x30,0x32,0x2a,0x22,0x34,0x2c,0x24,0x36,
                0x2e,0x26,0x1e,0x1c,0x1a,0x18,0x20,0x28,
                0xff,0x16,0x14,0x12,0x10,0x0e,0x0c,0x0a,
                0x08,0x06,0x04,0x02,0x00 };
void test(void);
void reset(void);
uchar check_key(void);
void send(uchar data_out);
uchar receive(void);
void disp(uchar temp);
void delay(uint m);
uchar rrc(uchar a);

void test(void)
{
    uchar data_out,i;
    data_out=0xbf;                          /*发送测试指令*/
    send(data_out);
    KEY_CS=1;
    for(i=0;i<10;i++)
    {delay(50000);}
}

void reset(void)
{
    uchar data_out;
    data_out=0xa4;                          /*发送复位指令*/
    send(data_out);
    data_out=0x88;                          /*闪烁控制指令*/
    send(data_out);
    data_out=0x7f;                          /*最高位闪烁*/
    send(data_out);
    data_out=0x87;                          /*按方式0译码*/
    send(data_out);
    data_out=0x0e;                          /*显示P*/
    send(data_out);
    KEY_CS=1;
    _nop_();
}
```

```
uchar check_key(void)
{
    uchar data_out,key_value;
    while (KEY==1);                          /*是否有键按下*/
    data_out=0x15;                           /*读键码指令*/
    send(data_out);
    key_value=receive();                     /*接收键码*/
    KEY_CS=1;
    return(key_value);
}

void send(uchar data_out)                    /*发送8位数据*/
{
     uchar i,temp;
     KEY_CS=0;
     delay(2);
     for(i=0;i<8;i++)
     {
          temp=(data_out<<i)&0x80;
          if(temp==0x80)
            KEY_DAT=1;
          else
            KEY_DAT=0;
          KEY_CLK=1;
          delay(2);
          KEY_CLK=0;
          delay(2);
     }
     KEY_DAT=0;
}

uchar receive(void)                          /*接收数据*/
{
     uchar i,temp1,j=0x1c,temp2,key_value;
     KEY_DAT=1;
     delay(2);
     for(i=0;i<8;i++)
     {
          KEY_CLK=1;
          delay(2);
          temp1=(temp1<<1)|KEY_DAT;
          KEY_CLK=0;
          delay(2);
```

```
    }
    KEY_DAT=0;

loop:
    temp2=key_tab[j];
    if(temp2==temp1)
      key_value=j;
    else
     {j--;goto loop;}
    return(key_value);
}

uchar rrc(uchar a)                          /*循环右移子程序*/
{
   uchar b,c;
   int  n=1;
   b=a<<(8-n);
   c=a>>n;
   a=c|b;
   return(a);
}

void delay(uint m)                          /*延时子程序*/
{
    uint i;
    for(i=0;i<m;i++)
    {};
}


void main(void)
{
    uchar key_value,data_out,temp3,temp4;
start:
    P1=0xff;
    P1=0xf9;
    delay(50000);
    reset();                               /*复位程序*/
    test();                                /*测试程序*/
    reset();                               /*复位程序*/
    key_value=check_key();                 /*有键盘按下则读取键码*/

     data_out=0x88;                        /*闪烁指令*/
      send(data_out);
```

```
        temp3=0x7f;                           /*最高位闪烁*/
        data_out=temp3;
        send(data_out);
        temp4=0xcf;                           /*显示位置*/
        data_out=temp4;
        send(data_out);
        data_out=key_value;
        send(data_out);
        KEY_CS=1;
        while(KEY==0);
        delay(5000);
        temp3=0xbf;
l:      key_value=check_key();
        if(key_value==0x1c)
        goto start;
        data_out=0x88;
        send(data_out);
        data_out=rrc(temp3);                  /*闪烁位置右移一位*/
        temp3=data_out;
        send(data_out);
        temp4=temp4-1;                        /*显示位置右移一位*/
        if(temp4==0xc7)                       /*显示位置是否到最右边*/
        temp4=0xcf;                           /*到最右边则重新赋值*/
        data_out=temp4;
        send(data_out);
        data_out=key_value;                   /*在指定的位置显示键码的低8位*/
        send(data_out);
        KEY_CS=1;
        while(KEY==0);                        /*键是否释放*/
        delay(5000);
        goto l;
        _nop_();
}
```

习题与思考题

6.1 8255A有几种工作方式?

6.2 如何初始化8255A?

6.3 试为8031微机系统设计一个键盘接口,芯片使用8255A。键盘共有12个键(3行×4列),其中10个为数字键0~9,2个为功能键RESET和START。具体要求:

(1) 按下数字键后,键值存入3040H开始的单元中(每个字节存放一个键值)。

(2) 按下RESET(复位)键后,将PC复位成0000H。

(3) 按下 START(启动)键后,系统开始执行用户程序(用户程序的入口地址为 4080H)。试画出该接口的硬件连接图并进行程序设计。

6.4 试为 8031 微机系统设计一个 LED 显示器接口,该显示器共有 8 位,从左到右分别为 DG1～DG8(共阴极式),要求将内存 3080H～3087H 的 8 个单元中的十进制数(BCD)依次显示在 DG1～DG8 上。要求:画出该接口硬件连接图并进行接口程序设计。

第7章 chapter 7

模拟/数字转换器

模拟/数字转换器，简称A/D转换器或ADC，是任何模拟信号实现数字化处理的第一步，也是比较重要的一步，因此A/D转换器是数字化硬件电路中最关键的集成模块之一。传统的A/D转换器是并行的，由于输入输出的引脚很多，因而这一类芯片的体积都较大，接口设计较复杂。近几年推出的串行A/D转换器，由于引脚大大减少，使得器件本身的体积亦明显减小。更重要的是，串行A/D的接口电路简单，功耗小，它的问世使得很多信号在现场获取成为现实，这样不仅降低了采集系统的成本，而且改善了信号获取的质量。

值得指出的是，近几年问世的某些ADC新产品具有并行与串行两种数据输出接口标准，除传统的n根并行输出数据线外，还有一根串行移位输出数据线，例如美国Burr-Brown(BB)公司的ADC71/76/80AG/84KG/85H/87H等即是此类并/串兼备的A/D转换器。这些器件在本质上是并行的，只是增加了串行输出功能，因此本书并不介绍。本章将系统地介绍各类串行ADC典型器件的工作原理、技术特性以及讨论其接口设计的方法。

7.1 概　　述

串行A/D的分类方法与并行A/D基本相似，大体上有以下几种：

(1) 按转换的分辨率即结果值的二进制位来分类：分辨率较低的通常为8位、9位、10位等，可达24位甚至更高。需要指出的是，有的ADC使用“符号位”这一术语，该位表示模拟输入电压的正负极性，通常置于转换结果的最高位MSB，因此使得实际的转换结果为$(n+1)$位。例如ML2221是12位加符号的A/D转换器，然而它实际上是13位的A/D转换器。

(2) 按性能分类：通常有通用型、精密型、低功耗型、高速型等。

(3) 按供电分类：有单电源与双电源等。

(4) 按模拟输入通道分类：有单通道与2/4/8等各种多通道。

(5) 按转换方式分类：大家较为熟悉的有逐次逼近比较式、双积分式、量化反馈式和并行式等。其中较流行的是逐次逼近比较式，此种类型的大多数产品都是使用DAC反馈逼近信号，需要较复杂的电路，而且DAC电路中使用的全部电阻或电容都必须与转换精度相匹配，因而对于10位以上的转换，在芯片内部必须采用相当复杂的微调器件。另一种逐次逼近方案是算术逼近法，这种转换器的电路较为简单，易于实现内部微调。下面将列举一个具备2倍增益的算术转换器实例来说明其工作原理与性能。

7.1.1 算术A/D转换

算术A/D转换的原理如图7-1所示，该转换器主要由2倍增益放大器、采样/保持放大电路和比较器组成。首先将输入电压放大2倍，然后将其与参考电压进行比较。如果2倍输入电压大于参考电压，则令转换结果的最高位MSB置1，并且从2倍输入电压中减去参考电压，其电压差送采样/保持电路；如果2倍输入电压小于参考电压，则令转换结果的最高位MSB置0，而将2倍输入电压直接送采样/保持电路。后面再重复上述操作直至结束，但应注意每次的采样/保持电压均被放大了两倍。

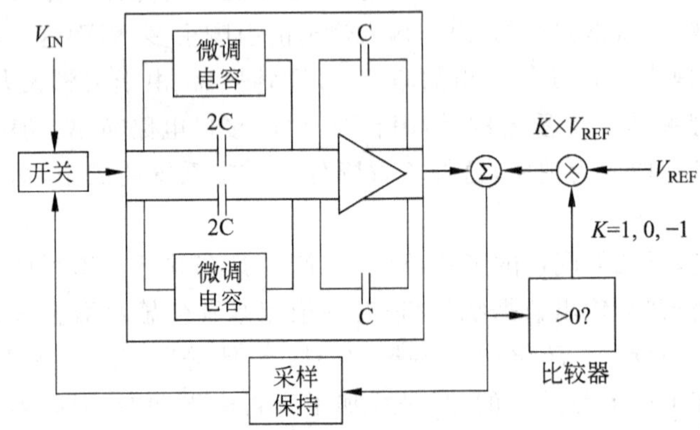

图7-1 算术A/D转换器原理图

这一算法包括乘法、比较与减法，具体步骤如下：

第1步 如果 $(2\times V_{IN})-V_{REF}\geqslant 0$

那么 MSB=1

$(2\times V_{IN})-V_{REF}\rightarrow S/H$

否则 MSB=0

$(2\times V_{IN})\rightarrow S/H$

第2步 如果 $(2\times S/H)-V_{REF}\geqslant 0$

那么 next bit=1

$(2\times S/H)-V_{REF}\rightarrow S/H$

否则 next bit=0

$(2\times S/H)\rightarrow S/H$

第3步 重复第2步直至转换结束

表7-1中详细列举了3V模拟输入电压转换为8位数字信号的过程，这里设A/D转换的满量程输入电压为5V，其转换结果的量化值为

$$3000\text{mV}/(5000\text{mV}/255)=153=1001\ 1001\text{B}$$

表 7-1 3V 输入时的逼近算法

步序	V_{REF}/V	$2\times V_{IN}$/V	$2\times S/H$/V	$2\times S/H-V_{REF}$/V	置位
1	5	6		1	1
2	5		2	−3	0
3	5		4	−1	0
4	5		8	3	1
5	5		6	1	1
6	5		2	−3	0
7	5		4	−1	0
8	5		8	3	1

为适应双极性电压的转换，可将输入端设计成双极性的差动电路，使之形成模拟同相信号与模拟反差信号。对 A/D 而言，模拟反相输入电压的转换处理与上述步骤完全相同，令 V_{IN+} 与 V_{IN-} 两端的采样同时进行，将采样转换结果数据相减后增加一个符号位作极性识别即可。

为了保持算术 A/D 转换器中积分与微分的线性度，必须对环路失调与环路增益这两个参数进行严格的控制。在每次转换之前，采样放大电路与 2 倍放大器都应使用自动调零电路将环路失调自动校零。

环路增益的校验则是由自定标来实现的。当失调校零后，通过测量环路的增益来调整 2 倍增益量，这里只要将参考电压作为输入电压来转换并检测结果数据量化值即可，V_{REF}的转换结果应为正满刻度。如果环路增益略小于 2，结果的最低位 LSB 将为 0；如果转换结果的各位均为 1，则增益可能过大，因此应将增益调整到正好对应最低位 LSB 翻转的门限点上。

2 倍增益的调整是通过与 2C 电容并接的二进制加权微调电容阵列来实现的，逐渐增大或减小 2C 电容器的容量直至环路增益达到预定的精度为止。当然这些操作是在工厂的晶片分级筛选过程中进行的，成品不需要也不可以做如此精确的定标调试。

很明显，A/D 转换器的零点及满刻度误差将会直接影响转换结果的精度。除此之外，下面介绍的 3 个技术参数也是衡量 A/D 转换器品质的重要指标。

7.1.2 技术参数

就转换原理与操作过程而言，串行 ADC 和并行 ADC 并无本质区别，因而两者的技术特性参数也基本相同。这类电气特性参数主要包括：

- 转换精度。通常有输入分辨率、非线性度、相对精度、失调误差、满刻度误差、共模抑制比与电源抑制比等。
- 模拟输入。通常有输入电压范围、输入偏置电流、输入阻抗等。
- 转换时间。通常有采样捕捉时间、转换时间、时钟速率等。

- 通常输入输出。通常有数据格式与信号电平规范等。
- 电源要求。电源电压的极性和电压范围、供电电流、功耗等。

由于大家对这些技术特性的定义与规范较为熟悉，且相关的技术资料较多，故本书不再赘述，这里仅就以下几个问题作简要说明。

1. 采样速率

串行 ADC 与并行 ADC 的主要差别是在转换结果的处理上。并行 ADC 将转换的结果数据通过总线一次性输出，所以一般不考虑传输延迟或传输速率的问题，总的操作速率仅取决于采样保持和 A/D 转换时间；串行 ADC 则不同，它在进行转换或者完成转换以后，其转换结果要经由移位寄存器移位后一位一位地输出，因而在总的操作速率上还必须考虑这个过程。从这个意义上来讲，串行 ADC 总的采样速率相对于并行 ADC 要低一些。

为了提高串行 ADC 的采样速率，可令 A/D 转换与数据传输同时进行，一面转换一面传送，也可令转换电路操作于本次转换，而令移位输出电路输出上次转换的结果数据。如果 A/D 转换时间长于移位输出时间，则移位输出时间对总的采样速率基本上不会造成影响。当然如果转换速率很高，以致移位输出时间还长一些，那就是另一个结局了。

2. 信噪比

转换器的信噪比 SNR 通常是在转换器的输出端测定的，其中的有用信号是指基波的有效值，噪声是指直至 1/2 采样频率的所有非基波信号的有效值之和。SNR 取决于数字化过程中的量化级别，量化级数愈多，量化噪声就愈小。对于正弦波来说，理论上的信噪比由下式给出：

$$\mathrm{SNR}=(6.02N+1.76)\mathrm{dB}$$

式中，N 是量化的位数，对于理想的 8 位转换，SNR=49.92dB。

3. 谐波失真

谐波失真 THD 是谐波有效值的平方和再开平方与基波有效值之比，亦即为

$$\mathrm{THD}=(V_2^2+V_3^2+V_4^2+V_5^2)^{1/2}/V_1$$

式中，V_1 表示基波有效值，V_2、V_3、V_4、V_5 分别是各次谐波的有效值。

4. 内部调制失真

两个正弦波频率 f_A 与 f_B 构成的输入信号通过非线性特性的有源器件时都将产生 $(m+n)$ 次失真分量，亦即 mf_A 与 nf_B 的和频与差频，此处的 m、$n=0,1,3\cdots\cdots$ 内部调制是指 m 或 n 不等于 0 的那些项，内部调制失真包括 2 次项 f_A+f_B 与 f_A-f_B 和 3 次项 $2f_A+f_B$、$2f_A-f_B$、f_A+2f_B 及 f_A-2f_B 等。

7.1.3 接口信号

由前几章的讨论可知，串行接口总线大致可以分成串行通信接口总线与串行扩展接

口总线两大类。

串行通信接口(Serial Communication Interface,SCI)总线一般适用于设备与设备之间的数据通信,例如前面介绍的RS-232C/458等,它们相互之间的距离较远,所用线缆应尽量地少。一般地,除公共地线外,单向单端输出只需要1根线,单向差动传输才用上2根线。

串行扩展接口总线一般用于系统内部互连,例如Motorola公司的SPI、Philips/Signetics公司的I^2C总线、Signetics公司的D^2B总线、National Semiconductors公司的MicroWire、NEC公司SBI等。它们的共同目的是为单片机和智能IC卡等与存储器、A/D及D/A等外围芯片之间的互连提供统一的规范。这种环境下的通信距离较近,线缆可适当地增加以改善速度与功能,因而使用的接口信号除数据线外,通常还有同步时钟线与选通控制线等。

据此,串行A/D转换器芯片的接口信号至少具备以上两种接口的任意一种,有的则两者兼备。

7.1.4 基本引脚

一般来说,具备SPI接口的串行A/D转换器通常都有以下3个最基本的信号引脚:

(1) 数据输出。无论串行A/D转换结果的分辨率为多少,其结果均由移位寄存器的数据输出引脚移位输出。

(2) 时钟输入。A/D的内部转换操作与结果数据的移位输出都需要时钟脉冲来同步,时钟输入引脚即是用于外接同步时钟信号的。

(3) 片选或其他形式的控制信号。这是一类输入控制信号,用于芯片初始化、启动转换或其他操作。

在这3种信号的基础上,增加电源、地及模拟输入引脚,因此一个标准的8脚封装IC就足以实现一个完整的A/D转换器。

可以说,8脚封装的串行ADC是一种基本功能较为齐全的通用型单通道芯片。此外由8脚以上封装的单通道串行ADC芯片,由于引脚增加,其功能一般有所增强。

可以设想,如果模拟输入通道增加,其芯片的引脚自然也将随通道的增多而增加。此外通道的选择必须输入地址等信息,因而至少还要增加一根地址数据输入线。

后面几节将详细介绍各类典型芯片的工作原理与应用设计技术。

7.2 10位串行模数转换芯片AD7810

AD7810是美国模拟器件公司(Analog Devices)生产的一种低功耗10位高速串行A/D转换器。该产品有8脚DIP和SOIC两种封装形式,并带有内部时钟。它的外围接线极其简单,AD7810的转换时间为2μs,采用标准SPI同步串行接口输出和单一电源(2.7~5.5V)供电。在自动低功耗模式下,该器件在转换吞吐率为1ksps时的功耗仅为27μW,因此它适合于便携式仪表及各种电池供电的应用场合使用。

7.2.1 AD7810 引脚功能

AD7810 引脚排列如图 7-2 所示，各引脚的功能如下：

1 脚 CONVST：转换启动输入信号。

2 脚 VIN＋：模拟信号同相输入端。

3 脚 VIN－：模拟信号反相输入端。

4 脚 GND：接地端口。

5 脚 VREF：转换参考电压输入端。

6 脚 DOUT：串行数据输出端。

7 脚 SCLK：时钟输入端。

8 脚 VDD：电源端。

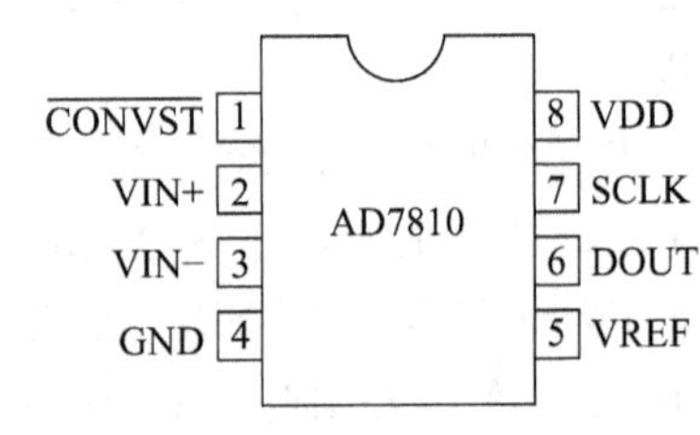

图 7-2 AD7810 引脚排列

7.2.2 AD7810 的工作模式

1. 高速模式

图 7-3 是 AD7810 工作在高速模式时的时序图。在此模式下，启动信号 $\overline{\text{CONVST}}$ 一般处于高电平。在 $\overline{\text{CONVST}}$ 端输入一个负脉冲时，其下降沿将启动一次转换。若采用内部时钟，那么转换需要 2μs 的时间（图 7-3 中 t_1）。当转换结束时（图 7-3 中 A 点），AD7810 会自动将转换结果锁存到输出移位寄存器中。此后，在每一个 SCLK 脉冲的上升沿，数据按由高到低的原则（首先发送 DB9，最后发送 DB0）依次出现在 DOUT 上。如果在转换还未结束之前就发出 SCLK 信号来启动数据输出，那么，在 DOUT 上出现的将是上一次转换的结果。

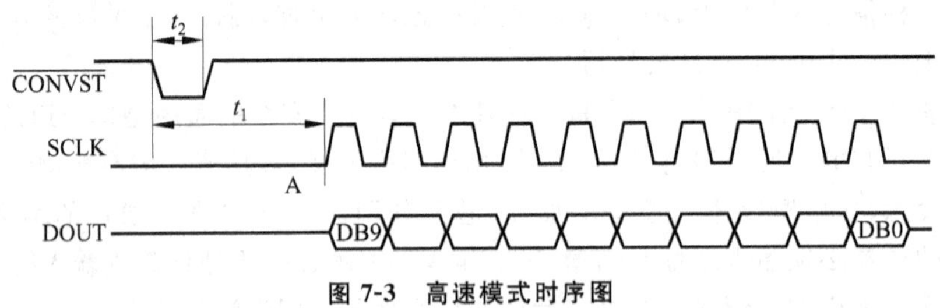

图 7-3 高速模式时序图

启动信号 $\overline{\text{CONVST}}$ 应在转换结束前变为高电平，即 t_2 应小于 t_1，否则器件将自动进入低功耗模式。另外，串行时钟 SCLK 的最高频率不能超过 20MHz。

2. 自动低功耗模式

图 7-4 是 AD7810 工作在自动低功耗模式时的时序图。在此模式下，启动信号 $\overline{\text{CONVST}}$ 为低电平时，器件处于低功耗休眠状态。当在 $\overline{\text{CONVST}}$ 端输入一个正脉冲时，可在其上升沿将器件从休眠状态唤醒，唤醒过程需要 1μs 的时间（图 7-4 中 t_2）。当器件被唤醒后，系统将自动启动一次转换，转换时间是 2μs（图 7-4 中 t_1）。转换结束时，

AD7810将转换结果锁存到输出移位寄存器中，同时自动将器件再一次置于低功耗状态。

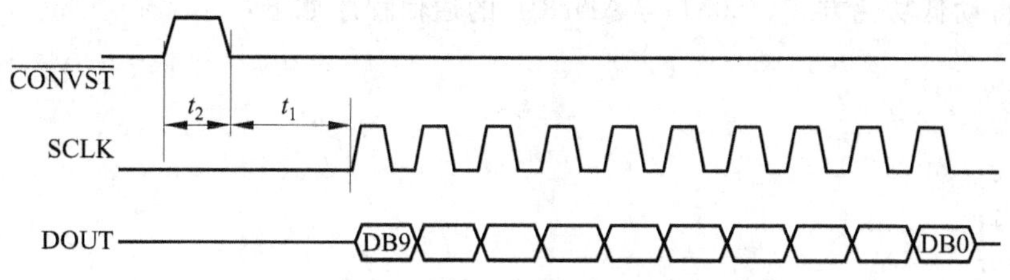

图 7-4 AD7810自动低功耗模式时的时序图

启动信号$\overline{\text{CONVST}}$正脉冲的宽度(图 7-3 中 t_2)应小于 1μs，否则器件被唤醒后将不会自动启动转换，而是将 A/D 转换的启动时间顺延至$\overline{\text{CONVST}}$的下降沿处。自动低功耗模式是 AD7810 的一大特例，一般当数据吞吐率小于 100ksps 时，应使器件工作在此模式下。在 5V 电源电压下，当数据吞吐率为 100ksps 时，器件的功耗 2.7mW；而当数据吞吐率为 10ksps 时，功耗为 270μW；若数据吞吐率为 1ksps，则其功耗仅 27μW。

7.2.3 AD7810的典型应用

AD7810 应用时几乎不需外围元件。图 7-5 所示是其典型接口电路，其参考电压 V_{REF}接至 V_{DD}，模拟输入 $V_{IN}-$接至 GND，而待转换电压则从 $V_{IN}+$输入。AD7810 几乎可与各种 MCU 进行接口，图 7-5 中的 MCU 可以是 8051 或 PIC16C6X/7X。当与 PIC16C6X/7X 系列单片机进行接口时，可将 SCLK 接至单片机的 SCK(RC3)，将 DOUT 接至 SDI(RC4)，而其启动信号$\overline{\text{CONVST}}$则可接至单片机的任意输出口上(如 RC0)。由于 PIC 单片机的 SPI 方式每次只能接收 8 位数据，因此 10 位数据应分两次读取。当 AD7810 与 8051 接口时，电路采用的是一种模拟串口方式，AD7810 的 SCLK、DOUT 和$\overline{\text{CONVST}}$分别接至 8051 的 P1.0、P1.1 和 P1.2，只要严格按照 AD7810 的时序要求操作，一般接口都不会有问题。这种方式实际上可扩展到所有的 MCU 种类。另外，8051 也可利用其串行口工作方式 0 与 AD7810 进行通信(图 7-5 中未画出)，但这时应解决好两个问题：一是由于 8051 在 TXD 的上升沿进行采样，这样，TXD 应经过一个反相器再接到 SCLK，而将 RXD 接至 DOUT，然后将$\overline{\text{CONVST}}$接至任意一个输出端口；二是 8051 串行口首先接收低位数据，这一点与 AD7810 刚好相反，因此，编程时应当注意。

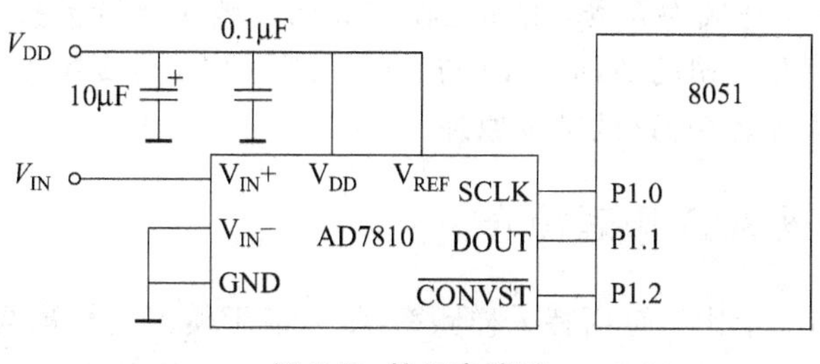

图 7-5 接口电路图

下面给出 8051 分别与 AD7810 进行通信的两段程序，作者只对与 A/D 转换有关的部分进行了编写(常用资源定义、芯片定义等均未列出),两段程序均可将 AD7810 的工作控制在自动低功耗方式。8051 与 AD7810 的通信程序如下:

```
void main()
{
 P10=0;
 P10=1;
 P12=0;
 LOOP:
uchar temp=cono();
…

}

uchar cono()
{
 uchar temp3;
for(i=0;i<10;i++)
 {
  P12=1;
  P12=0;
  P10=1;
  temp3=(temp3<<1)|P11;
  P10=0;
  }
}
```

7.3 高精度 24 位 ADS1210/1211

前述的 ADC 几乎都是基于模拟输入电压的直接逼近比较,这种 A/D 的模拟电路设计复杂,分辨率不可能做得很高;积分式 ADC 则是基于电压—时间交换原理,虽然可以提高分辨率,但采样速率很低,只能处理慢变信号。20 世纪 90 年代后期推出的基于 ΣΔ 调制器的 A/D 转换迅速成为新秀,尤其是在中高档的数字化音频技术中获得了广泛的应用。本节在介绍 BB 公司的 ADC1210 与 ADC1211 的 24 位高精度 ADC 之前,先来简要地介绍一下 ΣΔ 调制器 A/D 的基本原理。

7.3.1 ΣΔ 调制器 A/D 原理简介

可以设想,当用一个比奈奎斯特采样频率 f_s(2 倍于模拟信号最高频率分量)高得很多的采样频率 kf_s 对模拟信号进行采样时,每次获得的采样数据都会有所差别,这就相当于提高了 A/D 分辨率,ΣΔ(有些资料亦称 ΔΣ)A/D 就是以很低的采样分辨率(可以是 1 位)和很高的采样速度来量化模拟信号,通过这种采样(Oversampling)、噪声整形

(Noiseshaping)和数字滤波等方法来提高有效的分辨率，然后对 A/D 输出进行采样抽取来降低有效的采样速率。

实现这种 A/D 方案的数字电路部分会变得十分复杂，而模拟电路部分却非常简单。这正是我们的目的，因为模拟—数字混合大规模集成电路的难点正是在模拟信号处理模块，以增加数字模块的复杂度为代价至少在目前是一个十分有效的途径。

图 7-6 所示为 ΣΔ A/D 调制器的简单原理框图，它由模拟开关、模拟求和电路、积分器、比较器和加/减计数器等构成一个 ΣΔ 环路。被采样的模拟输入信号经求和电路送入积分器，形成线形积分斜坡波形，积分器的输出再送入比较器，比较器输出由参考电压确定幅度的矩形波，它的占空比正比于模拟输入电压的幅值。换言之，比较器输出的是脉宽调制(PWM)方波。比较器的输出分为两路，一路送入加/减计数器形成数字序列，一路经反相后反馈到求和电路形成 ΣΔ 环。

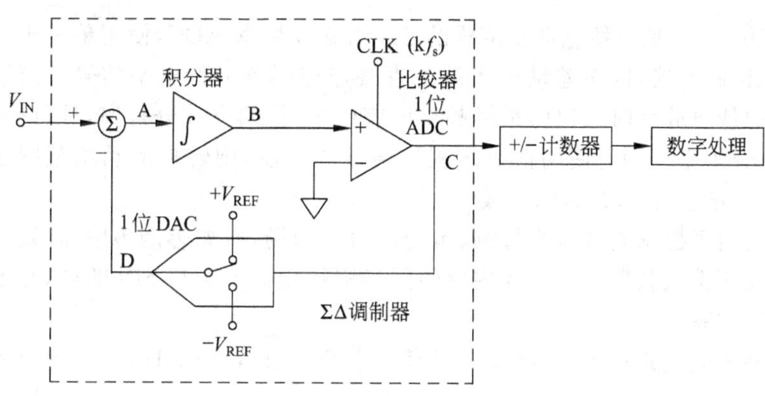

图 7-6　ΣΔ A/D 调制器原理框图

图 7-7 所示是当输入模拟电压为 0 时对应 ΣΔ 调制器各点的输出波形。此时，就和点 A 的电压与反馈点 D 的电压幅值相等但相位相反，电路处于平衡对称状态，计数器计 0 与计 1 的时钟个数相等，这种情况正好对应于 ADC 满量程的中点。当输入模拟电压非 0 时，整个电路就丧失了这种平衡。假设模拟输入为 $+0.5V_{REF}$，那么积分器的输入电压将在 $-0.5V_{REF} \sim 1.5V_{REF}$ 之间变化，比较器输出中的正向脉冲将宽于负向脉冲，计数器将有 3/4 的时钟计 1，1/4 时钟计 0。

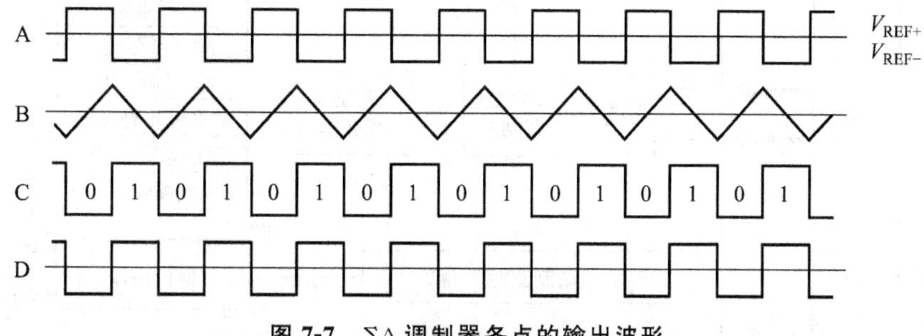

图 7-7　ΣΔ 调制器各点的输出波形

在 ΣΔ A/D 变换技术中，上述的过采样倍率 k 称为过采样比。积分器可以有多级，积分器的级数称为 ΣΔ 调制器的阶数。同理，量化器的数量则称为 ΣΔ 调制器的级数。在

ΣΔ ADC 中，除采样方法外，还包括噪声整形、数字滤波和采样抽取等几项关键技术。

传统的采样使量化噪声均匀地分布在 $0 \sim f_s/2$ 的频带内，过采样则使量化噪声均匀地分布在 $0 \sim kf_s/2$ 的频带内。由于量化比特数不变，量化噪声功率亦保持不变，这样就使得噪声的小部分分布在输入信号有用频段内，而大部分则分布在输入信号有用带宽以上的高频频段内。采用噪声整形还可以将分布在有用带宽内的那一小部分噪声集中到高频频段内，然后采用低通滤波器就很容易滤除这一部分噪声，结果是使有用信号频带内的噪声大大下降。噪声整形的基本原理则是对噪声分量实施负反馈，且使反馈环路中的反馈网络具有频率特性，令低频段内的反馈系数大于高频段，从而降低低频段内的噪声。

有关 ΣΔ ADC 更详细的讨论，读者可查阅专门的技术资料与文献。

7.3.2 ADS1210/1211 内部结构

ADS1210/1211 是一种宽动态范围的 ΣΔ 调制式精密 ADC，使用单一＋5V 电源，能保障 24 位无误码转换，因而差动输入端可直接连传感器或低电平信号。当输入端使用一个高品质的低声放大时，10Hz 采样频率可获得 23 位的有效分辨率，1kHz 采样率可获得 20 位有效分辨率。倘若使用低噪声程控增益放大器，则转换的动态范围还可进一步拓宽，放大器的增益为 1、2、4、8、16 等。

该器件适用于要求高分辨率检测、慢变化信号的场合，如感烟传感器、重量、色谱、工业过程控制及便携式仪器中。芯片内部的同步串行接口 SSI 与 SPI 兼容，且能提供隔离式的两线控制方案。

这两种型号的差别在于 ADS1210 只有 1 个输入通道，而 ADS1211 则有 4 个差动模拟输入通道。

图 7-8 显示了这两种 ADC 的内部结构原理，实际上它们的差别只是 ADS1211 在 ADS1210 的基础上增加了一个 8 通道输入模拟开关。表 7-2 列出了它们的各个引脚定义，其中，1210 为 18 脚封装；1211P/1211U 为 24 脚封装；1211E 为 28 脚封装，但 8、9、20、

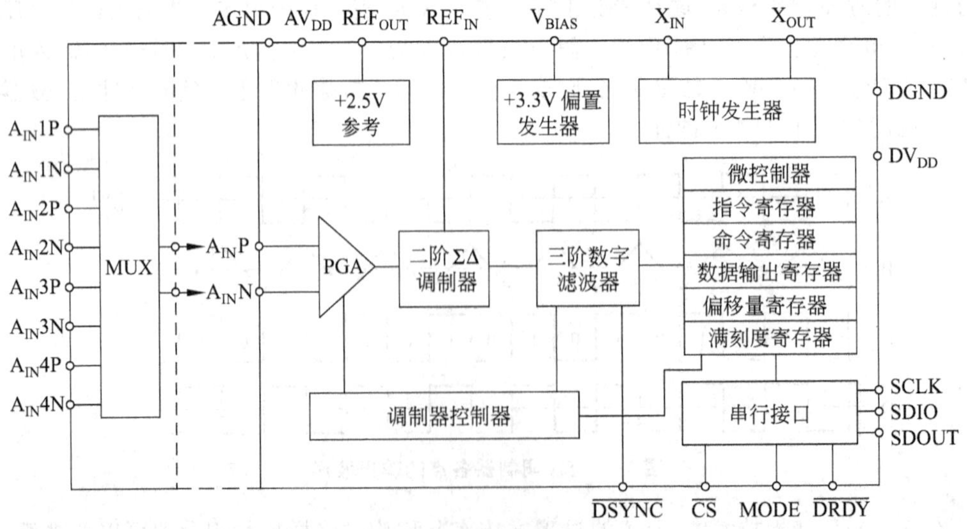

图 7-8 内部结构原理图

21这4个脚是空脚。

表7-2 ADS1210/1211的引脚定义

引脚	ADS1210			ADS1211P/1211U			ADS1211E	
	命名	I/O	描　述	命名	I/O	描　述	命名	描　述
1	A_{IN}P	I	模拟输入同相端	A_{IN}3N	I	3通道反相输入	A_{IN}3N	3通道反相输入
2	A_{IN}N	I	模拟输入反相端	A_{IN}2P	I	2通道同相输入	A_{IN}2P	2通道同相输入
3	AGND		模拟地	A_{IN}2N	I	2通道反相输入	A_{IN}2N	2通道反相输入
4	V_{BIAS}	O	+3.3V偏置电压	A_{IN}1P	I	1通道同相输入	A_{IN}1P	1通道同相输入
5	$\overline{CS}$	I	片选控制信号	A_{IN}1N	I	1通道反相输入	A_{IN}1N	1通道反相输入
6	$\overline{DSYNC}$	I	同步输出控制	AGND		模拟地	AGND	模拟地
7	X_{IN}	I	系统时钟输入	V_{BIAS}	O	+3.3V偏置电压	V_{BIAS}	+3.3V偏置电压
8	X_{OUT}	O	系统时钟输出	$\overline{CS}$	I	片选控制信号	NIC	无内部连接
9	DGND		数字地	$\overline{DSYNC}$	I	同步输出控制	NIC	无内部连接
10	DV_{DD}		数字电路电源	X_{IN}	I	系统时钟输入	$\overline{CS}$	片选控制信号
11	SCLK	I	数据传输时钟	X_{OUT}		系统时钟输出	$\overline{DSYNC}$	同步输出控制
12	SDIO	I/O	数据输入输出	DGND		数字地	X_{IN}	系统时钟输入
13	SDOUT	O	串行数据输出	DV_{DD}	I	数字电路电源	X_{OUT}	系统时钟输出
14	$\overline{DRDY}$	O	数据准备好	SCLK	I/O	数据传输时钟	DGND	数字地
15	MODE	I	SCLK主/从控制	SDIO	O	数据输入输出	DV_{DD}	数字电路电源
16	AV_{DD}		+5V模拟电源	SDOUT	O	串行数据输出	SCLK	数据传输时钟
17	REF_{OUT}	O	+2.5V参考输出	$\overline{DRDY}$	I	数据准备好	SDIO	数据输入输出
18	REF_{IN}	I	参考电压输入	$MODE_{T}$	I	SCLK主/从控制	SDOUT	串行数据输出
19	无			AV_{DD}		+5V模拟电源	$\overline{DRDY}$	数据准备好
20	无			REF_{OUT}	O	+2.5V参考输出	NIC	无内部连接
21	无			REF_{IN}	I	参考电压输入	NIC	无内部连接
22	无			A_{IN}4P	I	4通道同相输入	$MODE_{T}$	SCLK主/从控制
23	无			A_{IN}4N	I	4通道反相输入	AV_{DD}	+5V模拟电源
24	无			A_{IN}3P	I	3通道同相输入	REF_{OUT}	+2.5V参考输出
25	无		无				REF_{IN}	参考电压输入
26	无		无				A_{IN}4P	4通道同相输入
27	无		无				A_{IN}4N	4通道反相输入
28	无		无				A_{IN}3P	3通道同相输入

ADS1210/1211片内有1个可编程放大器(Programmable Gain Amplifier，PGA)、

1个二阶ΣΔ调制器、1个可编程数字滤波器、1个微控制器(包含指令、命令和校准寄存器)、1个串行接口、1个时钟发生器和1个内部2.5V参考电压源,ADS1211还包含1个4通道输入模拟开关。

芯片内的微控制器包含以下5个寄存器:24位数据输出寄存器(Data Output Register,DOR)、8位指令寄存器(Instruction Register,INSR)、32位命令寄存器(Command Register,CMR)、24位失调量校准寄存器(Offset Calibration Register,OCR)和24位满刻度校准寄存器(Full-scale Calibration Register,FCR)。

允许使用Turbo模式是ADS1210/1211的突出特性。Turbo速率(TMR)通过命令寄存器CMR中的采样频率位进行设定,可以为1、2、4、8或16,它们可以将调制器的采样频率增至正常模式下的1、2、4、8或者16倍。通过提高调制器的采样速率,在给定的码速率下可以使输出数据分辨率得到很大的提高,但不会增加电源的功耗。在2、4两种Turbo速率下,这种提升还不是很明显,但是在8和16两种Turbo速率下,这种提升效果就非常显著,例如当Turbo速率为16时,ADS1210/1211能在1kHz的速率下提供20位的有效分辨率。当可用的时钟频率只有5MHz,但是要求达到10MHz时钟的设计性能时,设置Turbo速率为2就可以满足性能要求。由于提高了输入采样频率,高的Turbo速率设置会使模拟输入阻抗降低。

ADS1210/1211的可编程增益放大器可以设置增益为1、2、4、8或16,从而拓宽了A/D转换器的动态范围,尽量简化了常见传感器的前端电路。Turbo模式下的速率和PGA的增益都受采样速率的影响,因此将它们组合时受到一定的限制,即乘积不能超过16,如表7-3所示。例如当Turbo速率为8(10MHz系统时钟下156kHz采样率)时,最大增益只能设置为2。

表7-3 Turbo速率下PGA的设置

Turbo速率	PGA增益可用设置	Turbo速率	PGA增益可用设置
1	1、2、4、8、16	8	1、2
2	1、2、4、8	16	1
4	1、2、4		

ADS1210/1211输出数据码速率可以从几赫兹到15 625kHz,输出码速率的改变不会影响输入采样速率。输出码速率设定了数字滤波器获取每次转换结果的采样量。高分辨率、低输入带宽、不同陷波频率下的低输出码速率要优于高输出码速率,它并不会改变输入阻抗、调制器频率或者电源功耗。

ADS1210/1211的各种不同设置,包括码速率、模式的设置和寄存器的读写都是通过一个同步串行接口来实现的。串口接口既可以工作在主模式,也可以工作在从模式。在主模式下,串行时钟(SCLK)的频率是ADS1210/1211的X_{IN}引脚时钟的一半。

同近几年推出的多数IC芯片一样,ADS1210/1211也具有睡眠节能模式。当命令寄存器CMR中的MD2～MD0位写入110后,芯片即进入这种模式;当MD2～MD0写入其他值时,芯片退出睡眠模式。当芯片已处于睡眠模式时,如果要进行串行通信,则需注意以下几种情况：

- 如果使用$\overline{CS}$引脚，只需简单地将$\overline{CS}$变为低电平便可使串行通信正常运行。
- 如果$\overline{CS}$引脚接地且ADS1210/1211为主模式，则必须在SDIO引脚上产生一个下降沿才能使串行通信正常运行。如果SDIO引脚原来已为低电平，则需先将它变为高电平且至少保持两个系统时钟(t_{XIN})周期后再变为低电平。因此可以在ADS1210/1211进入睡眠模式后将SDIO变为高电平，当需要退出睡眠模式时，再将SDIO变为低电平。
- 如果$\overline{CS}$引脚接地且ADS1210/1211为从模式，则只需简单地发送一个指令寄存器(INSR)命令就能重建串行通信。一旦串行通信恢复，就可以通过改变MD2～MD0的设置退出睡眠模式而进入其他模式。

7.3.3 内部寄存器

如表7-4所示，ADS1210/1211具有5个内部寄存器，其中的指令寄存器INSR和命令寄存器CMR控制转换器的操作。在正常操作模式下，INSR总是在每次串行通信的开始被写入，写入的指令决定了下次通信的类型。命令寄存器CMR控制ADS1210/1211的所有操作和工作类型，包括PGA的增益设置、Turbo速率、输出码速率等。数据输出寄存器DOR包含了最近转换的结果。失调量校准寄存器OCR和满刻度校准寄存器FCR包含了内部转换结果被写入DOR之前的校准结果。OCR和FCR中的值既可以是校准程序的结果，也可以是直接通过串行接口写入的数值。

表7-4 ADS1210/1211具有的5个内部寄存器

寄存器名称	位数	寄存器名称	位数
指令寄存器(INSR)	8位	失调量校准寄存器(OCR)	24位
数据输出寄存器(DOR)	24位	满刻度校准寄存器(FCR)	24位
命令寄存器(CMR)	32位		

1. 指令寄存器

指令寄存器是一个8位寄存器，用于向指定的寄存器位置读取或写入n个字节，其格式如表7-5所示。

表7-5 INSR格式

Bit7	Bit6	Bit5	Bit4	Bit3	Bit2	Bit1	Bit0
R/$\overline{W}$	MB1	MB0	0	A3	A2	A1	A0
读写位，为1时表示写，为0时表示读	多重字节，控制读写字节的长度 为00时，表示读或写1个字节 为01时，表示读或写2个字节 为10时，表示读或写3个字节 为11时，表示读或写3个字节			地址位，这4位用于选择将要读取或写入的寄存器的起始地址。A3～A0的地址寻址如表7-6所示。如果读写时的地址不在表中所示的范围内，则读写结果不确定			

表 7-6　A3～A0 地址寻址

A3	A2	A1	A0	地址所对应的寄存器字节
0	0	0	0	DOR2(MSB)
0	0	0	1	DOR1
0	0	1	0	DOR0(LSB)
0	0	1	1	CMR3(MSB)
0	1	0	0	CMR2
0	1	0	1	CMR1
0	1	1	0	CMR0(LSB)
0	1	1	1	OCR2(MSB)
1	0	0	0	OCR1
1	0	0	1	OCR0(LSB)
1	0	1	0	FCR2(MSB)
1	0	1	1	FCR1
1	1	1	0	FCR0(LSB)

2. 命令寄存器

命令寄存器由 32 位 4 个字节 CMR3～CMR0 组成，如表 7-7 所示。它控制着 ADS1210/1211 的所有功能，所配置的每个数据位在 SCLK 的下降沿被写入到 CMR 中。下面分别描述各位的功能。

表 7-7　CMR3～CMR0 的格式

<table>
<tr><th>Bit
CMR</th><th>Bit7</th><th>Bit6</th><th>Bit5</th><th>Bit4</th><th>Bit3</th><th>Bit2</th><th>Bit1</th><th>Bit0</th></tr>
<tr><td rowspan="2">CMR3</td><td>BIAS</td><td>REF0</td><td>DF</td><td>$U/\overline{B}$</td><td>BD</td><td>MSB</td><td>SDL</td><td>$DSYNC/\overline{DRDY}$</td></tr>
<tr><td colspan="8">如表 7-8 所示</td></tr>
<tr><td rowspan="3">CMR2</td><td>MD2</td><td>MD1</td><td>MD0</td><td>G2</td><td>G1</td><td>G0</td><td>CH1</td><td>CH0</td></tr>
<tr><td colspan="3">操作模式(如表 7-9 所示)</td><td colspan="3">增益控制(如表 7-10 所示)</td><td colspan="2">通道</td></tr>
<tr><td colspan="3">默认值 000，正常模式</td><td colspan="3">模式值 000,增益</td><td colspan="2">默认值 00,1 通道</td></tr>
<tr><td rowspan="3">CMR1</td><td>SF2</td><td>SF1</td><td>SF0</td><td>DR12</td><td>DR11</td><td>DR10</td><td>DR9</td><td>DR8</td></tr>
<tr><td colspan="3">Turbo 速率</td><td colspan="5">抽样率高 4 位</td></tr>
<tr><td colspan="3">默认值 000,1 的 Turbo 模式速率</td><td colspan="5">默认值 000</td></tr>
<tr><td rowspan="2">CMR0</td><td>DR7</td><td>DR6</td><td>DR5</td><td>DR4</td><td>DR3</td><td>DR2</td><td>DR1</td><td>DR0</td></tr>
<tr><td colspan="8">抽样率低字节，默认值 00010111，814Hz 的数据速率</td></tr>
</table>

(1) CMR3 的结构如表 7-8 所示。

表 7-8 CMR3 结构及其默认状态

Bit31	Bit30	Bit29	Bit28	Bit27	Bit26	Bit25	Bit24
BIAS	REF0	DF	$U/\overline{B}$	BD	MSB	SDL	$DSYNC/\overline{DRDY}$
偏移电压位，控制 V_{BIAS} 的输出状态。为 1 时输出为 1.33 × REF_{IN}；为 0 时禁止输出。默认值为 0	参考输出位，控制内部参考 REF_{OUT} 的状态。为 1 时输出为 2.5V；为 0 时禁止输出，REF_{OUT} 为高阻态。默认值为 0	数据格式位，控制输出数据格式。为 0 时采用 2 的补码格式；为 1 时采用偏移二进制格式，默认值为 0。此位仅对 DOR 寄存器有效	极性位，控制输出数据极性。为 0 时双极性；为 1 时单极性。默认值为 0。此位仅对存入 DOR 中的数据有效	字节顺序位，与 INSR 中的 A3～A0 一起控制数据读取的顺序。为 0 时从数据高字节往低字节读取，A3～A0 的地址是最高位字节的地址，后续字节放在高地址中；为 1 时从数据低字节往高字节读取，A3～A0 的地址是最低字节的地址，后续字节放在低地址中。默认值为 0，此位仅影响读操作	位顺序位，控制读取一个字节数据时的顺序。0 为先读高字节，1 为先读低字节，默认值为 0。该位仅对读操作有影响	串行数据线位，用于控制哪个引脚作为串行数据输出引脚。为 1 时串行数据输出引脚为 SDOUT；为 0 时串行数据输出引脚为 SDIO，该脚既作串行数据的输入，又作串行数据的输出，此时 SDOUT 为三态。默认值为 0	$\overline{DRDY}$，数据准备好标志位，此位为只读位，用于反映输出脚 $\overline{DRDY}$ 的状态。为 0 表明数据准备好；为 1 表示数据未准备好。DSYNC，数据同步位，是只写位，和 $\overline{DRDY}$ 在 CMR 内共享存储空间，用于减少芯片和主控制器之间的接口信号数目。因为往 DSYNC 写 1 的效果等同于输入引脚 $\overline{DRDY}$ 上出现了一个从低到高的跳变脉冲，这会使调制器的计数值复位为 0；往 DSYNC 写 0 则不改变调制器的计数值

(2) CMR2 的 3 个 MD 位可设置 8 种操作模式，如表 7-9 所示。正常模式、后台校准模式和睡眠模式属持久模式，ADS1210/1211 可以长久地保持在这 3 种模式下工作。其他模式则是临时性的，一旦完成相应的操作便转入正常模式。

表 7-9　操作模式选择

MD2/MD1/MD0	操 作 模 式	MD2/MD1/MD0	操 作 模 式
000	正常模式	100	系统伪校准模式
001	自校准模式	101	后台校准模式
010	系统偏移量校准模式	110	睡眠模式
011	系统满量程校准模式	111	保留

(3) CMR2 的 G2～G0 可设置 5 种增益，如表 7-10 所示，其默认值为 000。注意，增益设置与输入采样速率 f_{SAMP} 有以下关系：

$$f_{SAMP}=G\times TMR\times f_{XIN}/512$$

式中，G 为 PGA 增益，TMR 为 Turbo 模式速率，G 和 TMR 的乘积不能超过 16。

表 7-10　PGA 增益设置

SF2 SF1 SF0	G2 G1 G0	增益	Turbo 速率
000	000	1	1、2、4、8、16
001	001	2	1、2、4、8
010	010	4	1、2、4
011	011	8	1、2
100	100	16	1

(4) CMR2 的 CH1、CH0 可设置 4 种通道选择，用于控制 ADS1211 的输入模拟多路开关，00 选 1 通道，01 选 2 通道，10 选 3 通道，11 选 4 通道。对于 ADS1211，CH1、CH0 总是为 00。

ADS1211 的通道选择时序如图 7-9 所示。在 CMR2 的最后一位写入后，通道被选通，尽管 $\overline{DRDY}$ 信号已经指示数据已准备好，但接下来的 3 次转换输出数据均无效，直到 $\overline{DRDY}$ 第 4 次变为低，DOR 中的数据才是有效数据。

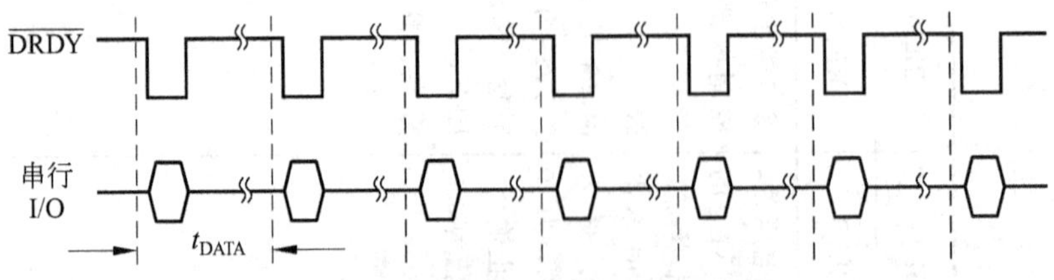

图 7-9　ADS1211 的通道选择时序图

(5) CMR1 的 3 个 SF 位用于设置 Turbo 速率(其默认值为 000)，如表 7-10 所示，用于设置输入电容的采样速率和调制器的速率：

$$f_{SAMP}=G\times TMR\times f_{XIN}/512$$

$$f_{MOD}=TMR\times f_{XIN}/512$$

(6) CMR1 的低 5 位与 CMR0 的 8 位合并为 13 位的 DR12～DR0 构成抽样率(Decimation Ratio,DR)设置。数字滤波器每次都从调制结果中采样，计算出相应的转换结果，抽样率设置就是用于设置采样的点数。由于调制器速率依赖于 ADS1210/1211 的时钟频率 f_{XIN} 和 Turbo 速率 TMR，实际的输出数据由下式决定：

$$f_{DATA}=f_{XIN}\times TMR/[512\times(DR+1)]$$

抽样率的有效范围为 19～8000。超过此范围，则会由于数据不足或太多而使数据滤波器不能计算出正确的结果。在 Turbo 速率为 1、系统时钟为 10MHz 的情况下，各种码速率和相应的抽样率设置如表 7-11 所示。

表 7-11 抽样率设置(Turbo 速率为 1，系统时钟为 10MHz)

码速率/Hz	抽样率	DR12	DR11	DR10	DR9	DR8	DR7	DR6	DR5	DR4	DR3	DR2	DR1	DR0
1000	19	0	0	0	0	0	0	0	0	1	0	0	1	1
500	38	0	0	0	0	0	0	0	1	0	0	1	1	0
250	77	0	0	0	0	0	0	1	0	0	1	1	0	1
100	194	0	0	0	0	0	1	1	0	0	0	0	1	0
60	325	0	0	0	0	1	0	1	0	0	0	1	0	1
50	390	0	0	0	0	1	1	0	0	0	0	1	1	0
20	976	0	0	0	1	1	1	1	0	1	0	0	0	0
10	1952	0	0	1	1	1	1	0	1	0	0	0	0	0

3. 数据输出寄存器

数据输出寄存器 DOR 是一个 24 位寄存器，由 DOR2～DOR0 这 3 个字节寄存器构成，它包含了最近一次的转换结果。寄存器中的内容在 $\overline{DRDY}$ 变为低电平之前被更新，如果在 $1/f_{DATA}-12\times(1/f_{XIN})$ 时间内未被读取，那么新的转换结果会将它覆盖。

DOR 中的数据可以是 2 的补码格式，也可以是偏移二进制格式，受 CMR3 中 DF 位的控制。此外，DOR 中数据的极性还受 CMR3 中 $U/\overline{B}$ 的控制。

4. 失调量校准寄存器

失调量校准寄存器 OCR 是一个 24 位的寄存器，由 OCR2～OCR0 这 3 个字节寄存器构成，它保存了当前转换结果在存入 DOR 之前的失调量校准值。

许多情况下，OCR 中的值既可以是自校准的结果，也可以是系统校准的结果。OCR 可以通过串行接口进行读或写操作。在一些需要失调量校准精度非常高的应用场合，可以采用多重校准方式，即读取多次 OCR 的值作平均后得到一个更精确的失调量校准值，然后再将此值写回 OCR。

OCR 中的数据可以是 2 的补码格式，也可以是偏移二进制格式，这受 CMR3 中 DF 位的控制。

5. 满刻度校准寄存器

满刻度校准寄存器 FCR 是一个 24 位的寄存器，由 FSR2～FSR0 这 3 个字节寄存器构成，它保存了当前转换的结果在存入 DOR 之前的满刻度校准值。

FCR 中的值既可以是自校准的结果，也可以是系统校准的结果。和失调校准寄存器 OCR 一样，满刻度校准寄存器 FCR 可以通过串行接口进行读或写操作。在一些需要满刻度校准精度非常高的应用场合，可以采用多重校准方式，即读取多次 FCR 的值作平均后得到一个更精确的满刻度校准值，然后再将此值写回 FCR。FCR 中的数据采用无符号二进制格式，不受命令寄存器 CMR 中 DF 位的影响。

7.3.4 校准

由于 ADS1210/1211 的分辨率已达 24 位，其校准操作就显得非常重要。芯片内部包括一个校准电路，用于校正芯片内部的失调和增益误差，其能够有效降低外围系统所引起的误差，保证转换的精度。内部校准电路既可以在需要的时候启动一次，也可以在后台自动、连续地运行。表 7-9 列出了由命令寄存器 MD2～MD0 位确定的 5 种校准模式。

通常，在上电复位后或者芯片的操作环境发生改变时都应立即进行校准，以后是否需要再次校准可根据具体应用、有效分辨率的要求等而定。但当 PGA 的增益、Turbo 速率或者码速率改变时务必再次校准。在一次校准完成之后，校准结果便保存在失调校准寄存器 OCR 和满刻度校准寄存器 FCR 中，可以随时读取和存储。

值得指出的是，应该避免以下不合理的校准操作，即在一个较低的码速率下进行校准，而在校准完成后就立即提高码速率（因为在低码速率下的校准结果对高码速率的环境是无效的）。

5 种校准模式的操作时序非常类似，这里仅对自校准模式作说明，读者可以由此举一反三。自校准模式的操作时序如图 7-10 所示。在自校准指令 001 写入到命令寄存器 CMR 的 MD2～MD0 位后，$\overline{DRDY}$信号不再为低电平而变高，并且在整个校准期间都保

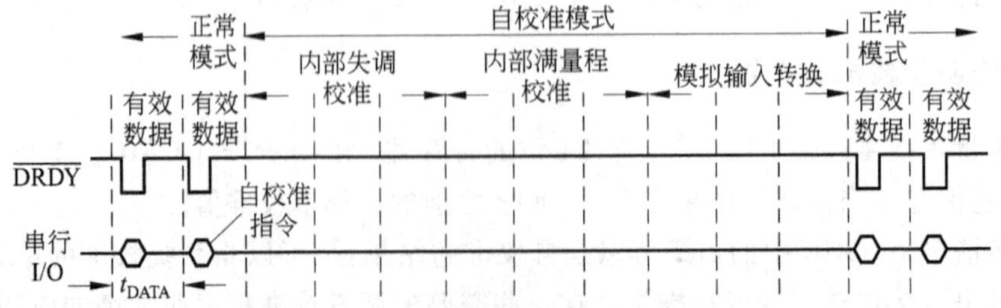

图 7-10 自校准模式的操作时序图

持在高电平状态;采样电容同转换器的模拟输入端断开,所有采样电容的输入端接在一块,在接下来的3个转换周期内(从模式下则为4个转换周期)执行一个失调量校准操作;接着,采样电容接至REF_{IN},在接下来的3个转换周期内再执行一次满刻度校准操作;最后,操作模式位被复位为000(正常模式),采样电容接至转换器的模拟输入端,在接下来的3个转换周期内,转换器执行正常操作以保证数字滤波器满载运行;从第4个转换周期开始,$\overline{DRDY}$变为低电平以指示数据有效和正常操作方式的重新开始。

7.3.5 主/从模式的串行接口设计

ADS1210/1211包含了一个灵活的串行接口,可提供多种方式与MCU和DSP相连。ADS1210/1211可以工作在主模式,也可以工作在从模式。如果有多个外围串行设备共用同一串行通信线路,则需采用$\overline{CS}$引脚进行通信控制。在主模式下$\overline{CS}$用于保持控制器和一个"准备好"的设备之间的串行通信直到它们之间的通信完成为止。在从模式下,$\overline{CS}$用于允许从ADS1210/1211进行串行通信。因此,ADS1210/1211的主模式有$\overline{CS}$引脚接地情况下的从模式方式和使用$\overline{CS}$引脚作通信控制情况下的从模式方式;同样,从模式也有$\overline{CS}$引脚接地情况下的从模式方式和使用$\overline{CS}$引脚作通信控制情况下的从模式方式。在这些接口方式中所用到的接口引脚有数据传输时钟引脚SCLK、输入输出引脚SDIO、串行数据输出引脚SDOUT、数据准备好引脚$\overline{DRDY}$、片选控制信号引脚$\overline{CS}$。

无论采用哪种方式,串行数据都是在SCLK的下降沿被锁存。$\overline{CS}$信号并不直接控制SDOUT或SDIO引脚的输出是否处于三态。SDOUT和SDIO平时都处于三态,仅在有串行数据发送的时候变为有效。如果SDOUT或SDIO是作为一个输出引脚,即使在ADS1210/1211进行串行数据传送的过程中将$\overline{CS}$拉至高电平,SDOUT和SDIO引脚也不会变为三态。几种串行接口的通信时序如图7-11~图7-14所示。这些图中t_{16}~t_{38}的含义如表7-12所示,表中的时间单位为ns。

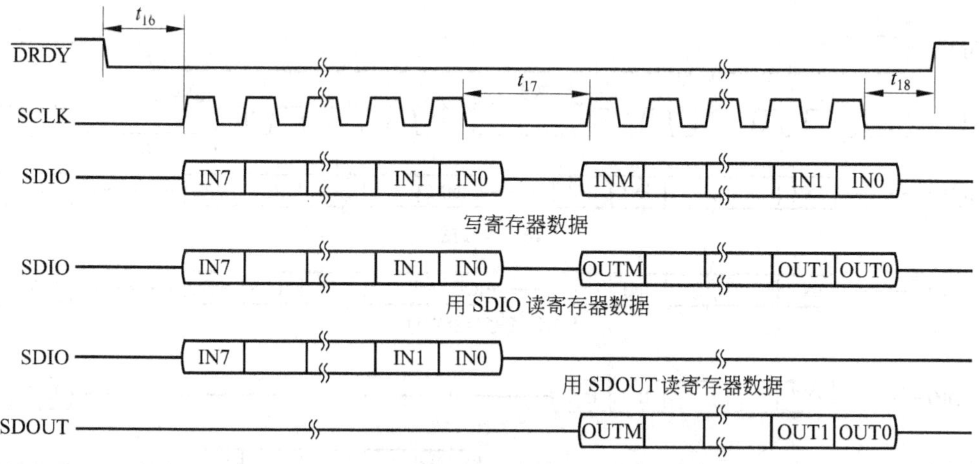

图7-11 主模式串行接口时序($\overline{CS}$=0)

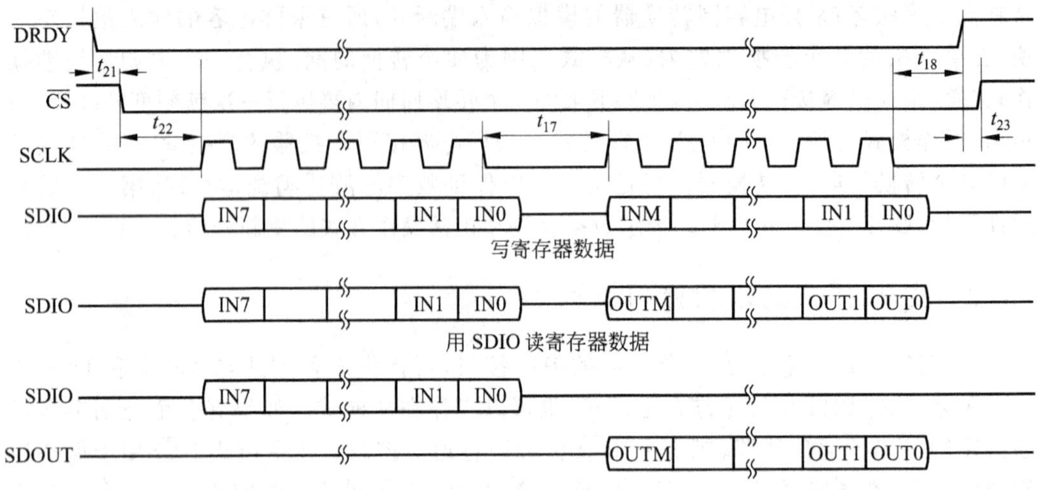

写寄存器数据

用 SDIO 读寄存器数据

(a) 用 SDOUT 读寄存器数据

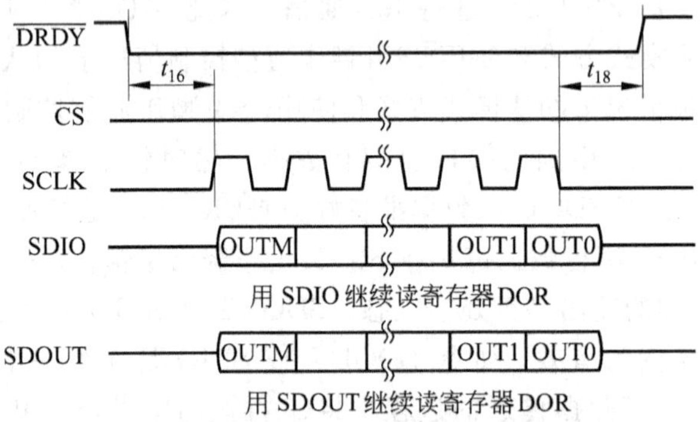

用 SDIO 继续读寄存器 DOR

用 SDOUT 继续读寄存器 DOR

(b) 用 SDOUT 继续读寄存器数据

图 7-12　主模式串行接口时序（$\overline{CS}$用作控制端口）

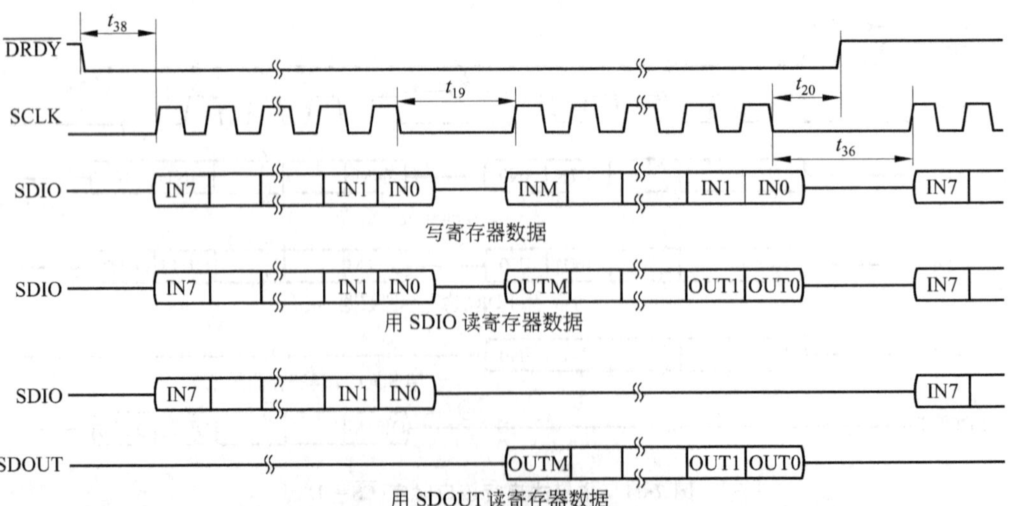

图 7-13　从模式串行接口时序（$\overline{CS}$=0）

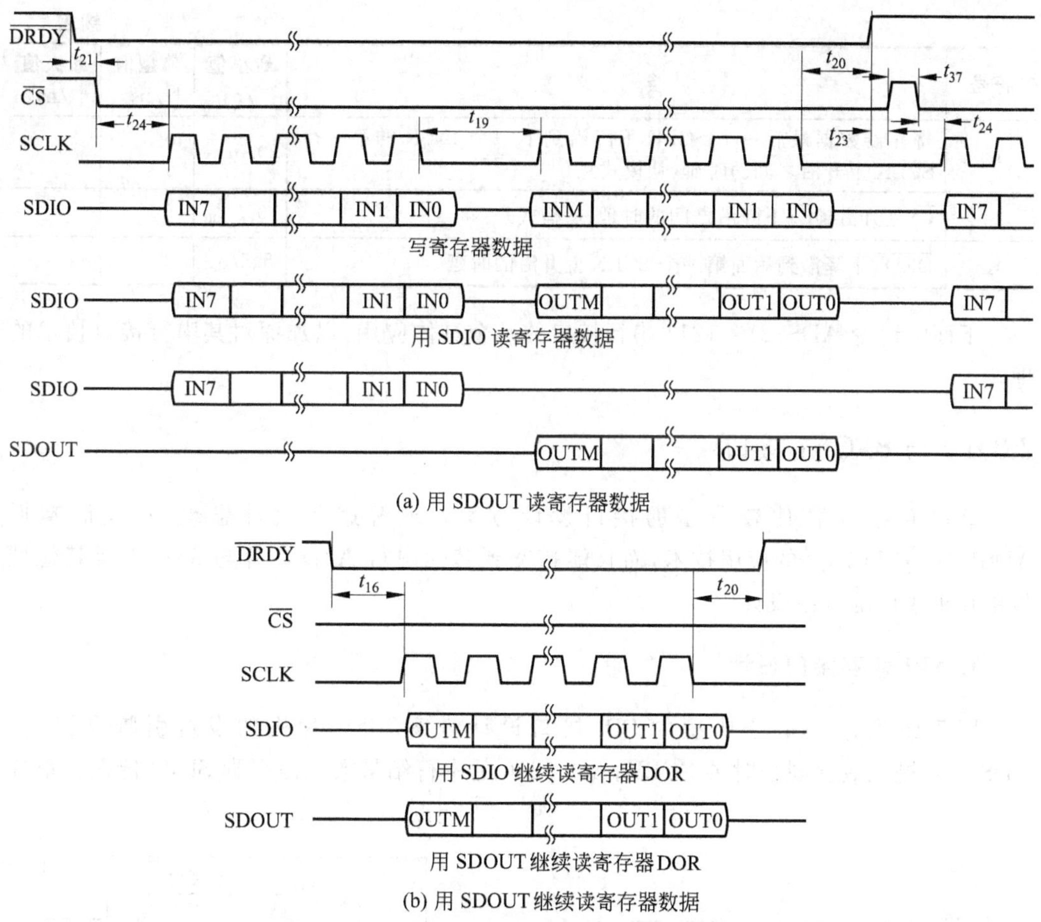

图 7-14 从模式串行接口时序（$\overline{CS}$用作控制端口）

表 7-12 图 7-11～图 7-14 中的符号定义表

符号	含　义	最小值/ns	典型值/ns	最大值/ns
t_{XIN}	X_{IN}时钟周期	100		2000
t_{16}	$\overline{DRDY}$的下降沿到此后第一个 SCLK 上升沿之间的时延(主)		$6t_{XIN}$	
t_{17}	传送完 INSR 至寄存器数据第一个 SCLK 上升沿的时延(主)		$5t_{XIN}$	
t_{18}	寄存器数据最后一个 SCLK 下降沿到$\overline{DRDY}$上升沿的时延(主)		$3t_{XIN}$	
t_{19}	传送完 INSR 至寄存器数据第一个 SCLK 上升沿时的时延(从)	$5.5t_{XIN}$		
t_{20}	寄存器数据最后一个 SCLK 下降沿到$\overline{DRDY}$上升沿的时延(从)	$4t_{XIN}$		$5t_{XIN}$
t_{21}	$\overline{DRDY}$下降沿到$\overline{CS}$下降沿之间的时延(主/从)	$0.5t_{XIN}$		
t_{22}	$\overline{CS}$下降沿到 SCLK 上升沿之间的时延(主模式)	$5t_{XIN}$		$6t_{XIN}$
t_{23}	$\overline{DRDY}$上升沿到$\overline{CS}$上升沿之间的时延(主/从)	10		
t_{24}	$\overline{CS}$下降沿到 SCLK 上升沿之间的时延(从模式)	$5.5t_{XIN}$		

续表

符号	含　义	最小值/ns	典型值/ns	最大值/ns
t_{36}	寄存器数据最后一个 SCLK 下降沿到下一个 INSR 的第一个 SCLK 上升沿之间的时延(从模式)	$20.5t_{XIN}$		
t_{37}	$\overline{CS}$上升沿到$\overline{CS}$下降沿之间的时延(从模式)	$10.5t_{XIN}$		
t_{38}	$\overline{DRDY}$下降沿到后面第一个 SCLK 上升沿的时延	$5.5t_{XIN}$		

下面将讨论 ADS1210/1211 串行接口的几个具体应用,以加深对其串行接口技术的理解。

7.3.6　与 8XC51 接口

这里介绍 3 种比较典型的接口设计方案。理解这些设计思想,不仅能掌握 ADS1210/1211 芯片的应用技术,而且能拓宽到其他串行 A/D 芯片与 8XC51 或其他型号单片机接口的应用设计中。

1. SPI 兼容接口设计

图 7-15 所示是一个典型的 SPI 接口设计方案,由单片机的发送引脚 TXD 为 ADS1210 提供数据同步时钟 SCLK;ADS1210 的串行结果数据由引脚 SDIO 传送到单片

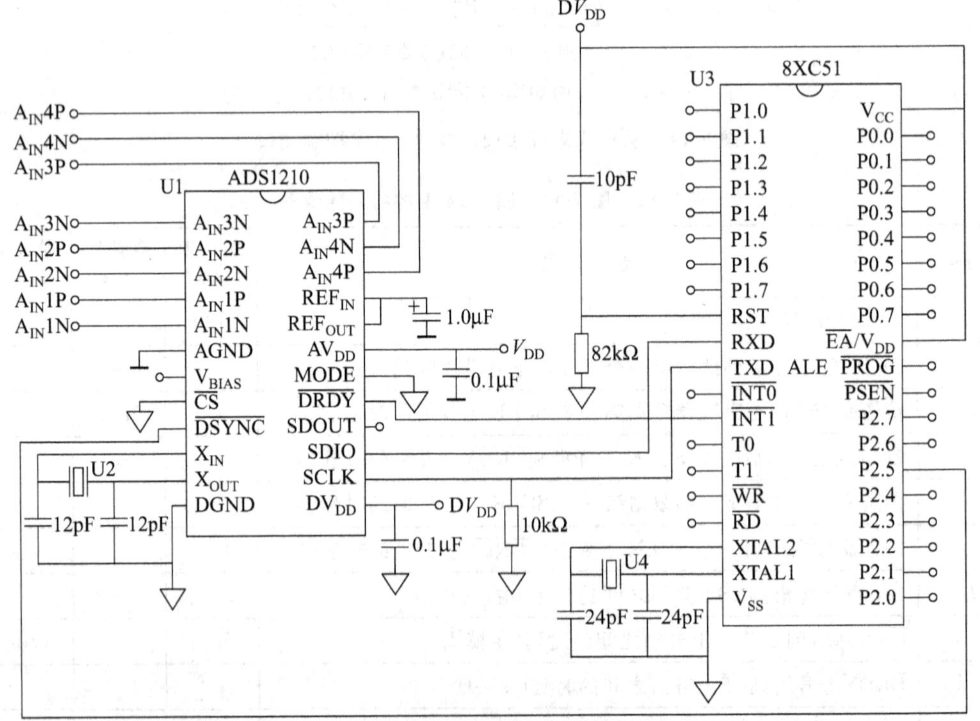

图 7-15　SPI 接口设计方案

机的接收端 RXD；ADS1210 的数据准备好$\overline{\text{DRDY}}$连接单片机的中断输入引脚 INT1，可引起中断服务；ADS1210 的片选$\overline{\text{CS}}$则直接连到数字地，表示该芯片始终处于选通状态；ADS1210 的同步输入控制信号$\overline{\text{DSYNC}}$由单片机的 P2.5 提供。为简单起见，ADS1210 与 8XC51 的晶体均可选用 10MHz。

2. SSI 接口设计

图 7-16 所示是一个典型的 SSI 接口设计方案。与图 7-15 所示的 SPI 方案相比，其差别是 ADS1210 的片选引脚$\overline{\text{CS}}$连到了 8XC51 的 P2.4。在这个方案的协议中，规定$\overline{\text{CS}}$从高电平转变为低电平时开始通信，也就是说，这里的通信是由$\overline{\text{CS}}$信号来同步的。

3. 提升接口速率

在前述的 SPI 与 SSI 方案中，时钟频率大约为 119kHz，或者为晶体频率的 1/84。实际上，ADS1210 支持高达 2MHz 或 1/5 晶体频率的 SCLK 时钟。提高微处理器的晶振频率是提升接口速率的方法之一，例如当晶振频率为 40MHz 时 SCLK 的频率可达 476kHz。然而若要使 SCLK 达到 2MHz，晶体振荡频率必须高达 168MHz，这就需要付出昂贵的代价！因此，此方法通常是不可取的。另一种有效的办法是使用 8XC51 标准串行接口的方式 0 操作模式，在 TXD 引脚上可获得 1/12 晶振频率的时钟频率，此时获得 2MHz 的 SCLK 时钟也只需 24MHz 的晶体。

图 7-17 所示是实现这一设计思路的实际电路，由于空闲时 TXD 维持在高电平，故经过反相器再连接到 ADS1210 的 SCLK 引脚。在 8XC51 串口方式 0 操作时，串行数据的收发都是最低位在前。

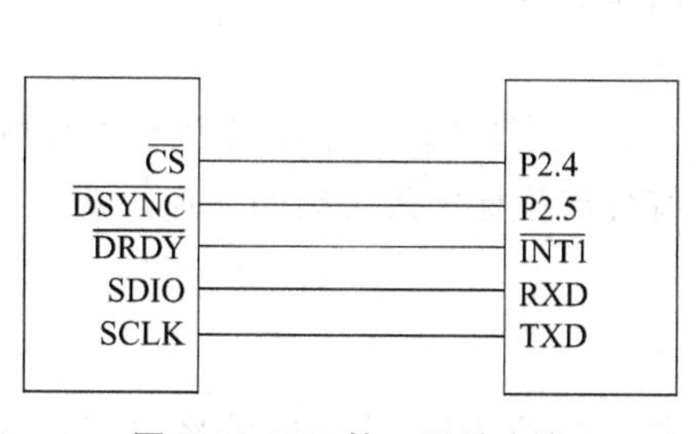

图 7-16 SSI 接口设计方案

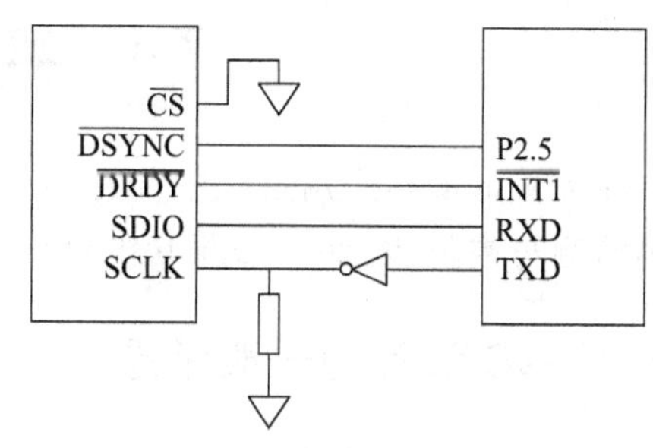

图 7-17 提升接口速率的电路

考虑程序设计时的需要，可使用单片机 060H～06EH 的 14 个内部存储器来映射 A/D 芯片寄存器，这些内部存储器称为 ADS 存储器。除 INSR 寄存器之外，存放于该区域中的数据格式都遵循从 LSB 到 MSB 的顺序，如表 7-13 所示，与传统的存放方式正好相反。表中的 INSR 寄存器用于存放指令码数据，表示芯片下一步的操作。几种典型的指令代码有：

```
INSR=C0H        /*读 ADS1210 数据输出寄存器中的 3 字节数据*/
INSR=64H        /*写命令至 ADS1210 的 4 字节命令寄存器中*/
INSR=E4H        /*读 ADS1210 命令寄存器的 4 字节命令代码*/
```

表 7-13 ADS1210 映射到 8XC51 存储器中的组织结构

地址	存储器	MSB	LSB
060H	DOR2	B16	B23
061H	DOR1	B8	B15
062H	DOR0	B0	B7
063H	INSR	B7	B0
064H	CMR3	B24	B31
065H	CMR2	B18	B23
066H	CMR1	B8	B15
067H	CMR0	B0	B7
068H	OCR2	B16	B23
069H	OCR1	B8	B15
06AH	OCR0	B0	B7
06BH		保　留	
06CH	FCR2	B16	B23
06DH	FCR1	B8	B15
06EH	FCR0	B0	B7

7.4 应用设计实例

在大量的实际应用系统中都有 A/D 模块的设计，这些系统通常都涉及对外界物理量的检测与控制，因而 A/D 模块的设计也成为系统性能指标中最关键的一环。

7.4.1 A/D 设计的一般考虑

转换速率和分辨率是 A/D 设计中两个最重要的技术参数，器件的价格也与这两个指标密切相关。我们只需根据系统的设计要求选择合适的器件即可，不可考虑过多的冗余，否则会明显增加系统的成本。

芯片的功能也必须考虑，但不可片面追求功能的齐全而不顾成本。与上述的速率和分辨率不同，功能的不足可以弥补，例如输入通道不够可以外接多路开关，片内无采样/保持电路也可以外接，如果模拟输入信号的上限频率远低于采样速率，则可以不使用采样/保持电路。

模拟输入信号的幅度与极性等也是选择 A/D 器件的因素之一，并且应与分辨率结合起来考虑。例如有两种器件同样都是 12 位的分辨率，但满量程输入电压分别为 5V 和 10V，则电压分辨率分别为 1.2207mV 与 2.4414mV，后者比前者提高了一倍，因此当输入电压幅度仅为5V时就应使用前者而非后者。

选用CMOS(互补金属氧化半导体)低功耗器件有利于降低电源的体积与成本,而且对于同一器件而言,功耗与操作速率关系很大,它随工作频率的提升而明显增加。近几年推出的许多芯片通常都设有低功耗的睡眠模式,在无需长期连续采样的间断式工作场合下最好选择此类器件。

系统的任务非单一时,特别是处理器事务比较繁忙的情况下,器件选择与接口电路的设计宜采用中断的方式。例如有的芯片有一个转换结束信号EOC,有效电平表示数据已经准备好,这类信号就最适宜用来产生中断请求。

如果参考电压不与电源电压共享,亦即参考电压另有专门的电源,则对电源电压的要求可以降低。例如对于5V供电的芯片,($V_{DD}\sim V_{SS}$)在4.5~5.5V范围内的低频波动一般不会影响A/D转换的精度,但V_{DD}与V_{SS}引脚产生的电感对自动测试设备容易引入±1LSB以上的A/D转换误差。建议在这两个引脚之间并接0.1μF的旁路电容。

模拟参考电压决定了A/D转换量程的上、下两个边界。当模拟输入电压≥V_{REF}时产生满量程的输出,模拟输入电压≤$-V_{REF}$或者地电位时则为0输出,因此模拟输入电压必须始终处于$-V_{REF}\sim V_{REF}$或者$0\sim V_{REF}$范围之内。参考电压必须尽量避免噪声干扰而不致影响A/D转换结果。一般情况下,V_{REF}应该单独连接电源,且一定要在这些引脚上并接一个约0.2μF的旁路电容。

芯片内部一般都有保护电路防止过高的静电压和电场而损害器件,但是由于是高阻抗电路,其外加电压仍不得高于额定的最大值,合理地使用应满足$V_{SS}\leqslant(V_{IN}$或$V_{OUT})\leqslant V_{DD}$。不使用的输入引脚必须连到V_{SS}或V_{DD},不使用的输出引脚应当开路。

与一般的集成电路不同,A/D芯片是模拟信号与数字信号共存的器件,因此在印制电路板的设计中应特别注意避免这两种信号线之间的相互干扰,将模拟地与数字地严格区分。模拟信号线与数字信号线严禁平行走线并尽量远离等,A/D分辨率愈高则要愈加严格注意PCB(印刷电路板)版图的设计。作者的反复实践证明,布局与走线不合理的A/D模板将会额外引入数个LSB位的转换结果误差,使精度本来很高的A/D芯片完全没有发挥作用。精心设计的A/D模块,其误差结果主要取决于A/D器件本身的参数,外电路引入的附加误差极小。

7.4.2 设计实例

这里举一个具体应用的游戏棒接口实例,其工作原理如图7-18所示。它通过一片9通道的A/D使3个控制器与微处理器的串行外设接口(SPI)连接,以便对视频游戏进行实时操作。这3个控制器的每一个都包括以下3路输出:一路为X轴向的左/右位置操纵杆,一路为Y轴向的上/下位置操纵杆,一路用于发起攻击的控制器。

图7-18中V_{REF}与控制器输出线都表示为屏蔽线,实际中是否需要屏蔽则取决于连接距离与电气环境,使用示波器观察其波形即可决定。如果需要屏蔽,则在低频应用场合下可使用双绞线或锡箔屏蔽线,不必使用昂贵的同轴电缆,双绞线的其中一根线或屏蔽线的屏蔽层接地即可。

在此应用电路中参考电压为+5V,可以简单地将参考电路的地V_{AG}连到系统的地,

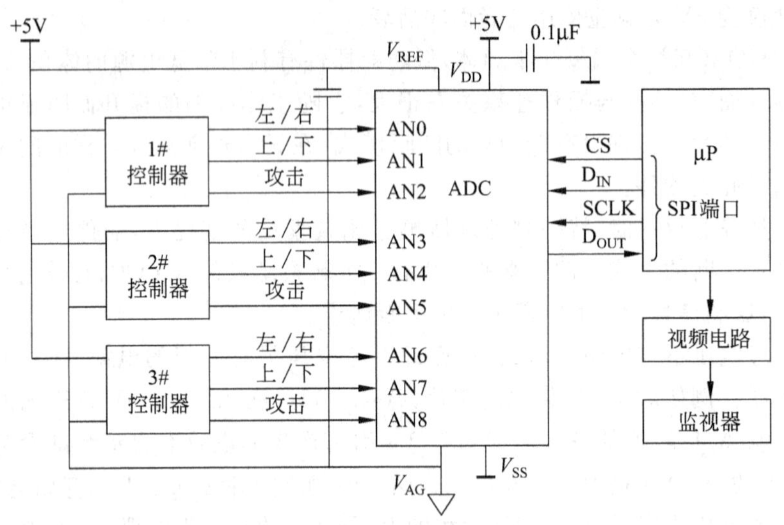

图 7-18 游戏棒接口工作原理

将 V_{REF} 连到电源的正极。然而当系统电源的噪声较严重时，则要求有单独的参考电源，而不要共用电源。

数据采集的软件流程并不复杂，9 个通道巡回采样，微处理器每次输出通道地址后再读上次或当前转换的结果。

7.5 并行 A/D 转换器与 8031 的接口设计

A/D 转换器能将输入的模拟信号转换成数字形式。这样微处理机能够从传感器、变送器或其他模拟信号获得信息。

因 A/D 转换器应用范围极广，故其品种及类型非常多。根据 A/D 电路的工作原理可以分为以下几大类型：

- 双积分 A/D 转换器。一般具有精度高，抗干扰性好，价格便宜等优点，但转换速度慢，广泛应用于数字仪表中。
- 逐次逼近比较型 A/D 转换器。在精度、速度和价格上都适中。
- 并行 A/D 转换器。这是一种用编码技术实现的高速 A/D 转换器。

转换器的内部电路较复杂，工作原理较难理解，有兴趣的同学可看相关书籍，这一小节我们讨论 ADC0809 与 MCS-51 的接口和程序设计方法。其他的芯片可到厂家或网上查找有关资料。

1. 技术指标

(1) 分辨率。通常用数字量的位数表示，例如 8 位、10 位、12 位、16 位分辨率等。若分辨率为 8 位，表示它可以对全量程的 $1/2^8=1/256$ 的增量作出反应。分辨率越高，转换时对输入量的微小变化的反应越灵敏。

(2) 量程。即所能转换的电压范围，例如 5V、10V 等。

(3) 精度。有绝对精度和相对精度两种表示方法。常用数字量的位数作为度量绝对精度的单位，如精度为±1/2LSB，而用百分比来表示满量程时的相对误差，如±0.05%。注意，精度和分辨率是不同的概念。精度指的是转换后所得结果相对于实际值的准确度，而分辨率指的是能对转换结果发出影响的最小输入量。分辨率很高者可能由于温度漂移、线性不良等原因而并不具有很高的精度。

(4) 转换时间。对于计数—比较型或双积分型的转换器而言，不同的输入幅度可能会引起转换时间的差异，在厂家给出的转换时间的指标中，它应当是最长转换时间的典型值。不同型号、不同分辨率的器件，其转换时间的长短相差很大，可为几微秒至几百毫秒。在选择器件时，要根据应用的需要和成本来具体地对这一项加以考虑，有时还要同时考虑数据传输过程中，转换器件的一些结构和特点。例如有的器件虽然转换时间比较长，但是对控制信号有门锁的功能，所以在整个转换时间内并不需要外部硬件来支持它的工作，CPU 和其他硬件可以在它完成转换以前去处理别的事件而不必等待；而有的器件虽然转换时间不算太长，但是在整个转换时间内必须由外部硬件提供连续的控制信号，因而要求 CPU 处于等待状态或者要求另加硬设备来支持其工作。

(5) 输出逻辑电平。多数与 TTL 电平配合。在考虑数字输出量与微型机数据总线的关系时，还要对其他一些有关问题加以考虑，如：是否要用三态逻辑输出，采用何种编码制式，是否需要对数据进行闩锁。

(6) 工作温度范围。由于温度会对运算放大器和加权电阻网络等产生影响，所以只有在一定的温度范围内才能保证额定精度指标。较好的转换器件的工作温度为－40～85℃，较差者为0～70℃。

(7) 对参考电压的要求。从前面叙述过的工作原理中我们可以看到模/数转换器或数/模转换器都需要一定精度的参考电压源。因此要考虑转换器件是否具有内部参考电压，或需要外接参考电源。

2. 集成 A/D 转换器——ADC0809 芯片及其接口设计

(1) 集成 A/D 转换器——ADC0809

集成的 ADC0809 的 A/D 是一个 8 通道多路开关，单片 CMOS 模/数转换器。每个通道均能转换出 8 位数字量。它是逐次逼近比较型转换器，包括一个高阻抗斩波比较器，一个带有 256 个电阻分压器的树状开关网络，一个控制逻辑环节和 8 位逐次逼近数码寄存器，最后输出级有一个 8 位三态输出锁存器。

8 个输入模拟量受多路开关地址寄存器控制。当选中某路时，该路模拟信号 Vx 进入比较器与 D/A 输出的 VR 比较，直至 VR 与 Vx 相等或达到允许误差为止，然后将对应 Vx 的数码寄存器值送三态锁存器。当 OE 有效时，便可输出对应 Vx 的 8 位数码。ADC0809 外部引脚如图 7-19 所示。

引脚	ADC0809		引脚
1	IN-3	IN-2	28
2	IN-4	IN-1	27
3	IN-5	IN-0	26
4	IN-6	ADD-A	25
5	IN-7	ADD-B	24
6	START	ADD-C	23
7	EOC	ALE	22
8	D3	D7	21
9	OE	D6	20
10	CLOCK	D5	19
11	VCC	D4	18
12	ref(+)	D0	17
13	GND	ref(−)	16
14	D1	D2	15

图 7-19 ADC0809 外部引脚图

IN7～IN0 为 8 路模拟量输入端，在多路开关控制下，任一瞬间只能有一路模拟量经相应通道输入到 A/D 转换器的比较放大器中；D7～D0 为 8 位数据输出端，可直接接入微型机的数据总线；A、B、C 为多路开关地址选择输入端，其取值 A/D 转换通道的对应关系如表 7-14 所示；ALE 为地址锁存输入线，该信号的上升沿可将地址选择信号 A、B、C 锁入地址寄存器内。

表 7-14　A、B、C 多路开关地址线与通道的对应关系

多路开关地址线			被选中的输入通道	对应通道口地址
C	B	A		
0	0	0	IN0	00H
0	0	1	IN1	01H
0	1	0	IN2	02H
0	1	1	IN3	03H
1	0	0	IN4	04H
1	0	1	IN5	05H
1	1	0	IN6	06H
1	1	1	IN7	07H

START 为启动转换输入线，其上升沿用以清除 ADC 内部寄存器，其下降沿用以启动内部控制逻辑，使之 A/D 转换器工作。

EOC 为转换完毕输出线，其上跳沿表示 A/D 转换器内部已转换完毕。

OE 为允许输出控制端，高电平有效。有效时能打开三态门，将 8 位转换后的数据送到微型机的数据总线上。

CLOCK 为转换定时时钟脉冲输入端。它的频率决定了 A/D 转换器的转换速度。在此，其频率不能高于 640kHz，其对应转换速度为 100μs。

ref(＋)和 ref(－)是 D/A 转换器的参考电压输入线。它们可以不与本机电源和地相连，但 ref(－)不得为负值，ref(＋)不得高于 VCC，且 1/2[ref(＋)＋ref(－)]与 1/2VCC 之差不得大于 0.1V。

VCC 为＋5V，GND 为地。

(2) ADC0809 与 MCS-51 的接口方法

在实际使用中既要考虑价位又要考虑产品体积，还要考虑布线的方便合理，一般能省一块集成块就省一块。常用如下电路，使用后也不错，如图 7-20 所示。

图 7-20 示出了 8031 与 ADC0809 的接口逻辑。ADC0809 是带有 8 根数据线，1 个多路模拟开关的 8 位 A/D 转换芯片，所以它可有 8 个模拟量的输入端，由芯片的 A、B、C 三个引脚来选择模拟输入通道中的一个。A、B、C 三端分别与 8031 的地址总线 A0、A1、A2 相接。ADC0809 的 8 位数据输出是带有三态缓冲器的，由输出允许信号(OE)控制，所以 8 根数据线可直接与 8031 的 P0.0～P0.7 相接。地址锁存信号(ALE)和启动转换信号

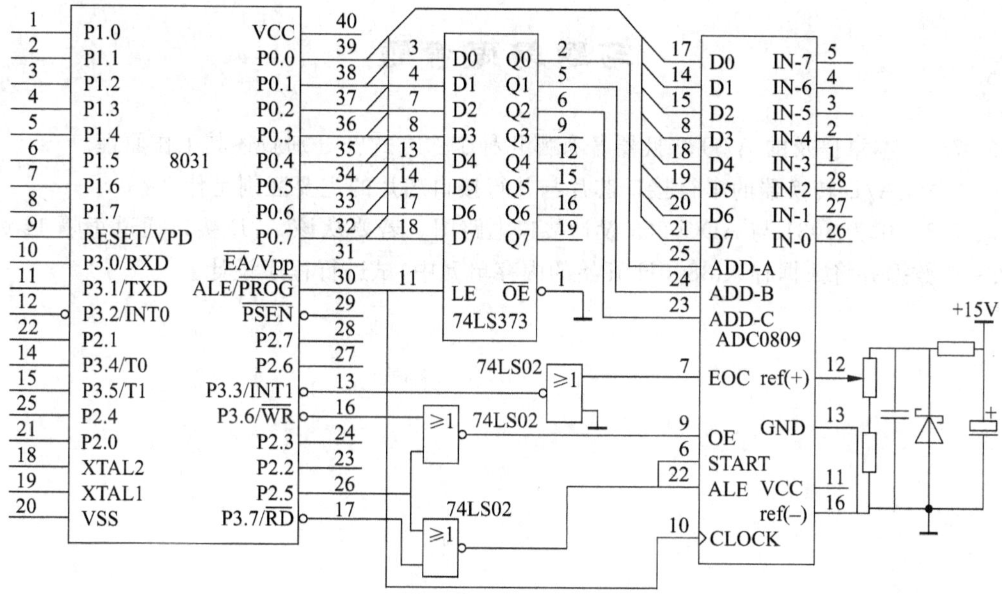

图 7-20 8031 与 ADC0809 的接口

(START)，由软件产生(执行一条 MOVX @DPTR，A 指令)，输出允许信号(OE)也由软件产生(执行一条 MOVX A，@DPTR 指令)。ADC0809 的时钟信号 CLK 决定了芯片的转换速度，该芯片要求 CLK 频率为 640kHz，故可同 8031 的 ALE 信号相接。转换完成信号 EOC 送到 INT1 输入端。8031 在相应的中断服务程序中，读入经 ADC0809 转换后的数据并将其送到以 30H 为首址的内部 RAM 中。以模拟通道 0 为例，操作程序如下：

```
void main()
{
 IT1=1;
 EX1=1;
 EA=1;
 i=0;
 XBYTE[0X0DFF8]=0X00;
 LOOP:goto LOOP;
}

void sub() interrupt 2 using 0
{
 rdata[i]=XBYTE[0X0DFF8];
 XBYTE[0X0DFF8]=0X00;
 i++;
}
```

习题与思考题

7.1 本章提及的 A/D 转换器各有哪几种工作方式？分别叙述其工作原理。

7.2 A/D 转换器的串行接口芯片与并行接口芯片的主要区别是什么？

7.3 试为 8031 与 ADC0809 设计接口电路图。若要从该 A/D 接口通道每隔 1s 读入一个数据并将数据存入 3800H 开始的内存单元中，试进行程序设计。

第 8 章 chapter 8

串行数字/模拟转换器

数字/模拟转换器是一个重要的输出模块。串行 D/A 与并行 D/A 相比,除输入部分的解码和移位逻辑外,其他部分一般不会有很大的差别。学习本章的主要目的是掌握 DAC 芯片的基本功能、技术特性、接口信号及其时序要求等,亦即掌握芯片的接口设计技术。对于它们的内部结构,本书及一般用户没有必要进行详细的分析与研究。

串行 DAC 由于接口和接线比并行 DAC 少而简化了应用系统的设计,因而获得了广泛的应用。这里需要顺便说明的是,目前很多微处理器与数字信号处理器芯片内部集成了模拟/数字转换器,可是却很少见到在内部还同时直接继承了数字/模拟转换器的芯片产品。其实不然,因为这类芯片通常都有脉宽调制(PWM)输出功能,使用这一功能可很容易实现 DAC。

8.1 D/A 的技术特性

D/A 是 A/D 的逆变换,因而有许多技术特性的定义与 A/D 类似。对于分辨率、输出满量程、转换进度等读者比较熟悉的概念在此不必赘述,下面仅就几个特殊的技术参数作一下简要的介绍。

1. 线性误差

线性误差是指 D/A 模拟输出偏离理想转换特性的偏差。所谓理想转换特性是连接转换起点与终点的一根直线,实际的转换特性往往是偏离该直线且分布在其两侧的一条曲线,因此有些文献又将其称为非线性误差。注意,技术特性参数表中给出的线性误差通常是指最大的偏差。

2. 微分线性误差

微分线性误差是指从一个数码状态变换到下一个数码状态时输出电压变化量偏离 1LSB 理论变化量的偏差。当输入的数据变化 1 个 LSB 时,如果输出模拟量的变化恰好为 1 个 LSB 对应的步长跳变,那么这种情况下的微分线性误差为 0;如果输出跳变为 1LSB$\pm\varepsilon$,则此时的微分线性误差就是 ε。

可见,微分线性误差一般应保持在$\pm$1/2 个 LSB 之内,因为微分线性误差为$\pm$1/2 个

LSB 即意味着输出步跳大小的范围是 1LSB/2～3LSB/2。如果微分线性误差大于 1 个 LSB,那么就会出现两个相邻的数码只对应一个模拟量输出,即出现有的数码不影响输出模拟量的"空码"现象。也就是说,有些相邻点跳变过多,而另一些相邻点则不发生跳变,这种 D/A 就不是"单值"性的了。

3. 单值性

如上所述,当输入 D/A 的数据量增加或减小时,它的模拟输出电压应随之发生相应的变化,即输入/输出之间应有一一对应的传递特性。一个输入数码对应的模拟输出电压值是唯一的,这就称为单值性。如果输入改变而输出不变,那么这种 D/A 转换器就是非单值的。

4. 建立时间

当输入数据改变后,输出模拟量稳定到规定误差范围内所经历的全部时间即为建立时间。建立时间是描述 D/A 速度的一个重要参数,它不仅与 D/A 转换器的本身特性、电路元器件特性、分布参数等有关,而且与输出端的负载有关,此外与输入数据变化量大小亦有关。很明显,当变化量仅为 1LSB 时建立时间最短、变化量最大,即当输入数据从全 0 突变至全 1 或者从全 1 跳变到全 0 时建立时间最长,后者是满量程变化的建立时间。芯片技术参数上给出的建立时间通常是针对指定的条件而言的。例如某 16 位 D/A 带上 5kΩ 和 500pF 负载,其规定误差范围为 1LSB(折合为±0.003%),输入从 FFFFH 变为 0000F,或从 0000H 变为 FFFFH。满量程输出步长变化 20V 的建立时间典型值是 6μs,1 个 LSB 输出步长的建立时间典型值为 4μs。

5. 谐波失真

谐波失真是谐波有效值的平方和再开平方与基波有效值之比,亦即为

$$(V_2^2+V_3^2+V_4^2+V_5^2)^{1/2}/V_1$$

式中,V_1 表示基波有效值,V_2、V_3、V_4 和 V_5 分别是各次谐波的有效值。这里的谐波失真用%来表示 u,它与采样速率有关,因此给定谐波失真参数时通常用采样速率 f_S 作为测试条件。

6. 信噪比和失真比

信噪比和失真比是所有的谐波与明显的虚假分量等输出噪声功率、量化与内部随机噪声功率对有用信号功率之比,这个参数通常用 dB 来表示,并且指定了信号的频率以及采样速率 f_S。

7. 数字—模拟尖峰

当输入端改变状态时,由于开关切换对模拟输出可能产生瞬间的脉冲尖峰,它是随机出现的,其幅值可大可小。

8. 数字馈通

当D/A没有被选中时,数字输入端的高速逻辑动作会通过器件产生耦合作用,再以噪声的形式反映到该D/A的输出端,这种噪声就是数字馈通。

9. 失调误差

失调误差又称为零点误差,指输入为全零时输出值与理论值的偏差。对于单极性输出而言,输入为0时输出理想值为0;对于双极性输出而言,输入为0时输出理想值应为负向满量程。失调误差可以通过外接失调电位器来补偿,使之减至最小。

后面介绍的几种典型芯片不一定都会涉及其一些重要的特性参数,限于篇幅,这里不能一一讨论。

8.2 8位满幅型MAX517/518/519

MAX517/518/519是兼容I^2C总线标准的2线串行接口8位ADC芯片,输出缓冲放大器的模拟电压摆幅可达满幅(Rail-to-Rail)。它由单一5V电源供电,节电模式下仅需4μA。这3种芯片的主要差别是:MAX517只有一个D/A输出通道OUT0,且具备参考电压输入端;MAX518/519有OUT0与OUT1两个D/A输出通道,其中MAX518的输出通道与输入端共用地线,MAX519的两个通道具备各自的参考电压输入端。

8.2.1 概述

图8-1所示为MAX518的内部结构原理框图。由图可见,除输入部分的解码器等模块外,其后的各部分与并行ADC基本相同。表8-1给出了这3种芯片的引脚定义。

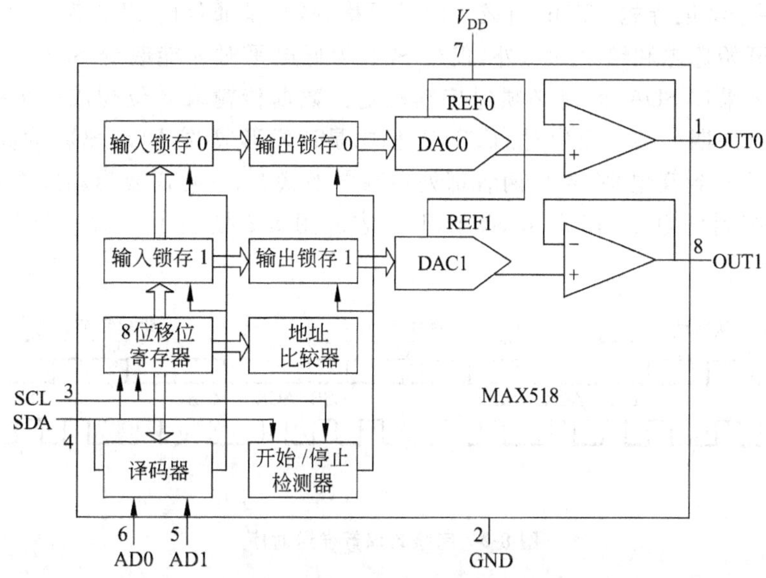

图8-1 MAX518的内部结构框图

表 8-1 MAX517/518/519 引脚定义

引脚			命名	功能
MAX517	MAX518	MAX519		
1	1	1	OUT0	DAC0 通道
2	2	4	GND	地
		5	AD3	地址输入 3,设置芯片的从地址
3	3	6	SCL	串行时钟输入
4	4	8	SDA	串行数据输入
		9	AD2	地址输入 2,设置芯片的从地址
5	5	10	AD1	地址输入 1,设置芯片的从地址
6	6	11	AD0	地址输入 1,设置芯片的从地址
7	7	12	V_{DD}	+5V 电源,MAX518 的参考电压
		13	REF1	DAC1 参考电压输入
8		15	REF0	DAC0 参考电压输入
	8	16	OUT1	DAC1 通道电压输出
		2、3、7、14	NC.	无内部连接,空脚

MAX517/518/519 通过 I^2C 标准的 SCL 和 SDA 两线与微处理器或者其他设备接口,这 3 种芯片都是只能接收的器件,仅能用作从设备,必须受总线主设备的控制,SCL 时钟速率可达 400kHz。通信过程中主设备先发送器件地址,然后再发送有关信息。每次发送由一个开始标志 START、可编程从设备地址、一个或数个命令字节或者输出数据字节、一个结束标志 STOP 组成。而且严格约定,未通信时 SDA 和 SCL 两者均为高电平。除开始标志和结束标志外,仅当 SCL 为低电平时才能改变 SDA 的状态,SCL 为高电平时才采样 SDA,此时必须保持其稳定。数据传输取 8 位构成一个字节,一共占用 9 个时钟周期。结束通信时的 STOP 标志是这样形成的,即待 SCL 为高电平时将 SDA 由低电平拉到高电平;然后两者都处在高电平状态,一旦需要启动发送,即将 SDA 从高电平下拉到低电平,以发出 START 标志。图 8-2 描述了一次完整的串行发送时序。

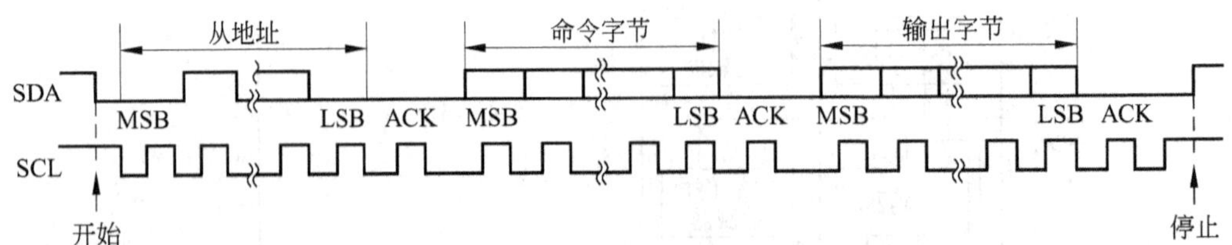

图 8-2 完整的串行发送时序

8.2.2 通信约定

MAX517/518/519 的从地址格式如图 8-3 所示，其中高 3 位由制造厂家编程固定为 010。对于 MAX519 而言，后面的较低 4 位分别定义为 AD3、AD2、AD1、AD0，较低位恒为 0；对于 MAX517/518 来说，由于没有 AD3 与 AD2，所以对应的这两位恒为 1。

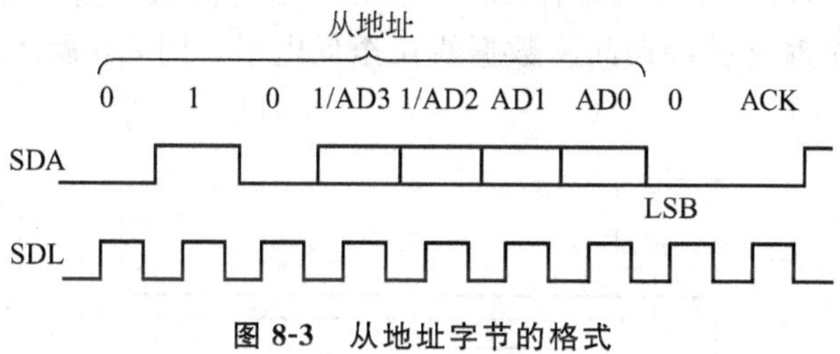

图 8-3 从地址字节的格式

无论哪种型号，AD3～AD0 这些输入引脚都可以接到 V_{DD}，也可以接地，或者由 TTL/CMOS 逻辑电平来驱动。MAX517/518 只有 AD1 和 AD0 两位地址，所以在一条总线上只能连接 4 个这样的芯片。MAX519 则有 AD3～AD0 的 4 位地址，可生成 16 种不同的从地址，因而一条总线上可挂 16 片。线路上挂接的 MAX517/518/519 时刻监视着总线上的活动，等待开始标志之后发出的从地址，地址被识别后，选中的器件即准备接收数据。

紧跟从地址字节之后的是一个命令字节，该字节的格式如图 8-4 所示。

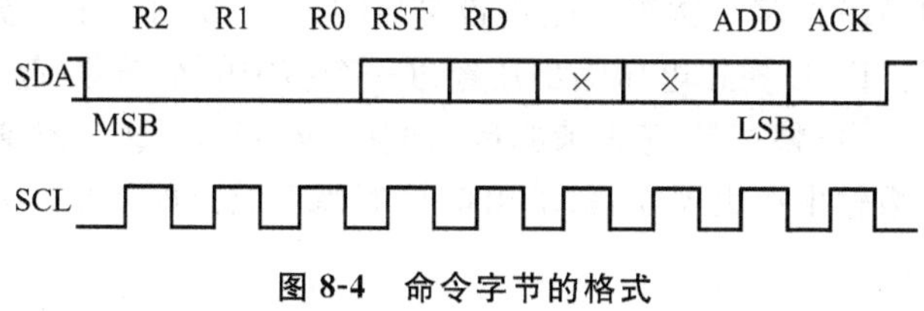

图 8-4 命令字节的格式

其中：R2、R1、R0 保留为 0。

RST 是复位位，该位置 1 将复位所有的 DAC 寄存器。

RD 为断电位，该位置 1 表示设置芯片到耗电仅 4μA 的关闭模式，置 0 则返回到正常的操作状态。

ADD 是地址位，其逻辑电平确定哪一个 DAC 的输入锁存器接收后面即将发送的 8 位数据字节。MAX517 只有一路 DAC，因而该位始终为 0。

ACK 为应答位，在第 9 个时钟脉冲期间，从设备强拉 SDA 为低电平以示应答。

×则表示该位未使用。

一般情况下，命令字节之后还紧跟一个输出数据字节，但也有不跟输出字节，而将命令字节作为最末一个字节的特例，此时仅用 PD 位关闭或开启芯片电源，用 RST 位复位 DAC 寄存器，除这两位之外，其他的各位均无任何意义。如果存在输出数据字节，则命令中的 A0 地址位必须指定 DAC 的通道地址，以便其中一个输入数据锁存器准备接收后跟的数据。数据传输结束后立即输出 STOP 标志。

倘若是两个 DAC 通道同时转换，则一次完整的发送序列应为：

开始(START)→从地址字节→命令字节(A0＝0)→数据字节→命令字节(A0＝1)→数据字节→(停止)STOP。且仅当 STOP 生效后这两个通道才同步将数据存入 DAC 锁存器，开始实施转换操作。

MAX517/518/519 与 I^2C 全兼容，SCL 与 SDA 都是高阻抗输入端，SDA 有开漏输出功能，以便在第 9 个时钟脉冲期间将数据线拉至低电平。图 8-5 所示是 I^2C 的一个典型应用连接。

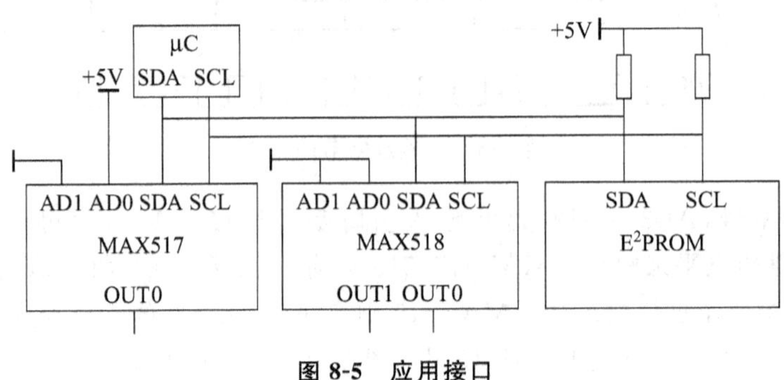

图 8-5 应用接口

8.2.3 DAC 模块

MAX517/518/519 的输入数据码是不带符号的，表 8-2 列出了部分数据码与模拟输出电压的对应关系。DAC 模拟电压输出还经过一个精密的跟随器(起内部缓冲作用)，跟随器的频率为 1V/μs，振幅范围宽达满幅度，即从 0V～V_{DD}，这一点通常是不容易做到的。对于传统的多数输出放大器而言，输出信号的幅度无论如何也达不到与电源电压等值的满刻度。

表 8-2 数据—模拟电压转换关系

DAC 数据	模拟输出	DAC 数据	模拟输出
11111111	$+255\times V_{REF}/256$	01111111	$+127\times V_{REF}/256$
10000001	$+129\times V_{REF}/256$	00000001	$+V_{REF}/256$
10000000	$+V_{REF}/2$	00000000	0V

当输出电路的负载等效为 10kΩ 电阻与 100pF 电容并联时，从 0V 变换到 4V 或者从 4V 变换到 0V 都能在 6μs 内完成。这种输出缓冲放大器虽然输出电压范围宽，但是对负载要求较高，不能驱动重负载。在实际应用中，只要负载电阻不低于 2kΩ，负载电容不大于 300pF，缓冲器都能稳定地工作。当负载不能满足以上条件时，必须再外加一级电压缓冲放大器或者电压跟随器。

实际应用中应考虑接入电源电压 V_{DD} 的旁路滤波电容，通常为 0.1μF。参考输入的带宽可达 1MHz，最好不要将参考输入引脚直接接至电源 V_{DD}，而应通过 RC 滤波器接入，V_{DD}与参考端之间的滤波电阻可取 6Ω 左右。

与这 3 种型号相似的 DAC 产品还有 4 路模拟输出的 MAX520、8 路模拟输出的 MAX521 等，工作原理基本类似，此处不一一列举。

8.3　10 位电压型 MAX504/515

MAX504/515 是一种低功耗的电压输出型 DAC，特别适用于电池供电的应用环境。MAX504 采用 14 脚封装，带内部参考电源，耗电 260μA，可以采用±5V 双电源供电；MAX515 耗电仅 140μA，采用 8 脚封装可采用单一 5V 电源供电。

8.3.1　操作原理

图 8-6 描述了 MAX504/515 的内部结构框架。表 8-3 列出了这两种器件的引脚功能定义。

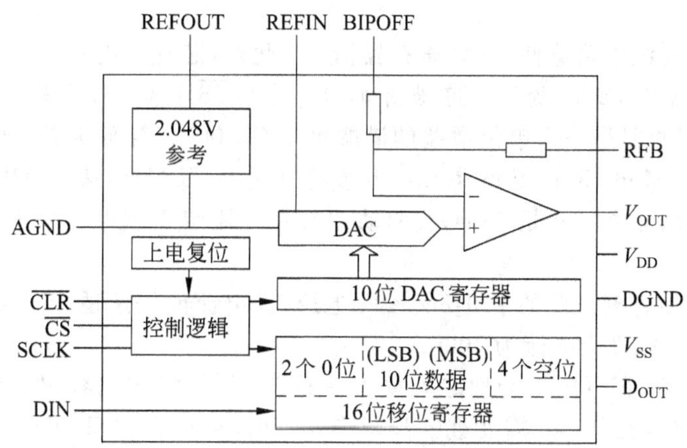

图 8-6　MAX504/515 的内部结构

表 8-3　MAX504/515 引脚定义

引脚		命名	功能
MAX504	MAX515		
1		BIPOFF	双极性偏置/增益电阻
2	1	DIN	DAC 串行数据输入
3		$\overline{CLR}$	清 0，异步设置 DAC 寄存器为 0
4	2	SCLK	串行时钟输入
5	3	$\overline{CS}$	芯片选择，低电平有效
6	4	D_{OUT}	供多片级联用的串行数据输出
7		DGND	数字地

续表

引脚		命名	功能
MAX504	MAX515		
8	5	AGND	模拟地
9	6	REFIN	参考电压输入
10		REFOUT	参考电压输出，2.048V，不连 V_{DD}
11		V_{SS}	负电源
12	7	V_{OUT}	DAC 输出
13	8	V_{DD}	正电源
14		RFB	反馈电阻

MAX515 的输出缓冲器增益固定为 2。MAX504 的内部运算放大器可以配置成增益 1 或 2，可以操作于单电源或者双电源，当外加电阻或使用运算放大器时还可以构成四象限乘法器。

上电时内部复位电路迫使 DAC 寄存器清 0。此外，芯片还有一个专门的$\overline{CLR}$引脚，当该引脚为低电平时，DAC 寄存器亦被清 0，且操作与$\overline{CS}$片选信号无关。

DAC 输出缓冲器是一个单位增益的满幅度 BiCMOS 运算放大器，输入失调电压和 CMRR(Common Mode Rejection Ratio，共模抑制比)可以调整，从而可以获得最佳的 10 位性能。满刻度的建立时间是 25μs，当驱动 2kΩ 的电阻且负载电容大于 100pF 时，输出将受到短路保护。

芯片内部提供光刻微调的 2.048V 参考电压，其电流能快速适应负载的变化。源电流的典型值为 5mA，吸入电流为 100μA。

实际应用中经 REFOUT 与地之间接入一只 33μF 的滤波电容，如果噪声要求不苛刻，3.3μF 的电容器也可以。需要进一步减小噪声时，可以在 REFOUT 与 REFIN 之间插入一个 RC 滤波器。如果不使用这个内部参考，则应将 REFOUT 连到 V_{DD}或者选用无内部参考的 MAX515 芯片。

当 MAX504 使用双电源时，外接参考的电压范围在(V_{SS}+2V)～(V_{DD}－2V)之间。MAX504 或 MAX515 使用单电源时，外接参考必须是正电压且不得超过 V_{DD}－2V，其参考电压确定 DAC 的满刻度输出幅度。DAC 的输入电阻与数据码有关，在数据码为 0101 时其最小值为 40kΩ。REFIN 引脚的输入电容也与数据码有关，最大值为 50pF。

MAX504/515 的逻辑输入与 TTL 和 CMOS 逻辑电平兼容，为了最有效地降低功耗，应使用 CMOS 逻辑驱动。当使用 TTL 逻辑电平时，其功耗会增加大约 2 倍。

MAX504/515 有 4 根串行接口信号线，图 8-7 描述了它们的时序关系，最高的串行时钟速率由 $1/(t_{CH}+t_{CL})$ 给定，大约是 14MHz。数据更新速率受片选周期的限制，应为 $16\times(t_{CH}+t_{CL})+t_{CSW}$，约为 1.14μs，或者更新速率为 877kHz。但是对于 10 位的 DAC 来说，建立时间需要 25μs，所以相对一次完整的转换来说，数据更新速率限制在 40kHz。这就说明，影响串行 DAC 工作速度的主要因素通常并不是串行传送时间，而是 DAC 本身的转换时间。

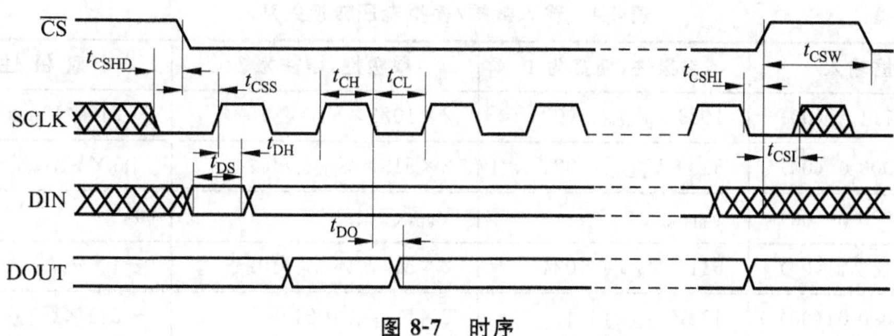

图 8-7 时序

8.3.2 应用设计

MAX504/515 有 4 条线与微处理器相连，当片选信号有效后，使用与 SPI/QSPI 或 Microwire 兼容的 3 线串行接口实现通信。DAC 应用编程写入 2 个 8 位的数据字，16 位的格式是：4 个填充位、10 个数据位、两个为 0 的最低位。4 个填充位通常是不用的，仅当 DAC 用于级联时使用。2 个最低位的 0 是有用的，它使得 DAC 寄存器实现数据更新。当片选为高电平后，数据不能再次进入 DAC 芯片。

SPI 和 Microwire 标准是 8 位接口，因此需要 2 个写周期才能将数据写入 DAC。QSPI 接口适用 8～16 位，因此 1 个写周期就能装入 DAC。

图 8-8(a)所示是 MAX504 单极性 0～＋2.048V 输出的电路连接方法，这时缓冲放大器的增益为 1。图 8-8(b)所示是 MAX504 单极性 0～＋4.096V 输出的电路连接方法，这时缓冲放大器的增益为 2。图 8-8(c)所示是 MAX504 双极性－2.048～＋2.048V 输出的电路连接方法。

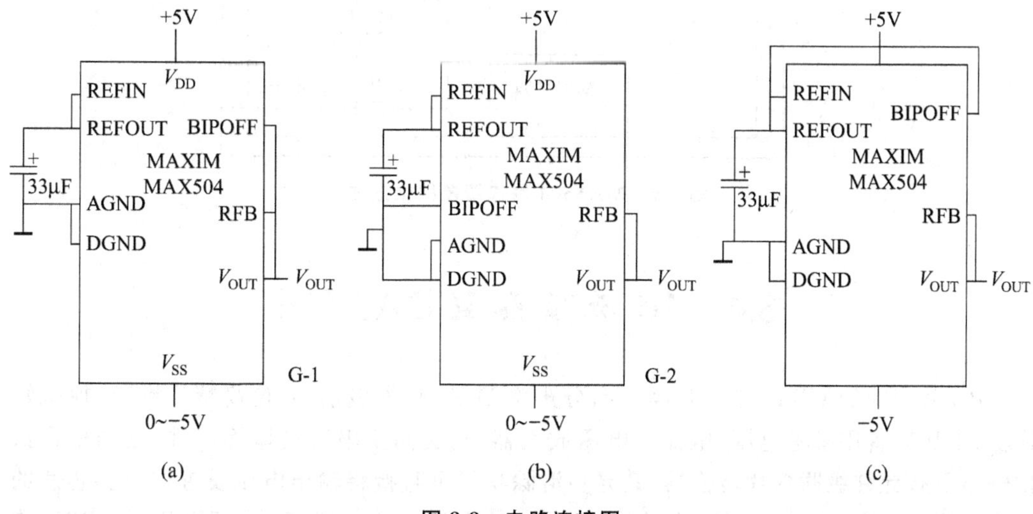

图 8-8 电路连接图

表 8-4 列举了部分输入数据与模拟输出电压之间的对应关系。单极性应用时输入数据是无符号的二进制码，双极性应用时输入数据是偏移二进制编码。

表 8-4　输入数据/模拟电压转换关系

数据输入	单极性，增益为 1	单极性，增益为 2	双 极 性
1111 1111 11(00)	$1023 \times V_{REFIN}/1024$	$2 \times 1023 \times V_{REFIN}/1024$	$+511 \times V_{REFIN}/512$
1000 0000 01(00)	$513 \times V_{REFIN}/1024$	$2 \times 513 \times V_{REFIN}/1024$	$+1 \times V_{REFIN}/512$
1000 0000 00(00)	$V_{REFIN}/2$	V_{REFIN}	0V
0111 1111 11(00)	$511 \times V_{REFIN}/1024$	$2 \times 511 \times V_{REFIN}/1024$	$-1 \times V_{REFIN}/512$
0000 0000 01(00)	$1 \times V_{REFIN}/1024$	$2 \times V_{REFIN}/1024$	$-511 \times V_{REFIN}/512$
0000 0000 00(00)	0V	0V	$-V_{REFIN}$

MAX504 还可以用作四象限乘法器，如图 8-9 所示。这种场合下自然要求作为乘积的两个输入都为正负双极性。首先芯片应采用正负双极性电源供电，REFIN 端的模拟输入信号为双极性，输入范围为 $V_{SS}+2V \sim V_{DD}-2V$。DAC 的输出电压与参考端输入电压和输入数据两者之乘积成比例，DAC 的输出电压具体算式为

$$V_{OUT} = V_{REFIN} \times DATA \times G/512$$

其中，增益 G 为 1 或者 2，输入的数据 DATA 应使用偏移二进制码。这里输出的负向满刻度是 $-V_{REFIN}$，正向满刻度是 $(+V_{REFIN}-1)$ 个 LSB。

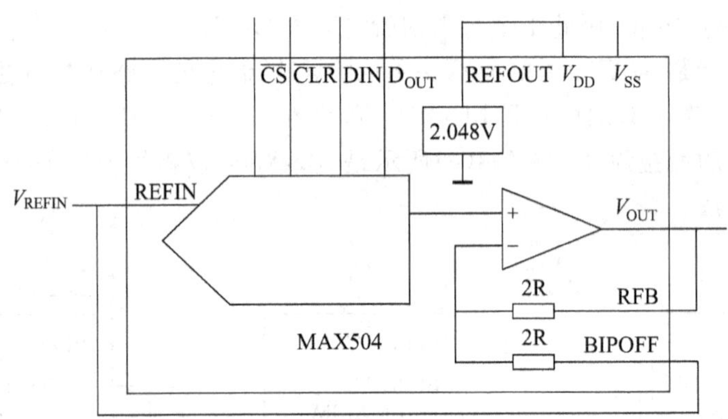

图 8-9　MAX504 用作四象限乘法器

8.4　16 位精密型 DAC714

BB 公司的 DAC714 是一片高速高分辨率 D/A，片内包括 16 位高精度数字/模拟转换器、+10V 备用参考电压、电流—电压放大器、高速同步串行接口等部件，它的串行数据输出引脚允许级联多片转换器，其异步清除功能可直接将输出电压设置中点。芯片的输出电压范围有±10V、±5V 或者单极性的 0～10V 等多种选择，电源电压为±12V 或者±15V 时，通过外接电位器或者外接 D/A 转换器可以实现增益与极性失调的调整。输出放大器还具有对地短路的保护功能。

8.4.1 概述

图 8-10 描绘了该芯片的内部结构框架。DAC714 内部具有双缓冲数据锁存器，其 D/A 锁存器位于第二级，16 位输入数据字首先要存入第一级锁存器。这种双缓冲结构的突出特点是使得多个 D/A 可以同时更新数据。这里规定所有的数字控制输入都是低电平有效，所有的锁存器都是电平触发。当使能输入为逻辑 0 时当前数据进入锁存器，当使能输入返回到逻辑 1 时，数据即被锁存。$\overline{\text{CLR}}$信号输入将复位这两级锁存器，使之锁定为 0000H。

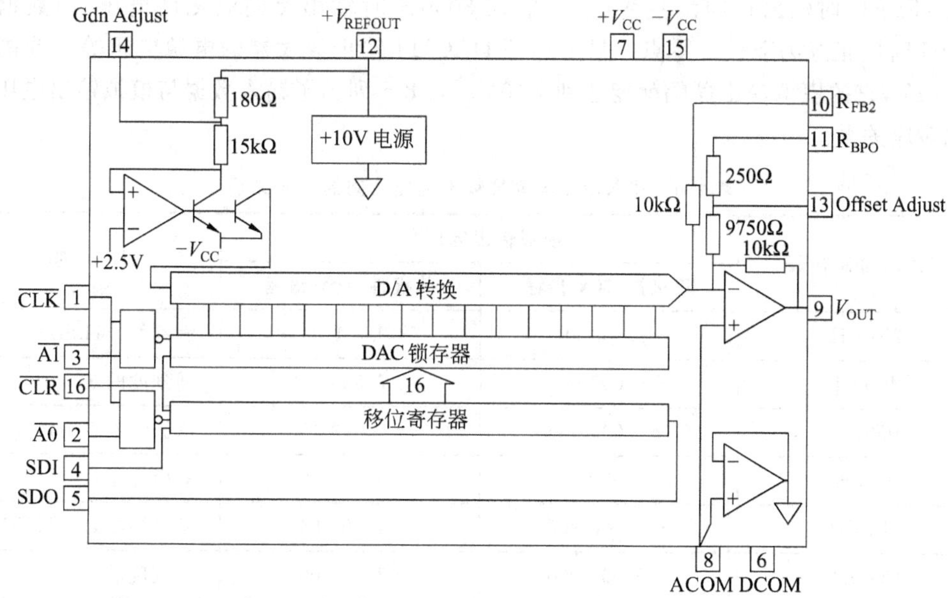

图 8-10 DAC714 内部结构图

DAC714 的逻辑输入与 1.4V 切换电平的 TTL 兼容，适用于 5V 电源的 CMOS 等数字逻辑系列。该芯片的输入引脚不连接时为逻辑“0”，建议将不使用的输入引脚连接到 DCOM，以减小噪声干扰。注意当电源关闭后，芯片的数字输入端维持高阻抗状态。

表 8-5 列出了 DAC714 各个引脚的定义。由于对精度要求很高，因而增加了失调、增益、极性等调整引脚，使得该芯片的引脚信号多于普通的串行 DAC 芯片。

表 8-5 DAC714 引脚定义

功能	命名	引脚	引脚	命令	功能
串行数据时钟	$\overline{\text{CLK}}$	1	5	SDO	串行数据输出，级联用
内部输入寄存器使能	$\overline{\text{A0}}$	2	6	DCOM	数字地
D/A 锁存器使能	$\overline{\text{A1}}$	3	7	$+V_{CC}$	正电源
串行数据输入	SDI	4	8	ACOM	模拟地

续表

功　能	命　名	引	脚	命　令	功　能
D/A 输出	V_{OUT}	9	13	Offset Adjust	失调调整
±10V 量程反馈输出	R_{FB2}	10	14	Gdn Adjust	增益调整
双极性失调	R_{BPO}	11	15	$-V_{CC}$	负电源
参考电压输出	V_{REFOUT}	12	16	$\overline{CLR}$	清除

DAC714 按二进制补码格式设计，且 MSB 在先，与双极性模拟输出匹配。当输入数字为 7FFFH 时输出正向满量程电压，输入 8000H 时输出负向满刻度电压，而数据为 0000H 时则正好为双极性零点。只要保证 DAC714 输出放大器的电源电压等于或高于±11.4V，它的模拟输出摆幅就能达到±10V。表 8-6 列出了输入数据与模拟输出电压之间的对应关系。

表 8-6　输入数据与模拟输出电压之间的对应关系

输入二进制补码	模拟输出电压/V		说　明
	双极性，20V 量程	单极性，10V 量程	
7FFFH	+9.999 695	+9.999 847	满刻度－1LSB
4000H	+5.000 000	+7.500 000	满刻度的 3/4
0001H	+0.000 305	+5.000 153	双极性零点+1LSB
0000H	0.000 000	+5.000 000	双极性零点
FFFFH	－0.000 305	+4.999 847	双极性零点－1LSB
C000H	－5.000 000	+2.500 000	满刻度的 1/4
8000H	－10.000 00	0.000 000	负向满刻度

在电路的实际调试中，表中的对应关系往往会出现偏差。此时应在双极性零点处调整外接的失调电位器，再在正负满刻度处调整外接的增益调节电位器，并反复调整多次，使误差达到最小。

DAC714 内部还有一个参考电源，它的参考输出端可以驱动外部负载，电流可达 2mA。使用中必须保持负载电流是恒定的，否则其芯片的增益与极性失调将无法稳定。

8.4.2　应用设计

DAC714 是一种高分辨率的 DAC，因此对应用设计提出了不同于普通 DAC 的较为严格的要求。下面仅就几个主要问题进行讨论。

1. 电源与地

当采用 20V 满量程时，16 位分辨率意味着 1 个 LSB 对应 305μV，即－96dB。假设负载电流为 5mA，连线电阻仅 60mΩ，其上产生的电压降即达 300μV。这就意味着，对于0.254mm(10毫英寸)宽的印刷电路板连线，5mA电流在1.524mm(60毫英寸)的线长上就会产生150μV的电压降。

由以上分析可知，在DAC714的应用中，D/A的有效值噪声电平在有效带宽内必须保证小于－96dB。在电路板的布线中对RFI和EMI都提出了严格的要求，限制高频幅的关键之举在于尽量减小电路环绕的面积，必须将它们的引脚及导线尽可能封闭于一处，相互交叉的布线方式是不可取的。

电源退耦电容的作用不可忽视，正负电源都应连接1～10μF钽电容与0.01μF无感电容，并尽量靠近芯片引脚。芯片上包含模拟公共端和数字公共端，数字公共端电流峰值可达1mA，模拟公共端对所有的数据码都是5μA。考虑到分离的数字公共端和模拟公共端避免了这两种信号的相互耦合，布线中应尽量使这两种信号线远离，不得已交汇时应采用十字交叉。最终的系统公共地应靠近模拟公共端和数字公共端，最好是在芯片附近将DCOM和ACOM连成一点作为系统的公共地线。

如果是多片DAC714或者一片DAC714与多片其他芯片组成系统，那么数字地和模拟地依然分别相连，然后找一个合适的电将两者会合作为系统公共地。

值得提醒的是，由于V_{OUT}和V_{REFOUT}是以ACOM为参考点，因而D/A的负载应直接连到ACOM引脚。

2. 增益与失调调整

图8-11(a)给出了0～10V单极性输出的增益与失调调整电路，图8-11(b)则是针对－5V～＋5V双极性输出设计的。值得提醒的是，这里使用的$R1$～$R4$必须是±1%的标准电阻，电位器应有足够的分辨率，且至少具有满量程±0.3%的调整范围。如果降低精度要求，那么可以不考虑外部调整，此时13脚与14脚空着不用。

模拟电位器的分辨率是非常有限的，而且只能采用人工手动的办法来实现，有时由于人体的感应而干扰调整的效果。因此，对于高分辨率的D/A来说，很难达到理想的补偿结果。图8-12给出了一个采用DAC实现增益与失调调整的电路，调整的灵敏度可达1个LSB，步长为3050μs。建议使用双通道12位分辨率的CMOS DAC芯片和精密的运算放大器。这种方案的附加优势是可以实现全自动调整。

3. 数字接口电路

DAC714的串行接口电路带两个数据缓冲器，既可用于同步更新D/A数据，亦可用于异步更新数据。两根地址线用于选择这两个缓冲器，A0控制输入移位寄存器，A1控制D/A锁存器。CLK用于同A0和A1配合选通数据进入锁存器，一个数据字装入移位寄存器需要16个CLK时钟周期，再加一个时钟周期用于更新DAC寄存器。CLR则用于这两级锁存器清0，设定输出电压处于量程的中点。

通过接口信号可以级联多片DAC714同时操作。这里有两种具体的连接方法：其一是同步方式，通过3条线分别将各片的A1、A0与CLK同名端相连，前级的串行数据输出SDO连下级的串行数据输入SDI；其二是异步方式，只使用两条线分别连A1与A0同名端，CLK则连各自的地线，SDO依然级联SDI。这两种方式都能使多片D/A同时更新

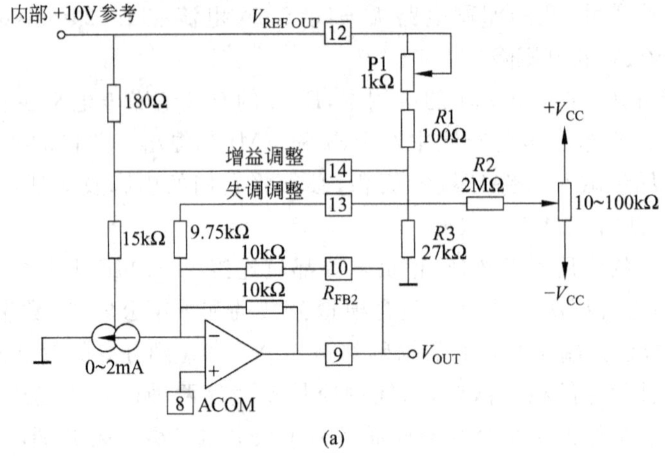

(a)

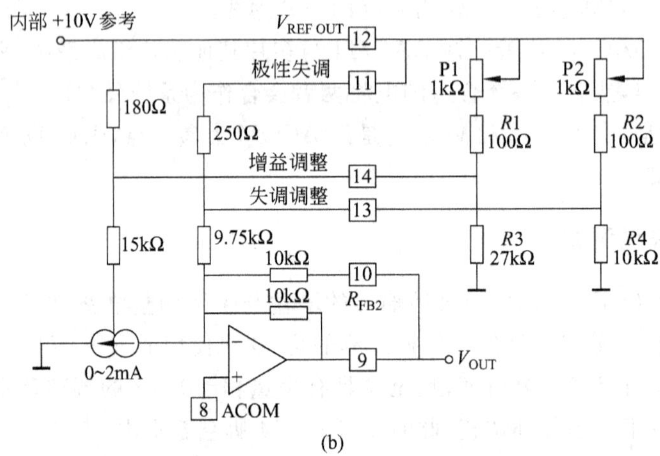

(b)

图 8-11 单极性和双极性输出的增益与失调调整电路

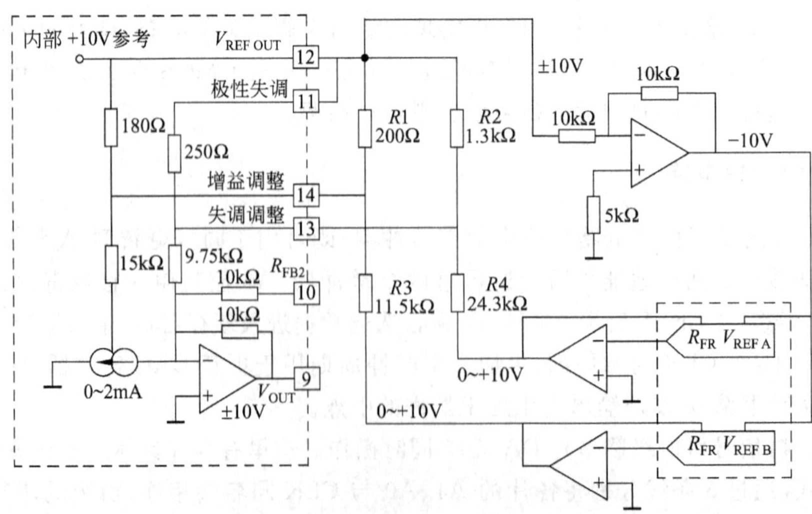

图 8-12 DAC 实现的增益与失调调整电路

数据，且所需的控制信号极少。对于任意给定的 n 个 D/A 转换器，数据装载时间需要 $16n$ 个 CLK 周期。

除了上述的级联方式外，还可采用多片并联的方式，如图 8-13 所示。图中实际上是将 $\overline{A0}$ 兼作片选信号，显然，这种方式的突出优势是数据更新速率快，任何一个 DAC 都只花费 16 个 CLK 周期。

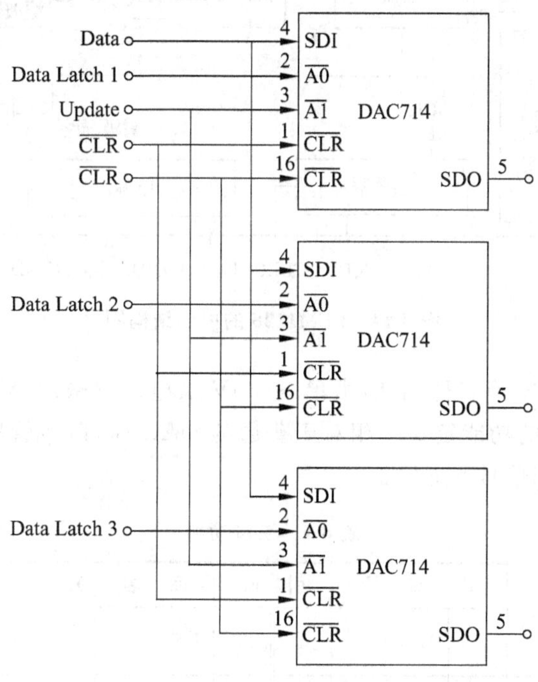

图 8-13 并联总线结构

8.5 24位立体声音频 PCM1728

为了适应当代音频信号的数字化处理，BB 公司推出了多种高品质的立体声音频 DAC 芯片。PCM1728 就是其中的一个典型代表，它是 24 位分辨率、96kHz 采样速率的 CMOS 立体声音频数/模转换器。

8.5.1 概述

图 8-14 所示为 PCM1728 的内部结构图。该芯片具有独立的左、右两个 D/A 通道，采用了最新开发的多级 ΣΔ 调制器结构，从而明显地改善了音频信号的动态性能，降低了实际应用中的抖动灵敏度。内部数字滤波器以 96kHz 采样率实现 8×过采样。这种 DAC 使用于中高档音频应用场合，如 CD、DVD 以及音效等设备中。

PCM1728 总的谐波失真加噪声（THD＋N）为－96dB，动态范围达 106dB，模拟输出范围峰-峰值为 0.62×V_{CC}，阻带衰减为－82dB，通带纹波±0.002dB。该芯片还拥有数字

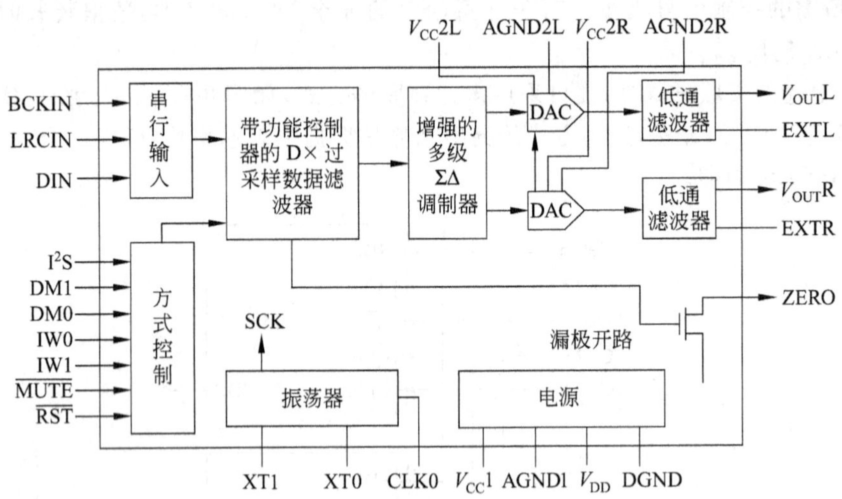

图 8-14 PCM1728 的内部结构图

去加重、软静音、零标志等多种功能，由单一+5V 供电。它采用小型 28 脚 SSOP 封装，表 8-7 列出了各引脚的功能定义。相对于普通的 DAC 而言，尽管串行数据接口依然简单，但其他的接口控制信号明显增加。

表 8-7 引脚功能

功能	I/O	命名	引脚	引脚	命名	I/O	功能
左右时钟输入，其速率与采样速率 f_s 相等	I	LRCIN	1	28	I²S	I	输入格式选择
串行音频数据输入	I	DIN	2	27	DM1	I	去加重选择
音频数据位时钟输入	I	BCKIN	3	26	DM0	I	去加重选择
振荡器的缓冲输出，相当于系统时钟	O	CLK0	4	25	$\overline{\text{MUTE}}$	I	静音控制
振荡器外时钟输入	I	XT1	5	24	IW1	I	输入格式选择
振荡器输出	O	XT0	6	23	IW0	I	输入格式选择
数字信号地		DGND	7	22	$\overline{\text{RST}}$	I	复位，低电平时 DF 与调制器保持复位
+5V 数字电源		V_{DD}	8	21	ZERO	O	数字 0 标志
+5V 模拟电源		V_{CC}2R	9	20	V_{CC}2L		+5V 模拟电源
模拟信号地		AGND2R	10	19	AGND2L		模拟信号地
模拟输出放大器的公共端，右通道	O	EXTR	11	18	EXTL	O	模拟输出放大器的公共端，左通道
不连接的空脚		NC	12	17	NC		不连接的空脚
音频信号模拟电压输出，右通道	O	V_{OUT}R	13	16	V_{OUT}L	O	音频信号模拟电压输出，左通道
模拟信号地		AGND1	14	15	V_{CC}1		+5V 模拟电源

8.5.2 系统时钟

PCM1728 的系统时钟有 256f_S、384f_S、512f_S 及 768f_S 等 4 种不同的频率。这里的 f_S 是指音频信号的采样率，其典型值有 32kHz、44.1kHz、48kHz、96kHz 等 4 种，但 96kHz 不适用于 768 f_S 时钟频率。系统时钟的产生有两种办法：其一是在第 5 脚与第 6 脚之间连接晶体；其二是在第 5 脚直接外加时钟源，此时第 6 脚开路悬浮。图 8-15 描述了这两种时钟电路的具体连接方法。

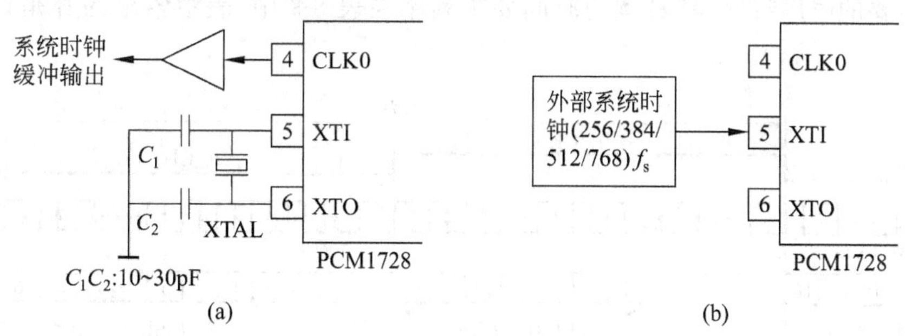

图 8-15 时钟电路

芯片具有系统时钟，当系统时钟工作于 256～768 f_S 范围内时它都能实现自动测试。系统时钟必须与 LRCIN 时钟信号同步，LRCIN 时钟的频率就是采样频率 f_S，当它们出现不同步的现象时，芯片能够补偿内部相位差。通常情况下，当左右时钟与系统时钟之间的相位差大于 6 个位时钟 BCKIN 时，就会实施内部同步调整。在重新同步过程中，模拟输出将迫使直流电平变为双极性条件下的零输出。一般来说，调整到相位差少于 1 个 LRCIN 周期时即认为达到了同步。表 8-8 列出了较为典型的系统时钟输入频率，图 8-16 则具体描绘了时钟的波形。

表 8-8 典型的系统时钟频率

LRCIN 采样速率(f_S)/kHz	系统时钟频率/MHz			
	256 f_S	384 f_S	512 f_S	768 f_S
32	8.920	12.2880	16.3840	24.5760
44.1	11.2896	16.9340	22.5792	33.8688
48	12.2880	18.4320	24.5760	36.8640
96	24.5760	36.8640	49.1520	

8.5.3 数据接口格式与复位

数字音频数据由 PCM1728 的 1 脚(LRCIN)、2 脚(DIN)与 3 脚(BCKIN)输入，数据

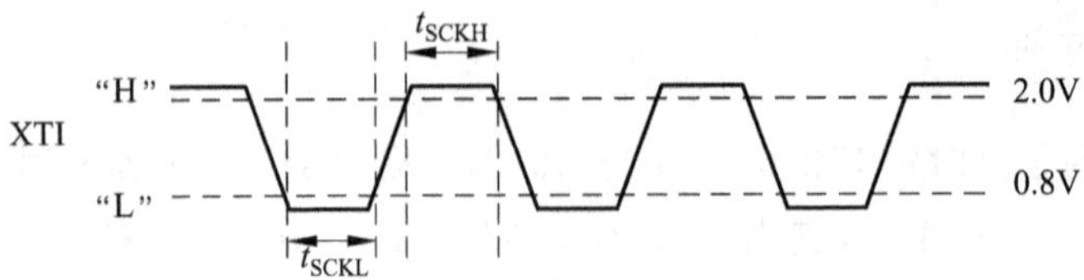

图 8-16　时钟的波形

的格式可以是 I²C 标准,或者左对齐数据格式,如图 8-17 所示。图 8-18 则显示了数字音频数据所要的时序特性,其具体的时间要求列举在表 8-9 中,表中给出的都是最小的极限值。

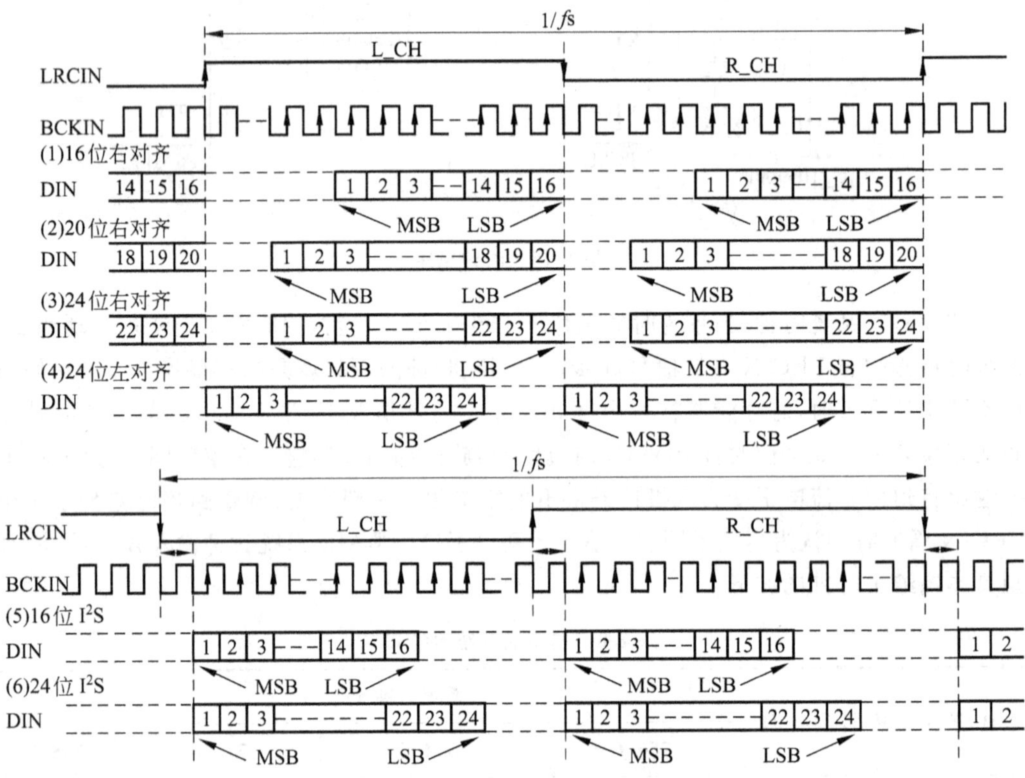

图 8-17　音频数据输入格式

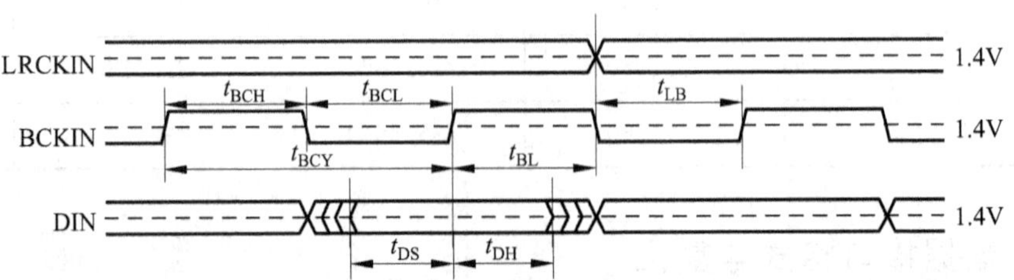

图 8-18　音频数据输入时序特性

表 8-9 时序参数的极限值

定 义	命名	最小值/ns	定 义	命名	最小值/ns
BCKIN 脉冲周期时间	t_{BCY}	100	LRCIN 跳变到 BCKIN 上升沿	t_{LB}	30
BCKIN 脉冲高电平宽度	t_{BCH}	50	DIN 建立时间	t_{DS}	30
BCKIN 脉冲低电平宽度	t_{BCL}	50	DIN 保持时间	t_{DH}	30
BCKIN 上升沿到 LRCIN 跳变	t_{BL}	30			

PCM1728 有内部上电复位和 RST 引脚外部复位两种复位方法，后者是使 22 脚为低电平，前者是在电源电压 $V_{DD}>2.2V$ 时的上电初始化过程中自动完成的。在内部复位信号或 RST 外部复位信号为低电平的时候，DAC 的输出无效，且迫使模拟输出为 $V_{CC}/2$。图 8-19 和图 8-20 分别描述了内部上电复位和外部强制复位的时序图。

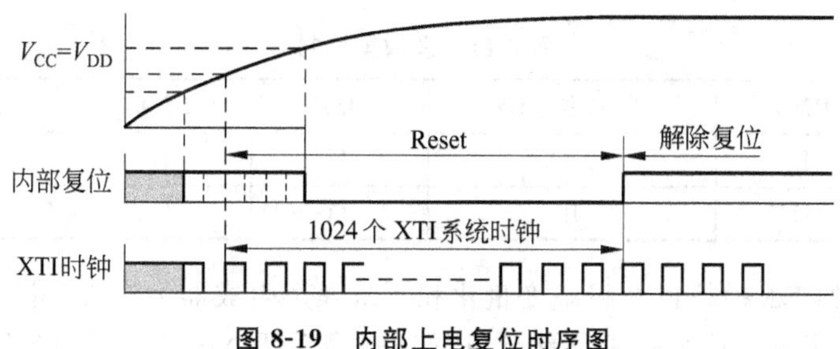

图 8-19 内部上电复位时序图

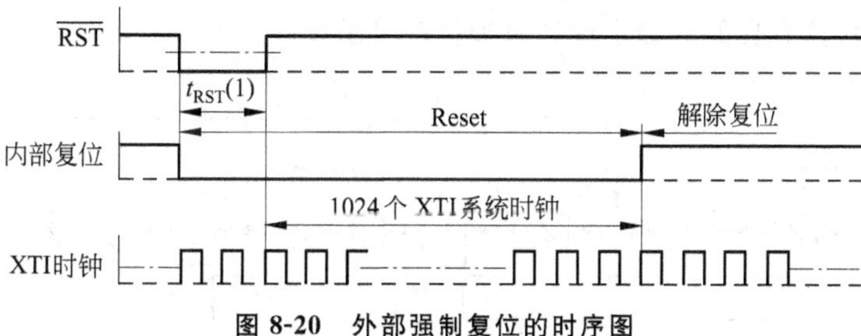

图 8-20 外部强制复位的时序图

注意：RST 引脚上的低电平脉宽不得少于 20ns，RST 上升到高电平后还要延迟 1024 个系统时钟才能推出复位。

如果在连续的 65536 个 BCK 时钟周期内输入数据都是 0，那么内部的 FET 导通。FET 的漏极就是芯片的 ZERO 引脚，它将与外电路构成"线或"逻辑关系。

8.5.4 工作原理

PCM1728 内建了输入数据格式选择、软件静音、数字去加重等功能，这些功能是分别通过 I^2S、DM1、DM0、$\overline{MUTE}$、IW1、IW0 等引脚上的信号实现硬件控制的。

I^2S、IW1 与 IW0 用于选择 PCM 音频数据的格式，如表 8-10 所示。

表 8-10 数据格式选择

引脚 IW1	引脚 IW0	引脚 I^2S	音频数据格式
0	0	0	16 位标准，右对齐
0	1	0	20 位标准，右对齐
1	0	0	24 位标准，右对齐
1	1	0	24 位左对齐，最高位在先
0	0	1	16 位 I^2S
0	1	1	24 位 I^2S
1	×	1	保留

第 25 脚的$\overline{\text{MUTE}}$控制软件静音。当该脚为低电平时静音打开，为高电平时静音关闭，平常一般处在关闭状态。DM1 与 DM0 用于选择去加重控制，如表 8-11 所示。

表 8-11 去加重控制

DM1	DM0	去加重/kHz	DM1	DM0	去加重/kHz
L	L	关闭	H	L	44.1
L	H	48	H	H	32

PCM1728 的 ΣΔ 模块以 8 级幅度量化和 4 阶噪声生成器为核心，将过采样输入数据转换成 8 级 ΣΔ 格式。这是一种最新开发的增强型多级 ΣΔ 结构，可以获得高水平的音频动态特性和声音质量。图 8-21 给出了 8 级 ΣΔ 调制器的原理图，与传统的 1 位(2 级) ΣΔ 调制器相比，具有良好的稳定性和时钟抖动灵敏度。

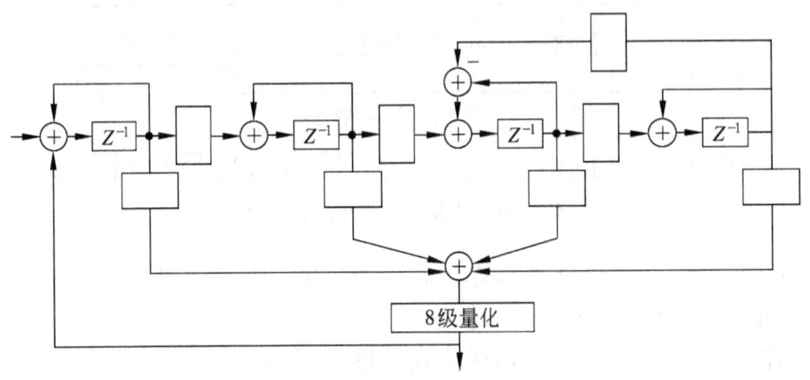

图 8-21 8 级ΣΔ 调制器原理图

8.5.5 应用设计考虑

ΣΔ 转换器拥有一定的延迟时间，具体延迟多少则取决于 FIR 滤波器模块的阶数和所采用的采样速率。PCM1728 的延迟时间表达式为：

$$T_D = 30 \times 1/f_S$$

当 $f_S = 44.1\text{kHz}$ 时，$T_D = 30/44.1\text{kHz} = 680\mu\text{s}$。对于数据来自磁盘或磁带的普通应

用，如果是 CD 音频、DVD 音频、视频 CD、DAT、微型磁盘等，通常不会受延迟时间的影响。然而在某些专业应用中，如播音室的音频系统，总的延迟时间必须小于 2ms。

PCM1728 在全部动态测试中都使用 20kHz 的低通滤波器，该滤波器使得 THD+N 等参数的测量带宽也限制到 20kHz。低通滤波器消除了带外噪声，虽然它们不在听觉范围，但可以影响动态特性指标。因此，使用这种滤波器将会导致 THD+N 的读数比额定的特性参数要高，而 SNR 等特性参数的读数则会低一些。图 8-22(a)表示 0～40kHz 频带范围内内部低通滤波器的特性，图 8-22(b)则表示滤波器在较高频段内的截止特性。

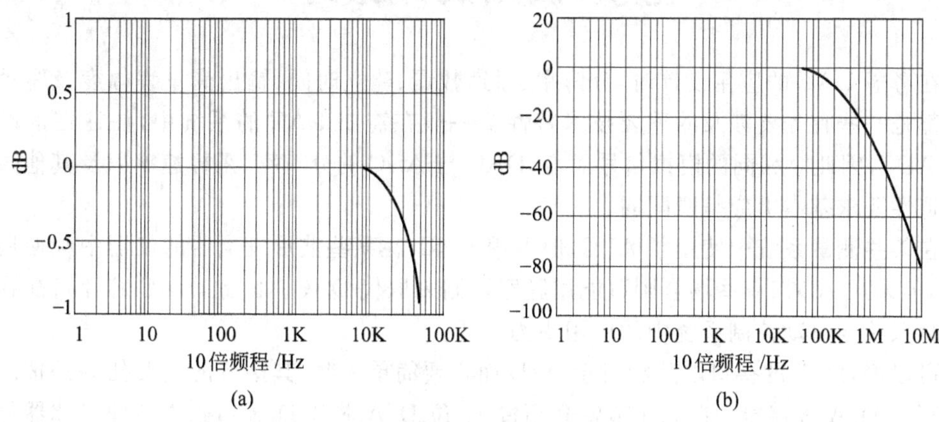

图 8-22 特性图

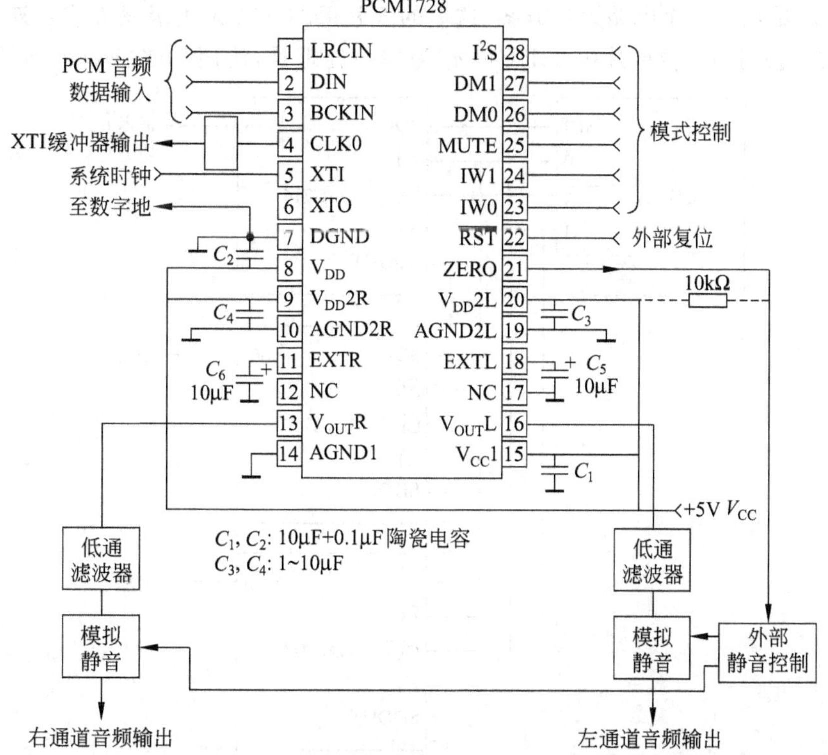

图 8-23 PCM1728 的实际应用连接电路

图 8-23 所示是 PCM1728 的实际应用连接电路，它有数字电源 V_{DD} 和模拟电源 V_{CC}，由 4 个引脚供电，电源滤波器电容必须尽量靠近供电的引脚。此外值得注意的是，如果使这两个电源分别接通，那么就有可能出现锁定现象。为了避免这种现象，建议在这两个电源之间设置一个公共连接通道实现同步上电操作。倘若没有公共通道而分别供电，那么在上电过程中因电容充电形成的斜坡上升时间内，应保障这两个电源的电压差小于 0.1V。

8.6 应用设计实例

在考虑 DAC 的应用设计时，分辨率、通道数量、建立时间、输出满量程幅度及驱动能力等都是一些首先要涉及的重要技术特性。一般在需要 DAC 的系统中，往往在前端使用了 ADC，因此对相同的模拟信号而言，DAC 与 ADC 的分辨率、采样速率以及其他某些技术特性要求基本上应是匹配的。

在某些测量系统中使用了 ADC，但不用 DAC；在某些波形发生器的仪器中则使用了 DAC，但未用 ADC；有些场合则可能用脉宽调制来取代 DAC。因此，DAC 芯片目前在数字音频系统与自动控制系统中的应用最为广泛。

可以说，D/A 的接口电路相对于 A/D 而言要简单一些，其接口的主要任务是按时将数据写入 D/A 寄存器。在 8.4 节曾介绍过 16 位 D/A 芯片 DAC714，本节即以此器件为代表，描述它的接口硬件。

图 8-24 给出了一个电路设计方案，这里的 3 片 DAC714 采用级联方式互连，系统选用 Motorola 公司的 8 位单片机 68HC11 作为主控处理器，使用其端口 D 的 SPI 串行外

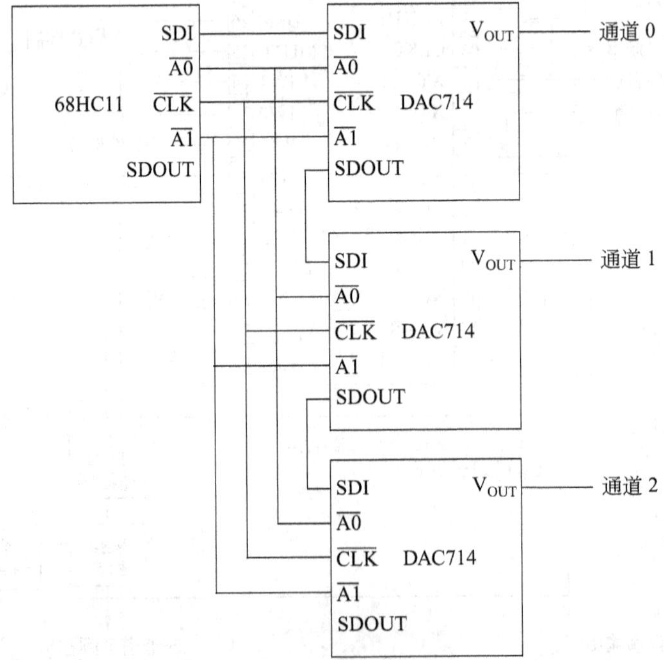

图 8-24 电路设计方案

设接口与地址扩展总线端口 B 连接芯片的 SDI、$\overline{CLK}$、$\overline{A0}$和$\overline{A1}$，实现同步操作。当改用其他微处理器芯片时，只要移植相应的指令即可。

8.7 并行数/模(D/A)转换器电路接口设计

数/模转换技术是数字测量和数字控制领域的一个专门分支，有很多专门介绍 A/D、D/A 转换技术与原理的专著。在今天，对那些具有明确应用目标的单片微机产品设计人员来讲，需要合理地选用商品化的大规模 A/D、D/A 转换电路，了解它们的功能和接口方法。这一节我们从应用的角度，叙述几种常用的典型的 A/D、D/A 转换电路和 MCS-51 系统的接口逻辑设计和相应的程序设计。

D/A 转换器与 8031 的接口设计

1. D/A 转换器的基本原理

D/A 转换器的基本功能是将一个用二进制表示的数字量转换成相应的模拟量。实现这种转换的基本方法是：对应于二进制数的每一位产生一个相应的电压(电流)，而这个电压(电流)的大小则正比于相应的二进制位的权。具体电路较复杂，这里就不多述，有兴趣的同学可看有关书籍。

2. 主要技术指标

(1) 分辨率。通常用数字量的位数表示，一般为 8 位、12 位、16 位等。若分辨率为 10 位，表示它可能对满量程的 $1/2^{10}=1/1024$ 的增量作出反应。

(2) 输入编码形式。如二进制码、BCD 码等。

(3) 转换线性。通常给出在一定温度下的最大非线性度，一般为 0.01%～0.03%。

(4) 转换时间。通常为几十纳秒～几微秒。

(5) 输出电平。不同型号的输出电平相差很大。大部分是电压型输出，一般为 5～10V；也有高压输出型的，为 24～30V；也有一些是电流型的输出，低者为 20mA 左右，高者可达 3A。

3. 集成 D/A 转换器——DAC0832

DAC0832 是目前国内用得较普遍的 D/A 转换器。

(1) DAC0832 的主要特性。DAC0832 是采用 CMOS/Si-Cr 工艺制成的双列直插式单片 8 位 D/A 转换器。它可直接与 Z80、8085、8080 等 CPU 相连，也可同 8031 相连，以电流形式输出；当转换为电压输出时，可外接运算放大器。其主要特性有：

① 输出电流线性度可在满量程下调节。

② 转换时间为 1μs。

③ 数据输入可采用双缓冲、单缓冲或直通方式。

④ 增益温度补偿为 0.02%。

⑤ 每次输入数字为 8 位二进制数。

⑥ 功耗 20mW。

⑦ 逻辑电平输入与 TTL 兼容。

⑧ 供电电源为单一电源,可在 5～15V 内。

(2) DAC0832 的内部结构及外部引脚。DAC0832 D/A 转换器,其内部结构由数据寄存器、DAC 寄存器和 D/A 转换器 3 大部分组成。

DAC0832 内部采用 R-2R 梯形电阻网络。两个寄存器(输入数据寄存器和 DAC 寄存器)用以实现两次缓冲,故在输出的同时,尚可集一个数字,这就提高了转换速度。当多芯片同时工作时,可用同步信号实现各模拟量同时输出。

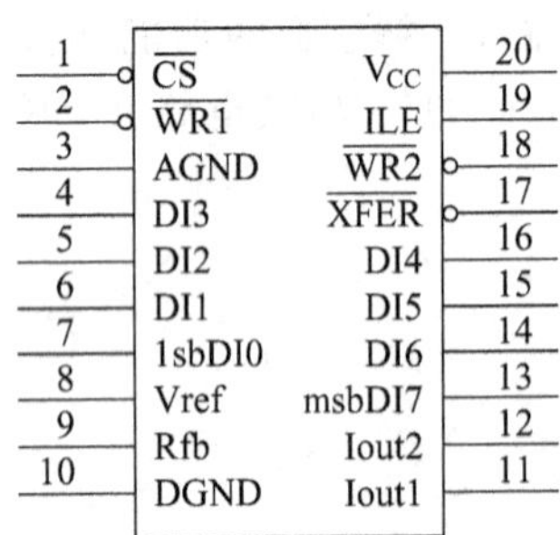

图 8-25　DAC0832 引脚图

图 8-25 示出了 DAC0832 的外部引脚。

$\overline{CS}$:片选信号,低电平有效。与 ILE 相配合,可对写信号$\overline{WR1}$是否有效起到控制作用。ILE 允许输入锁存信号,高电平有效,输入寄存器的锁存信号由 ILE、$\overline{CS}$、$\overline{WR1}$的逻辑组合产生。当 ILE 为高电平,$\overline{CS}$为低电平,$\overline{WR1}$输入负脉冲时,输入寄存器的锁存信号产生正脉冲。当输入寄存器的锁存信号为高电平时输入线的状态变化,输入寄存器的锁存信号的负跳变将输入在数据线上的信息打入输入锁存器。

$\overline{WR1}$:写信号 1,低电平有效。当$\overline{WR1}$、$\overline{CS}$、ILE 均有效时,可将数据写入 8 位输入寄存器。

$\overline{WR2}$:写信号 2,低电平有效。当$\overline{WR2}$有效时,在$\overline{XFER}$传送控制信号作用下,可将锁存在输入寄存器的 8 位数据送到 DAC 寄存器。

$\overline{XFER}$:数据传送信号,低电平有效。当$\overline{WR2}$、$\overline{XFER}$均有效时,则在 DAC 寄存器的锁存信号产生正脉冲;当 DAC 寄存器的锁存信号为高电平时,DAC 寄存器的输出和输入寄存器的状态一致,DAC 寄存器的锁存信号负跳变,输入寄存器的内容打入 DAC 寄存器。

Vref:基准电源输入端。它与 DAC 内的 R-2R 梯形网络相接,Vref 可在±10V 范围内调节。

DI0～DI7:8 位数字量输入端。DI7 为最高位,DI0 为最低位。

Iout1:DAC 的电流输出 1。当 DAC 寄存器各位为 1 时,输出电流为最大;当 DAC 寄存器各位为 0 时,输出电流为 0。

Iout2:DAC 的电流输出 2。它使 Iout1＋Iout2 恒为一个常数。一般在单极性输出时 Iout2 接地,在双极性输出时接运放器(详见图 8-26)。

Rfb:反馈电阻。在 DAC0832 芯片内有一个反馈电阻,可用作外部运放器的分路反馈电阻。

V_{CC}:电源输入线。DGND 为数字地,AGND 为模拟信号地。

4. DAC0832 和 MCS-51 的接口

DAC0832 可工作在单、双缓冲器方式。单缓冲器方式即输入寄存器的信号和 DAC

寄存器的信号同时控制，使一个数据直接写入 DAC 寄存器，这种方式适用于只有一路模拟量输出或几路模拟量不需要同步输出的系统；双缓冲器方式，即输入寄存器的信号和 DAC 寄存器的信号分开控制，这种方式适用于几个模拟量需同时输出的系统。下面我们分别讨论上述两种方式时的接口方法。

（1）单缓冲器方式。图 8-26 为具有单极性一路模拟量的 8031 系统。图中 ILE 接 +5V，Iout2 接地，Iout1 输出的电流经运放器 741 输出一个单极性电压，范围为 0～5V。片选信号$\overline{CS}$和传送信号$\overline{XFER}$都连到地址线 A15，输入寄存器和 DAC 寄存器地址都可选为 7FFFH，写选通输入线$\overline{WR1}$、$\overline{WR2}$都和 8031 的写信号$\overline{WR}$连接。CPU 对 0832 执行一次写操作，则将一个数据直接写入 DAC 寄存器，0832 的模拟量随之变化。

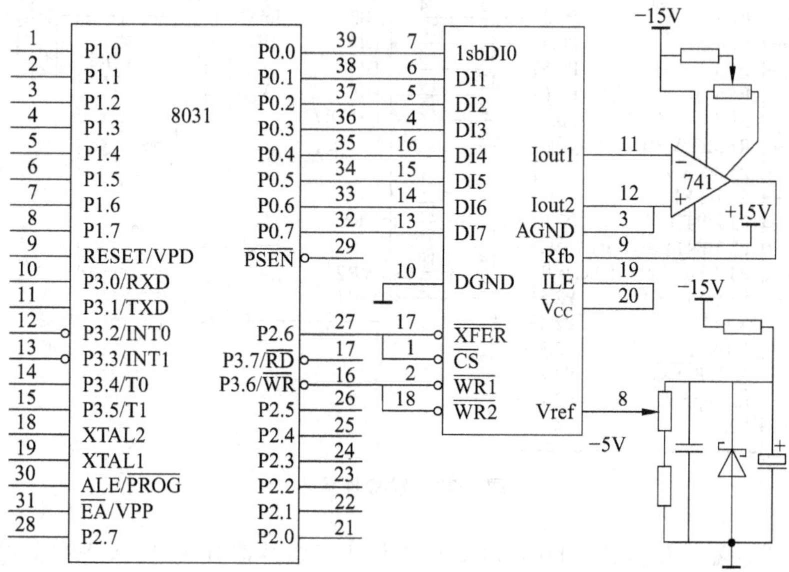

图 8-26 单极性单缓冲器电路接口图

8031 执行下面的程序，将在运放输出端得到一个锯齿波电压。

例 8.1 锯齿波程序。

```
#include <reg51.h>
#include <absacc.h>
#define BYTE unsigned char
#define WORD unsigned int
#define DA0832 XBYTE[0xBFFF]
void main (void)
{
    BYTE dat;
    dat=0x00;
    do
    {
        DA0832=dat;
```

```
        dat++;
    }
  while(1);
  }
```

在实际应用时，有许多场合要用双极性电压波形，这时只要将 Iout2 接地改为接入一个运放器，其接口逻辑图如图 8-27 所示。运行 START 程序可在 741 输出端得到－5V～＋5V的双极性锯齿波电压。

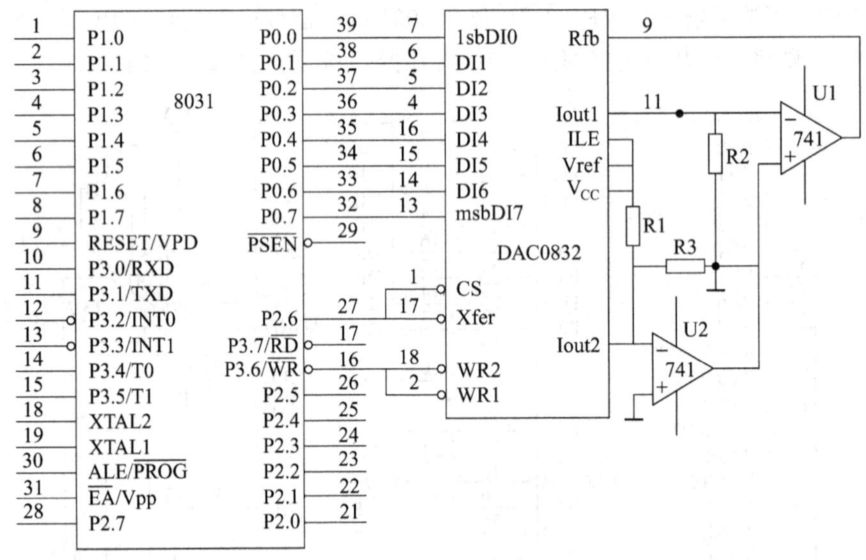

图 8-27 双极性输出

(2) 双缓冲器工作方式。DAC0832 可工作于双缓冲器方式，输入寄存器的锁存信号和 DAC 寄存器的锁存信号分开控制。这种方式适用于几个模拟量需同时输出的系统，每一路模拟量输出需一个 DAC0832，构成多个 0832 同步输出的系统。图 8-28 为二路模拟量同步输出的 0832 系统。在图 8-28 中，1＃0832 输入寄存器地址为 DFFFH，2＃0832 输入寄存器地址为 BFFFH，1＃0832 和 2＃0832 的 DAC 寄存器地址为 7FFFH。

下面的程序将使图形显示器的光栅移动到一个新的位置，也可以绘制各种活动图形。

例 8.2 图形显示器程序。

```
#include <reg51.h>
#include <absacc.h>
#define BYTE unsigned char
#define WORD unsigned int
#define DA0832 XBYTE[0x7FFF]
#define DA0832A XBYTE[0xDFFF]
#define DA0832B XBYTE[0xBFFF]
```

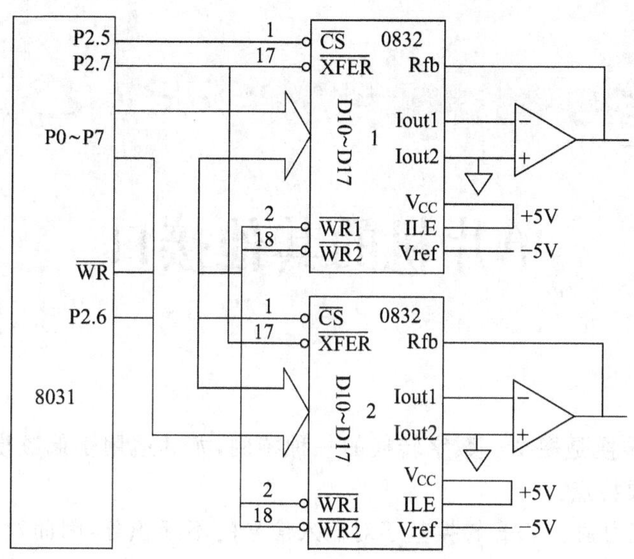

图 8-28 二路模拟量同步输出系统

```
void main (void)
{
    BYTE X,Y;
    DA0832A=X;
    DA0832B=Y;
    DA0832=Y;
}
```

习题与思考题

8.1 本章提及的 D/A 转换器各有哪几种工作方式？分别叙述其工作原理。

8.2 试为 8031 单片机设计一路 D/A 接口，使该接口能在示波器上显示阶梯波图像。试画出该接口的硬件连接图并进行程序设计。

8.3 试为 8031 单片机设计一个两路 D/A 接口，使该接口能在示波器上显示方波图像。试画出该接口的硬件连接图并进行程序设计。

8.4 试为 8031 单片机设计一个两路 D/A 接口，使该接口能在示波器上显示三角波图像。试画出该接口的硬件连接图并进行程序设计。

8.5 试为 8031 单片机设计一个两路 D/A 接口，使该接口能在示波器上显示一个字母“Y”的图像。试画出该接口的硬件连接图并进行程序设计。

第9章 chapter 9

单片机的其他接口

电压—频率转换是模拟—数字转换的一种特例，尤其适用于低频模拟信号的场合。它具有以下的主要特点：

(1) 抗干扰能力强。V/F转换基于对输入信号的不断积分，因而对噪声与干扰信号有极强的平滑滤除作用。

(2) 接口电路简便。转换结果以脉冲信号输出，只需一个输出通道，对其输出脉冲测频即可换算成电压值，容易与微处理器接口。

(3) 便于远距离传输。输出的脉冲信号适应远距离传输；而且还可以调制到射频实现无线传输；也容易调制成光脉冲通过光纤传送，还能免除电磁干扰。

同DAC类似，V/F转换的逆变换是频率—电压转换，而且有些V/F转换器本身就能实现这种F/V转换功能。

除V/F转换外，本章还将介绍实时时钟器件。这种芯片一般都有日历功能，经济实用，应用面非常广泛。它有并行接口与串行接口两大类，品种繁多，但内部结构大体相似。通过本章介绍的一种典型产品，即可灵活掌握各种实时时钟芯片的基本应用方法。

最后，本章还将介绍打印机接口、LCD接口、LED点阵接口。

9.1 V/F与F/V转换器

本节对BB公司生产的电压—频率转换器系列产品进行介绍，它们基本上反映了V/F转换器的发展进程，对于掌握这类转换器的基本应用方法也具有一定的代表性。

9.1.1 VFC32

BB公司的VFC32是属于第一代的一种经济型通用电压—频率转换器，它可以直接用作频率—电压转换器，在低频信号采样、隔离数据传输、模拟信号调频制式的调制/解调器、马达速度控制和各类转换测量仪表中均可获得满意的应用效果。

1. 概述

VFC32电压—频率转换器能将输入电压精确地转换成输出频率信号，反之也可以实现频率—电压转换，且都具备单值性。它的输入信号既可以是电压型，也可以是电流型，而且输出采用集电极开路的OC门方式，使之能与各种通用化逻辑系列的接口电平兼容。该芯片具有优良的噪声特性和非线性指标，满量程10kHz频率下的最大线性误差为±0.01%，满量程100kHz频率下的最大线性误差为±0.05%。满量程输出频率由外接电容和电阻确定，调整灵活且范围很宽，其上限频率可达500kHz。

VFC32有14脚DIP塑封、14脚SO-14表面贴片、10脚金属帽TO-100等3种封装结构，表9-1列出了各引脚的定义。

表9-1 VFC32的封装与引脚定义

DIP&SO-14封装	TO-100封装	引脚	引脚	TO-100封装	DIP&SO-14封装
−In，反相输入	+In，同相输入	1	14	无	+In，同相输入
NC，空脚	−In，反相输入	2	13	无	V_{OUT}，电压输出
NC，空脚	$-V_{CC}$，负电源	3	12	无	$+V_{CC}$，正电源
$-V_{CC}$，负电源	单稳态电容器	4	11	无	公共端
单稳态电容器	NC空脚	5	10	V_{OUT}，电压输出	比较器输入
NC，空脚	f_{OUT}，频率OC输出	6	9	$+V_{CC}$，正电源	NC，空脚
f_{OUT}，频率OC输出	比较器输入	7	8	公共端	NC，空脚

图9-1所示为VFC32基于电压—频率转换的操作原理框图。它由积分器、比较器、单稳态定时器、恒流源、模拟开关以及集电极开路输出三极管等组成，是一种电荷平衡式V/F转换器。现将这种V/F的工作原理简述如下。

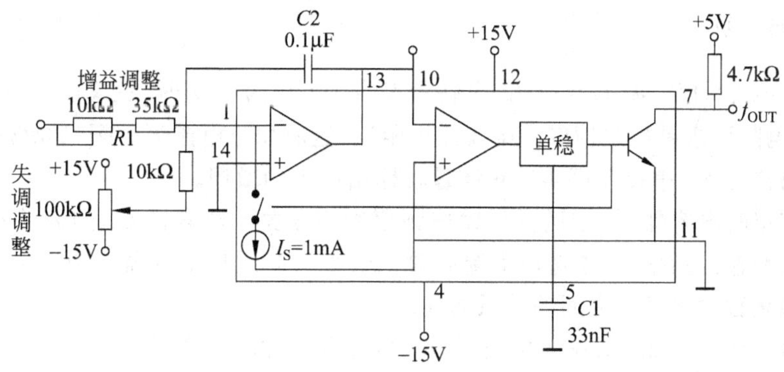

图9-1 VFC32工作原理框图

输入模拟电压由积分器积分，积分器充电电流为$V_{IN}/R1$（V_{IN}为外输入电压，图中未标出），其输出电压线性下降。当该电压下降至0V时，过零比较器发生翻转，比较器的输出再触发单稳态定时器。当单稳态定时器被触发后即会使模拟开关接通t_0时间，从而引入恒流源I_S。此时有两股电流流过积分电容$C2$，但电路设计中应保证满足恒流电流

$$I_S > V_{INMAX}/R1$$

这个条件，因此积分器以恒流I_S为主反向充电，积分器输出电压线性上升直至定时时间

t_0 结束。此后模拟开关断开恒流源电路，积分器仅以输入信号产生的电流充电，输出电压又开始线性下降。下降到 0V 时过零比较器又发生翻转，比较器的输出再次触发单稳态定时器，从而又进入一个新的循环。如此反复操作而构成一个振荡器，如图 9-2 所示。

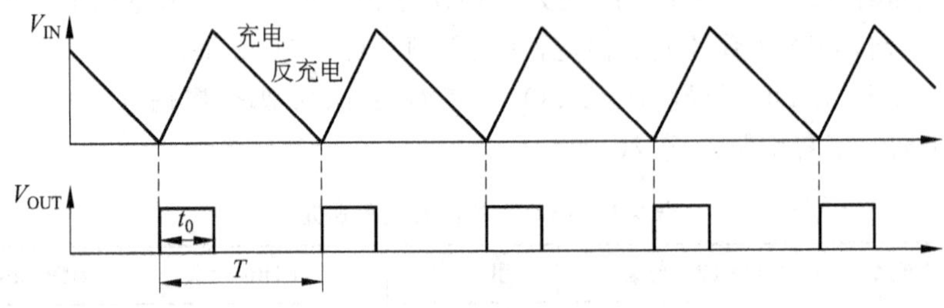

图 9-2　振荡器波形图

在正向脉冲 t_0 时期内，积分电容 $C2$ 充入的电荷为（$I_S \times t_0$），在整个周期 T 时间内积分电容 $C2$ 以反方向充入的电荷为[（$V_{IN}/R1$）$\times T$]，根据电荷平衡原理可知：

$$I_S \times t_0 = (V_{IN}/R1) \times T$$

因此，得出振荡频率：

$$f = 1/T = V_{IN}/(I_S \times R1 \times t_0)$$

可见输出频率与输入电压成正比，而转换的精度取决于恒流源 I_S、输入电阻 $R1$ 与单稳态定时时间 t_0 的精度和稳定性。通常 $R1$ 用于设置转换系数，改变 $R1$ 的阻值即可得到不同的量程范围。

由以上推理关系还可以推算出积分电容 $C2$ 的容量为：

$$C2 = I_S \times t_0 / V_{INMAX}$$

2. 应用设计

对于 VFC32，恒流源 I_S=1mA，当满量程输入电压为 10V 时，建议使用 40kΩ 的输入电阻（这个电阻要求是稳定性好的金属膜电阻）。这时积分电流为 10V/40kΩ=0.25mA，用一个电位器与 $R1$ 串接即可实现对满量程输出频率的微调。

单稳态定时电容器 $C1$ 与满量程输出频率密切相关。电容器 $C1$ 的偏差和温度漂移都会直接影响输出频率，必须选用陶瓷或镀银云母类高质量电容器。图 9-3 描述了电容器大小与满量程输出频率之间的关系曲线。

当满量程频率在 200kHz 范围内时，$R1$ 取 40kΩ，此时电容器容量（单位为 pF）

$$C1 = [33000\text{pF}/f_{FS}(\text{kHz})] - 30\text{pF}$$

当满量程频率在 200kHz 以上时，$R1$ 取 20kΩ，此时电容器容量应增大到（单位为 pF）

$$C1 = [66000\text{pF}/f_{FS}(\text{kHz})] - 30\text{pF}$$

积分电容 $C2$ 的容量（单位为 pF）

$$C2 = 100000\text{pF}/f_{FS}(\text{kHz})$$

电容器 $C2$ 不直接影响输出频率，但其值必须在严格规定的范围内选择。按图 9-1 中所示的值选定时能生成约 2.5V 峰-峰的积分电压波形。减小 $C2$ 有利于提高对输入频

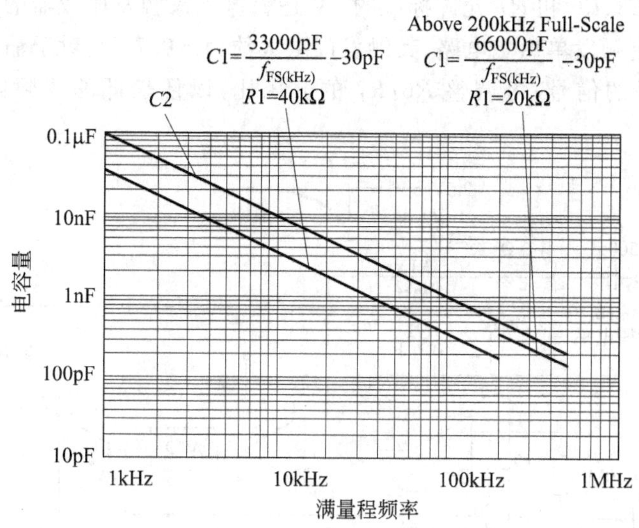

图 9-3 电容器量与满量程输出频率之间的关系曲线

率变化的快速响应，但当 $C2$ 的值过小时，积分器输出电压将会超出线性输出范围而产生非线性响应。$C2$ 能平滑输出电压波形，增大 $C2$ 可降低输出电压中的纹波。因此，使用比图 9-1 中所示的值大一些的 $C2$ 是允许的。由于 $C2$ 的值不直接影响输出频率，因而 $C2$ 的精度和温度稳定性也就不如 $C1$ 要求严格。当然，为了改善线性度，$C2$ 应该选择漏电率小且介质吸收低的材料，宜选用聚碳酸酯和其他的薄膜电容，陶瓷类电容也是可以的，但应注意有些低压陶瓷电容的非线性较严重。必须强调的是，$C2$ 不宜使用电解电容。

$C1$ 和 $C2$ 的选择直接影响输出脉冲的占空比。一般情况下，选输出脉冲的占空比为 25%，但当满量程频率高于 200kHz 时，建议选 50%的占空比。

VFC32 的频率输出引脚是集电极开路逻辑输出的，因而必须外接上拉电阻 R_{UP}，连到上拉电源 V_{UP}。该电源可以是 5V 数字逻辑电源，以便形成标准的逻辑电平脉冲。当然也可以连到其他任何正电源直至达到 $+V_{CC}$ 的值，实现其他电平标准的脉冲信号，但应注意不能大于 $+V_{CC}$ 的值，且只能是正极性。上拉电阻取值应满足

$$R_{UP} \geqslant (V_{UP}/8\text{mA})$$

换而言之，必须保证输出极的吸收电流不大于 8mA。流过集电极开路输出晶体管的电流由公共端返回，因此该端应连接到逻辑地。

前面的讨论都是针对正极性电压的 V/F 转换，采用了反相输入积分器结构。倘若欲将负极性电压转换成频率，则应采用同相输入积分器，即将积分器的反相输入端通过 40kΩ 的电阻接地，负极性输入电压由积分器同相端接入即可。由此可见，同一电路不能实现正负双极性输入电压的转换。

3. 频率—电压转换

VFC32 还可以实现频率—电压转换，图 9-4 所示即为用于这种转换的连接方案。图

中电容耦合网络 $C3$、$R6$ 和 $R7$ 允许标准的 5V 逻辑电平来触发比较器的输入。比较器在输入脉冲的下降沿触发单稳态电路，其触发门限大约为－0.7V。对于输入频率波形幅值低于 5V 逻辑电平的信号，可调整 $R6/R7$ 的分压比，以便较低的门限电压能够触发比较器。

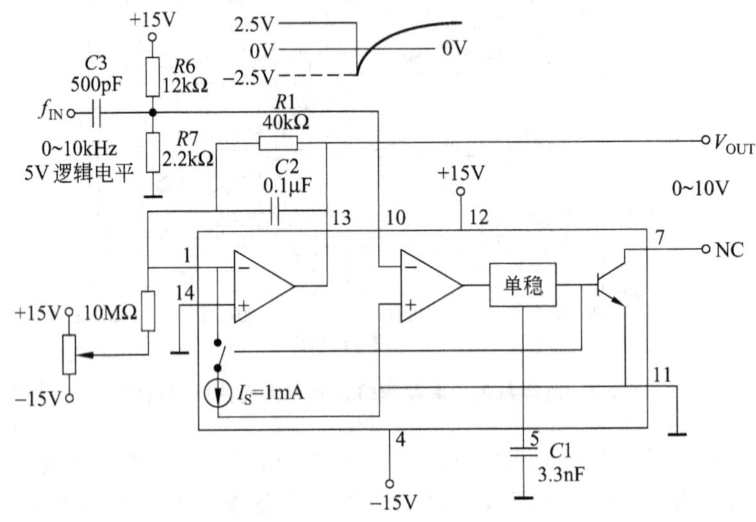

图 9-4 频率—电压转换图

VFC32 要求双电源工作，电源电压典型值为±15V，最大不得超过±22V，输出吸收电流最大可达 50mA，输出电流最大值为 20mA。它只能针对单极性的电压进行操作，是早期推出的型号，在它之后开发出来的产品在性能上都有不同程度的提升，9.1.2 节将详细介绍此类 VFC 芯片。

9.1.2 VFC320

BB 公司的 VFC320 电压—频率转换器能将输入电压精确地转换成输出频率信号，同时也可以实现频率—电压的转换。此类转换器的输出端采用集电极开路的 OC 门方式，使之能与各种通用的逻辑系列兼容。该芯片仅使用两个外接电阻和两个外接电容即可达到优良的噪声特性和 12～14 位的线性指标，即满刻度 10kHz 频率下的最大线性误差为±0.005%，满刻度 100kHz 频率下的最大线性误差为±0.03%，满刻度 1MHz 频率下的最大线性误差为±0.1%。其满刻度输出频率和输入电压由单稳电容、积分电容和串接在－In 端的输入电阻确定，调整灵活且范围很宽，其上限频率可达 1MHz。与 VFC32 相比，其技术特性和线性指标都有明显的提高。

1. 概述

VFC320 有 14 脚 DIP 塑封和 10 脚金属帽 TO-100 等两种封装结构，表 9-2 列出了各引脚的定义。其中 TO-100 封装结构有－25～＋85℃和－55～＋125℃两种温度范围的型号，而 DIP14 封装的芯片只能在－25～＋85℃的范围内。VFC320 采用双电源，最大电压值为±20V；输入电压的范围为$-V_{CC}$～$+V_{CC}$；频率输出端f_{OUT}的最大吸收电流为50mA；电压输出端V_{OUT}的最大输出电流为20mA。

表 9-2 VFC320 的封装与引脚定义

DIP14 封装	TO-100 封装	引脚	脚	TO-100 封装	DIP14 封装
−In，反相输入	+In，同相输入	1	14	无	+In，同相输入
NC，空脚	−In，反相输入	2	13	无	V_{OUT}，电压输出
NC，空脚	$-V_{CC}$，负电源	3	12	无	$+V_{CC}$，正电源
$-V_{CC}$，负电源	单稳态电容器	4	11	无	公共端
单稳态电容器	NC，空脚	5	10	V_{OUT}，电压输出	比较器输入
NC，空脚	f_{OUT}，频率 OC 输出	6	9	$+V_{CC}$，正电源	NC，空脚
f_{OUT}，频率 OC 输出	比较器输入	7	8	公共端	NC，空脚

线性度是电压—频率转换的最重要的性能指标，它与输出频率有关。在最低增益和较低满刻度输出频率的情况下有较好的线性度。VFC320 具有 12～14 位的精度，从而完全可以代替 AD 转换器作为模拟信号的前端处理，并且可以在强噪声环境下远距离地传输模拟信号。

VFC320 的温度漂移在超过满刻度输出范围后会逐渐增大，实际的漂移量还要加上外接电阻、电容的影响。输出频率以及输入电压的变化速率反映了电压—频率变换器的响应时间特性。响应时间与输入电压信号的大小和满刻度频率有关。例如，工作在 100kHz 满刻度的 VFC320，当输入电压为 10V 时，达到 0.01%满刻度误差的时间是 10μs。

图 9-5 所示为 VFC320 基于电压—频率转换的操作原理框图，它由一个积分器、两个比较器、一个多谐振荡器构成的单稳定时器、两个可切换的电流源和一个开漏输出的塑胶管等组成。当输入为正电压时接入 $E1$，$E2$ 短路；当输入为负电压时接入 $E2$，$E1$ 短路；差动输入时 $E1$、$E2$ 都接入。这是一种电荷平衡式 V/F 转换器，与 9.1.1 节讨论的 VFC32 大体相同，因此这里不再赘述。

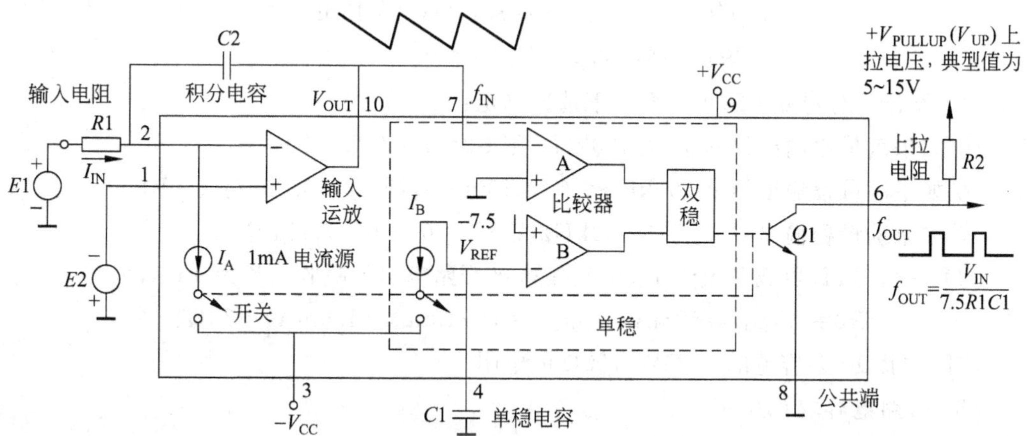

图 9-5 电压—频率转换原理框图

2. 应用设计

例 9.1 现举一个实际应用的设计例子，如图 9-6 所示。假设给定 10V 的输入电压量程，最大输出频率为 100kHz，输出占空比为 25%，试选择 $R1$、$R2$、$R3$、$C1$ 和 $C2$ 的取值。

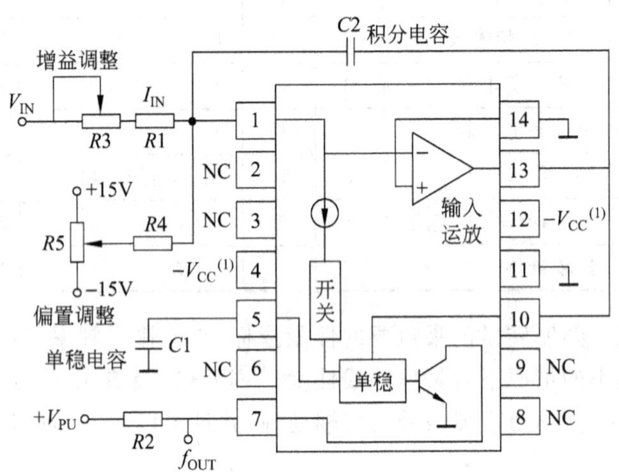

图 9-6 例 9.1 原理图

(1) $C1 = (33\times10^{-6}\text{F})/f_{MAX}(\text{Hz}) - 15\text{pF}$

$$= (33\times10^{-6})/10^{5} - 15\text{pF} = 330\text{pF} - 15\text{pF} = 315\text{pF}$$

式中，15pF 为引脚的等效离散电容。实际取 $C1$ 为容差在 1%～10%的 300pF 陶瓷电容。

(2) $R1 + R3 = V_{INMAX}/0.25\text{mA} = 10\text{V}/0.25\text{mA} = 40\text{k}\Omega$

实际取 $R1$ 为 32.4kΩ，容差 1%，$R3$ 选择 10kΩ。

顺便指出，如果占空比为 50%，则

$$C1 = (66\times10^{-6}\text{F})/f_{MAX}(\text{Hz}) - 15\text{pF}$$

$$R1 + R3 = V_{INMAX}/0.5\text{mA}$$

(3) 至于积分电路 $C2$，可根据以下情况确定：

① 如果满量程输出频率 $f_{FS} \leqslant 100\text{kHz}$，则 $C2 = 100/f_{FS}(\mu\text{F})$

② 如果满量程输出频率 $100\text{kHz} < f_{FS} \leqslant 100\text{kHz}$，则 $C2 = 0.001/f_{FS}(\mu\text{F})$

③ 如果满量程输出频率 $f_{FS} > 500\text{kHz}$，则 $C2 = 0.0005/f_{FS}(\mu\text{F})$

(4) 一个 TTL 负载等效于 1.6mA，集电极开路输出的吸收电流为 8mA，因此

$$R2 = V_{PULLUP}/(8\text{mA} - I_{LOAD}) = 5\text{V}/(8\text{mA} - 1.6\text{mA}) \approx 781\Omega$$

实际选择±5%容差的 0.25W、750Ω 的电阻。

(5) 旁路电容取 0.01μF。

3. 频率—电压转换

图9-7所示为使用VFC320实现频率—电压转换的电路图。为了兼容TTL电平，必须在输入脚串接一只电容，并使第10脚的直流偏置到+2.5V，因此VFC320会检测第10脚输入电压的过零下降沿。选择$C3$，使$t=0.1T$；如果输入信号的幅值小于5V，则10脚的直流偏置电压应该接近于零，从而保证输入到第10脚的电压能够过零。图中外接的各电阻和电容的大小可以用电压—频率转换过程中外围参数的选择方法来计算。

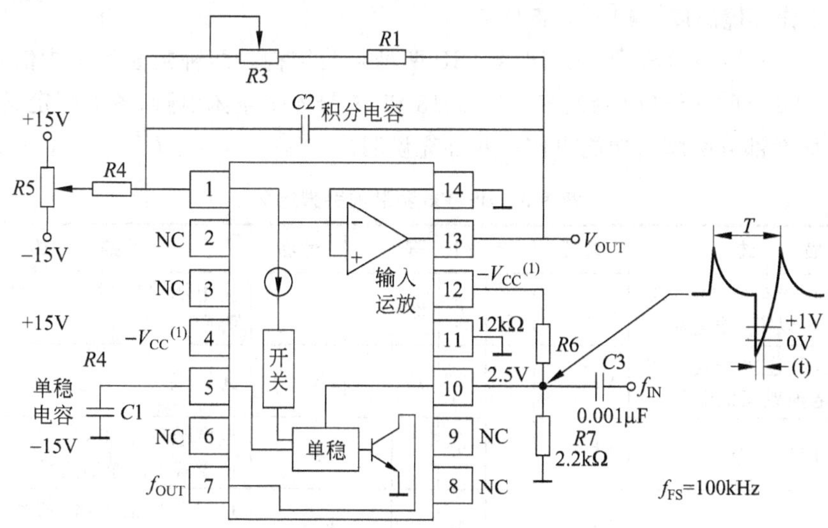

图9-7 VFC320频率—电压转换的电路图

9.2 实时时钟

众所周知，实时时钟(Real Time Clock，RTC)芯片的应用非常广泛，几乎到处可见，制造这类IC芯片的厂商也很多。本节将以Dallas公司的串行接口实时时钟芯片DS1305为例进行分析，使读者能精通该芯片的设计应用，更有助于读者快速理解与掌握其他实时时钟芯片的应用技术。

与DS1305同一系列的Dallas公司的实时时钟芯片还有DS1306、DS1307、DS1308等型号。DS1306除了能提供1Hz和32kHz的时钟信号输出外，其他功能与DS1305完全相同；DS1307在功能和结构上都比前两者简单，它通过一个两线串行接口与外部通信，提供方波信号输出；DS1308则是由4个DS1307封装在一起构成的。

9.2.1 DS1305的特性综述

概括来说，DS1305具有以下功能或特性：

(1) 具有年、月、日、小时、分钟、秒、星期等日历及时钟，有效年限达到2100年；

(2) 具有 96 字节的非易失性 RAM，供用户存储数据；

(3) 有两个报警器，报警时间可被编程为星期、小时、分钟及秒的组合；

(4) 串行接口支持 SPI 规范和标准的 3 线接口；

(5) 支持突发模式的数据传输，一次传输可访问地址连续的 CLOCK 存储器/RAM；

(6) 双电源供电，一路为主电源，一路为后备电源；

(7) 内含微电流充电电路，可以选择可充电电源作为后备电源；

(8) 工作电压 2.0～5.5V；

(9) 工作环境温度－40～＋85℃。

DS1305 有 20 脚 TSSOP 和 16 脚 DIP 两种封装结构。两种封装的引脚信号都是相同的，只是 20 脚的 TSSOP 封装多了 4、8、13 和 19 号 4 个空闲引脚，各引脚定义如表 9-3 所示。下面对部分引脚的功能再作一些补充说明。

表 9-3　DS1305 封装的引脚定义

描　述	命名	引　脚				命名	描　述
后备电源，由于有微电流充电电路，因而可以接充电电源	V_{CC2}	1	1	20	16	V_{CC1}	主电源，提供给设备的电源由此脚引入
电池输入，可连接任何标准的 3V 锂电池或其他电源	V_{BAT}	2	2	19		NC	无连接
接 32.768kHZ 晶振	X1	3	3	18	15	$\overline{PF}$	电源故障输出，当 V_{CC1} 低于 V_{CC2} 或 V_{BAT} 时，输出为低
无连接	NC		4	17	14	V_{CC}	接口逻辑输入脚，使接口信号与标准逻辑电平兼容
接 32.768kHZ 晶振	X2	4	5	16	13	SDO	SPI 串行数据输出，3 线方式下与 SDI 接在一起作为 I/O 线使用
无连接	NC	5	6	15	12	SDI	SPI 串行数据输入，3 线方式下与 SDO 接在一起作为 I/O 线使用
中断 0 输出，该引脚为开漏输出端，需要外接上拉电阻	$\overline{INT0}$	6	7	14	11	SCLK	串行时钟输入，用于同步 3 线或 SPI 方式下的串行数据传输
无连接	NC	8	13		NC	无连接	
中断 1 输出，该引脚为开漏输出端，需要外接上拉电阻	$\overline{INT1}$	7	9	12	10	CE	芯片使能，高电平有效，该引脚有一个 55kΩ 的内部上拉电阻
地	GND	8	10	11	9	SER-MODE	串行方式接口选择，接地时选择 3 线方式；接 V_{CC} 时选择 SPI

$\overline{INT0}$能编程为由报警器 0 和报警器 1 触发，或者仅由报警器 0 触发，只要中断状态位为 1 和相应的中断使能位置 1，$\overline{INT0}$就保持为低。芯片由 V_{CC1}、V_{CC2} 或 V_{BAT} 供电时，$\overline{INT0}$都能正常工作。

$\overline{INT1}$只能被报警器 1 触发，只要中断状态为 1 和相应的中断使能位置 1，$\overline{INT1}$就保持为低。芯片由 V_{CC1}、V_{CC2} 或 V_{BAT} 供电时，$\overline{INT1}$都能正常工作。

V_{CC1}、V_{CC2} 和 V_{BAT} 这 3 个引脚都能提供电源。这里有 3 种不同的电源设置。

第 1 种是采用不可充电电源(如锂电池)作为后备电源接 V_{BAT}，主电源引脚 V_{CC1} 接系

统电源 V_{CC},V_{CC2} 接地。当 V_{CC1} 电压低于 V_{BAT} 时,芯片将会被写保护。

第 2 种是 V_{BAT} 接地,V_{CC1} 接主电源,V_{CC2} 接一个可充电电源作为后备电源。此时,芯片将选 V_{CC1} 和 V_{CC2} 中电平高的作为工作电源。当 $V_{CC1} > V_{CC2} + 0.2V$ 时,V_{CC1} 将对芯片供电;当 $V_{CC1} < V_{CC2}$ 时,V_{CC2} 将对芯片供电。这种设置的芯片不会被写保护。

第 3 种是 V_{CC1} 和 V_{BAT} 都接地,使用电池接在 V_{CC2} 上,由它单一供电。

除了这 3 个电源引脚外,引脚 V_{CCIF} 还能提供接口逻辑电源的接入,使得芯片的各接口信号能与标准数字逻辑电平兼容。

DS1305 的结构框图如图 9-8 所示,由图可知,芯片由电源控制及微电流充电、串行接口逻辑、输入/输出移位寄存器、时钟/日历逻辑、控制寄存器和非易失性用户 RAM 组成。

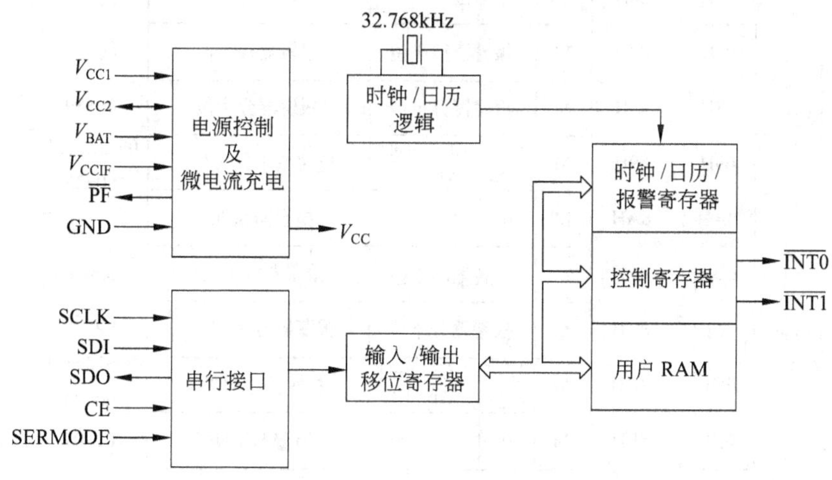

图 9-8 DS1305 的结构框图

DS1305 的时钟/日历寄存器和用户 RAM 的地址分布如图 9-9 所示。共 256 个字节单元,分成只读和只写两个区域,各占一半空间即 128 个单元,这一点与传统的可读/可写存储器有明显不同。

00H–1FH	时钟/日历只读
20H–7FH	96字节只读
80H–9FH	时钟/日历只写
A0H–FFH	96字节只写

图 9-9 寄存器/RAM 的地址分布图

9.2.2 内部寄存器

1. 时钟/日历/报警寄存器

时钟/日历/报警寄存器及其各位的功能如图 9-10 所示。读取该寄存器可以获得时间和日历消息,向该寄存器写入数据可以设置或初始化芯片的时钟、日历和报警器。时钟、日历和报警寄存器中的数据格式都是 BCD 格式。

DS1305 能够工作于 24 小时制和 12 小时制两种模式,小时寄存器(读地址为 02H,写地址为 82H)的 Bit6 为这两种模式的选择位。当 Bit6 为 1 时,工作于 12 小时模式,此

	地址 读	地址 写	Bit7				Bit0	范围
	00H	80H	0	秒十位			秒个位	00~59
	01H	81H	0	分钟十位			分钟个位	00~59
	02H	82H	0	12/24	10/A/P	小时十位	小时个位	00~12+A/P 00~23
	03H	83H	0	0	0	0	星期	01~07
	04H	84H	0	0	日期十位		日期个位	01~31
	05H	85H	0	0	月十位		月个位	01~12
	06H	86H	年十位				年个位	00~99
报警器0	07H	87H	M	报警器秒十位			报警器秒个位	00~59
报警器0	08H	88H	M	报警器分十位			报警器分个位	00~59
报警器0	09H	89H	M	12/24	10/A/P	小时十位	报警器小时个位	00~12+A/P 00~23
报警器0	0AH	8AH	M	0	0	0	报警器星期	01~07
报警器1	0BH	8BH	M	报警器秒十位			报警器秒个位	00~59
报警器1	0CH	8CH	M	报警器分十位			报警器分个位	00~59
报警器1	0DH	8DH	M	12/24	10/A/P	小时十位	报警器小时位	00~12+A/P 00~23
报警器1	0EH	8EH	M	0	0	0	报警器星期	01~07
	0FH	8FH	控制寄存器					
	10H	90H	状态寄存器					
	11H	91H	微电流充电寄存器					
	12H~1FH	92H~9FH	保留					

图 9-10　时钟寄存器结构图

时 Bit5 为 AM/PM 指示位，Bit5 为 1 时指示 PM；当 Bit6 为 0 时为 24 小时模式，此时 Bit5 为 20 小时位(20～23 小时)。

报警寄存器的读地址为 07H～0EH，写地址为 87H～8EH，写数据到 87H～8EH 可以设置报警器 0 和报警器 1。报警器可以编程为工作在两种不同的方式下：一种是两个报警器触发各自不同的终端输出；另一种是两个报警器触发同一个中断输出 $\overline{\text{INT0}}$。所有报警寄存器的 Bit7 都为屏蔽位。对这些位的不同设置会发生不同的报警效果，具体情况如表 9-4 所示。可见，当所有的屏蔽位都设置为 0 时，报警器每周只在时间保持寄存器 00H～03H 中的值与报警器的预置值相匹配时才产生一次报警。

表 9-4 时钟报警设置表

秒屏蔽位	分钟屏蔽位	小时屏蔽位	周屏蔽位	报警描述
1	1	1	1	每秒钟报警一次
0	1	1	1	秒匹配时每分钟报警一次
0	0	1	1	分钟、秒匹配时每小时报警一次
0	0	0	1	小时、分钟、秒匹配时每天报警一次
0	0	0	0	星期、小时、分钟、秒匹配时每周报警一次

2. 控制寄存器

控制寄存器中有3位恒为0,即只使用了5位。各位的功能如表9-5所示。

表 9-5 控制寄存器格式与定义

Bit7	Bit6	Bit5～Bit3	Bit2	Bit1	Bit0
EOSC	WP	000	INTCN	AIE1	AIE0
振荡器使能。该位为0时,启动振荡器;为1时停止振荡器并使DS1305进入低功耗方式,耗电约100μA	写保护。该位为1时,禁止除它自身以外的所有RAM(包括控制寄存器的Bit0、Bit1、Bit2、Bit7)写入;由于上电初始化时WP位的状态不确定,因此在进行写操作前要将该位清零	未定义	中断控制。该位为1时,引脚$\overline{INT0}$与报警器0匹配,引脚$\overline{INT1}$与报警器1匹配;该位为0时,引脚$\overline{INT0}$与两个报警器匹配,而引脚$\overline{INT1}$没有作用	报警中断1使能。该位为1时,允许状态寄存器中的1请求标志IRQF1触发$\overline{INT0}$或$\overline{INT1}$;该位为0时,不允许触发中断信号	报警中断0使能。该位为1时,允许状态寄存器中的0请求标志IRQF0触发$\overline{INT0}$;该位为0时,不允许触发中断信号

3. 状态寄存器

状态寄存器实际上只使用了最低的2位,各位的功能如表9-6所示。

表 9-6 状态寄存器结构与定义

Bit7～Bit2	Bit1	Bit0
000000	IRQF1	IRQF0
无定义	中断1请求标志位。该位为1时,表示当前时刻与报警器寄存器组1中的内容匹配,该标志位能够使$\overline{INT0}$或$\overline{INT1}$产生中断。当INTCN、IRQF1和AIE1都为1时,$\overline{INT0}$引脚将变为低电平;当INTCN为0而IRQF1和AIE1为1时,$\overline{INT0}$引脚将变为低电平。对报警器寄存器组1中的任何一个寄存器的读写操作均会使IRQF1清零	中断0请求标志位。该位为1时,表示当前时刻与报警器寄存器组0中的内容匹配;如果AIE0也为1,则使引脚$\overline{INT0}$变为低电平。对报警器寄存器组0中的任何一个寄存器的读写操作均会使IRQF0清零

4. 微电流充电寄存器

微电流充电寄存器中各位的功能如表 9-7 所示。图 9-11 形象地描绘了该寄存器在芯片内部所发挥的控制作用。

表 9-7 微电流充电寄存器结构

Bit7	Bit6	Bit5	Bit4	Bit3	Bit2	Bit1	Bit0
TCS	TCS	TCS	TCS	DS	DS	RS	RS
微电流充电选择,1010 表示充电,其他均表示不充电				二极管选择,01 表示 1 只,10 表示两只		电阻选择,00 表示 2kΩ,01 表示 4kΩ,10 表示 8kΩ,11 表示无效	

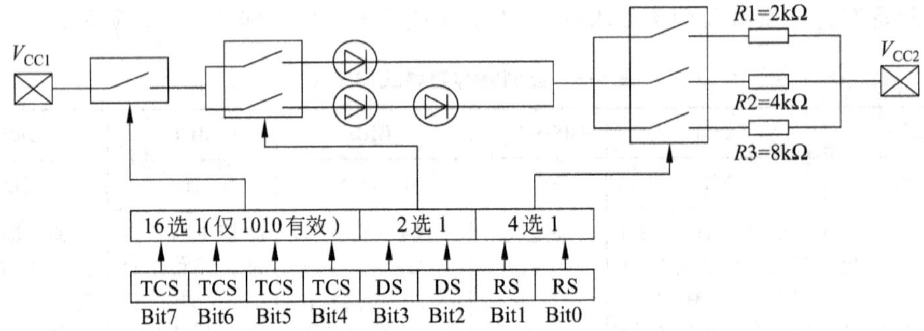

图 9-11 微电流充电寄存器功能示意图

9.2.3 串行通信接口

DS1305 可以独立运行,但它本身不具备编程、读写、预置等功能,必须由微处理器控制。芯片灵活地提供了两种可供选择的串行接口方式,使其既能和 Motorola SPI 接口,又能和标准 3 线接口进行串行通信。引脚 SERMODE 决定通信方式的选择,接 V_{CC}时选择 SPI 方式,接 GND 时为标准 3 线接口方式。

1. SPI 方式

当 Motorola 的 68HC908GP32 等微处理器通过 SPI 总线访问 DS1305 时,芯片将采用 SPI 串行通信方式。此时 SERMODE 接 V_{CC},微处理器为主设备,DS1305 为从设备。

DS1305 为 SPI 提供了 4 个引脚: SDO、SDI、CE 和 SCLK。SDI 和 SDO 分别用于串行数据的输入和输出;CE 输入用于控制数据传输的开始和结束,由微处理器发出;SCLK 用于同步主、从设备间的数据传输。

SCLK 由微处理器产生,只有在 SPI 上有地址或数据传输时才有效,它的极性在微处理器中可以编程控制。DS1305 能够适应不同的 SCLK 极性,它在 CE 变为高电平后,通过对 SCLK 的采样来确定 SCLK 的极性。输入数据在脉冲的后沿移入,输出数据在脉冲的前沿移出,如图 9-12 所示。这里的 CPOL 是微处理器的控制寄存器中 SCLK 极性的控制位。

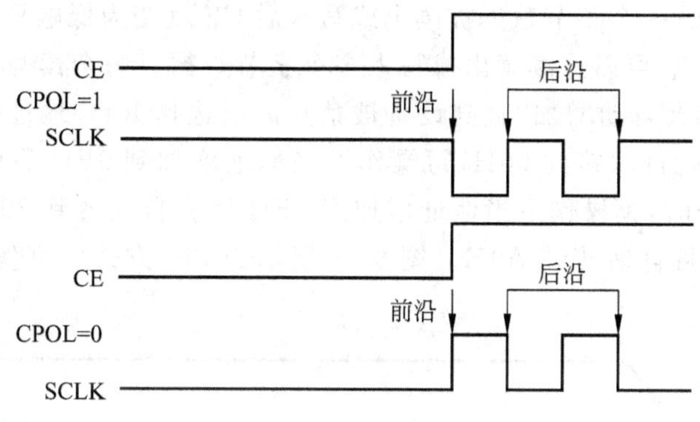

图 9-12 SCLK 极性控制时序图

在串行输入或输出中，地址和数据字节的最高位都是最先被移入或移出的，每位数据的传输需要一个 SCLK 周期，地址和数据都是以 8 位为一组进行传输。任何数据传输开始时，微处理器首先必须向 DS1305 写入要访问的 RTC 寄存器或 RAM 的地址，然后就可以进行一个或多个字节的数据传输。在 CE 变为高电平后，地址字节首先被写入到芯片中。字节的最高位 A7 决定是读还是写。当 A7 为 0 时表示将会产生一个或多个读周期；为 1 时则表示将会产生一个或多个写周期。读操作中数据从芯片移出到 SDO 上，写操作中数据从 SDO 上移入到芯片中。图 9-13 和图 9-14 所示为 SPI 方式单一字节的读、写操作时序图。

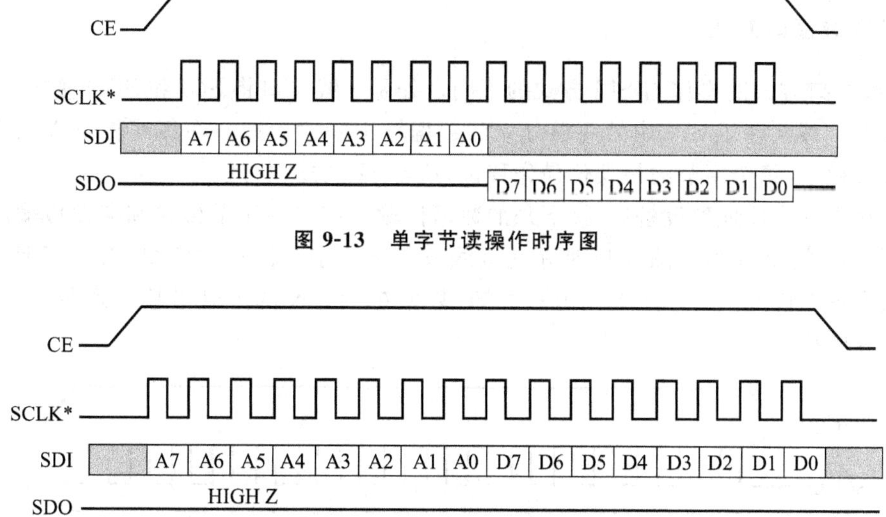

图 9-13 单字节读操作时序图

图 9-14 单字节写操作时序图

数据传输时有两种模式：一种为在 DS1305 接收到一个地址后只传输一个字节的数据，称之为单一字节传输模式；另一种为接收到一个地址后连续传输多个字节的数据，称之为突发模式(Burst Mode，BM)。

在 CE 变为高电平且地址被写入到芯片后，才可以开始传输一个或多个字节。对于单一字节传输模式，一个字节数据被读出或写入后 CE 就变为低电平。对于突发模式，在地址字节被写入后可以连续读出或写入多个字节数据。每个读写周期中 RTC 寄存器或 RAM 地址都会自动增加，直到设备被禁止。当选择 RTC 地址时，读操作下当地址增加到 1FH 后就自动转到 00H；写操作下当地址增加到 9FH 后就自动转到 80H。当选择 RAM 地址时，读操作下当地址增加到 7FH 后将自动转到 20H；写操作下当地址增加到 FFH 后将自动转到 A0H。图 9-15 所示为 SPI 方式下突发模式的读写操作时序图。

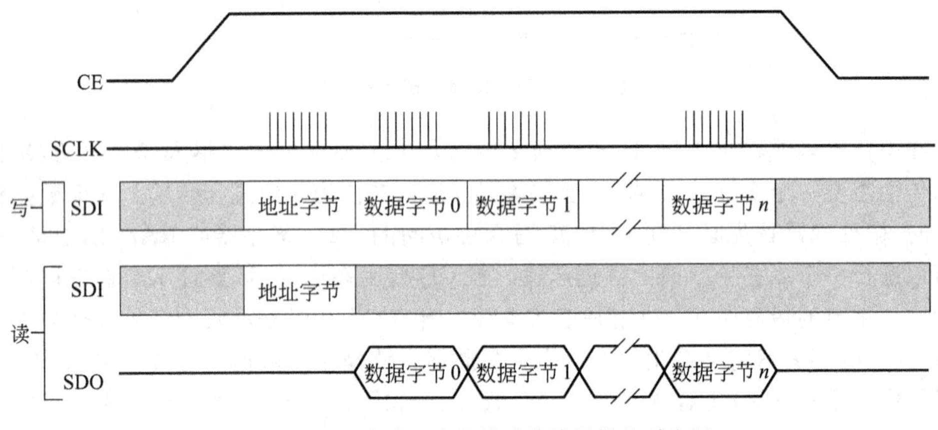

图 9-15　SPI 方式下突发模式的读写操作时序图

2. 3 线接口方式

3 线接口方式的操作与 SPI 方式的不同之处是 3 线接口将 SDI 和 SDO 接在一块，作为一根 I/O 线代替了 SPI 中的两根分立的数据输出和输入线。在 3 线接口方式下的数据传输过程中，每个字节的最低位最先移位，这与 SPI 方式相反。

在写入一个地址到设备后，接下来的数据传输也有单一字节传输和突发传输两种模式，这与 SPI 方式相似。图 9-16 所示为 3 线方式单一字节读写时序图，图 9-17 所示为 3 线方式下突发模式读写时序图。由图可知，数据在 SCLK 的上升沿移入到芯片，在下降沿从芯片中移出。

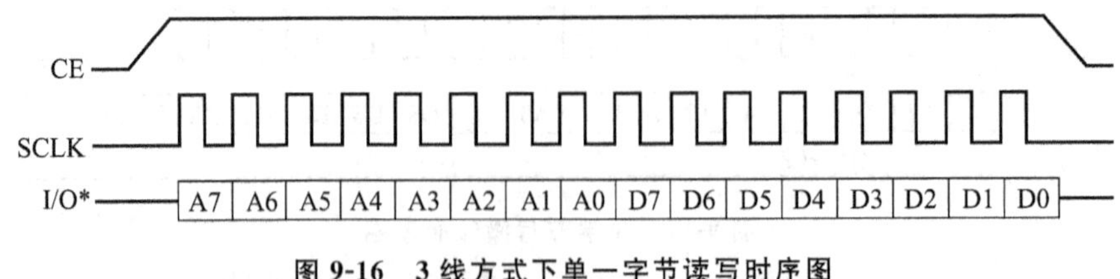

图 9-16　3 线方式下单一字节读写时序图

3. 89C51 与 DS1305 的接口电路

下面的例程实现了图 9-18 所示电路系统中 DS1305 的初始化和读写操作，其中 CE 接 P1.3，I/O 引脚接 P1.1，SCLK 引脚接 P1.2。

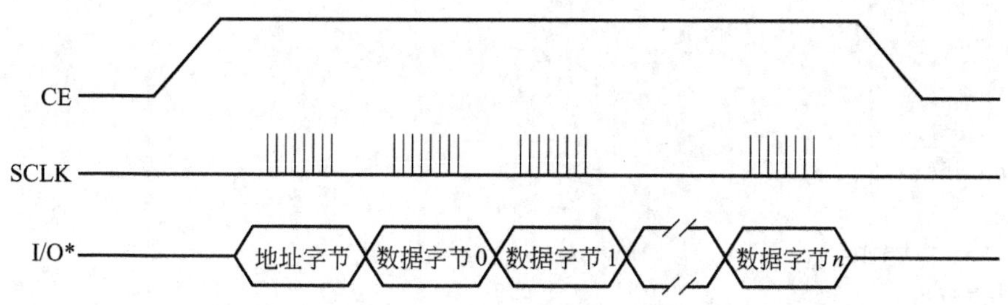

图 9-17 3 线方式下突发模式读写时序图

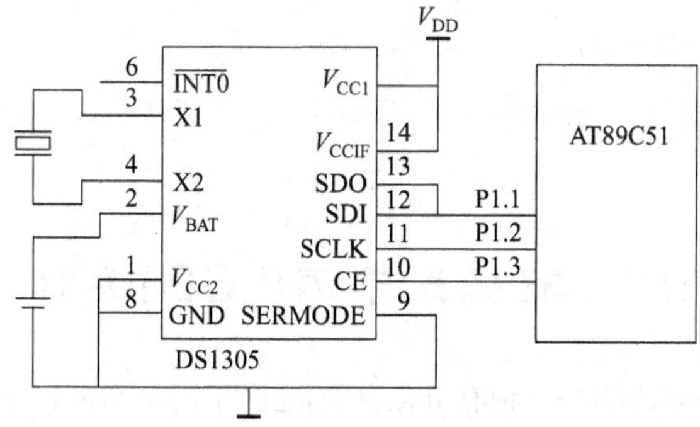

图 9-18 DS1305 与 AT89C51 的接口电路图

DS1305 的初始化程序。代码如下：

```
void resetds()
{
 P12=0;
 P13=0;
 P13=1;
}

void dsw(uchar dd)
{

 uchar i,j,temp2;
     for(i=0;i<8;i++)
     {
          temp2=dd;
          A_SCL=0;
          temp2=(temp2>>i)&0x01;
          if(temp2==0x01)
              P11=1;
          else  P11=0;
              P12=1;
                _nop()_;
            P12=0;
```

```
        }

    }

    uchar dsr()
    {
     uchar i,temp3;
     P11=1;
     for(i=0;i<8;i++)
     {
      P12=0;
      temp3=(temp3>>1)|P11;
      P12=1;
      }
    }
```

9.3 液晶显示器(LCD)接口

液晶(Liquid Crystal,LC)是一种有机化合物,它介于固态和液态之间,其分子排列具有规律性。液晶从形态和外观上看都是一种液体,但它的分子结构又表现出固体的形态。

在一定温度范围内,它可表现出多种物理性质,既具有液体流动性、黏度、形变等机械性质,又具有晶体的自然效应、光学各向异性、电光效应、磁光效应等多种物理性质。它是一种新型的物质,被称为固体、液体、气体之后的第四态。正是由于它有多重性质的表现,才使它有了多种物理性质,因而被人们逐渐地研制、开发及运用。

液晶的分类方法有很多,在实际应用中并非一定要从原理、结构上去区分,更多的是要从商品的形式、显示的方式或显示的性能上去区分。这种分类在应用时更实际。

1. 商品形式

(1) 液晶显示器件:包括前后偏振片在内的液晶显示器件,简称LCD。

(2) 液晶显示模块:包括组装好线路板、IC驱动(甚至控制电路)及其他附件的商品,如图3-2所示,简称LCM。

2. 显示方式

(1) 正像显示:在浅色背景上显示深色显示内容的产品。

(2) 负像显示:在深色背景上显示浅色显示内容的产品。

(3) 透过型显示:背照明光源通过器件,使正面观察者看见显示内容的产品。

(4) 反射型显示:观察者与外光源均在器件一侧的产品。

(5) 半透过型显示:该产品背后的反射膜有网状孔隙可以透过30%的背照明光。故白天可作反射型显示,夜间可作透过型显示。

(6) 单色显示:黑底白字或白底黑字显示。

(7) 彩色显示:分单彩色和多彩色。而多彩色又分为伪彩色(即只能显示8至32色的显示)和真彩色(即可显示 256 种颜色至几十万种颜色的显示)。

3. 显示性能

(1) 常温显示:即 0～+40℃为工作温度,−20～+60℃为存储温度的产品。

(2) 宽温显示:即−20～+70℃为工作温度,−35～+80℃为存储温度的产品。

(3) 段形显示:依靠长条形像素进行显示的产品。只能显示数字及个别字符。

(4) 点阵显示:依靠矩形点像素进行显示的产品。可以显示任何字符、数字、图形。

(5) 字符显示:只能显示分割开的字符的点阵式产品。

(6) 图形显示:点阵数量多,且像素间距均等,可以显示任意图形的点阵式产品。

(7) 图像显示:图形显示产品中的一种,由于其响应速度快,有可能显示视频速度活动图像的产品。

(8) 非存储型显示:仅在施加电场时呈现显示状态,撤掉外电场后,显示内容消失。

(9) 存储型显示:一个脉冲即可驱动显示。一经驱动显示后,撤掉外加电压,显示内容照样保持不变。这种显示又可分为如下两种方式。

① 静态驱动显示:每个像素均有单独引出电极,驱动期间要持续施加电压的产品。

② 动态驱动显示:像素电极排布呈矩阵或变形矩阵方式,需用时间分割扫描方式驱动的产品。

在单片机的开发应用中常用的是段形显示、字符显示和图形显示,下面以 128×64 的图形显示液晶块为例介绍接口及编程方法。

9.3.1 接口信号说明

1. 各接口信号

各接口信号如表 9-8 所示。

表 9-8 引脚功能图

编号	符号	引脚说明	编号	符号	引脚说明
1	V_{SS}	电源地	11	DB4	Data I/O
2	V_{DD}	电源正极(+5V)	12	DB5	Data I/O
3	V0	液晶显示偏压输入	13	DB6	Data I/O
4	RS	数据/命令选择端(H/L)	14	DB7	Data I/O
5	R/W	读写控制信号(H/L)	15	CS1	片选 IC1 信号
6	E	使能信号	16	CS2	片选 IC2 信号
7	DB0	Data I/O	17	$\overline{\text{RST}}$	复位端(H:正常工作,L:复位)
8	DB1	Data I/O	18	VEE	负电源输出(−10V)
9	DB2	Data I/O	19	BLA	背光源正极(+4.2V)
10	DB3	Data I/O	20	BLK	背光源负极

2. 各信号线与89C51的接口

各信号线与89C51的接口如图9-19所示。

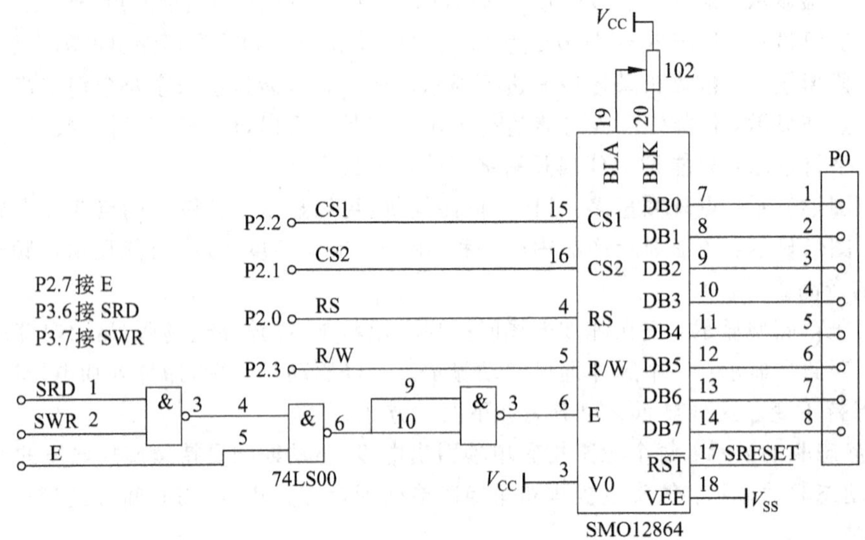

图9-19 89C51与LCD接口电路图

如图9-19所示的将89C51的数据线与LCD数据线相连。RS与P2.0相连,CS1与P2.2相连,R/W与P2.3相连,CS2与P2.1相连,E与P2.7相连,SWR与P3.7相连,SRD与P3.6相连。

9.3.2 控制器说明(KS108B及兼容芯片)

1. 基本操作时序

(1) 读状态

输入:RS=L,R/W=H,CS1或CS2=H,E=高脉冲。

输出:D0～D7=状态字。

(2) 写指令

输入:RS=L,R/W=L,D0～D7=指令码,CS1或CS2=H,E=高脉冲。

输出:无。

(3) 读数据

输入:RS=H,R/W=H,CS1或CS2=H,E=H。

输出:D0～D7=数据码。

(4) 写数据

输入:RS=H,R/W=L,D0～D7=数据码,CS1或CS2=H,E=高脉冲。

输出:无。

2. 状态字说明

STA7	STA6	STA5	STA4	STA3	STA2	STA1	STA0
D7	D6	D5	D4	D3	D2	D1	D0

STA0～STA4	未用	
STA5	液晶显示状态	1：关闭， 0：显示
STA6	未用	
STA7	读写操作使能	1：禁止， 0：允许

注意：对控制器每次进行读写操作之前，都必须进行读写检测，确保 STA7 为 0。

3. RAM 地址映射图

LCD 由两片控制器控制，每片内部都带有 64×64 位（512 字节）的 RAM 缓冲区，对应关系如下图所示：

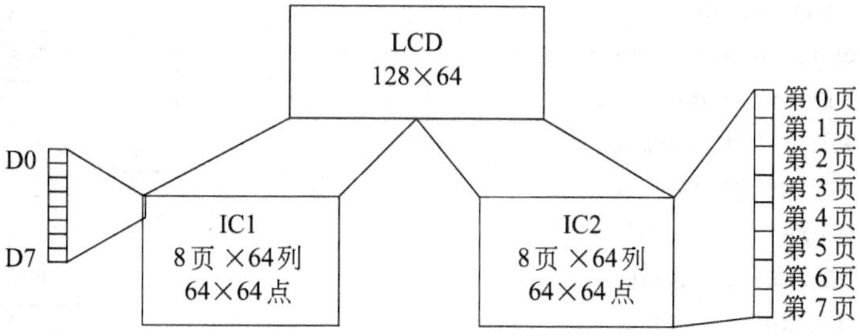

4. 指令说明

(1) 初始化设置

① 显示开/关设置如下：

指令码	功能
3EH	关显示
3FH	开显示

② 显示初始设置如下：

指令码	功能
C0H	设置显示初始行

(2) 数据控制

控制器内部设有一个数据地址页和一个数据地址列指针，用户可通过它们来访问内部的全部 512 字节 RAM。其数据指针设置为

指令码	功能
B8H+页码(0～7)	设置数据地址页指针
40H+列码(0～63)	设置数据地址列指针

5. 初始化过程

(1) 写指令 C0H：设置显示初始行。

(2) 写指令 3FH：开显示。

9.3.3 编程方法

编程显示：微机应用研究所Qidong μ computer Institute www. 9th. com. cn

(1) 流程图,如图 9-20 所示。

(2) 程序代码如下：

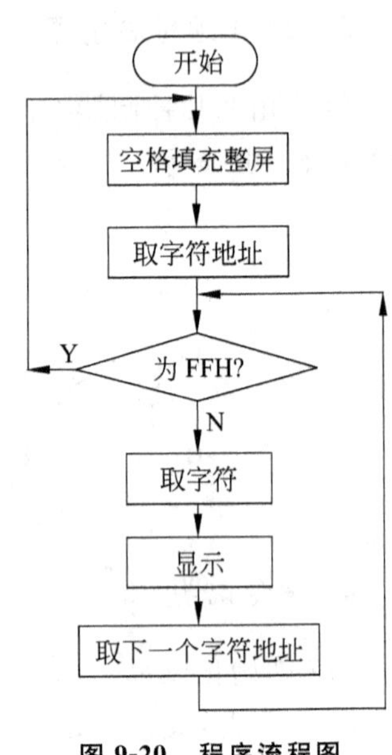

图 9-20 程序流程图

```
#include <reg51.h>
#include <absacc.h>
#define uchar unsigned char
#define  uint unsigned int
#define  WD1 XBYTE[0X8500]
#define  WD2 XBYTE[0X8300]
#define  WD XBYTE[0X8700]
#define  WC1 XBYTE[0X8400]
#define  WC2 XBYTE[0X8200]
#define  WC   XBYTE[0X8600]

#define  RD1 XBYTE[0X8D00]
#define  RD2 XBYTE[0X8B00]
#define  RD XBYTE[0X8F00]
#define  RC1 XBYTE[0X8C00]
#define  RC2 XBYTE[0X8A00]

uchar xpos,ypos;
uchar code disp_code[]={
0x10,0x01,0x88,0x00,0xf7,0xff,0x22,0x40,0x5c,0x20,0x50,0x1f,0x5f,0x01,0x50,
0x01,                                          /*微*/
0x5c, 0xbf, 0x20, 0x50, 0xf8, 0x21, 0x17, 0x16, 0x12, 0x08, 0xf0, 0xf7, 0x10, 0x40,
0x00,0x00,
0x08,0x04,0x08,0x00,0xc8,0x00,0xff,0xff,0x48,0x00,0x88,0x41,0x08,0x30,0x00,
0x0c,                                          /*机*/
0xfe, 0x03, 0x02, 0x00, 0x02, 0x00, 0x02, 0x00, 0xfe, 0x3f, 0x00, 0x40, 0x00, 0x78,
0x00,0x00,
```

```
0x00,0x40,0x00,0x38,0xfc,0x07,0x44,0x20,0x84,0x20,0x04,0x2f,0x14,0x24,0x25,
0x20,                                                   /*应*/
0xc6, 0x23, 0x84, 0x30, 0x04, 0x2c, 0x04, 0x23, 0xe4, 0x20, 0x44, 0x22, 0x00, 0x20,
0x00,0x00,

0x00,0x80,0x00,0x40,0x00,0x30,0xfe,0x0f,0x22,0x02,0x22,0x02,0x22,0x02,0x22,
0x02,                                                   /*用*/
0xfe, 0xff, 0x22, 0x02, 0x22, 0x02, 0x22, 0x42, 0x22, 0x82, 0xfe, 0x7f, 0x00, 0x00,
0x00,0x00,

0x02,0x01,0xc2,0x00,0xf2,0x3f,0x4e,0x10,0xc2,0x9f,0x02,0x40,0x40,0x20,0x42,
0x18,                                                   /*研*/
0xfe, 0x07, 0x42, 0x00, 0x42, 0x00, 0x42, 0x00, 0xfe, 0xff, 0x42, 0x00, 0x42, 0x00,
0x00,0x00,

0x00,0x00,0x4c,0x00,0x24,0x40,0x94,0x20,0x84,0x10,0x84,0x0c,0xf5,0x03,0x86,
0x00,                                                   /*究*/
0x84, 0x00, 0x84, 0x3f, 0x14, 0x40, 0x24, 0x40, 0x44, 0x40, 0x0c, 0x40, 0x04, 0x78,
0x00,0x00,

0x00,0x40,0xfe,0x3f,0x12,0x01,0x12,0x01,0x11,0x81,0xf1,0x41,0x01,0x30,0x00,
0x0c,                                                   /*所*/
0xfe, 0x03, 0x22, 0x00, 0x22, 0x00, 0x21, 0x00, 0xe1, 0xff, 0x21, 0x00, 0x21, 0x00,
0x00,0x00,


    void delay(uint m);
    void lcdfill(uchar data out);
    void lcdwrite(xpos,ypos,uchar data_out);
    void lcdreset();
    void lcdwc1(uchar a);
    void lcdwc2(uchar a);
    void lcdwd1(uchar data_out);
    void lcdwd2(uchar data_out);
    void lcdwd(xpos,uchar data_out);
    void lcdrd1(uchar data_out);
    void lcdrd2(uchar data_out);
    void waitidle1();
    void waitidle2();

    /*延时子程序*/
    void delay(uint m)
    {
        uint i;
```

```
    for(i=0;i<m;i++);
}

/*内部写数据指针定位程序*/
void lcdpos(xpos,ypos)
{
    uchar a;
    a=xpos&0x40;
    if(a==0x40)
    {
        a=(ypos&0x07)+0xb8;
        lcdwc2(a);
        a=(xpos&0x3f)+0x40;
        lcdwc2(a);
    }
    else
    {
        a=(ypos&0x07)+0xb8;
        lcdwc1(a);
        a=(xpos&0x3f)+0x40;
        lcdwc1(a);
    }
}

/*全屏显示某数据子程序*/
void lcdfill(uchar data_out)
{
    ypos=0x00;
lfl_pb:
    xpos=0x00;
lfl_pa:

    lcdwrite(xpos,ypos,data_out);
    lcdwrite(xpos,ypos+1,data_out);
    delay(50);
    xpos=xpos+1;
    if(xpos!=128)goto lfl_pa;
    ypos=ypos+2;
    if(ypos!=8) goto lfl_pb;
    xpos=0x00;
    ypos=0x00;
}

/*定位并写数据子程序*/
```

```
void lcdwrite(xpos,ypos,uchar data_out)
{
    lcdpos(xpos,ypos);
    lcdwd(xpos,data_out);
}

/*送片1控制字子程序*/
void lcdwc1(uchar data_out)
{
    WC1=data_out;
}

/*送片2控制字子程序*/
void lcdwc2(uchar data_out)
{
    WC2=data_out;
}

/*片1写数据子程序*/
void lcdwd1(uchar data_out)
{
    WD1=data_out;
}

/*片2写数据子程序*/
void lcdwd2(uchar data_out)
{
    WD2=data_out;
}

void lcdwd(xpos,uchar data_out)
{
    uchar a;
    a=xpos&0x40;
    if(a==0x40)lcdwd2(data_out);
    else lcdwd1(data_out);
}

/*片1读数据子程序*/
void lcdrd1(uchar data_out)
{
    RD1=data_out;
}
```

```
/*片 2 读数据子程序*/
void lcdrd2(uchar data_out)
{
    RD2=data_out;
}

/*读片 1 状态*/
void waitidle1()
{
    uchar data_out;
wait1:
    data_out=RC1;
    data_out=data_out&0x80;
    if(data_out==0x80)
    goto wait1;
}

/*读片 2 状态*/
void waitidle2()
{
    uchar data_out;
wait2:
    data_out=RC2;
    data_out=data_out&0x80;
    if(data_out==0x80)
    goto wait2;
}

/*LCD 复位子程序*/
void lcdreset()
{
    lcdwc1(0x3e);                          /*关闭显示器*/
    lcdwc2(0x3e);
    lcdwc1(0x3f);                          /*打开显示器*/
    lcdwc2(0x3f);
    lcdwc1(0xc0);
    lcdwc2(0xc0);
}

void main()
{
    uchar data_out;
    uint k;
    l:
```

```
    k=0;
    lcdreset();
    lcdfill(0x5f);
    delay(50000);
    delay(50000);
    delay(50000);
    lcdfill(0xfa);
    delay(50000);
    delay(50000);
    delay(50000);
    ypos=0x00;                          /*列赋初值*/
dispb:
    xpos=0x00;                          /*行赋初值*/
dispa:
    data_out=disp_code[k];              /*取要显示的字符*/
    lcdwrite(xpos,ypos,data_out);
    k++;                                /*下一个字符*/
    delay(2500);
    data_out=disp_code[k];
    k++;                                /*下一个字符*/
    delay(2500);
    lcdwrite(xpos,ypos+1,data_out);
    xpos=xpos+1;
    if(xpos!=128)goto dispa;
    ypos=ypos+2;
    if(ypos!=8) goto dispb;
    delay(50000);
    delay(50000);
    delay(50000);
    goto l;
}
```

9.4 LED 点阵显示接口

LED 即为发光二极管(Light Emetting Diode,LED)。

LED 器件的种类繁多。早期 LED 产品是单个的发光灯;随着数字化设备的出现,LED 数码管和字符管得到了广泛的应用;而 LED 显示屏的出现,适应了信息化社会发展的需要,成为大众传媒的重要工具。

LED 发光灯可以分为单色发光灯、双色发光灯、三色发光灯、面发光灯、闪烁发光灯、电压型发光灯等多种类型。按照发光强度又可分为普通亮度发光灯、高亮度发光灯、超高亮度发光灯等。这种单个的发光灯适宜用作指示灯,如电源指示、电路状态指示等,进而对能够转变成电信号的各种物理量进行指示。也可以用多个LED发光灯组成固定的字符或图形进行显示,如在大型剧场会堂的出入口及洗手间的显示。

LED应用领域的不断扩大,要求生产更直接更方便的LED显示器件。因而出现了数码管、字符管、电平管等多种LED显示器。各种显示器的核心部件仍然是发光半导体芯片,只不过各种显示器的结构不同,以适应不同的应用需要。各种LED显示器的基本结构也是类似的,区别大多在于发光器件的数量、排列等方面的不同。

用多个LED发光灯组成的点阵,通过各个发光灯通断的不同组合,可以显示任意图形文字。LED发光灯组成的点阵是构成LED显示屏的基本单元组件。点阵可以采用4×4、8×8、16×16等多种结构形式,用以满足不同应用场合的需要。

LED点阵模块,是组成显示屏的基本单元。图9-21所示是4×4点阵。其中,图(a)是正面看时的外观;图(b)为共阴引脚图,外围数字为行、列编号,内侧数字为引脚数,总共为8脚的点阵模块;图(c)为共阳引脚图。

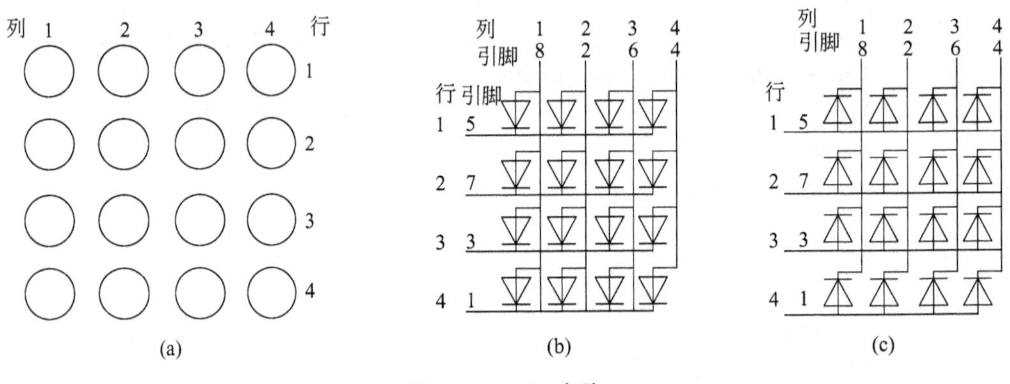

图9-21 4×4点阵

LED显示屏是利用发光二极管点阵模块或像素单元组成的平面式显示屏幕。由于它具有发光效率高、使用寿命长、组态灵活、色彩丰富以及对室内外环境适应能力强等优点,因此自20世纪80年代后期开始,随着LED制造技术的不断完善,在国外得到了广泛的应用。在我国改革开放之后,特别是20世纪90年代国民经济高速增长时期,人们在公众场合发布信息的需求日益强烈,而LED显示屏的出现正好适应了这一市场形势,因而LED显示屏在设计制造技术与应用水平上都得到了迅速的提高。LED显示屏经历了从单色、双色图文显示屏到图像显示屏,一直到今天的全彩色视频显示屏的发展过程。无论是器件的性能(超高亮度LED显示器及蓝色发光灯等)还是系统的组成(计算机化的全动态显示系统)方面都取得了长足的进步。目前已经达到超高亮度全彩色视频显示的水平,可以说能够满足各种应用条件的需求,其应用领域已经遍及交通、证券、电信、广告、宣传等各个方面。我国LED显示屏的发展可以说基本上与世界水平同步,至今已经形成了一个具有相当发展潜力的产业。应该指出的是,我国LED产业不但在应用技术上取得了巨大的成功,而且在创新能力上有出色的表现,例如北京中庆数据设备公司研制的ZQL9701超大规模芯片,就代表了当前LED显示屏控制电路的国际水平。

LED显示屏是在充分利用发光二极管的使用寿命长(10万小时)、可靠性高、低功耗、响应速度快、亮度高(可做成户外型)等的优点下,结合视频技术、多媒体技术而发展应用的显示媒体技术。LED显示技术克服了CRT(阴极射线管)、液晶、等离子、投影等显示技术的使用寿命短、功耗大、成本高、亮度低(无法做成户外型)、规格单一的缺点,而在显示功能上又可和以上显示媒体同步,并可面向对象地在功能和规格方面根据不同的客户需求量身定做。

在功能上LED显示屏可显示各类中外文字体、动画、图片、影视节目等内容,及有多种内容显示方式(如文字上移、下移、左移、右移、滚动、展开、闭合等)。文字大小的显示可在屏控电脑上随意调节。操作上配备界面友好的控制软件,用户利用电脑可随时在LED显示屏上发布各类文字信息。我们亦可根据客户的需求给LED显示屏加装网络控制功能,实现在网络上一台或多台电脑控制LED显示屏,如图9-22所示。

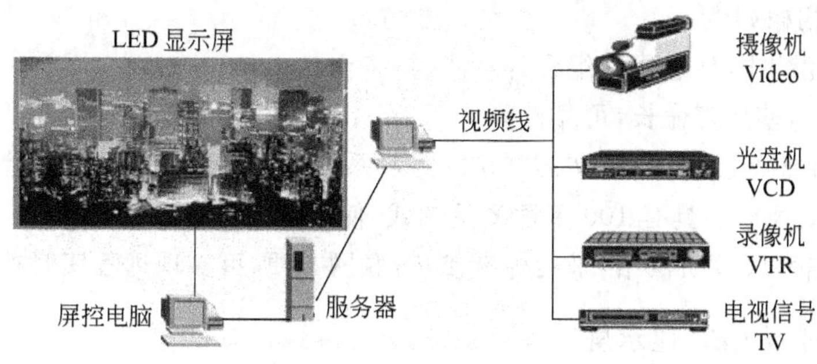

图9-22 控制显示系统

9.4.1 LED分类

1. 户外全彩(三基色)、彩色(双基色)LED显示屏

其功能特征如下:

(1) 超高亮度显示器件,色彩鲜艳,在阳光直射下,画面仍清晰醒目。

(2) 高灰度级、高清晰度:256级灰度,全彩(三基色)时具有262144种颜色变化,彩色(双基色)时具有4096种颜色变化。

(3) 引入多媒体技术,视频、声像同步,可直接播放电视、录像、摄像、VCD,且广告、信息、动画、视频信号可任意组合。

(4) 与计算机CRT同步,实时显示信息,计算机屏幕所见即LED显示屏所显,二维、三维电脑动画栩栩如生。

(5) 模块化结构,任意尺寸组合,全天候设计,可防雷、防雨、防霉、防风。

(6) 低功耗,使用寿命长,可靠性高。

(7) 配置了超级多媒体、图文再制作的播放系统,以及Windows下完善好友的界面,支持节目制作及播放。具有100多种显示方式,使屏幕内容引人入胜。

(8) 支持各种计算机网络。

2. 室内全彩(三基色)、彩色(双基色)LED 显示屏

其功能特征如下:

(1) 集多种显示功能于一体,除拥有一般图文信息的显示功能外,还可播放电视节目、录像、摄像、VCD,并可显示多个窗口,具有画中画功能。

(2) 高灰度级、高清晰度:色彩鲜艳,画面清晰、细腻,层次感强,16～256 级灰度,全彩(三基色)时具有 262144 种颜色变化,彩色(双基色)时具有 65536 种颜色变化。

(3) 引入多媒体技术,视频、声像同步,可直接播放电视、录像、摄像、VCD,且广告、信息、动画、视频信号可任意组合。

(4) 与计算机 CRT 同步,实时显示信息,计算机屏幕所见即 LED 显示屏所显,二维、三维电脑动画栩栩如生。

(5) 模块化结构,任意尺寸组合,品种规格齐全。

(6) 低功耗,使用寿命长,可靠性高。

(7) 配置了超级多媒体、图文再制作的播放系统,以及 Windows 下完善友好的界面,支持节目制作及播放。具有 100 多种显示方式,使屏幕内容引人入胜。

(8) 支持各种计算机网络,采用标准接口,联网方便,可实现远程实时控制。

3. 银行、证券 LED 显示屏

其功能特征如下:

(1) 用全点阵 LED 或点阵模块与数码管混合,规格品种齐全,是显示外汇牌价、储蓄存款利率、股市行情、实时公告信息的理想显示系统。

(2) 根据客户需求确定任意尺寸和规格,外形美观大方。

(3) 支持各种计算机网络,采用标准接口,联网方便,可实现远程实时控制。

(4) 响应速度快,信息容量大,可实时同步接收和显示各种行情变化。

(5) 中、英文的各种字体、字型全兼容显示,输入方式简便。

(6) 可靠性高,显示效果稳定,可 24 小时运行。

4. 彩色(双基色)和单色 LED 电子黑板

其功能特征如下:

(1) 由彩色或单色高亮度点阵 LED 模块组成,可显示各种文字信息,既可控制单屏显示,也可控制多屏显示及控制多屏联机同步显示。

(2) 模块化结构,任意尺寸组合,品种规格齐全。

(3) 中、英文兼容,可显示多国文字,输入方式简便。

(4) 配备超级文字制作播放系统,编辑简单,功能齐全,显示方式丰富。

(5) 可由一台计算机控制一至上百个显示屏,每个显示屏可显示相同信息,也可显示不同信息,并且每个显示屏都具有断电保护信息功能,可脱离计算机独立循环显示。

(6) 配备国标一、二级字库。

(7) 具有设置自动开、关机功能,无须人工监控。

(8) 支持各种计算机网络,采用标准接口,联网方便。

5. 室内彩色(双基色)LED图文显示屏

其功能特征如下:

(1) 由彩色或单色高亮度点阵LED模块组成,可显示各种图文信息,既可控制单屏显示,也可控制多屏显示及控制多屏联机同步显示。

(2) 模块化结构,任意尺寸组合,品种规格齐全。

(3) 图文并茂,中、英文兼容,可显示多国文字,输入方式简便。

(4) 配备超级图文制作播放系统,编辑简单,功能齐全,显示方式丰富。

(5) 可由一台计算机控制一至上百个显示屏,每个显示屏可显示相同信息,也可显示不同信息,并且每个显示屏都具有断电保护信息功能,可脱离计算机独立循环显示。

(6) 具有设置自动开、关机功能,无须人工监控。

(7) 支持各种计算机网络,采用标准接口,联网方便。

9.4.2 LED点阵显示实验

1. 89C51与16×16 LED汉字显示模块接口

列扫描由74LS138译码控制,行扫描由74HC595移位控制。实验原理图如图9-23所示。实例连线为P1.0—LA、P1.1—LB、P1.2—LC、P1.3—LD、P1.4—SER、P1.5—SCLR、P1.6—SRCLK、P1.7—RCK。

2. 实验程序

编写程序移动显示:欢迎您

(1) 程序流程图如图9-24所示。

(2) 程序代码如下:

```
#include <reg51.h>
#define uchar unsigned char
#define uint unsigned int
sbit SER=P1^4;
sbit SCLR=P1^5;
sbit SCK=P1^6;
sbit RCK=P1^7;
uint k1,k2;

bit flag;
uint code tab[]={
```

74HC595
U1
SER
SCK
SCLR
RCK
D
0A
0B
0C
0D
0E
0F
0G
0H
0HI
UNL2803A
U2
N1
N2
N3
N4
N5
N6
N7
N8
O1
O2
O3
O4
O5
O6
O7
O8
LED02
74LS138
U3
Y0
Y1
Y2
Y3
Y4
Y5
Y6
Y7
D1
A
B
C
D2A
D2B
R1
R2
R3
R4
R5
R6
R7
R8
102
R10
R11
T1
T2
T3
T4
T5
T6
T7
T8
D08
D09
D10
RN1
LA
LB
LC
V_{CC}
V_{SS}

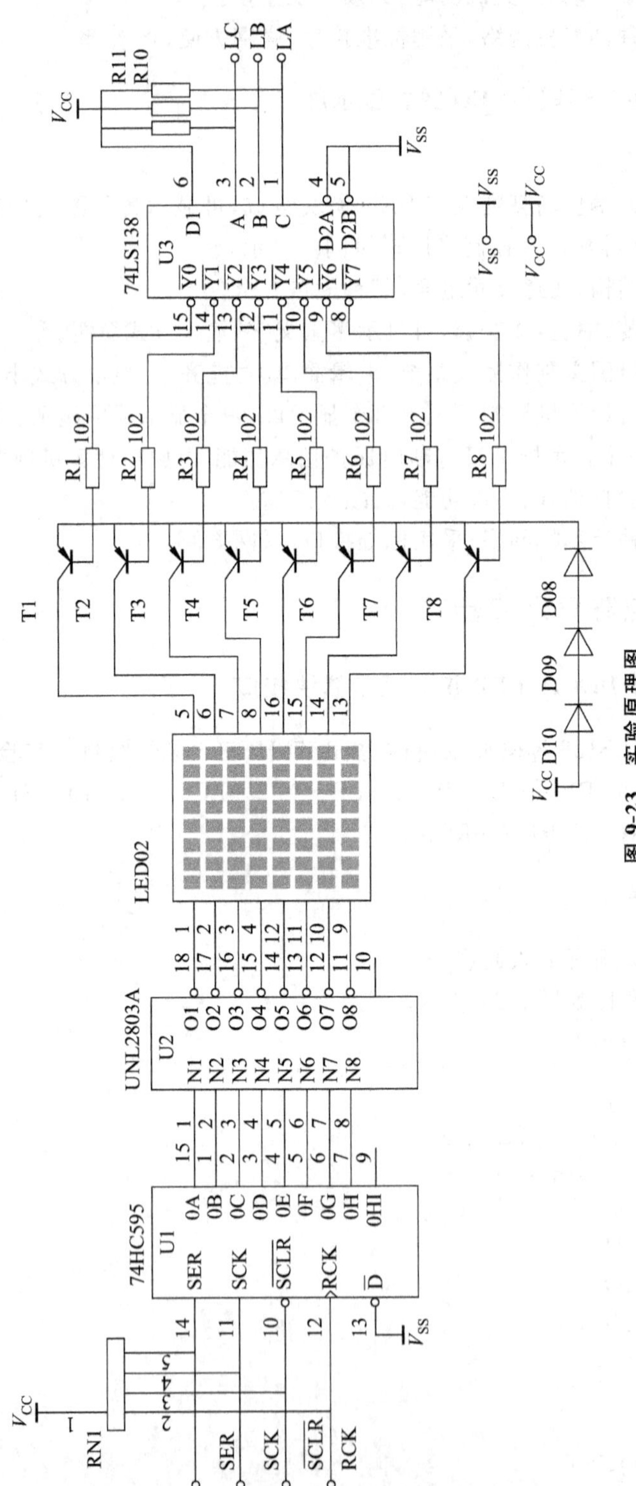

图 9-23 实验原理图

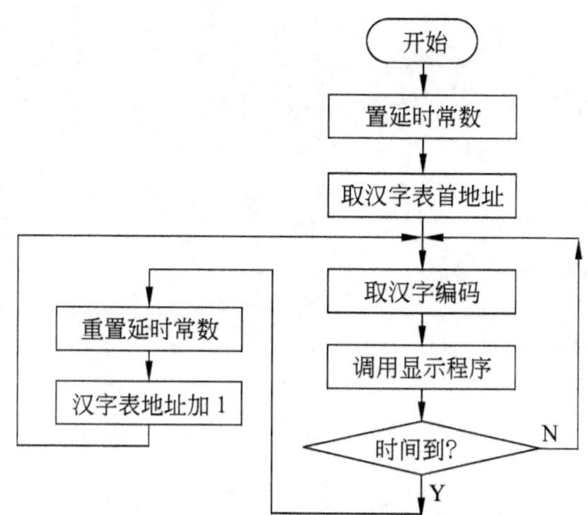

图 9-24 移动显示"欢迎您"程序流程图

```
        0x0000,0x0000,0x0000,0x0000,0x0000,0x0000,0x0000,0x0000,
        0x0000,0x0000,0x0000,0x0000,0x0000,0x0000,0x0000,
//欢
        0x2804,0x2408,0x2232,0x21C2,0x26C2,0x3834,0x0404,0x1808,
        0xF030,0x17C0,0x1060,0x1018,0x140C,0x1806,0x1004,0x0000,
        0x0000,
//迎
        0x0202,0x8204,0x73F8,0x2004,0x0002,0x3FE2,0x2042,0x4082,
        0x4002,0x3FFA,0x2002,0x2042,0x2022,0x3FC2,0x0002,0x0000,
        0x0000,

//您        0x0100,0x0204,0x0c1c,0x3fc0,0xc01c,0x0902,0x1602,0x6092,
        0x204a,0x2f82,0x2002,0x240e,0x2200,0x3190,0x200c,0x0000,
                0x0000,

        0x0000,0x0000,0x0000,0x0000,0x0000,0x0000,0x0000,0x0000,
        0x0000,0x0000,0x0000,0x0000,0x0000,
        0xFFFF

        };

void send(uint a);
void disp(uint dat);
uint getcode(uint k);

/*取得要显示的代码*/
uint getcode(uint k)
{
    uint dat;
```

```
    dat=tab[k];
    dat=dat;
    return (dat);
}

/*显示子程序*/
void disp(uint dat)
{
    SCLR=0;SCLR=1;
    send(dat);
    RCK=0;RCK=1;
    P1++;
}

/*发送16位数据*/
void send(uint a)
{
    uchar i;
    uint temp1;
    for(i=0;i<16;i++)
    {
          temp1=(a>>i)&0x0001;
          if(temp1==0x0001)
              SER=1;
          else  SER=0;
          SCK=0;SCK=1;
     }
}

void ddsp()
{
    uint dat,k3,s,d;

          for(s=0;s<0x03;s++)                    /*字符运动的速度*/
        {k3=k1;
             for(d=0;d<16;d++)                   /*一段字符点亮次数,即亮度*/
               {
                dat=getcode(k1);
                if(dat==0x0ffff)                 /*是最后一个字符返回*/
                       {flag=0;goto loop1;}
                else disp(dat);
                k1++;
             }
```

```
            k1=k3;
          }
        k2++;
        k1=k2;
loop1:;
}

void main(void)
{

loop:
    P0=0xFF;
    P1=0xFF;

    flag=1;
    k2=0;
    k1=0;
    do{
        ddsp();
        if(flag==0) goto loop;
         }
    while(1);
}
```

9.5 打印机接口电路

打印机是常用的人机接口设备之一，特别是微型打印机在单片机系统中应用甚广。随着普通打印机价格的下降，它们在单片机系统中的应用也逐渐增多。本章主要介绍TPμP系列微型打印机和带汉字库的TX-850K及LQ-1600K普通打印机与单片机的接口及应用。这些打印机与单片机之间接口容易，编程简单，比较适合在单片机系统中应用。

9.5.1 TPμP系列微型打印机简介

1. TPμP系列微型打印机的型号与分类

TPμP系列微型打印机是一种具有多种功能的智能打印机。按其外形和功能可分为C系列卧式、T系列台式和A系列面板式打印机；按其接口可分为并行接口P(Centronics标准并行接口)和串行接口S(RS-232C)；按其每行字符个数可分为16行、24行和40行。

(1) 型号定义

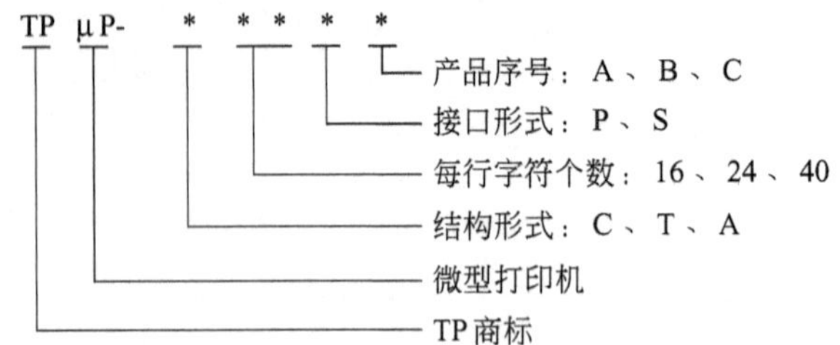

(2) 主要机型及性能

T 即 TPμP 系列微型打印机，其主要机型及性能如表 9-9 所示。

表 9-9　T 系列微型打印机主要机型及性能

系列	机　型　号	接口	机　头	字符/行	点/行	速度行/秒	备　注
T系列台式机壳	TPμP-T16P	并行	M-150Ⅱ	16	96	1.0	
	TPμP-T16S	串行					
	TPμP-24(H)P	串行	M-180	24	144	1.7	高速打印
	TPμP-24(H)S	并行					
	TPμP-T40P	串行	M-164	40	240	0.4	
	TPμP-T40S	并行					
	TPμP-T42P	串行	M-183	42	252	1.0	高速打印
	TPμP-T42S	并行					

2. TPμP 系列微型打印机主要性能指标

下面举例说明 TPμP 系列微型打印机的性能指标。

(1) TPμP-16B 主要技术指标

① 打印系统：点阵式(每行 96 点)，采用 Model-150Ⅱ型机头。

② 打印速度：每点行约 100ms，每行字符约 1s。

③ 字符构成：5×7 点阵(或 6×8 点阵)。

④ 打印字符：96 个 ASCII 字符、16 个用户自定义字符、64 个特殊符号、64 个图符等。

⑤ 打印命令：单字节打印命令，命令代码为 01H～0FH。

⑥ 接口：Centronic 标准并行接口。

⑦ 可靠性：MCBF(平均无故障行数)为 500 000 行。

⑧ 开关：复位/运行开关、自测式开关和送纸按钮开关共 3 个。

⑨ 电源：直流电压为 5V，电流为 1.5A。

(2) TPμP-A40 主要技术指标

① 打印方法：撞击式点阵打印。

② 打印字符：448 个字符及图块，包括 96 个 ASCII 字符、32 个用户自定义字符及一

些符号、图符等。

③ 字符构成：标准字符，5×7点阵，块图符；6×8点阵，用户自定义字符；6×8点阵。

④ 控制命令码：TPμP传统命令码或ESC/P命令码，可跳线选择。

⑤ 输入缓冲区：0.5KB，可改为6.5KB、30.5KB。

⑥ 接口：Centronic标准并行接口或RS-232C串行接口。

⑦ 可靠性：MCBF(平均无故障行数)为500 000行。

⑧ 按键：SEL为在线/离线选择，LF为走纸样式选择。

⑨ DIP开关选择：

波特率：19 200、9 600、4 800、2 400、1 200、600、300、150；

奇偶校验：偶校验、奇校验、无校验；

控制方式：标志控制、XON/XOFF规则；

8位数据位，1位停止位。

⑩ 电源：直流电压为5V，电流为1.5A。

9.5.2 TPμP-16B微型打印机应用实例

1. TPμP-16B微型打印机命令

TPμP-16B微型打印机命令如表9-10所示。

表9-10 TPμP-16B微型打印机命令表

命令名称	命令代码	命令格式	命令说明
空位	02、03、04、05、0B、0C	CC(CC…CC)	CC—空位命令码，所空位数为代码表示的十六进制数，如0B代表空11位
字符打印	字符打印代码	C1C2C3…0D	C1C2C3—字符打印代码；0D—结束代码(字符打印代码见TPμP使用说明书字符集)
重复字符打印	0E	XX 0E YY	XX—被重复打印字符代码；YY—重复打印个数
自定义字符	06	06 XX B1 B2 B3 B4 B5 B6 0D	XX—被定义代码；0D—命令结束代码；B1～B6—定义字样字节(6×7点阵)
字库较读	01	01	打印出16个自定义字符的图样
*n*条曲线	07	07 XX Y1 Y2 Y3… Y*n* 0D	XX—打印曲线数(纸宽Y方向数)；Y1…Y*n*—各点Y方向坐标(1,96D)
点阵图形打印	0F	0F XX B1…B*n* 0D	XX—点阵图宽(1～96)；B1…B*n*—打印点阵数，个数与XX相等
清单打印	08	08	进入/退出“程序清单打印格式”
更换字符点行数	09	09 XX	XX—字符点行数(00～FF)，上电后字符点行数定义为0D
回车换行	0A		在其他命令后使用回车换行，但不能单独使用
命令结束	0D		在命令后表示命令结束，或替代0A作回车换行

2. TPμP-16B 与 MCS-51 单片机的硬件接口

TPμP-16B 接口为 Centronic 标准并行接口，与其他型号 TPμP 微型打印机的接口是相同的。其控制引线如下：

(1) DB0～DB7：数据传输总线，输入；

(2) $\overline{\text{STB}}$：数据选通信号，输入；

(3) BUSY："忙"信号，输出；

(4) $\overline{\text{ACK}}$："应答"信号，输出；

(5) $\overline{\text{ERR}}$："出错"信号，输出；

(6) GND：信号地。

3. 信号时序

信号时序如图 9-25 所示。

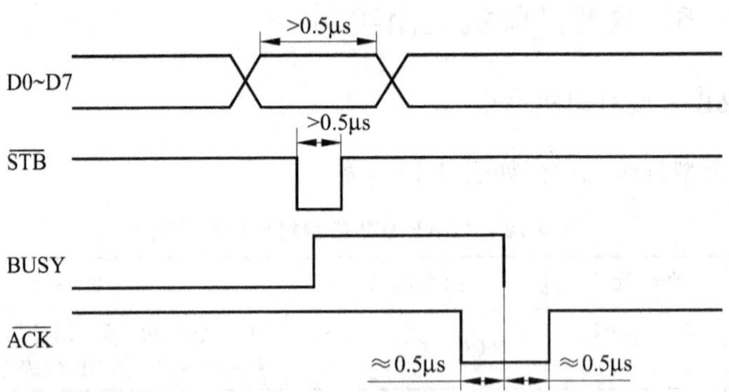

图 9-25 TPμP 微型打印机并行接口信号时序图

4. TPμP-16B 与 MCS-51 单片机的硬件接口实例

图 9-26 是 TPμP-16B 微型打印机与 MCS-51 单片机 80C31 的硬件接口。

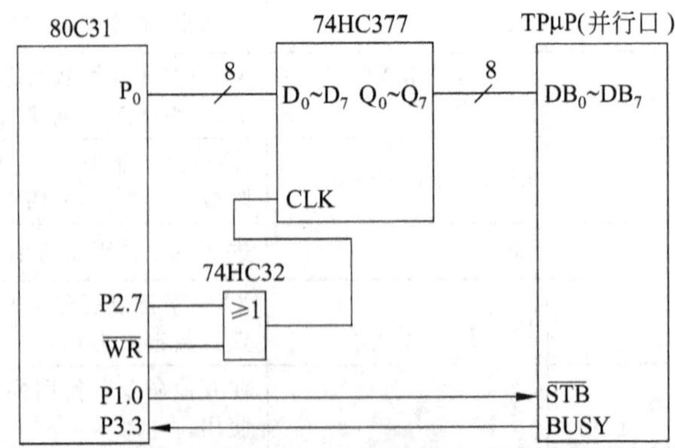

图 9-26 TPμP 与 MCS-51 单片机的接口

图 9-26 中,74HC377 为 80C31 扩展的并行输出接口,地址为 7F00H。它与 TPμP-16B 微型打印机接口的 DB0～DB7 连接,80C31 的 P1.0 接$\overline{STB}$,P3.3 接 BUSY。

5. 软件编程举例

例 9.2 使用 TPμP-16B 微型打印机进行打印,将 80C31 单片机外 RAM 中首地址为 0A00H 的 12 个数据及编号以十进制形式打印出来,打印格式如下：

```
*********************************
      PP-0-1
……………………………
N | V | ?
……………………………
1-01 | 2.43
1-02 | 2.55
1-03 | 2.34
1-04 | 2.44
*********************************
```

(1) 程序说明。

① 本程序对应的 TPμP-16B 与 MCS-51 单片机的硬件接口电路如图 9-26 所示。

② 打印代码向 TPμP-16B 的传送过程：首先将打印代码写入 MCS-51 单片机应用系统开设的打印 RAM 缓冲区,然后采用中断方式传送给 TPμP-16B。

③ 单片机打印 RAM 缓冲区首地址：0A800H。

④ 单片机中断采用边沿触发方式,当向单片机打印 RAM 缓冲区写完代码后,为使 TPμP-16B 的 BUSY 引脚变为高电平,在打印程序中调用 PRK1 时,先向 TPμP-16B 送一个“0DH”代码。

(2) 程序清单。

```
#define POB XBYTE[0x7f00]
char ch1[]="***************"
char ch2[]=" PP-0-1 "
char ch3[]="..............."
char ch4[]="N | V | ?"
char ch5[]="1-01 | 2.43"
char ch6[]="1-02 | 2.55"
char ch7[]="1-03 | 2.34"
char ch8[]="1-04 | 2.44"
void main ()
{
  EA=1;
  EX1=1;
```

```
  POB=0x0d;
  P10=0;
  P10=1;
  c=0;
  while(1);
}


void intr() interrupt 2 using 0
{
EX1=0;
uint c;
switch(c){case 0:getcode(ch1);break;
    case 1:getcode(ch2);break;
    case 2:getcode(ch3);break;
    case 3:getcode(ch4);break;
    case 4:getcode(ch3);break;
    case 5:getcode(ch5);break;
    case 6:getcode(ch6);break;
    case 7:getcode(ch7);break;
    case 8:getcode(ch8);break;
    case 9:getcode(ch1);
        }
c++;
}

void getcode()
{
for(i=0;i<strlen(ch);i++)
pprint(ch[i]);
pprint(0x0d);
}

void pprint(ddata)
{
POB=ddata;
  P10=0;
  P10=1;
}
```

习题与思考题

9.1 如图 9-6 所示电路,假设给定 5V 的输入电压量程,最大输出频率为 200kHz,输出占空比为 25%,试求 $R1$、$R2$、$R3$、$C1$ 和 $C2$ 的值。

9.2 试述 DS1305 RAM 的分布情况。

9.3 DS1305 有多少个寄存器,各寄存器的功能是什么?

9.4 简述点阵液晶是怎样显示一个汉字的?

9.5 LED 点阵是怎样显示一个汉字的?

第10章 chapter 10

IC 卡

随着我国市场经济的发展和金融的现代化,现金和各种证件正逐渐被各种卡片所取代。其中 IC 卡是卡片家庭中出现较晚,但却是较有前途的一种,最终它将取代现在广泛使用的光电卡、条码卡、磁卡的地位而成为主流。IC 卡又称智能卡,是将具有存储、加密技术处理能力的集成电路芯片镶嵌于塑料基片中,并封装成卡的形式,其涉及微电子技术、计算机技术和信息安全等技术。作为一种成熟的高科技产品,智能卡提高了人们生活和工作的现代化程度,已成为一个国家科技发展水平的标志之一。

10.1 概 述

随着社会发展与科学技术的进步,卡(光电卡、磁卡、IC 卡)逐渐进入了人们的生活。人们之所以广泛接受并使用各种卡片,说明它的用途十分广泛,并和人们的日常生活息息相关。IC 卡作为目前较流行的一种卡,越来越受到人们的关注。

10.1.1 IC 卡的定义与分类

IC 卡是集成电路卡(Integrated Circuit Card)的简称,是将一个专用的集成电路镶嵌于塑料基片中,封装成卡的形式。IC 卡的概念最初是由法国的新闻工作者 Roland Moreno 在 1972 年提出的。1976 年,布尔公司的 Ugon 先生研制出世界上第一张由双晶片(微处理器和存储器)组成的智能卡。1987 年,国际标准化组织 ISO 专门为 IC 制定了国际标准:ISO/IEC 7816-1、2、3、4、5、6,这些标准为 IC 卡的规定,在 IC 卡的左上角封装有 IC 芯片,其上覆盖有 6 或 8 个触点和外部设备进行通信,如图 10-1 所示。

按 ISO 标准,部分触点及其定义为:

C1——V_{CC}:电源　　　C5——GND:地

C2——RST:复位电路　　　C6——V_{PP}:存储器编程电源(可选)

C3——CLK:时钟　　　C7——I/O:输入/输出

C4——保留　　　C8——保留

从信号传输的接口方式来分,有接触式 IC 卡、非接触式 IC 卡、两种接口方式合一的双界面IC卡。接触式IC卡主要遵循的国际标准为ISO 7816系列,常用非接触式IC卡

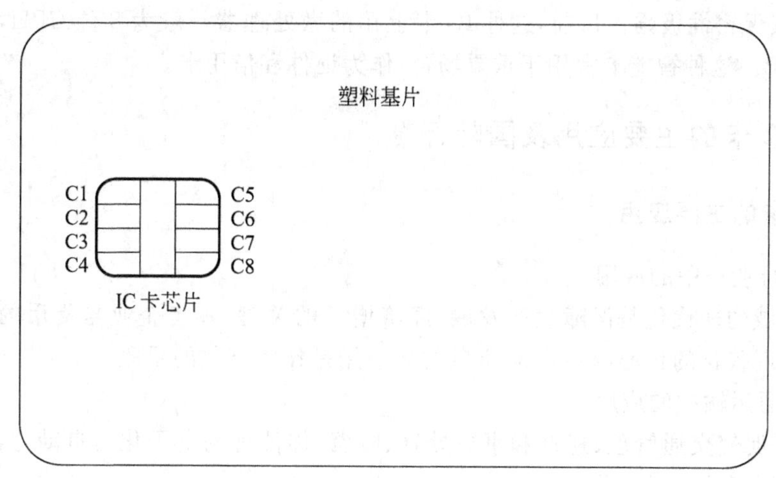

图 10-1 IC芯片

主要遵循的国际标准为 ISO 14443 系列。

根据 IC 卡的内部结构,可将 IC 卡分为以下 3 类:

(1) 存储卡。这种 IC 卡内封装的集成电路一般为电可擦除的可编程只读存储器 EEPROM。这种器件的特点是:存储数据量大,容量为几 KB 到几十 KB;信息可以长期保存,也可以在读写器中擦除和改写;读写速度快,操作简单。此类卡上数据的保护主要依赖于读写器中的软件口令以及在卡上加密写入信息,软件读出时被破译,因此这种 IC 卡的安全性稍差。但这种 IC 卡结构简单,使用方便,成本低,与磁卡相比又具有存储容量大、信息存储在卡上、不需读写器联网等特点。其主要用于安全性要求不高的场合,如电话卡、水电费卡、医疗卡等。

(2) 逻辑加密卡。这种 IC 卡中除封装了上述 EEPROM 存储器外,还专门设有逻辑加密电路,提供了硬件加密手段。因此这种卡存储容量大,安全性强,不但可保证卡上存储数据的读写安全,而且能进行用户身份的认证。由于其密码不是在读写器软件中而是存储于 IC 卡上,所以几乎没有破解的可能性。例如美国 Atmel 公司设计的 AT88SC1604 逻辑加密卡,卡上设有三级保密功能,总密码用于身份的认证,非法用户 3 次密码核对错误即可使卡报废。这种卡具有 4 个数据存储区可分别存储不同信息,又各包含独立的读写密码,可以做到一卡多用。在不同读写器件中核实相应密码进行某一业务操作,不会影响其他存储区。卡上信息不能随意改写,改写前需先擦除,而擦除需要核对擦除密码,这样即使是持卡人自己也不能随意更改卡上的数据。因此这种逻辑加密卡的保密性极强,能自动识别读写器、持卡人和控制操作类型,常用于安全性较高的场合。

(3) CPU 卡。这种 IC 卡片内集成了中央处理器 CPU、程序存储器 ROM、数据存储器 EEPROM 和 RAM,并且一般 ROM 中还配有卡上操作系统软件(Chip Operating System,COS)。这种 IC 卡上的微处理器可以执行 COS 监控程序,接收从读写器送来的命令和数据,分析命令后控制对存储器的访问。由于这种卡具有智能性,读写器对卡的操作要经过卡上的 COS,所以其保密性更强;而且微处理器具有数据加工和处理的能力,可以对读写数据进行逻辑和算术运算,能力很强;这种 IC 卡存储的数据对外相当于一个

"黑盒子",其保密性极强。目前,这种 IC 卡上用的微处理器一般为 8 位 CPU,存储容量约为几十 KB。这种智能卡常用于重要场合,作为证件和信用卡。

10.1.2 IC 卡的主要应用及国际标准

1. IC 卡的主要应用

(1) 银行业务中的应用

流通领域的现代化是保障生产发展、经济增长的关键,零售企业与货币的电子化则是流通领域现代化的核心内容。IC 卡的主要应用是作为支付的手段。

(2) 交通运输中的应用

IC 卡可促使交通管理、违章和事故处理、收费、加油等的电子化与自动化,提高我国公交管理的科学化与现代化水平。

非接触式智能卡中包含了天线,用于在不接触的情况下与读写器交换信息。一般而言,现在典型非接触智能卡的读写有效距离为 10cm、交易时间小于 0.1s,因此,在交通行业的很多应用场合(例如公交车、地铁、轮渡、高速公路收费系统等)能明显地节省时间,提高效率。

(3) 信息安全中的应用

由于 Internet 及各种局域网在我国的发展,信息在传递与处理过程中的安全问题成为信息领域的关键。IC 卡可用来存储和解释私人签名密匙和证书,实现数字签名和认证,是信息的安全卫士。

(4) 教育中的应用

在教育领域推广 IC 卡是提高教育信息化管理的重要手段,是校园一卡通(交费、图书、上机、就餐)的首选产品。

(5) 通信中的应用

近年来,随着我国经济的全球化、信息化速度的加快,GSM 网络的迅速普及,使得我国有了世界庞大的 GSM 网络,CDMA 也在联通的大力推动下不断发展。SIM 卡作为任何蜂窝网中的移动台个人化的唯一手段,在我国有极大的市场前景。

(6) 医疗保健中的应用

利用 IC 卡的一卡多用的优势,将多种社会劳动保险业务数据集于一卡之中,以代替传统的《职工养老保健手册》、《事业救济金领用证》、《医疗保健手册》等手工缮写的各种手册,是社会保障系统信息化与现代化的重要组成部分。

(7) 政府行政中的应用

利用 IC 卡的安全与大容量特性,可将个人资料(姓名、地址、照片、指纹等)信息存于 IC 卡中以制成电子证件,比传统的身份证、护照等更方便、更安全。

2. IC 卡的国际标准

(1) 接触型 IC 卡的国际标准

① 物理特性符合 ISO 7816:1987 中规定的各类识别卡的物理特性和 ISO 7813 中规

定的金融交易卡的全部尺寸要求，此外还应符合国际标准 ISO 7816-1：1987 规定的附加特性、机械强度和静电测试方法。

② 触点尺寸和位置，应符合国际标准 ISO 7816-2：1988 中的规定。

③ 电信号和传输协议。IC 卡与接口设备之间的电源及信息交换应符合 ISO/IEC 7816-3：1989 的规定。

④ 行业间交换用命令。有相同的国际标准 ISO/IEC 7816-4：1994。但该版本尚未正式通过。

⑤ 应用标识符的编号系统和注册过程应符合国际标准 ISO/IEC 7816-5：1994 中的规定，感应式智能卡的国际标准有 ISO/IEC 10536-1：1992、ISO/IEC 10536-2：1995、ISO/IEC DIS10536-3：1995、ISO/IEC 14443-2 等。

（2）非接触卡国际标准

非接触卡分 TYPE A 和 TYPE B 两种。MIFARE 卡符合 ISO 14443-TYPE A 标准，TYPE A 标准是先有卡，后有标准；以 Motorola 为首的一些芯片厂家又制定出 ISO 14443-TYPE B 标准然后根据 TYPE B 标准去研制卡芯片，目前 TYPE B 标准的卡还没有大规模应用。TYPE B 标准的卡主要是非接触 CPU 卡；TYPE A 也有 CPU 卡，如 MIFARE 的 MIFAREPRO。

10.2 AT24C××系列存储卡

存储卡（Memory Card）是一种以可用电擦除的可编程存储器（EEPROM）为核心的、能多次重复使用的 IC 卡。这种卡主要应用于“公开标识”或“文件”存储等方面。

现以 Atmel 公司生产的 AT24C××系列存储卡芯片为例来介绍存储卡的有关性能。

10.2.1 概述

Atmel 公司生产的 AT24C××系列存储卡采用低功耗 CMOS 工艺制造，片内采用的高压泵升电路采用单一电源方式工作。由于芯片的容量规格比较齐全，工作电压选择多样化，操作方式标准化，因此使用方便，是目前应用较多的一种存储卡。芯片的主要特性如下。

（1）芯片的电源电压可以选择多种电压中的一种电压：

$$5.0\text{V}(V_{CC}=4.4\sim6.0\text{V})$$

$$3.0\text{V}(V_{CC}=2.7\sim6.0\text{V})$$

$$2.5\text{V}(V_{CC}=2.5\sim6.0\text{V})$$

$$2.0\text{V}(V_{CC}=1.8\sim6.0\text{V})$$

（2）芯片存储容量的组态（如表 10-1 所示）。

表 10-1 芯片存储能量的组态

型 号	容量/Kb	内部组态	随机存址地址/位
AT24C01A	1	128个8位字节页面	7
AT24C02	2	256个8位字节页面	8
AT24C04	4	2块256个8位字节页面	9
AT24C08	8	4块256个8位字节页面	10
AT24C16	16	8块256个8位字节页面	11
AT24C32	32	32块128个8位字节页面	12

(3) 双线串行接口,双向数据传送。

(4) 支持ISO/IEC 7816-3同步协议。

(5) 擦写次数100 000个周期,数据保存期为100年。

(6) 支持页面写入:8字节页面(1Kb、2Kb)、16字节页面(4Kb、8Kb、16Kb)、32字节页面(32Kb)。

IC卡的模块引出端符合ISO/IEC 7816-2标准,其触点的安排如表10-2所示。

表 10-2 模块功能

芯片的触点	引出端名	功 能
C1	V_{CC}	工作电压
C2	NC	未连接
C3	SCL(CLK)	串行时钟
C4	NC	未连接
C5	GND	地
C6	NC	未连接
C7	SDA(I/O)	串行数据(输入/输出)
C8	NC	未连接

10.2.2 工作原理

存储卡的内部逻辑结构如图10-2所示。其中A2、A1、A0为器件/页地址输入端,在IC卡芯片中,将此3端均接地,并且不引出到触点上(如虚线所示)。

1. 串行接口及控制逻辑

芯片的信号线有两条:SCL(时钟信号线,同步用的时钟输入)和SDA(双向数据线)。数据传输遵循I^2C总线协议。为了区分SDA线上的数据、地址、操作命令以及各种状态,芯片内设计了多个逻辑控制单元。

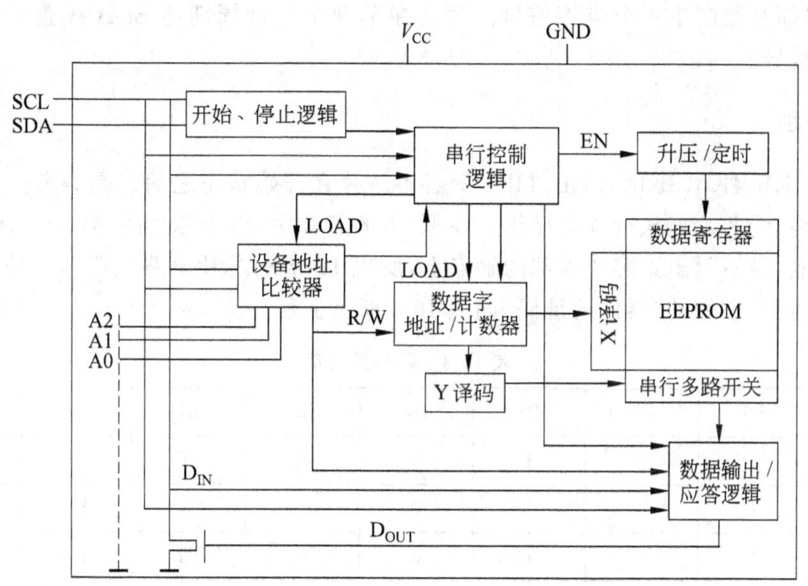

图 10-2 存储卡的内部逻辑结构

(1) 启动与停止逻辑单元

启动信号：当 SCL 处于高电平时，SDA 从高到低的跳变作为 I^2C 总线的启动信号，启动状态应在操作命令之前建立。

停止信号：当 SCL 处于高电平时，SDA 从低到高的跳变作为 I^2C 总线的停止信号，表示一种操作“结束”。其后将结束所有相关的通信。

SDA 和 SCL 端通常接有上拉电阻。当 SCL 为高电平时，对应的 SDA 上的数据有效；而当 SCL 为低电平时，允许 SDA 上的数据发生变化。

(2) 串行控制逻辑单元

通过对 SCL、SDA 以及“启动”与“停止”逻辑单元发出的各种信号进行区分并排列出有关“寻址”、“读数据”和“写数据”等逻辑，将它们传送到相应的操作单元。例如，当操作命令为“寻址”时，它将通知地址计数器 1 并启动器件地址比较器工作；在“读数据”操作时，它控制“数据输出确认逻辑单元”；在“写数据”时，它将控制升压/定时电路，以便向 EEPROM 电路提供编程所需的高压。

(3) 地址/计时器单元

产生访问 EEPROM 存储单元的地址，并将其分别送到 X 译码器进行字选(字长 8 位)，送到 Y 译码器进行位选。

(4) 升压/定时单元

由于 EEPROM 数据在写入时必须向电路施加编程所需的高电压，因此为了解决单一电源电压的供电问题，芯片生产厂家采用了电压的片内提升电路。电压提升的范围一般可达 12～21.5V。

(5) 数据输入/输出应答逻辑单元

地址和数据字均以 8 位码串行输入/输出。数据传送时，每成功地传送一个字节数据，接收器都必须产生一个应答信号。通常在第 9 个时钟周期将 SDA 线置于低电平时作为应答信号。

2. 寻址

1Kb、2Kb、4Kb、8Kb、16Kb、32Kb 等各种芯片在开始状态之后总是跟着一个 8 位的器件地址码，使芯片能执行读写操作。在 IC 卡的芯片中，由于芯片的 A2、A1、A0 端均已在内部接地，且不引出到芯片外部的触点上，所以 IC 卡的芯片电路只能单个使用。对应各种容量的 IC 卡片的"器件地址码"如表 10-3 所示。

表 10-3 器件地址码

容量/Kb	B7	B6	B5	B4	B3	B2	B1	B0
1、2	1	0	1	0	0	0	0	$R/\overline{W}$
4	1	0	1	0	0	0	P0	$R/\overline{W}$
8	1	0	1	0	0	P1	P0	$R/\overline{W}$
16	1	0	1	0	P2	P1	P0	$R/\overline{W}$
32	1	0	1	0	0	0	0	$R/\overline{W}$

其中，P0、P1、P2 为页面地址位。

对于 4Kb 芯片，P0＝0、1 分别选第 0 页面和第 1 页面。

对于 8Kb 芯片，P0、P1 可选 00～11 共 4 个值，分别对应选择第 0、1、2、3 页面。

对于 16Kb 芯片，P0、P1、P2 可选 000～111 共 8 个值，分别对应选择第 0～7 页面。

对于 32Kb 芯片，不是用页面地址选址，而是用紧跟在后面的数据字来直接寻址。

在"器件地址码"之后，紧跟着的是发送字节地址码。对于 1Kb、2Kb、4Kb、8Kb、16Kb 芯片来说，采用一个 8 位长的字节地址码；对于 32Kb 芯片，则采用 2 个 8 位长的字节地址码。

对 1Kb 卡，实际上只用地址码的低 7 位作为寻址码。寻址码为 128 个字节。

对 2Kb 卡，地址码的 8 位全部用于寻址。寻址码为 256 个字节。

对 4Kb、8Kb、16Kb 卡，卡芯片需将页面地址与随后的 8 位地址字一起作为寻址码。

对于 32Kb 卡，采用 2 个 8 位数据字作为寻址码。第一个地址字只有低 4 位有用，此 4 位与第二个地址字的 8 位一起组成 12 位长的地址码，对 4096 个字节进行寻址。

3. 写操作

写操作时，器件地址码中的最低位($R/\overline{W}$)为 0。写操作有两种：字节写和页面写。

(1) 字节写。外部设备(主器件)发出数据开始信号，器件地址码和"确认"应答之间有一个 8 位地址(对 32Kb 芯片是 2 个 8 位地址)；存储器芯片收到地址后，通过 SDA 发出确认应答信号，然后外部设备送 8 位数据到 SDA 线上；芯片收到数据后，通过 SDA 发出确认信号；外部设备发送停止信号来结束写操作。这时，芯片进入内部定时的写周期。在写周期期间，禁止所有输入直到写操作完成。

(2) 页面写。写页面的操作与写字节的操作相类似,只有数据传送设备不需要时,才在第一个字节输入后发送停止信号。在芯片确认收到第一个数据之后,数据传送设备再继续传送7个(1Kb/2Kb)、15个(4Kb/8Kb/16Kb)或31个(32Kb)数据字节。每当收到一个数据之后,芯片都要通过SDA线回送一个确认信号。在整个页面的所有字节写完之后,数据传送设备最后在SDA线上通过发出停止信号来结束写页面操作。

在进行写页面的过程中,数据字地址的低3位(1Kb/2Kb)、低4位(4Kb/8Kb/16Kb)或低5位(32Kb)在收到每个数据字后,都会在芯片内部的地址计数器自动加1。数据字地址的高位保持不变,以保持存储器页地址不变。如果传送到芯片的数据字长度超过8字节(1Kb/2Kb)、16字节(4Kb/8Kb/16Kb)或32字节(32Kb),数据字地址将"滚动覆盖",即将以前写入的数据覆盖掉。在写操作期间,地址"滚动覆盖"是从当前页面的最后一个字节"滚动"到同一个页面的第一个字节,然后按顺序向后"滚动"。换句话说,在写操作期间,地址计数器只是在同一页面内"滚动"。

4. 读操作

读操作时,器件地址码中的R/$\overline{\text{W}}$为1。读操作有3种:当前地址读取、随机地址读取和顺序读取。

(1) 当前地址读取。芯片内部有一个地址计数器,它保留接收到的最后地址并内部自动加1。如果先前读取的地址是n(n为任何合法地址),那么下一次的读操作将从地址(n+1)中取数。在收到器件地址并且R/$\overline{\text{W}}$为1时,芯片发出认可信号,并送出8位的数据字节。若外部器件不回应确认信号,而回应一个停止信号,则芯片接到这个停止信号后就不再发送。

(2) 随机地址读取。随机读需要一个"空"字节的写操作来将芯片内部地址计数器指针调到需要读的地址单元的前一个地址上。所谓"空"字节的写操作,就是在给出数据字地址码之后,不发送任何数据字,而在芯片的"确认"应答之后,发出一个启动信号,进入"当前地址读"操作,即发送设备发出一个R/$\overline{\text{W}}$为1的器件地址码。芯片确认器件地址码之后将当前地址单元中的数据串行输出到SDA线上。同样,数据读取设备读数据后不发送"确认"信号,而且回应一个停止信号(SDA线处于高电平)来结束本次操作。

(3) 顺序读取。顺序读可以从"当前地址读取"或"随机读取"开始,当数据接收设备收到一个数据后,不发停止信号,而回答一个"确认"信号。一旦芯片收到"确认"信号,则将地址计数器的地址加1,并使此地址单元中的数据从SDA线上串行输出。只要数据读取设备不发出停止信号,顺序读操作就仍继续进行。要终止顺序读操作,设备发出停止信号即可结束本次操作。

10.3 逻辑加密存储卡SLE4442

逻辑加密存储卡(Smart Card with Security Logic)主要由EEPROM存储单元阵列和密码控制逻辑单元所构成。由于采用密码控制逻辑来控制对EEPROM存储器的访问和改写，因此它不像存储卡一样可以被任意的复制或改写。正是因为这种卡具有大容量、安全保密、使用灵活和价格低廉等多种优点，所以这种卡在目前的IC卡应用中，特别是在非金融领域的应用中占据着主导地位。

10.3.1 概述

SLE4442是由西门子(Siemens)公司设计的逻辑加密存储卡。它具有2Kb的存储容量和完全独立的可编程加密代码存储器(PSC)，是目前应用较多的一种逻辑加密存储卡芯片。该芯片的特点如下：

(1) 采用多存储器结构；

(2) 2线连接协议，串行接口满足ISO 7816同步传送协议；

(3) 芯片采用NMOS工艺技术，每字节的擦除/写入编程时间为2.5ms；

(4) 存储器具有至少10^4次的擦除/写入周期，数据保持时间至少10年。

芯片的引脚定义和功能说明如表10-4所示。图10-3所示为SLE4442芯片的内部逻辑图。

表10-4 SLE4442引脚功能

引脚	卡触点	符号	功能
1	C1	V_{CC}	操作电压5V
2	C2	RST	复位
3	C3	CLK	时钟
4	C4	NC	未用
5	C5	GND	地
6	C6	NC	未用
7	C7	I/O	双向数据线(漏极开路)
8	C8	NC	未用

10.3.2 芯片功能

SLE4442 IC卡芯片主要包括3个存储器：256×8位E^2PROM型主存储器、32×1位PROM型保护存储器和4×8位E^2PROM型加密存储器。

1. 主存储器

主存储器为可重复擦除使用的E^2PROM型存储器，按字节寻址。在擦除时，一个数据字节的所有8位被全部置1。在输入时，E^2PROM单元中的信息则将新写入数据与原来存有的数据进行“逻辑与”。通常，要改变一个数据需要先进行擦除，再进行写入操作。写入或擦除操作一次至少要耗费2.5ms的时间。

主存储器的地址范围是0(00H)～255(FFH)，分为两个数据区——保护数据区和应

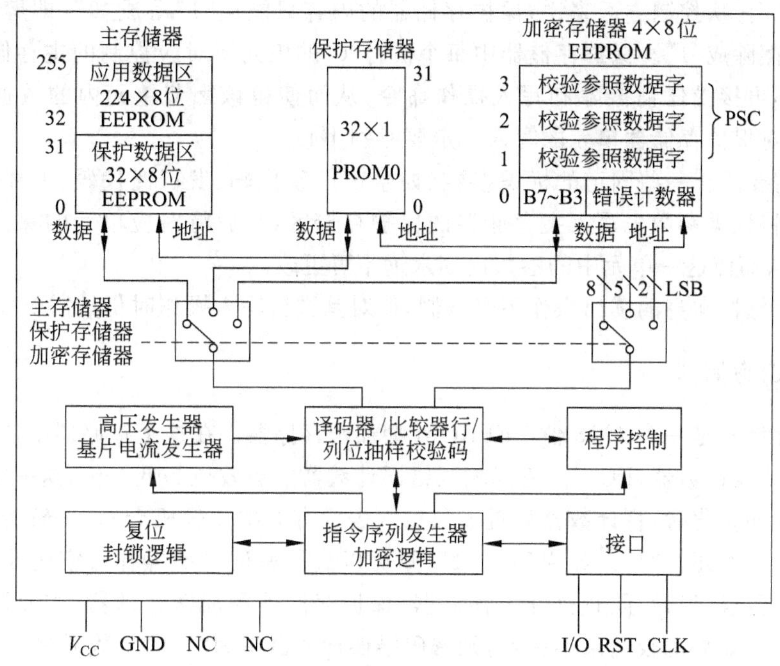

图 10-3 SLE4442 芯片的内部逻辑图

用数据区。

保护数据区：主存储器的前32个字节为保护数据区。这部分的数据读出不受限制，但擦除和写入操作均受到保护存储器内部数据状态的限制。当保护存储器中的第 n 位(n=0～31)为1时，主存储器中的第 n 个字节允许进行擦除和写入操作；而当保护存储器中的第 n 位为0时，则对应主存储器中的第 n 个字节不允许进行擦除和写入操作。根据这一特性，主存储器的保护数据区一般作为IC卡的标识数据区，存放一些固定不变的标识参数。

应用数据区：主存储器后的224个字节为应用数据区，其地址范围为32(20H)～255(FFH)。这部分的数据读出不受限制，但擦除和写入需要校验密码。校验密码成功后，芯片的加密控制逻辑才打开芯片的主存储器，允许后面的擦除和写入操作。应该注意的是，这种加密校验的控制是对整个主存储器实施的(即包括保护数据区和应用数据区)。如果密码校验失败，则控制逻辑闭锁主存储器。芯片允许在有限的次数内(一般为3次)重试密码校验操作。如果在连续3次比较失败之后，芯片的错误计数器数到"0"，并锁死主存储器，禁止随后的任何比较操作和写入擦除操作。这时，整个主存储器变成一个只读存储器，芯片中各存储器的内容不能再改变。

2. 保护存储器

保护存储器是一个32×1位的一次性可编程只读存储器(PROM)，它是按位方式寻址和写入的。保护存储器0～31的每一位对应着主存储器地址0～31的每一个字节，因此，可以将其理解为每个字节单元的控制熔丝。从出厂到被初始化之前，保护存储器的状态为全“1”。从控制方面来说，保护存储器的内容只能从“1”写成“0”（即熔断熔丝）而不能从“0”擦除成“1”。保护存储器中每个被写“0”的单元所对应控制的主存储器中的字节单元将不再接受任何擦除和写入操作命令，从而使得该字节单元内的数据不可再改变。因此，对保护存储器单元的写入一定要特别小心。

如果需要防止一些固定的标识参数（如生产厂家代码、发行商代码、卡片编号等）被改动，可以将这类参数先写入主存储器的保护存储区，然后将对应单元的保护存储器的字位写 0，从而使这一单元中的参数内容永远不可更改。

保护存储器本身的读出操作不受限制，但对其进行写入操作时仍然需要校验密码。

3. 加密存储器

加密存储器是一个 4×8 位 EEPROM 型加密存储器。在这个存储器中，第 0 字节为“密码输入错误计数器(EC)”。密码输入错误计数器的有效位是低 3 位，这一字节是可读的。在芯片初始化时，将计数器设置成“111”（表示有 3 次比较机会）。比较密码时，先要判定计数器是否还有“1”。如果还有“1”，则可以进行密码校验操作。密码校验成功后，将计数器设置成“111”，同时打开主存储器、保护存储器和加密存储器，并允许进行擦除和写入操作。如果比较结果不一致，则密码错误计数器中为“1”的个数减少 1。只要计数器的内容不全为 0，则芯片的比较“校验字”操作还允许再次进行。当连续 3 次输入错误密码后（即密码计数器减少为零），则芯片的存储单元将全部被锁死。

加密存储器的第 1、2、3 字节为“参照字”存储区，这 3 个字节的内容作为一个整体被称为可编程加密代码(PSC)。值得注意的是，这 3 个字节的内容在 PSC 比较成功前是不可读的，只能进行比较操作，而“写入”、“擦除”操作也受自身“比较”操作结果的控制。只有当“比较”成功时，加密存储器各字节内容才可以进行读出、写入和擦除。

10.3.3 传送协议

传送协议是在接口设备 IFD 与 ID 卡的集成电路之间的两线连接协议，SLE4442 芯片定义的协议类型为 S=10。I/O 线上数据的变化只在 CLK 信号的下降沿才有效。

传送协议包括 4 种模式：复位和复位响应模式、命令模式、输出数据模式和处理数据模式。

1. 复位和复位响应模式

复位响应是根据 ISO 7816-3 标准来进行的。在操作期间的任意时刻都可以复位。复位响应开始时，地址计数器随一个时钟脉冲而被设置为 0。当 RST 线从高状态（H 状态）置到低状态（L 状态）时，第一个数据位(LSB)的内容被送到 I/O 上。若连续输入 32 个时钟脉冲，主存储器中的前 4 个字节（4×8 位=32 位）地址单元中的内容被读出。在第 33 个时钟脉冲的下降沿，I/O 线被设置成高状态（H 状态）而关闭。

图 10-4 所示为芯片复位及复位响应模式的时序关系。在复位响应期间，“启动”和“停止”状态都被忽略。

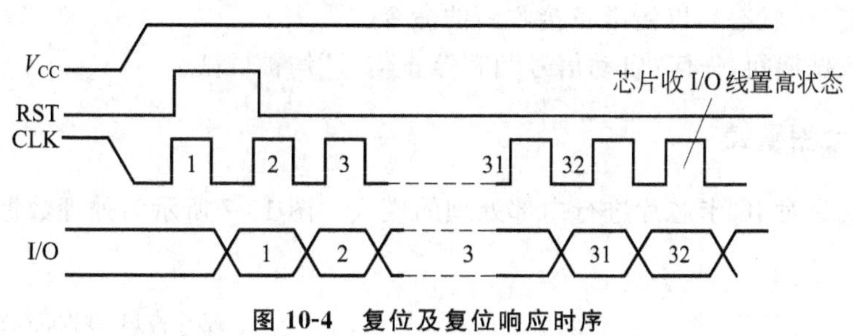

图 10-4 复位及复位响应时序

2. 命令模式

复位响应以后，芯片等待着命令。每条命令都以一个“启动信号”开始，整个命令包括3个字节。随后紧跟着一个附加脉冲并用一个“停止信号”来结束操作。图10-5所示为命令模式的时序关系。

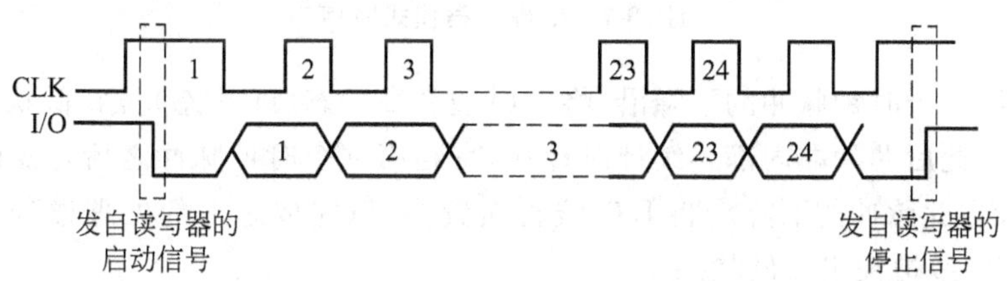

图 10-5 命令模式时序

启动信号：在CLK为高状态(H状态)期间，I/O线的下降沿为启动信号。

停止信号：在CLK为高状态(H状态)期间，I/O线的上升沿为停止信号。

在接收一个命令之后，有两种可能的模式：输出数据模式(即读数据)和处理数据模式。

3. 输出数据模式

这种模式是将IC卡芯片中的数据传送给外部接口设备(IFD)的一种操作。图10-6所示为输出数据模式的时序关系。

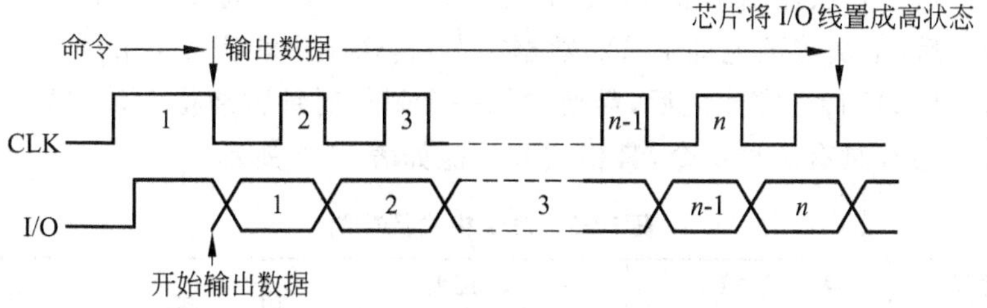

图 10-6 输出数据模式时序

在第一个CLK脉冲的下降沿之后，I/O线上的第一位数据变为有效。随后每增加一个时钟脉冲，芯片内部的一位数据被送到I/O线上，其输出的顺序是从每个字节的最低位(LSB)开始。当所需要的最后一个数据发送以后，需要再附加一个时钟脉冲来将I/O

线置成高状态(H 状态),以便准备接收新的命令。

在输出数据期间,任何“启动信号”和“停止信号”均被屏蔽。

4. 处理数据模式

这种模式是对IC卡芯片进行内部处理的模式。图10-7所示为处理数据模式的时序关系。

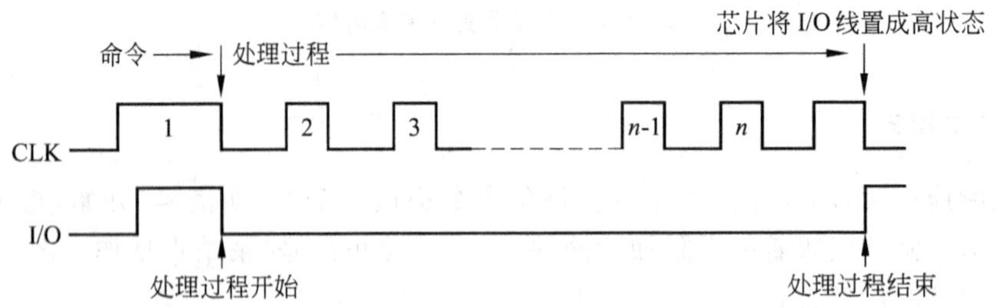

图10-7 处理数据模式时序

芯片在第一个时钟脉冲的下降沿,将I/O线从高状态(H状态)拉到低状态(L状态)并开始处理。此后芯片在内部连续计时计数,直到第 n 个时钟脉冲之后还需附加一个时钟脉冲,芯片在此脉冲的下降沿将I/O线再次置高,以完成芯片的处理过程。在整个处理过程中,I/O线被锁定成低状态。

10.3.4 芯片的操作命令

1. 命令的格式

每条命令包括3个字节,其排列顺序如下:

MSB 控制字节 LSB	MSB 地址字节 LSB	MSB 数据字节 LSB
B7 B6 B5 B4 B3 B2 B1 B0	A7 A6 A5 A4 A3 A2 A1 A0	D7 D6 D5 D4 D3 D2 D1 D0

命令的传送总是从控制字节开始。首先传送字节的最低位LSB(即B0位)。控制字节传送完毕之后,依次传送地址字节和数据字节,传送顺序均从各字节的最低位(LSB)开始。在最后一位D7传送完成之后,需要增加一个附加时钟脉冲将I/O线置成高状态。

SLE4442芯片具有7种命令,其格式和功能如表10-5所示。

表10-5 命令格式及功能

字节1(控制) B7～B0	字节2(控制) A7～A0	字节3(控制) D7～D0	功　　能	命令模式
0 0 1 1 0 0 0 0	地址数	无效	读主存储器	输出数据模式
0 0 1 1 1 0 0 0	地址数	输入数据	修改主存储器	处理模式
0 0 1 1 0 1 0 0	无效	无效	读保护存储器	输出数据模式

续表

字节1(控制) B7～B0	字节2(控制) A7～A0	字节3(控制) D7～D0	功　能	命令模式
00111100	地址数	输入数据	写保护存储器	处理模式
00110001	无效	无效	读加密存储器	输出数据模式
00111001	地址数	输入数据	修改加密存储器	处理模式
00110011	地址数	输入数据	比较校验数据	处理模式

2. 命令说明

(1) 读主存储器

该命令是指读出主存储器的内容。该命令的控制字为30H。对于每个字节来说,总是从最低位LSB开始读出。从给定的字节地址(N)开始,直到整个存储器的末尾。在该命令输入以后,接口设备IFD必须提供足够的时间脉冲。从地址(N)开始读数据所需要的时钟脉冲数量$M=(256-N)\times 8+1$。对主存储器的读操作不受限制。

(2) 读保护存储器

该命令的控制字为34H。在连续输入32个时钟脉冲情况下,芯片将保护存储器内各位的内容传送到I/O线上。最后通过一个附加时钟脉冲将I/O线置为高状态(H状态)。对保护存储器的读取操作不受限制。

(3) 读加密存储器

该命令类似于读保护存储器,可以读出4个字节的加密存储器的内容。该命令的控制字为31H。在输出数据的模式下,所需时钟脉冲的数量为32。其后再附加一个时钟脉冲将I/O线置成高状态。如果可编程加密代码(PSC)的检验不成功(除第0字节可读出外),I/O线总保持为低状态(即输出总是“0”)。

(4) 修改主存储器

该命令就是根据所传送的字节数据,寻址主存储器的E^2PROM字节,然后修改字节内容。该命令的控制字为38H。在处理模式期间,可能发生下列几种情况之一:

① 擦除和写入(5ms),相当于$M=256$个时钟脉冲。

② 只写入不擦除(2.5ms),相当于$M=124$个时钟脉冲。

③ 只擦除不写入(2.5ms),相当于$M=124$个时钟脉冲。

控制都是在50kHz的时钟频率之下进行的。

(5) 修改加密存储器

该命令是根据所传送的字节数据和要修改的数据,对加密存储器中相应字节的内容进行修改。该命令的控制字为39H,该命令字只能在可编程加密代码(PSC)比较成功之后才能进行。该命令的执行时间和所需要的时钟脉冲与修改主存储器的情况相同。

(6) 写保护存储器

这一命令的执行过程包含一个将被输入的数据与在E^2PROM中对应的数据进行比较的过程。在确认数据一致的情况下,保护字位被写0,从而使得主存储器中的信息不可更改。如果数据比较结果不一致,则保护字位的写操作将被禁止执行。该命令所要求的时钟脉冲和执行时间与修改主存储器命令的情况相同。

(7) 比较校验数据

该命令将输入的"校验数据"的各个字节与相对应的参照数据(存放在加密存储器中)进行比较。如果比较不成功(即两组数据不相同),则密码错误计数器的一个字位将只会被从1写成0,并且不能被擦除。该命令的执行流程图如图10-8所示。

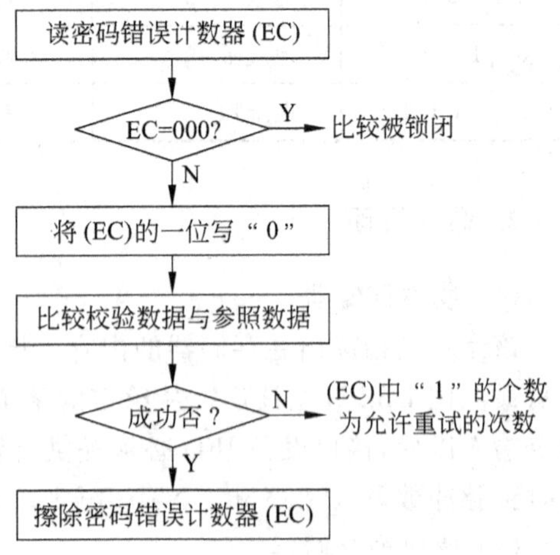

图 10-8 执行流程图

如果比较成功,则擦除操作执行有效,这时只要不断电,对整个芯片各存储器的各区域的写入/擦除处理都可以进行;如果比较不成功,擦除操作执行无效,密码错误计数器将不会恢复为111。但只要(EC)不全为0,就允许外部接口设备IFD对芯片进行重试。

当校验数据比较成功,加密存储器也同样被打开时,其单元中的参照数据也可以像主存储器(DE^2PROM)中的其他单元一样进行修改。

芯片在出厂时,根据用户的专门安排,常常在可编程加密代码(PSC)中编入一个专用代码。这样,在使用时要打开卡片就必须合法得到这个代码,这也是防止非法窃用或伪造卡片的重要手段。

10.3.5 芯片的复位方式

1. 基于ISO 7816-3的复位(外部复位方式)

SLE4442芯片的复位采用基于同步复位响应的传送协议。

2. 加电复位(内部复位方式)

将操作电压连接到V_{CC}端之后,芯片内部可进行复位操作。I/O线被置为高状态。必须在对任意地址进行读操作或作一个复位响应操作之后才可以进行数据交换。

3. 中止

在CLK为低状态期间,如果RST为高状态,则任何操作均无效。I/O线被锁定到高状态。需要一个最小的维持时间$t_{RES}=5\mu s$之后,芯片才能接收新的有效复位。在中止状态之后,芯片又准备下一个操作。

4. 错误状态

(1) 比较失败。

(2) 错误命令。

(3) 不正确的命令时钟脉冲数。

(4) 对已经被保护的字节进行重写或擦除操作。

(5) 对保护存储器中的一位进行重写或擦除。

在上述错误发生时,芯片总是在8个时钟脉冲之后将I/O线置成高状态。

10.3.6 SLE4442与8031的接口方法

1. 电路连线

IC的RST接8031的P1.3,IC的I/O接8031的P1.2,IC的CLK接8031的P1.4,接线图如图10-9所示。

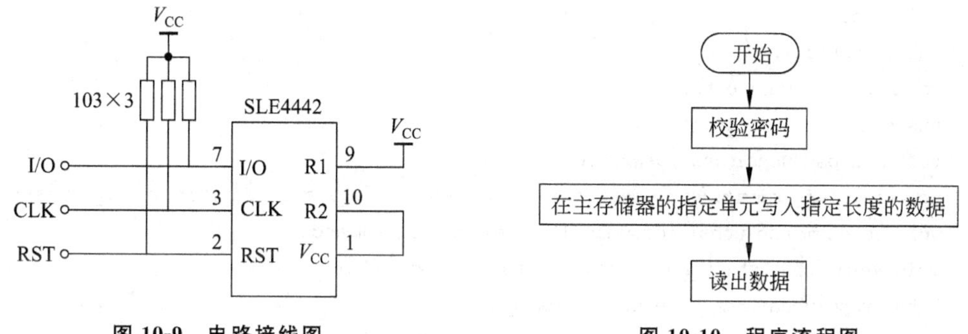

图10-9 电路接线图

图10-10 程序流程图

2. 程序流程图

程序流程图如图10-10所示。编程使卡的初始密码为:FFH、FFH、FFH,校验密码成功后,在应用存储器中写入数据,再读出数据看是否正确。

3. 程序

```
#include <reg51.h>
#include <intrins.h>
#define uchar unsigned char
#define uint unsigned int
uchar dis_code[17]={0x03,0x9f,0x25,0x0d,0x99,0x49,
                    0x41,0x1f,0x01,0x09,0x11,0xc1,
                    0x63,0x85,0x61,0x71,0x00};//0~F
sbit RST=P1^3;
sbit SDA=P1^2;
sbit SCL=P1^4;

void disp(uchar aa);
void dsend(uchar bb);
```

```
uchar code RD_MAIN_RAM=0X30;                 /*读主存储器 ic 卡模式:outgoing data*/
uchar code WR_MAIN_RAM=0X38;                 /*写主存储器 ic 卡模式:processing*/
uchar code RD_P_RAM=0X34;                    /*读保护存储器 ic 卡模式:outgoing data*/
uchar code WR_P_RAM=0X3C;                    /*写保护存储器 ic 卡模式:processing*/
uchar code RD_PSC_RAM=0X31;                  /*读安全存储器 ic 卡模式:outgoing data*/
uchar code WR_PSC_RAM=0X39;                  /*写安全存储器 ic 卡模式:processing*/
uchar code COMP_PSC_RAM=0X33;                /*比较安全存储器 ic 卡模式:processing*/
uchar xdata ISO[4];                          /*存放复位响应数据*/
uchar psw1,psw2,psw3;
void delay(uchar m);
void ic_start();
void ic_stop();
void ic_break();
void clock();
uchar rdbyte();
void wrbyte(uchar byte);
unsigned long rst_atr();
void sendpsc(uchar psw1,psw2,psw3);
unsigned long rdmm(uchar * data_save_addr,uchar read_start_addr,uint read_bytes);
void sendcommand(uchar iccommand1,iccommand2,iccommand3);
void wrmm(uchar start_addr,uchar * data_addr,wr_byte);
uchar rdpm(uchar ram_type,uchar * data_temp);
void wrpm(uchar ram_type,uchar start_addr,uchar * data_addr,uint wr_bytes);
void password_comp(uchar pws1,uchar pws2,uchar pws3);
uchar verify();

void disp(uchar aa)
{
    dsend(aa&0x0f);
    dsend(aa>>4);
}

void dsend(uchar bb)
{
    uchar i=bb;
    SBUF=dis_code[i];
    while(TI==0);TI=0;
}

/*短延时*/
void delay(uchar m)
{
    uchar i;
    for(i=0;i<m;i++);
```

```
}

/*起始条件*/
void ic_start()
{
    SCL=0;
    SDA=1;
    delay(3);
    SCL=1;
    delay(3);
    SDA=0;
    delay(3);
    SCL=0;
}

/*结束条件*/
void ic_stop()
{
    SDA=0;
    SCL=1;
    delay(5);
    SDA=1;
    SCL=0;
}

/*时钟脉冲*/
void clock()
{
    SCL=1;
    delay(5);
    SCL=0;
    delay(5);
}

/*读一个字节*/
uchar rdbyte()
{   uchar data rd_data=0;
    uchar data SDA_value;
    uchar data count;
    SDA=1;
    for(count=0;count<8;count++)
    {
      rd_data=rd_data>>1;
      SCL=1;
```

```
        delay(1);
        SDA_value=SDA;
        SCL=0;
        delay(1);
        if(SDA_value==1)rd_data|=0x80;
        else{rd_data&=0x7f;}
    }
        return(rd_data);
}

/*写一个字节*/
void wrbyte(uchar byte)
{
    uchar data count,byte_temp;
  for (count=0;count<8;count++)
  {
        byte_temp=byte;
      SDA=0x1&(byte_temp>>count);
      clock();
  }
}

void ic_break()
{
    SCL=0;
    delay(1);
    RST=1;
    _nop_();
    _nop_();
    _nop_();
    RST=0;
}

/*复位及复位响应*/
unsigned long rst_atr()
{
    uchar data count1;
    unsigned long *ret_data;
    unsigned long xdata ISO[4];             /*存放复位响应数据*/
     ret_data=&ISO;
    SDA=1;    RST=1;
    delay(1);
    clock();
    delay(1);
```

```
    RST=0;
    for (count1=0;count1<4;count1++)
        {ISO[count1]=rdbyte();}
    RST=1;_nop_();_nop_();_nop_();
    RST=0;
    return (*ret_data);
}

/*发送命令3字节：命令、地址、数据*/
void sendcommand(uchar comm_type,start_addr,data1)
{
    ic_start();
    wrbyte(comm_type);
    wrbyte(start_addr);
    wrbyte(data1);
    ic_stop();

}

/*读主存储区*/
unsigned long rdmm(uchar*data_save_addr,uchar read_start_addr,uint read_byte)
{
    uchar i,dat;
    rst_atr();
    sendcommand(RD_MAIN_RAM,read_start_addr,read_start_addr);
    for(i=0;i<read_byte;i++)
    {
        dat=rdbyte();
        *data_save_addr++=dat;
        disp(dat);
    }
    return(1);
}

/*读保护存储区*/
uchar rdpm(uchar ram_type,uchar*data_temp)
{
    uchar data i;
    sendcommand(ram_type,ram_type,ram_type);
    for(i=0;i<4;i++)
        {*(data_temp+i)=rdbyte();}
    return (1);
}
```

```
/*写主存储区*/
//start_addr:从主存储器写数据的首地址
//*data_addr:要写的数据的首地址
//uint wr_bytes:要写的字节数
void wrmm(uchar start_addr,uchar*data_addr,wr_byte)
{
    uint data i,j;
    rst_atr();
    for(i=0;i<wr_byte;i++)
    {
        sendcommand(WR_MAIN_RAM,(start_addr+i),*(data_addr+i));
        for(j=0;j<0xff;j++)
        {clock();}
    }

}

/*写保护存储区/密码存储区：保护寄存器=WR_P_RAM;密码寄存器=WR_PSC_RAM*/
void wrpm_sm_pcs(uchar ram_type,uchar start_addr,uchar*data_addr,uint wr_bytes)
{uint data i;
    for(i=0;i<wr_bytes;i++)
        {sendcommand(ram_type,(start_addr+i),*(data_addr+i));}
}

/*读密码存储区*/
uchar rdsm(uchar ram_type,uchar*data_temp)
{
    uchar data i;
    rst_atr();
    sendcommand(ram_type,ram_type,ram_type);
    for(i=0;i<4;i++)
    {
        *(data_temp+i)=rdbyte();
    }
    return(1);
}

/*读错误计数器*/
uchar rdsm_ec(uchar ram_type,uchar*data_temp)
{
    rst_atr();
    sendcommand(ram_type,ram_type,ram_type);
    *(data_temp)=rdbyte();
    return(1);
```

```
}

/*比较验证数据(3个字节的密码)*/
void sendpsc(uchar psw1,psw2,psw3)
{
    sendcommand(COMP_PSC_RAM,1,psw1);
    sendcommand(COMP_PSC_RAM,2,psw2);
    sendcommand(COMP_PSC_RAM,3,psw3);
}

/*校验 PSC*/
uchar verify()
{
    uchar ptr[4];
    rdsm_ec(RD_PSC_RAM,&ptr[0]);
    if(ptr[0]&0x07==0) {return('n');}
    else
    {
        switch (ptr[0]&0x07)
        {
            case 1:   sendcommand(WR_PSC_RAM,0,0xf8); break;
            case 2:   sendcommand(WR_PSC_RAM,0,0xf8); break;
            case 3:   sendcommand(WR_PSC_RAM,0,0xf9); break;
            case 4:   sendcommand(WR_PSC_RAM,0,0xf8); break;
            case 5:   sendcommand(WR_PSC_RAM,0,0xf9); break;
            case 6:   sendcommand(WR_PSC_RAM,0,0xfa); break;
            case 7:   sendcommand(WR_PSC_RAM,0,0xfb); break;
        }

    }
    sendpsc(0xff,0xff,0xff);
    sendcommand(WR_PSC_RAM,0,0xff);
    rdsm_ec(RD_PSC_RAM,&ptr[0]);
    if(ptr[0]&0x07==7){return('y');}
    else {return('n');}
}

void main()
{
    uchar i,wr_byte=0x20,rd_byte=0x20 ;
    uchar data_addr[0x20];
    psw1=0xff,psw2=0xff,psw3=0xff;
    verify();                                   /*校验 PSC*/
    for(i=0;i<wr_byte;i++)
```

```
    {data_addr[i]=0x77;}                    /* 0X77写入 data_addr[i]中 */
    wrmm(0x20, data_addr,wr_byte);
/* 把 data_addr 为起始地址的 20H 长的数据写入存储器中(20单元开始) */
    rdmm(data_addr,0x20, rd_byte);          /* 从主存储器中读出数据 */
    _nop_();
    _nop_();
}
```

10.4 智能卡 SLE44C42S

目前,IC卡家族中最高级的是智能IC卡,又称CPU卡。顾名思义,这种卡片上不但有存储数据的存储器和对外联络的通信接口,还带有具备数据处理功能的微处理器,实际上是一种卡上的单片微机系统。为了管理这一系统中的硬件和软件资源,卡上存有进行数据读写和安全管理的程序,以及管理这些程序的卡上操作系统,即COS。

10.4.1 智能卡结构

智能卡硬件主要由微处理器(CPU)、程序存储器(ROM)、临时工作存储器(RAM)、用户存储器(EEPROM)、输入输出接口、安全逻辑及加密/解密运算协处理器(ACE)等组成。如图10-11所示,智能IC卡的硬件就是一个小型的微处理器系统,只是在安全方面有更多的设计而已;而卡内的软件系统监控程序或操作系统则提供卡与外部终端的交互界面,并控制着工作流程。

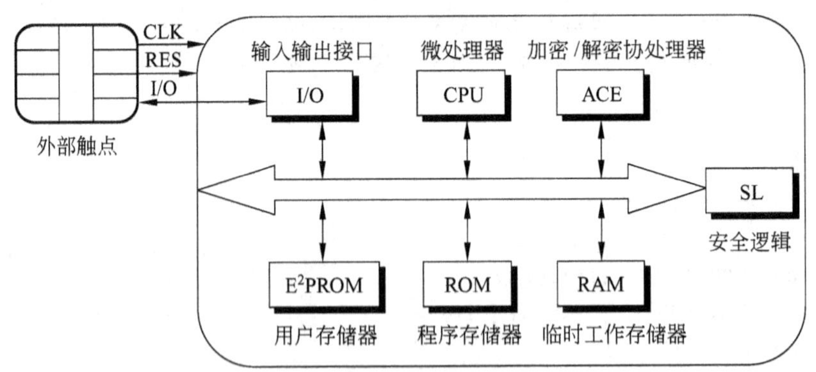

图 10-11 结构图

用户数据放在被加密逻辑保护的 E^2PROM 中,COS掩膜在ROM中,用户的过程密钥生成后放在RAM空间中,掉电后自动丢失,保证其安全性。

SLE44C42S是西门子公司生产的SLE44C×××系列CPU卡中的一种常用芯片。下面就以它为例来介绍CPU卡的主要特性。

10.4.2 SLE44C42S 芯片总体特性

1. 基本特性

- 采用 CMOS 技术的微处理器。
- 指令集与标准的 SAB8051 处理器兼容。
- 采用特殊的、非标准的体系结构,使得其指令的执行时间少于标准的 SAB8051 处理器的一半。
- ROM 仅具有 15KB 的用户空间,用于存放应用程序。
- 剩下的 2KB 有厂商的芯片管理系统(Chip Management System,CMS)占据。
- 4KB 的 E^2PROM 用于存储应用程序或数据。
- 256B 的 RAM。
- 具有休眠省电模式。
- 冷、热复位检测。
- 时钟频率为 1～5MHz 可选。
- 接触式,符合 ISO 7816 的串行接口。
- 工作电压范围：2.7～5.5V。
- 时钟频率为 5MHz 时,工作电流＜10mA。
- 环境温度范围：－25～70℃。
- 4kV 的高压静电保护。

2. E^2PROM

- 支持按字节的读出及擦写。
- 支持按 1～16B 的分页方式擦写。
- 具有 32B 的特殊安全区域。
- 写入时间为 3.6ms,擦除时间为 1.8ms。
- E^2PROM 的编程时间随时钟频率的改变而改变。
- 最小的擦写周期,CMS 可以根据数据的内容,智能地选择直接写或先擦后写的方式。
- 数据至少可以保持 10 年。
- 写 E^2PROM 的电压由芯片内部的自升压电路产生。

3. 安全特性

- 根据安全性要求,对芯片内部电路的布局进行了优化。
- 复位时内部供电。
- 超低频检测保护。
- 超高频过滤保护。
- 超高、低电压检测保护。

- 16B 由硬件保护的安全 PROM。
- 每个芯片赋予唯一的标志。

4. CMS

- 提供基本的擦写 E^2PROM 的例程。
- 符合 ISO 7816-3 的两种串行接口模式：3.57MHz 时 9 600bps、4.91MHz 时 9 600bps。

5. 存储结构

SLE44C42S的存储结构如图 10-12 所示。其中，ROM 的地址范围为 0000H～43FFH，用于掩膜程序或数据，分为 3 部分：ROM1(0000H～03FFH)、ROM2(0400H～3FFFH)以及 ROM3(4000H～43FFH)。ROM1 和 ROM3 由芯片制造厂商保留，作为存储 CMS 的空间；ROM2 用于存储用户的特殊应用程序和数据。

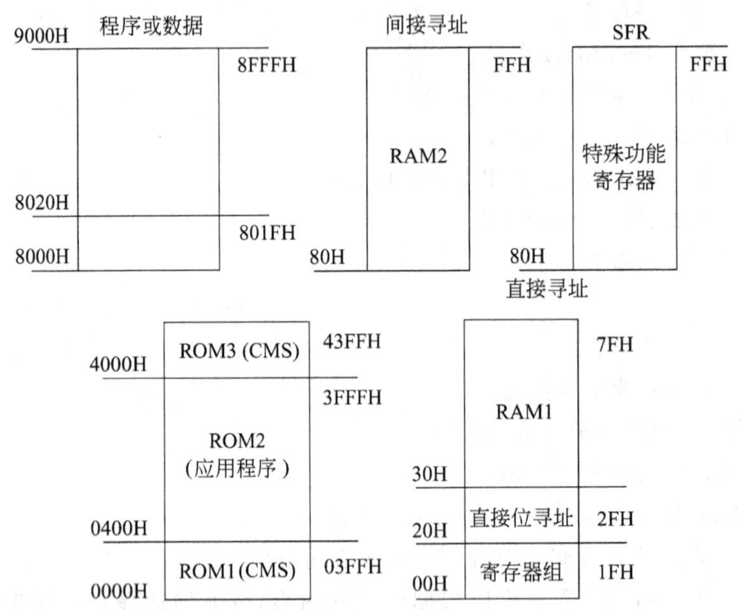

图 10-12　存储结构

E^2PROM 的地址范围为 8000H～8FFFH，它包括一个由硬件保护的、不可擦除的 32 字节的安全区域，其地址范围为 8000H～801FH，以及一个可供用户自由读写的数据或程序区，其地址范围为 8020H～8FFFH。

6. 芯片原理图

SLE44C42S芯片的原理框图如图 10-13 所示。SLE44C42S 由一个专用的 CPU、17KB 的 ROM、256B 的 RAM 和 4KB 的 E^2PROM 组成，包括 15 个特殊功能存储器和一个安全逻辑及休眠模式模块。其数据的传输通过一条 I/O 线完成。

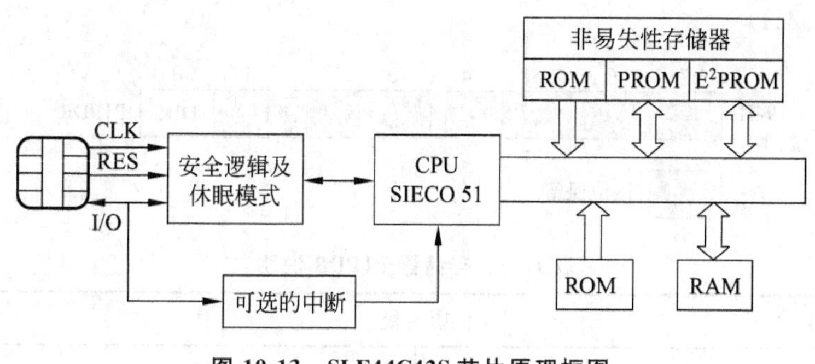

图 10-13 SLE44C42S 芯片原理框图

10.4.3 各部分详细说明

1. CPU 及指令集

SLE44C42S 芯片的操作码、指令集、寄存器结构以及寻址方式都遵循 SAB8051 工业标准。但是出于安全方面的考虑，SLE44C42S 采用了一种与 SAB8051 不同的内部体系结构，这样便使得 SLE44C42S 的指令周期与 SAB8051 有很大的不同。

平均算来，5MHz 主频的 SLE44C42S 的程序运行时间相当于 12MHz 主频的标准 8051 处理器的运行时间。当主频为 5MHz 时，每条指令的执行范围为 0.6～3.4μs。

2. I/O 接口

SLE44C42S 包含一个半双工的串行 I/O 接口，特殊功能寄存器 P1(90H)和 P1PDR(94H)与 I/O 口线相连，P1 的第 0 位为待发送或接收的位，P1PDR 的第 0 位用于选择是输入还是输出。P1、P1PDR 各位的具体含义如表 10-6 和表 10-7 所示。

P1(90H)：

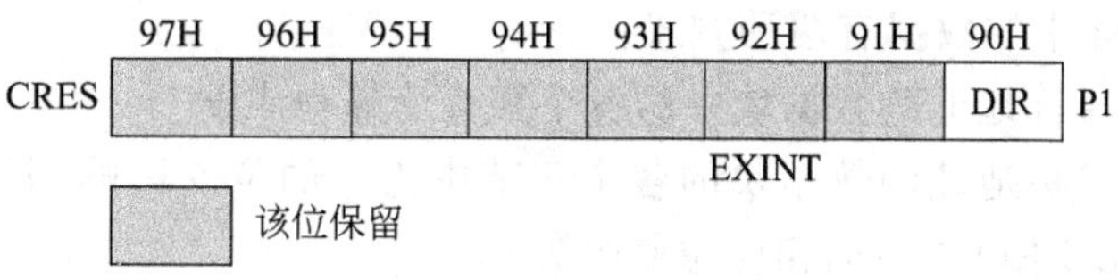

表 10-6 寄存器 P1 的说明

位	功能		读写
	0	1	
I/O	物理 I/O 接口		读写
CRES	热复位	冷复位	读写
EXINT	屏蔽中断	允许中断	读写

P1PDR(94H)：

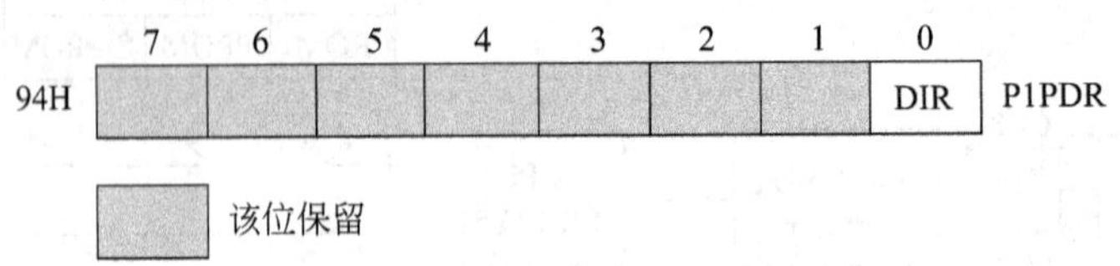

表 10-7 存储器 P1PDR 说明

位	功 能		读 写
	0	1	
DIR	输出缓冲区屏蔽，处于接收状态	输出缓冲区可用，处于发送状态	读写

3. 低频检测保护

SLE44C42S 自动监测外部时钟频率，如果外部时钟频率低于额定数值，芯片将进入一个特定的内部低频复位状态。只有通过正常情况下的复位操作才能解除这种状态。

4. 高、低电压保护

SLE44C42S 自动检测电压，当电压低于或高于额定的数值时，芯片同样进入内部特定的高、低电压复位状态。要解除这种状态，必须通过正常情况下的复位操作来完成。

5. 高频过滤

SLE44C42S 对外部时钟频率进行了过滤，滤掉了高频脉冲。如果时钟频率持续超过额定的数值，所有的时钟信号将被过滤，这时芯片会进入内部低频复位状态。

6. E^2PROM 擦写

改变 E^2PROM 中的数据有两种方式：

(1) 擦除：将目标地址的数据块中的各个字节全部写成 FF。

(2) 写入：仅目标地址的数据块的各个字节中为 1 的位受影响，若待写入的数据的相应位为 0，则将 E^2PROM 中的相应位修改为 0。

一般来说，要改变 E^2PROM 中的数据，应该进行先擦后写操作。是否要进行擦除操作，由 CMS 接收的待写入的数据决定。在进行真正的擦写之前，内部会将待写入的数据与 E^2PROM 原来的数据进行比较。如果其中至少有一位必须由 0 变为 1，则执行先擦后写的操作；否则，仅需进行直接写的操作。这个过程将由 CMS 自动地完成。

10.5 智能卡操作系统

智能卡的核心是芯片操作系统 COS，外界对卡片发布的所有命令都需要通过操作系统才能对 CPU 卡起作用。COS 的主要功能是控制智能卡和外界的信息交换，管理智能卡内的存储器,以及在卡内部完成各种命令的处理。

10.5.1 概述

随着IC卡从简单的同步卡发展到异步卡,从简单的EPROM卡发展到内部带微处理器的智能卡(CPU卡),人们对IC卡的各种要求越来越高,而卡本身所需要的各种管理也越来越复杂,因此就迫切地需要有一种工具来解决这一矛盾。内部带有微处理器的智能卡的出现,使得这种工具的实现变成了现实。人们利用其内部的微处理器芯片,开发了应用于智能卡内部的各种操作系统,也就是在本节将要论述的COS。COS的出现不仅大大地改善了智能卡的交互界面,使智能卡的管理变得容易,而且,更为重要的是使智能卡本身向着个人计算机化的方向迈出了一大步,为智能卡的发展开拓了极为广阔的前景。

COS一般是紧紧围绕着它所服务的智能卡的特点而开发的。由于不可避免地受智能卡内微处理器芯片的性能及内存容量的影响,因此,COS在很大程度上不同于人们通常所能见到的微机上的操作系统(例如DOS、UNIX等)。首先,COS是一个专用系统而不是通用系统,即一种COS一般都只能应用于特定的某种(或者是某些)智能卡。不同卡内的COS一般是不同的。因为COS一般都是根据某种智能卡的特点及其应用范围而专门设计开发的,尽管它们在所实际完成的功能上可能大部分都遵循着同一个国际标准。其次,与那些常见的微机上的操作系统相比较而言,COS在本质上更加接近于监控程序,而不是一个通常所谓的真正意义上的操作系统,这一点至少在目前看来仍是如此。因为在当前阶段,COS所要解决的主要还是对外部的命令如何进行处理、响应的问题,这其中并不涉及共享、并发的管理及处理,而且就智能卡在目前的应用情况而言,并发和共享的工作也确实是不需要去关注的。

COS的主要功能是控制智能卡和外界的信息交换,管理智能卡内的存储器以及在卡内部完成各种命令的处理。其中,与外界进行信息交换是COS最基本的要求。在交换过程中,COS所遵循的信息交换协议目前包括两类:异步字符传输的$T=0$协议和异步分组传输的$T=1$协议。这两种信息交换协议的具体内容和实现机制在ISO/IEC 7816-3和ISO/IEC 7816-3A3标准中是作出规定的。而COS所应完成的管理和控制的几种功能则是在ISO/IEC 7816-4标准中作出规定的。在该国际标准中,还对智能卡的数据结构以及COS的基本命令集作出了较为详细的说明。至于ISO/IEC 7816-1和ISO/IEC 7816-2,则是对智能卡的物理参数、外形尺寸作了规定,它们与COS的关系不是很密切。

归纳起来,智能卡操作系统至少应具有以下4种基本功能:硬件资源管理功能、通信传输管理功能、应用控制管理功能、安全控制管理功能。COS的基本结构如图10-14所示。

其中,每一种功能又由若干子功能组成。若按ISO的参考模型分类,硬件资源管理功能属于物理层;通信传输管理功能属于数据链路层;应用控制管理和安全控制管理则属于应用层,其涉及对卡的鉴别与核实方式的选择,包括COS在对卡中文件进行访问时的权限控制机制,还关系到卡中信息的保密机制。

由于信息的敏感性和使用环境的复杂性,因此安全性始终是智能卡发展过程中最为

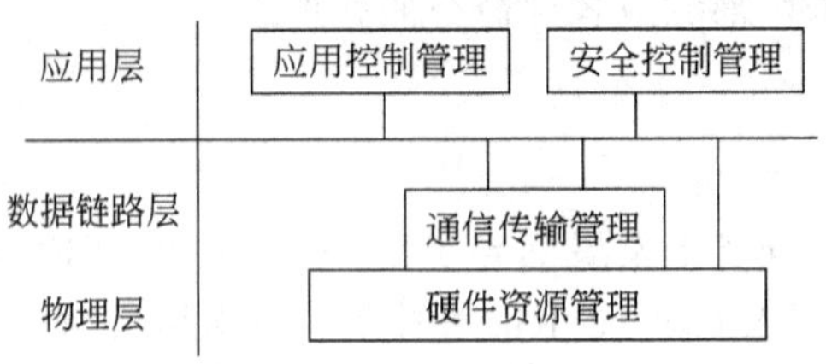

图 10-14　COS 的基本结构

重要的环节。在随后的具体论述中，也可以发现安全性的考虑渗透在 COS 设计的各个层面当中。

10.5.2　COS 功能划分

智能卡的 COS 从功能上划分为传输管理、文件管理、安全管理、命令解析 4 个部分，其功能结构如图 10-15 所示。

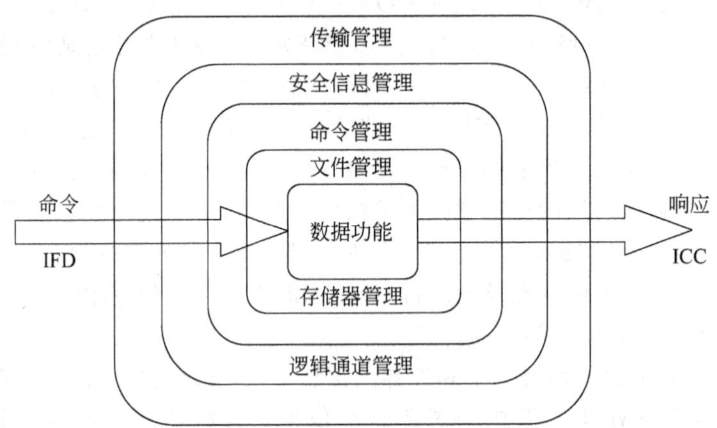

图 10-15　COS 的功能结构

其中，IFD 为 IC 卡的接口设备，即 IC 卡读写设备；ICC 即为 IC 卡。在 IFD 与 ICC 之间的信息交换是先命令后响应的顺序结构。大多数情况下以 IFD 或应用终端（PC、Worktation、Server 等）作为宿主机，它将产生命令及执行顺序，而 ICC 则响应宿主机的不同命令。典型的传输结构如图 10-16 所示。

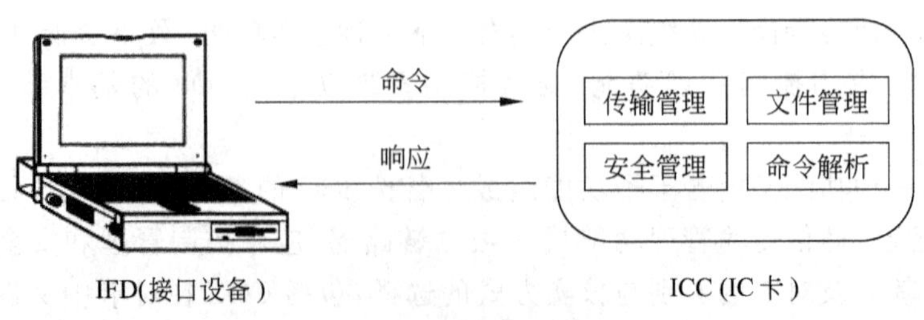

图 10-16　传输结构

1. 传输管理

传输管理按 ISO 7816-3 标准监测卡与终端之间的通信。为了保证数据正确地传输，防止与终端之间的通信数据被非法窃取和篡改，根据对数据完整性和机密性的要求程度，可以采用明文方式、密文方式、明文＋4B 报文鉴别码、密文＋4B 报文鉴别码等 4 种数据传输方式。

传输管理主要是依据智能卡所使用的信息传输协议，对由读写设备发出的命令进行接收。同时，对命令的响应也是按照传输协议规定的格式发送出去的。由此可见，这一部分主要与智能卡具体使用的通信协议有关，而且，所采用的通信协议越复杂，这一部分实现起来也就越困难。

前面提到过目前智能卡采用的信息传输协议一般是 $T=0$ 协议和 $T=1$ 协议。这两类协议的 COS 在实现功能上的区别，主要在于传送管理器的实现上有所不同。不过，无论是采用 $T=0$ 还是 $T=1$ 协议，智能卡在信息交换时使用的都是异步通信模式，而且由于智能卡的数据端口只有一个，因此信息交换也只能采用半双工的方式，即在任一时刻，数据端口上最多只能有一方（智能卡或者读写设备）在发送数据。$T=0$、$T=1$ 协议的不同之处是数据传输的单位和格式不同：$T=0$ 协议以单字节的字符为基本单位，$T=1$ 协议则以有一定长度的数据块为传输的基本单位。

传输管理器在对命令进行接收的同时，也要对命令接收的正确性作出判断。这种判断只是针对在传输过程中可能产生的错误进行的，并不涉及命令的具体内容，因此通常是利用诸如奇偶校验位、校验和等手段来实现。对分组传输协议，则还可以通过判断分组长度的正确与否来实现。

当发现命令接收有错后，不同的信息交换协议可能有不同的处理方法。有的协议是立刻向读写设备报告，并且请求重发原数据；有的则只是简单地在响应命令上作一标记，本身不进行处理，留待它后面的功能模块作出反应。这些都是由交换协议本身所规定的。

如果传送管理器认为对命令的接收是正确的，那么，它一般是只将接收到的命令的信息部分传到下一个功能模块，即安全管理器，而滤掉诸如起始位、停止位之类的附加信息。相应地，当传送管理器在向读写设备发送应答的时候，则应该对每个传送单位加上信息交换协议中所规定的各种必要的附属信息。

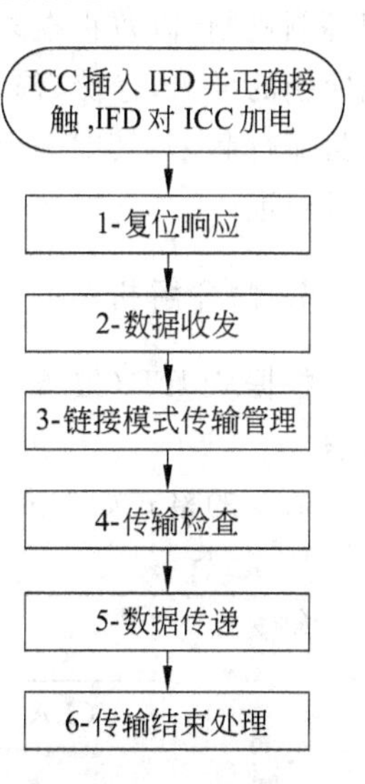

图 10-17　工作模块

ICC 上电之后，IFD 将向 ICC 发送命令数据。在这样一次典型的通信过程中，传输管理功能模块主要从事 6 个步骤的具体工作，如图 10-17 所示。

第 1 步：复位响应。在 ICC 正确插入 IFD 之后，通信管理功能模块将向 IFD 发送一个复位响应信息（Answer to Reset，ATR）。ATR 中含有的卡标识数据，如 I/O 缓冲区的大小、通信速率转换因子（Conversions Factor，CF）等信息，通知 IFD 对 ICC 的操作特性，以便 IFD 正确选择相应的操作参数与 ICC 进行通信。ICC 每次硬复位（卡插入 IFD）都将发送一个 ATR 给 IFD。

第 2 步：数据收发。具备监控、执行传输协议，收发数据的功能。

第 3 步：链接模式传输管理。当使用 $T=1$ 协议传输完整的信息时，其大小可能超过 I/O 缓冲区的大小。为避免出现传输问题，通信管理功能模块将一个完整的信息分块传输。

第 4 步：传输检查。通过检查某一字节的奇偶校验位、某一块的块长度，若发现传输错误将会通知 IFD。在这种情况下，IFD 将重发错误数据；同样，若 IFD 通知 ICC 数据发送出错，ICC 将执行数据重发操作。

第 5 步：数据传递。经过上面步骤后，若数据正确接收，通信管理功能模块将接收数据传递给下一个功能模块，如安全控制管理模块，作进一步处理；反之亦然。

第 6 步：传输结束处理。若正确传输后无任何其他操作，通信管理功能模块将 MPU 置于相应的节电方式，如睡眠方式（Sleep Mode），以节省功耗；反之，ICC 向 IFD 发送有关数据信息，也将执行以上若干类似步骤的操作。

2. 文件管理

卡内数据以文件形式加以组织和管理，对卡内数据进行操作的实质就是对文件进行读写访问。从应用也就是用户的角度来看，文件是存储器大小的不同划分，对文件的管理，也就是对存储器的管理。此外，对文件在读、写、更新时的保护也就是对存储器访问权的划分和限制，在建立文件时就应予以确定。可将用户数据以文件形式存储在 EEPROM 中，保证访问文件时的快速和安全性。

3. 安全管理

安全管理是 COS 的核心部分，涉及卡的鉴别与核实、数据签名与认证、文件访问权限控制机制，以防止在未经授权的情况下获得并使用 IC 卡内数据的信息。安全管理包括密钥的导入、存储、修改、密码算法和电子签名管理等。智能卡之所以能够迅速地发展并且流行起来，其中一个重要的原因就在于它能够通过 COS 为用户提供一个较高的安全性保证。

4. 命令解析

根据从 IFD（终端）接收到的命令检查各项参数是否正确，并执行相应的操作和应答。

命令的格式如下所示：

1S 指令

命令：

CLA	INS	P1	P2	00

应答：

SW1	SW2

2S 指令
命令：

CLA	INS	P1	P2	Le

应答：

Le 字节 DATA	SW1	SW2

3S 指令
命令：

CLA	INS	P1	P2	Lc	DATA

应答：

SW1	SW2

4S 指令
命令：

CLA	INS	P1	P2	Lc	Le	DATA

应答：

Le 字节 DATA	SW1	SW2

其中，CLA 为命令的类型；INS 为命令名称，用于区分不同的命令；P1、P2 为命令参数；Lc 为命令数据域长度；DATA 为命令数据域，为终端通过命令发送到卡中的数据；Le 为卡要返回给终端数据的长度；SW1、SW2 为卡执行命令的返回代码，表示命令的执行情况，如成功、口令错误、卡片锁定等。

终端应用程序通过给智能卡发送相应的一系列的上述命令，构成卡与终端之间的数据交换与数据刷新，完成相应的交易、认证、加密、解密、修改口令和解锁等功能。

10.5.3 文件系统

1. 文件层次结构

COS 的文件系统由主控文件(Master File，MF)、专用文件(Dedicate File，DF)和基本文件(Elementary File，EF)组成。文件的层次结构如图 10-18 所示。

(1) 主控文件。MF 是整个文件系统的根(相当于 DOS 的根目录)，每张卡有且仅有一个 MF。它是在卡的个人化过程中首先被建立起来的，在卡的整个生命周期内一直存

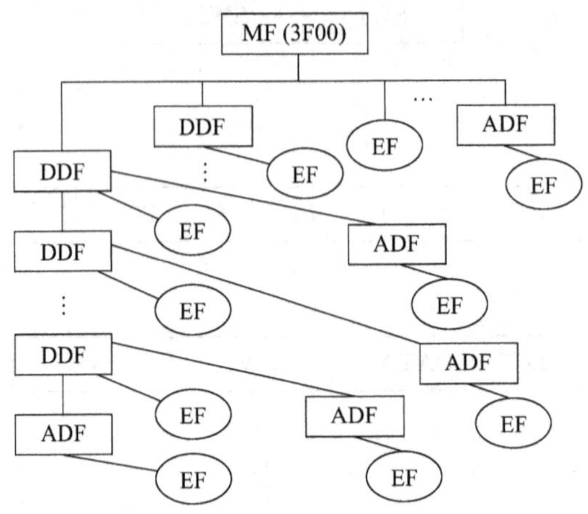

图 10-18　文件的层次结构

在并保持有效，可存储卡片的公共数据信息并为各种应用服务。由个人化建立起来的MF包括文件控制参数、文件安全属性等信息。在物理上，MF占有的存储空间包括MF的文件头以及MF所管理的EF和DF的存储空间。

(2) 专用文件。DF是在MF下针对不同的应用建立起来的一种文件，相当于DOS的子目录。SIC08-A在DF下可以再建立子DF。

各个DF在物理上和逻辑上都保持独立，拥有自己的安全机制和应用数据，可以通过应用选择实现对其逻辑结构的访问。对DF下的数据进行的操作由各当前系统的状态机控制。

(3) 基本文件。EF用于存储各种应用的数据和密钥，它存在于MF或DF下。EF从存储内容上可分为两类：安全基本文件(Safety Elementary File,SEF)和工作基本文件(Working Elementary File,WEF)。

① 安全基本文件。SEF的内容包括用于用户识别和与加密有关的保密数据(个人识别码、密钥等)，卡将利用这些数据进行安全管理。在MF或DF建立后，SEF才能被建立。建立后每个KEY都可以定义不同的修改权限。安全基本文件的内容不可被读出，但可以使用专门的指令来写入和修改。

② 工作基本文件。WEF包含了应用的实际数据，在符合WEF的读、修改安全属性时，可对其内容进行读取、修改。

根据ISO/IEC 7816-4和《中国金融集成电路IC卡规范及应用规范》有关基本文件结构的定义，COS一般支持下列4种基本文件结构：

二进制结构：二进制文件为一个数据单元序列，数据以字节为单位进行读写，其中的数据结构则由应用解释。

定长记录文件结构：这种结构以固定的长度来处理每条记录。数据以记录为单位进行存储，通过逻辑上连续的记录号可访问这类记录。记录号的范围是1～255，每次访问只对一条记录进行操作，而且必须严格遵守记录长度的规定。

变长记录文件结构：这是一类特殊的定长记录文件结构。在逻辑上，这类文件可看作是一个环形记录队列，记录按照先进先出的原则存储。添加记录时，最新一次写入的记录的记录号为1，上一次写入的记录的记录号为2，依次类推。记录的个数与预备的记录空间的大小以及记录的长度相关，记录个数等于记录空间大小整除记录长度。

循环定长记录文件结构：这是一类特殊的定长记录文件结构，在逻辑上，这类文件可看作是一个环形记录队列，记录按照先进先出的原则存储。

整个文件系统的空间在MF、DF和EF建立时被分配和确定，以后在物理上不会发生变化。当访问EF时，必须先选择相应的MF或DF。

2. 文件的空间结构

每个文件在E^2PROM中的存放格式如下：

文件头(文件类型、文件标识符、空间大小、权限等)
文件主体

当建立完MF之后，COS自动将整个E^2PROM空间都分配给它。

整个文件空间划分如下：

- MF的文件长度＝文件头＋文件名长度(5～16B)。
- 每个DF所占空间＝DF文件头空间(等同于MF)＋DF下所有的文件空间。
- 二进制结构文件的空间＝文件头空间(13B)＋EF所申请的空间。
- 定长记录和循环定长记录文件的空间＝文件头空间(13B)＋记录数×记录长度。
- 变长记录结构文件的空间＝文件头空间(13B)＋建立时申请的空间。
- 安全基本文件的空间＝文件头空间＋密钥个数(25B)。
- 钱包文件的空间＝文件头＋文件体。
- 存折文件的空间＝文件头＋文件体。

3. 文件访问

(1) 主文件MF。复位后自动被选择，在任何一级子目录下可通过文件标识3F00或其文件名IPAY.SYS.DDF01来选择MF。

(2) 专用文件DF。通过文件名或文件标识符来选择DF，在MF下可以选择任意DF。如果当前文件是一个DF下的一个EF，同样可以通过选择DF的文件标识符或文件名来选择任意DF。

(3) 二进制文件。在满足读条件时可使用Read Binary命令读取，在满足写条件时可用Update Binary命令来更改二进制文件的内容。

(4) 定长记录文件。在满足读条件时可使用Read Record命令读取，在满足写条件时则用Update Record命令来更改定长记录的内容。

(5) 循环定长记录文件。在满足读条件时可使用Read Record命令读取，在满足追加条件时可使用Append Record命令在文件末尾追加一条记录。当记录写满后自动覆盖最早写的记录，最后一次写入的记录的记录号总是1，上次写入的记录号是2，依次类推。

(6) 变长记录文件。在满足读条件时可使用 Read Record 命令读出记录，在满足写条件时若记录未满则用 Append Record 命令增加新记录。若记录已满则用 Update Record 命令来更改指定记录的内容。变长记录文件的格式为 TLV 格式，格式如下：

TAG：标识	Length：长度	Val：值

其中：TAG 为 1B 的记录标识，Length 为 1B 的记录数据长度，Val 为 Length 字节的数据值。在执行 Update Record 命令更改已存在的记录时，新写的整条记录长度可以与原来的整条记录长度不相等。

(7) KEY 文件及其文件中的密钥。每个 DF 或 MF 下有且仅有一个 KEY 文件，在任何情况下密钥均无法读出。在 KEY 文件中可存放多个密钥，每个密钥为一条定长记录。记录中规定了其用途、算法、版本及密钥值本身等相关内容。

在满足 KEY 文件的增加权限时可用 Write KEY 命令增加一条记录，在满足某个密钥的使用权限时可以使用该密钥，在满足某个密钥的修改权限时可以修改该密钥。

4. 文件标识符与文件名称

文件标识符是文件的标识代码，用 2B 来表示。在选择文件时只要指出该文件的标识代码，COS 就可以找到相应文件。同一个目录下的文件标识符必须是唯一的。MF 的文件标识符是 3F00，文件名是 IPAY. SYS. DDF01。

所有的文件都可以通过文件标识符用 Select 命令进行选择，MF、DF 文件还可以通过文件名(AID)进行选择。

短文件标识符可以通过 Read Binary、Update Binary 命令的参数 P1 来实现 EF 文件的选择，方法是若 P1 的高 3 位为 100，则低 5 位为短文件标识符。例如，若 P1 为 81H，即 1000 0001，其中高 3 位为 100，则所选的文件标识符为 0 0001，十六进制的文件标识符表示为 0001。

此外，还可以通过 Read Binary、Update Binary 命令的参数 P2 来实现 EF 文件的选择，方法是若 P2 的高 5 位不全为 0，低 3 位为 100，则高 5 位为短文件标识符；对于命令 Append Record，参数 P2 低 3 位为 000，若 P2 高 5 位不全为 0，则表示短文件标识符。

短文件标识符选择只能用 5 位来决定文件标识符，所以可选择的最大文件标识为 31。若文件需要用短文件标识符进行选择，则建立文件时就需将文件标识符取在 1～31 之间。

选择 EF 后，只要文件存在，该文件就被置为当前文件，就可以对该文件进行操作了。

10.5.4 安全体系

智能卡的安全体系是智能卡的 COS 中一个极为重要的部分，它涉及卡的鉴别与核实方式的选择，包括 COS 在对卡中文件进行访问时的权限控制机制，还关系到卡中信息的保密机制。可以认为，智能卡之所以能够迅速地发展并且流行起来，其中一个重要的原因就在于它能够通过 COS 的安全体系为用户提供一个较高的安全性保证。

安全体系在概念上包括3大部分：安全状态(Security Status)、安全属性(Security Attributes)以及安全机制(Security Machanisms)。其中，安全状态是指COS在当前所处的一种状态，这种状态是在COS进行完复位应答或者是在它处理完某命令之后得到的。事实上，我们也可以认为COS在整个工作过程中始终都是处在这样或是那样的一种状态之中，安全状态通常可以利用COS当前已经满足的条件的集合来表示。

安全属性实际上是定义了执行某个命令所需要的一些条件，只有智能卡满足了这些条件，该命令才可以被执行。因此，如果将智能卡当前所处的安全状态与某个操作的安全属性相比较，那么根据比较的结果就可以很容易地判断出一个命令在当前状态下是否是允许执行的，从而达到安全控制的目的。

与安全状态和安全属性相联系的是安全机制。安全机制可以认为是安全状态实现转移所采用的转移方法和手段，通常包括通行字鉴别、密码鉴别、数据鉴别及数据加密。一种安全状态经过上述的这些手段就可以转移到另一种状态，将这种状态与某个安全属性相比较，如果一致，就表明能够执行该属性对应的命令，这就是COS安全体系的基本工作原理。

从上面对COS安全体系的工作原理的叙述中可以看到，相对于安全属性和安全状态而言，安全机制的实现是安全体系中极为重要的一个方面。没有安全机制，COS就无法进行任何操作。而从上面对安全机制的介绍可以看到，COS的安全机制所实现的主要功能有认证与检验、数据加密与解密、文件访问的安全控制。

10.5.5 安全机制的实现

1. 认证与检验

IC卡验证持卡人身份的合法性的过程通过个人识别号(Personal Identification Number，PIN)来完成，而IC卡和应用终端之间的认证则通过相应的认证过程来完成。

(1) 个人是识别号

PIN是IC卡中的保密数据。PIN的主要用途是保证只有合法持卡人才能使用该卡或该卡中的某一项或几项功能，以防止拾到该卡的人恶意使用或非法伪造。卡应由发行部门将每一张IC卡均初始化一个PIN并将它经安全渠道分发给相应持卡人。使用时首先要求持卡人输入PIN，若输入的PIN与卡中存储的PIN相同，则证明此持卡人合法，可以使用该卡。

一般较简单的IC卡中只有一个PIN，而在较复杂的卡(如智能IC卡)中则可以存在多个PIN，如多功能卡中的每一功能就可具有一个PIN。简单的IC卡中PIN的位数较短(如4位二进制)，较复杂的智能IC卡中PIN的位数较长(如1～8位十进制)。为进一步提高使用PIN时的安全性，每一个PIN还配有一个错误计数器(Error Counter)，该计数器用以记录、限制PIN输入错误的次数。若连续输入错误的次数超过卡中规定的限制次数则卡自锁；而在该限制次数内可以进行卡中规定的最大的试探次数。PIN校验流程如图10-19所示。

一旦卡片的PIN自锁，则必须通过个人解锁码(Personal Unblocking Code，PUC)将

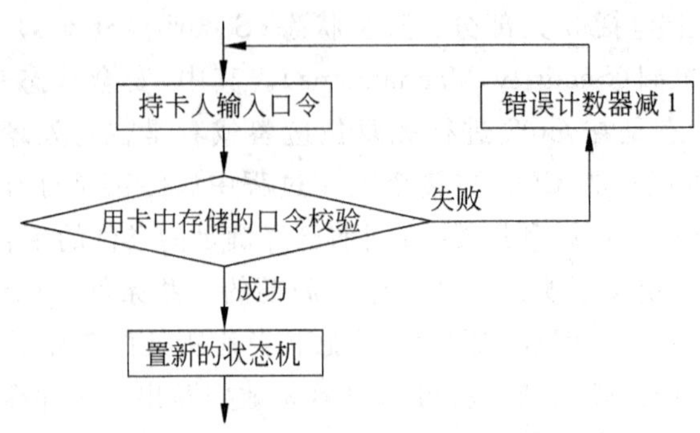

图 10-19 验证持卡人的合法性流程图

卡打开。一般情况下，一个 PUC 只用于一个 PIN，并且也可以有错误计数器。若合法持卡人忘记 PIN 而将卡锁住时，则可使用 PUC 将卡打开，还可以输入一个新的 PIN。

另外，在智能 IC 卡操作系统中，PIN 也可按以下两种形式出现。

① 全局 PIN(Global PIN)。处于系统的较高层次(如主文件中)，一旦因错误计数溢出等原因自锁，也同时锁住使用该 PIN 的其他应用层次。

② 局部 PIN(Local PIN)。处于某一具体应用层次，一旦因错误计数溢出等原因自锁，则仅锁住该应用层次。

(2) 卡片、终端的合法性检验

卡片、终端的合法性检验用于保证智能卡、终端的合法性，分为外部认证、内部认证、相互认证 3 种操作。外部认证保证卡的外部使用环境的合法性；内部认证保证插入终端的卡的合法性；相互认证则是上述两者的组合。

① 内部认证。应用终端阅读卡中的固定数据，然后导算出认证密钥；终端产生随机数并送给卡，并指定下一步应用的密钥；卡用指定密钥对该随机数进行加密，然后将经过加密的随机数送回终端；终端对该随机数进行解密，比较是否一致，若一致则内部认证成功。其具体工作过程如图 10-20 所示。

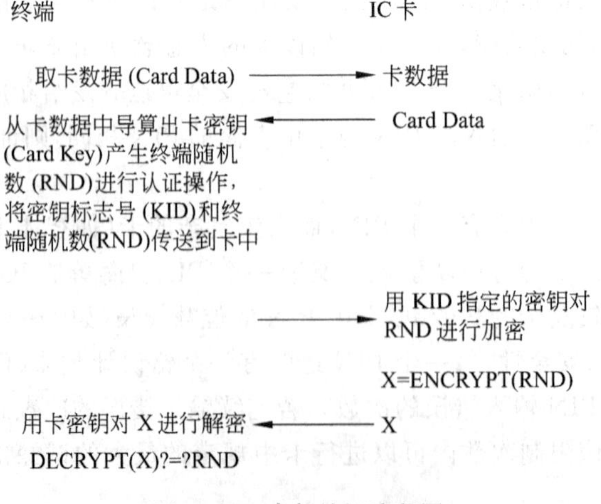

图 10-20 内部认证流程图

② 外部认证。IC卡本身不能发送此数据，这一认证方法由终端设备控制。终端设备从IC卡中读取卡数据并导算出认证密钥；终端设备从IC卡中取得一个随机数，用认证密钥对它进行加密并将其发送到IC卡；IC卡对这个加密值进行检查比较，若一致则外部认证成功。其具体工作过程如图10-21所示。

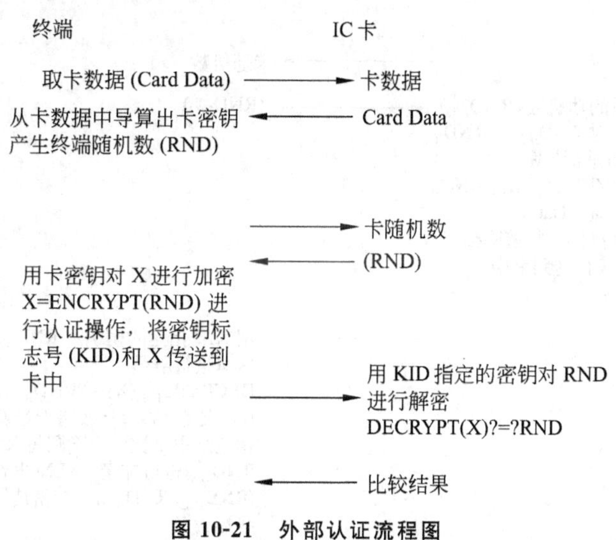

图10-21 外部认证流程图

③ 相互认证。终端设备从IC卡中取得一个随机数(通常为8B)，并产生它自己的随机数(通常为8B)；这两个随机数和卡数据(连接成一个串)由认证密钥进行加密。终端设备将此加密值传送到IC卡；IC卡用终端设备指定的认证密钥对此加密值进行解密并比较；成功比较之后，IC卡用认证密钥加密终端设备的随机数和它自己的随机数，并将此加密值发送回终端设备；终端设备解密这个加密值并与其自身的随机数进行比较，若一致则相互认证成功。其具体工作过程如图10-22所示。

智能卡通过认证与检验的方法可以有效地防止伪卡的使用，防止非法用户的入侵。但仍无法防止在信息交换过程中可能发生的窃取，因此，在卡与读写设备的通信过程中对重要的数据进行加密就作为反窃取的有效手段被提了出来。下面仅对加密中的一个重要部件——密码在COS中的管理及存储原理加以说明。

2. 数据加密、解密及数据传输保护

目前，智能卡中常用的数据加密算法是DES算法。采用DES算法的原因是因为该算法已被证明是一个十分成功的加密算法，而且算法的运算复杂度相对较小，比较适用于智能卡这种运算能力不是很强的芯片。DES算法的密码(或称密钥)长度是64b的(Trip DES密钥长度为128b)。COS将数据加密时要用到的密码组织在一起，以文件的形式储存起来，称为密码文件。较简单的密码文件是长度为8B(或16B)的记录的集合，其中的每个记录对应着一个DES(Trip DES)密码；较为复杂的密码文件的记录中则可能还包含着该记录所对应的密码的各种属性和为了保证每个记录的完整性而附加的校验和信息。

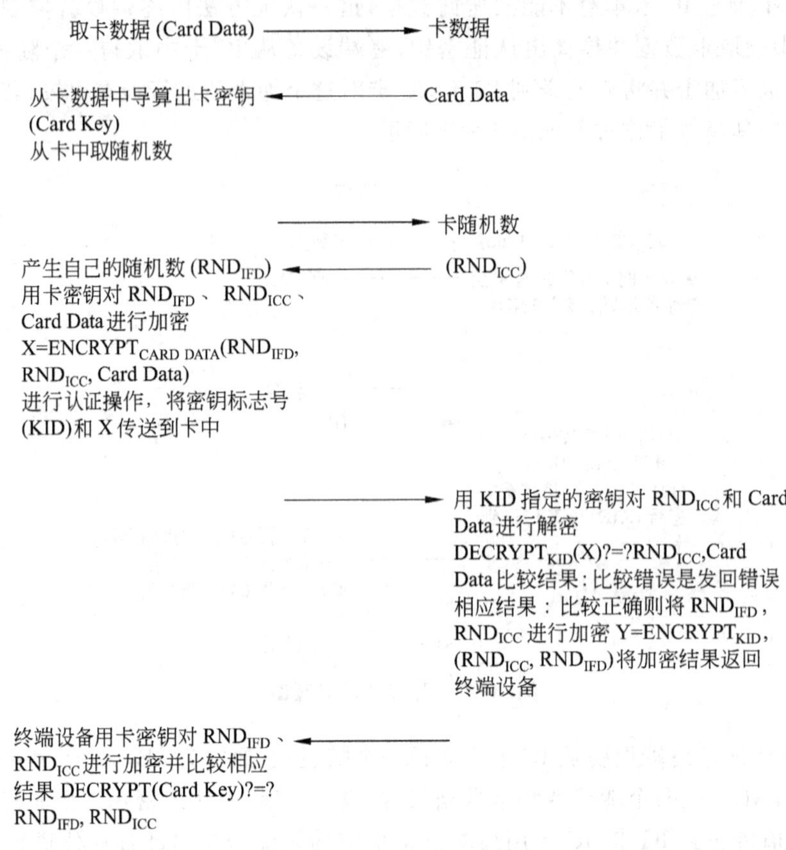

图 10-22 相互认证流程图

其中，记录的头部分存储的就是密码的属性信息，可以是应用于所有应用文件的密码或是只对应于某一应用文件的可用的密码；也可以是修改 ID 或是只能读取的密码等。但不论是什么样的密码文件，作为一个文件本身，COS 都是通过对文件访问的安全控制机制来保证密码文件的安全性的。

当需要进行数据加密运算时，COS 就从密码文件中选取密码加入运算。从密码文件中读取密码时，与读取应用数据一样，只要直接给出密码所在的地址就可以了。当然，更简单的产生密码的方法是直接从密码文件中随机读出一个密码作为加密用密码。但是这样的机制可能会多次选中同一密码，从而给窃取者提供破译的机会，安全性不太高。因此，比较好的办法是在随机抽取出一个密码后再对密码本身作一些处理，尽量减少其重复出现的次数。具体采用什么样的方法来产生密码应当根据智能卡的应用范围及安全性要求的高低而具体决定。

(1) DES 算法

DES 算法遵循国际标准，加密模式采用 ECB 模式。

利用加密密钥对 8B 的输入数据 X1、X2、X3，…进行加密，得到 8B 的输出数据 Y1、Y2、Y3……

其中，Y1＝DES(加密密钥)[X1]。

(2) 3DES(Trip DES)算法

3DES算法是指使用双长度(16B)密钥K＝(KL/KR)将8B明文数据块加密成密文数据块，则

$$Y=DES(KL)[DES-1(KR)[DES(KL[X])]]$$

其解密方式如下：

$$X=DES-1(KL)[DES(KR)[DES-1(KL[Y])]]$$

(3) 数据传输保护

为防止有关信息(命令、数据)在IFD与ICC之间的传输过程中被恶意窃取、篡改，提高动态传输信息的安全性和可靠性，在智能IC卡的操作系统中，一般具有3种信息保护传输方式：

① 机密性保护。对命令中的数据域进行对称密码的64b或128b数据加密，攻击者即使获得了数据也没有意义，不能得到正确的结果。

② 完整性保护。对传输的数据附加4B报文鉴别码，接收方收到后首先进行校验，只有校验正确的数据才予以接收，这样就防止了对传输数据的篡改。

③ 机密性和完整性保护。先对命令数据域进行加密，再在命令中附加4B的报文鉴别码。

至于采取何种方法进行安全报文传送由用户根据实际情况而定。高安全性是以降低速度、增加实现难度来换取的，所以并不是安全性越高越好，而要根据具体要求来决定。

3. 工作基本文件访问控制

工作基本文件(WEF)包含了应用的实际数据，有二进制文件和记录文件两大类。其中，记录文件又可分为定长记录文件、变长记录文件和循环记录文件。卡片内当前状态满足相应的读写条件时可进行读写操作，对二进制文件读采用Read Binary命令，写二进制文件采用Updata Binary命令；对记录文件读采用Read Record命令，写记录文件采用Updata Record命令。其内容不被卡解释。在符合WEF的读取、修改安全属性时，可对其内容进行读取、修改。工作文件的个数和大小受MF和DF所拥有的空间的限制。

(1) 读写卡中数据时，均设有安全条件判断，检查当前安全状态是否符合安全条件。安全状态只有通过密码认证才能改变，实际上是通过密钥控制，判断是否为合法的终端和持卡人。这种密钥控制可以通过外部认证和报文鉴别码两种方式实现。

(2) 通过选择文件命令进入某一应用时，该应用下的状态机要清零，此时需要通过重新认证才能改变当前的状态机。

(3) 每次执行认证功能命令(如外部认证命令、重新PIN命令等带有报文鉴别码)以前，必须先成功地执行取随机数命令。

习题与思考题

10.1　简述SLE4442卡是怎样加密的。

10.2　简述COS是怎样保证安全的。

10.3　简述SLE4442卡的存储器结构。

第11章 chapter 11

单线芯片

单线(1-Wire)是美国 Dallas (Dallas Semiconductor)公司的一个注册商品,单线芯片(1-Wire Chips)则是该公司推出的一项新技术与系列新产品,它是基于一根信号线与一根返回线实现互连通信的系列集成电路。采用这类芯片组成的网络与当今流行的计算机局域网有本质的不同。后者各节点上的计算机或外设都自备电源,网线上只传输数据信息;前者的两根网线不仅要传输数据线、地址线、控制线 3 条总线上的信息,而且还要通过这对网线由主机集中给各节点设备馈送电源,就如电话交换机集中给用户电话机供电一样。然而它与电话网络又有本质的差别。后者是星型网络,一个用户独占一对线,因而供电与语音信号共线并不困难;前者则是基于总线结构的,许多用户设备并挂在一对网线上,这样要实现对某个指定设备的电源馈送与数据通信兼容就绝非易事。

单线芯片组成的网络被赋予一个专业名词,称为微型局域网(MicroLAN)。它是一种主从式网络,以个人计算机或单片机作为网络中的主设备,而网上的其他设备全部称为从设备,它们由主设备集中管理,实现主设备与各从设备之间的数据通信。这种网络的规模可大可小,设备的节点数可从几个到数千个,理论上几乎没有限制。这种网络结构非常简单,只需一对普通双绞线就能组网,从设备又无需自备电源,因而建网快、成本低,较适合于现场应用,是现场总线技术中的“佼佼者”。

本章将以几种典型产品为例来详细介绍单线芯片的技术特色和使用方法。

11.1 概　　述

单线芯片是美国 Dallas 公司于 20 世纪 90 年代推出的系列新产品,包括数字温度计、数字电位器、A/D 转换器、定时器、RAM 与 EEPROM 类存储器、寻址开关、线路驱动器、ESD 保护二极管、ID 数码序列、微型局域网耦合器、通用 COM 端口适配器以及单线微型局域网开发套件等系列配套技术和器件。它们通过一对普通双绞线传送数据、地址、控制信号与电源,较适用于多点数据采集与监控的现场应用。

11.1.1 芯片硬件结构

图11-1描述了单线系统中主/从设备总线收、发端口的硬件结构框架,综合起来有以

下几个突出的特点。

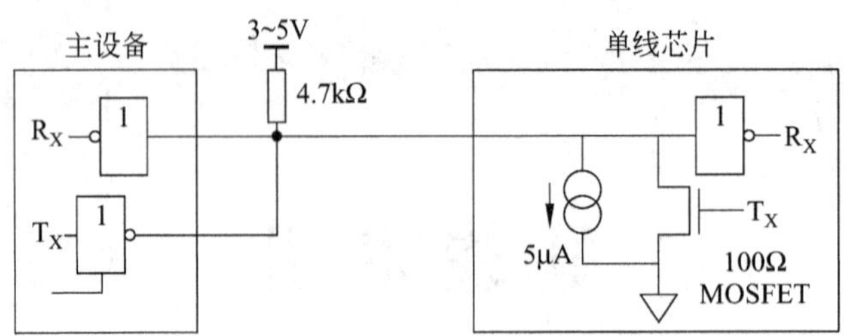

图 11-1 单线系统的总线硬件结构

1. 开漏输出

为了使每个设备在合适的时候都能被驱动，它们与总线匹配的端口必须具有开漏输出或三态输出的功能，也就是说从设备的输出端口都是开漏结构。主设备的 I/O 端口也为类似的结构。由于都是开漏输出，在主设备的总线侧必须有上拉电阻，系统才能正常操作。

2. 微功耗

由于各节点由主设备集中供电，等效于各芯片内部有一个约 5μA 的恒流充电源。可以想象，单芯片器件通常都应该是微功耗产品，且都应具有睡眠唤醒功能。

3. 特殊的复位功能

线路处于空闲状态时为高电平。如果由于某种原因必须将当前传输挂起的话，那么就要将总线拉到空闲状态。倘若总线处于低电平的时间大于器件规定值（该值通常为数百微秒），那么总线上的从设备就会被复位。

4. ROM ID

由于众多节点芯片都挂在总线上，器件内部除控制部件外，至少还要有用于标识本节点地址 ID 码的只读存储器 ROM，多数器件还有 EEPROM 与 RAM，于是单线芯片协议中就有相应的 ROM 功能命令、存储器功能命令、读时序与写时序等操作。在后续的各节中将逐一介绍这些新的概念。

5. 引脚少

多数单线芯片都是 3 脚封装，其外形如小功率三极管。它的 3 个引脚中有一个是公共地，一个是数据输入/输出，还有一个引脚往往是电源，可通过该引脚接外部电源实现独立供电，免除线路集中馈电。

11.1.2 64 位 ROM

每个单线芯片都有各自唯一的 64 位地址，该地址称为电子序列号、ROM 标识代码或 ROM ID 码等，厂家生产时就已经将其用激光刻制写入芯片内部。ROM 数据的第一个8位表示单线产品的分类码，例如可寻址开关DS2405的分类码为05H，数字温度计DS1822的分类码为10H，4通道A/D转换器DS2450的分类码为20H等，一共可有256种不同类型的单线芯片产品；接下来的48位是标识器件本身的序列号，可见每种类型的器件要产生2^{48}=281 474 976 710 656片后才会出现重码，简而言之，这个数字相当于全球人均近5万片，因而实际上不可能出现重码的相同器件；最后一个8位则是前56位的CRC校验码。单线芯片64位ROM ID结构的具体格式如图11-2所示。

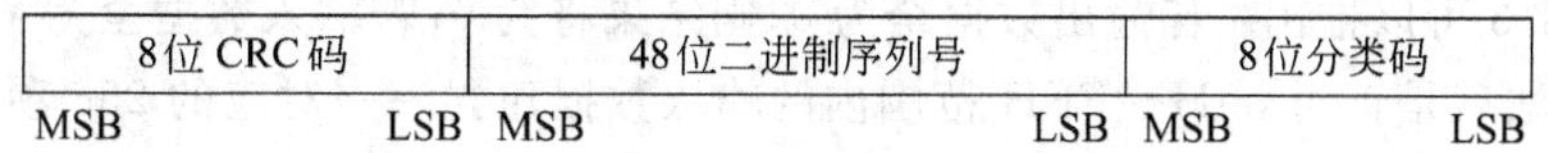

图11-2 64位ROM ID结构

通过这64位ROM ID码及其相关的通信协议，就能在任意多个节点的单线网络中方便地识别出每个设备，实现数据通信。有关细节的问题在后面各节中再陆续讨论。

11.1.3 CRC值生成器

总线主设备收到64位ID码后，可以计算出其中前56位ROM数据的循环冗余校验CRC值，并与接收到的8位CRC码进行比较。如果两者相等则说明本次传输正确无误，如果不等则表示传输出错。CRC值的生成式为：

$$CRC = X^8 + X^5 + X^4 + 1$$

CRC值生成器由移位寄存器与XOR异或门构成，如图11-3所示。移位寄存器各位的初始值为0，从产品分类码的最低位LSB开始移位；8位分类码移入后，直接移入48位二进制序列号；移位的最终结果是将在寄存器中得到CRC值。获取结果后，移位寄存器的各位应全部返回到0。

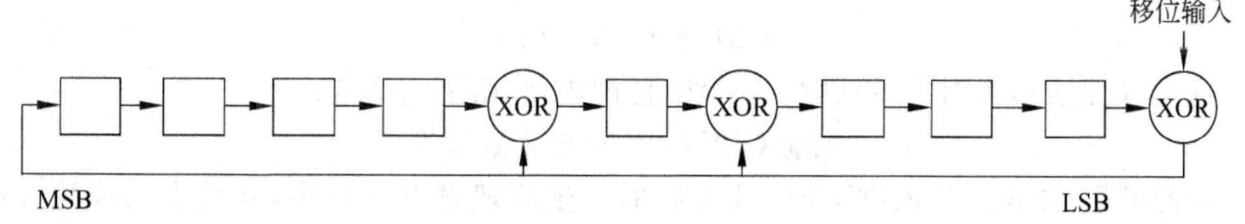

图11-3 CRC值生成器

既然作为总线从设备的单线芯片都具有生成CRC校验码的硬件电路，那么作为主设备的微处理器一端，自然也可以采用硬件电路生成CRC值。但CRC值还可以采用软件的方式来生成，并且有计算法与查表法两种处理方案，具体说明如下：

1. 计算法

计算法就是逐位地进行运算，它的实现过程为：

(1) 置CRC寄存器，并将寄存器清零。

(2) 将输入的字节数据与CRC相异或。

(3) 异或结果的最低位若为1，则CRC寄存器与常数18H相异或之后再循环右移一位；否则直接循环右移一位。

(4) 输入的数据右移一位并判断8位数据是否都已经移完，若没有移完，则转入(2)；若已经移完则此数据的CRC校验码已经生成。如果后面还有数据，则继续转入(2)，直至得到所有数据的CRC校验码。可用程序很容易实现。

2. 查表法

由图11-3可以推出：若输出数据全为0，则结果将为0；若输入数据全为1，则结果为35H。查表法就是针对00H～FFH范围内的输入数据建立一一对应的256项CRC值生产表，表中的数据全部为十进制，如下所示：

0，94，188，226，97，63，221，131，194，156，126，32，163，253，31，65，
157，195，33，127，252，162，64，30，95，1，227，189，62，96，130，220，
35，125，159，193，66，28，254，160，255，191，93，3，128，222，60，98，
190，224，2，92，223，129，99，61，124，34，192，158，29，67，161，225，
70，24，250，164，39，121，155，197，132，218，56，102，229，187，87，7，
219，133，103，57，186，228，6，88，25，71，165，251，120，38，196，154，
101，59，217，135，4，90，184，230，1697，249，27，69，198，152，122，36，
248，166，68，26，153，199，37，123，58，100，134，216，91，5，231，185，
140，210，48，110，237，179，81，15，78，16，242，172，47，113，147，205，
17，79，173，243，112，46，204，146，211，141，111，49，178，236，14，80，
175，241，19，77，206，144，114，44，109，51，209，143，12，82，176，238，
50，108，142，208，83，13，239，177，240，174，76，18，145，207，45，115，
202，148，118，40，171，245，23，73，8，86，180，234，105，55，213，139，
87，9，235，181，54，104，138，212，149，203，41，119，244，170，72，22，
233，183，85，11，136，214，52，106，43，117，151，201，74，20，246，168
116，42，200，150，21，75，169，247，182，232，10，84，215，137，107，53

查表操作的依据是新生成的CRC值应满足：

$$CRC=TABLE[I]$$

这里，I是表格索引号，控制在0～225范围内，它由下式确定：

$$I=(\text{先前 CRC})\times OR(\text{输入数据字节})$$

由此可见，计算法是依据CRC校验码的产生原理来设计程序，其优点是模块代码少，修改灵活，可移植性好，但计算的工作量大。查表法的优缺点则与计算法正好相反。

11.1.4 寄生电源

顾名思义，单线产品的突出特点之一是相互连接时所用的连线极少，有利于长距离与现场组网。但各节点单独供电比较麻烦，为此单线产品就具有另外一个突出的特点，即不使用独立电源而由单线寄生电源供电。

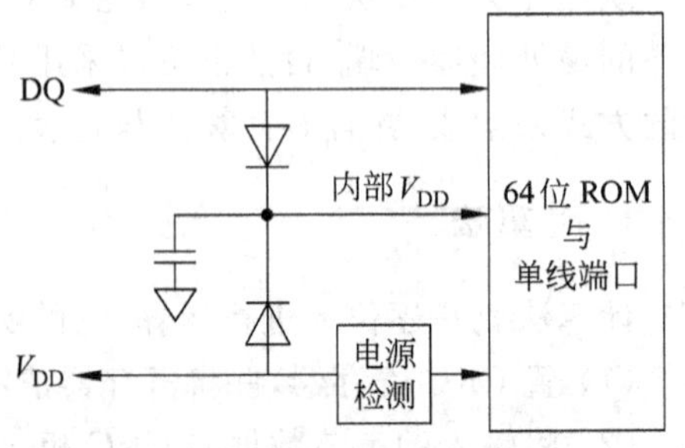

图11-4 寄生电源连线图

如图11-4所示，DQ引脚连接在单线总线上，整个器件的电源来自这条总线上挂接的主

机。这种“偷电”式的供电又称寄生电源(Parasite Power)。当总线处于高电平时，不仅经二极管给芯片提供了电源，同时又给内部电容器充电而存储了能量；当总线变为低电平时，二极管截止，芯片改由电容器供电，仍可正常操作，当然维持时间不可能很长。可见为了确保器件正常工作，总线上应间隔地输出高电平，且保障能提供足够的电源电流，一般应有 1mA。因此当主设备使用 5V 电源时，总线的上拉电阻不可大于 5kΩ。显然，当总线上有多个器件同时操作时，就会出现供电不足的问题。

这里有两种办法可以解决供电不足的问题。第 1 种办法是使用 MOSFET 将 I/O 线的高电平强拉到 5V，从而可以大大增加驱动电流，如图 11-5 所示。

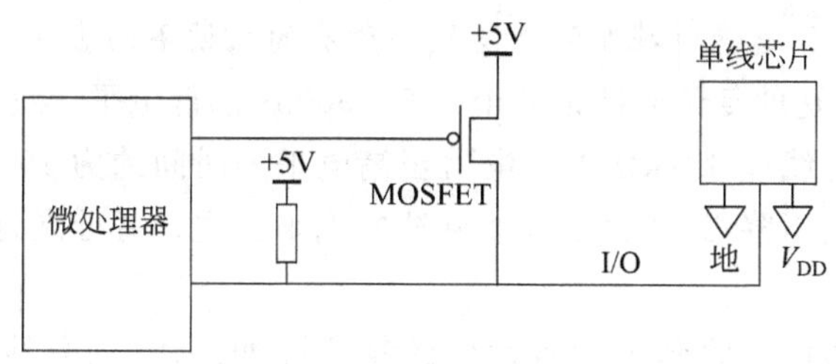

图 11-5 连线图

第 2 种办法是通过 V_{DD}引脚使用外接电源，I/O 总线则用 4.7kΩ 的电阻连至电源正极。这种供电具有以下优点：

(1) 免除了电源驱动能力的后顾之忧，因此一条总线上挂接的节点器件数量可以真正作到不受限制。

(2) 无需很强的上拉。

(3) 在器件高负荷工作期间，I/O 总线不必持久地保持高电平给器件充电，这就等效于提高了传输速率。

(4) 多个器件可以同时工作。

11.2 单线芯片的传输过程

单线芯片的传输过程是单线应用技术的关键。每个单线芯片拥有唯一的地址，主机一旦选中某个芯片，就会保持通信连接直至复位，其他的器件则全部脱离总线，在下次复位之前不参与任何通信。本节将详细讨论单线芯片的传输协议，以便理解数据、地址、控制信息是如何与电源馈送共容的。

11.2.1 初始化

单线系统要求严格的协议来保障数据传输的准确性，该协议包括总线上的多种信号，例如：复位脉冲、在线脉冲、写 0、写 1、读 0、读 1 等。除在线脉冲外，其他所有的信号都来源于主设备。

总线上的全部传输操作都是以初始化为起源的。初始化包括主设备发送一个复位脉冲和从设备返回一个应答脉冲。系统的初始化过程如图 11-6 所示。

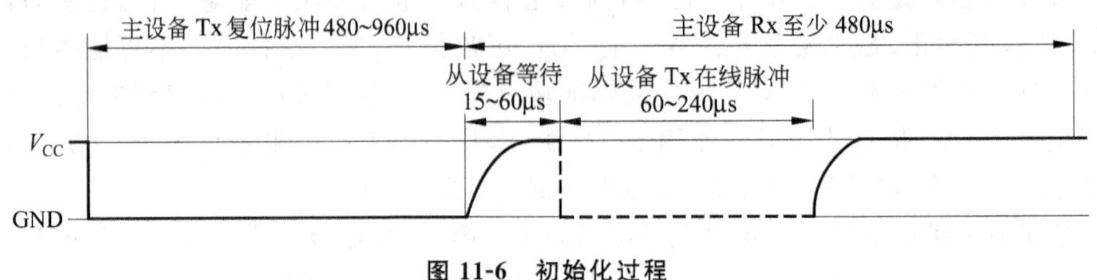

图 11-6 初始化过程

注意：这里的复位是针对挂在该条总线上所有的从设备而言的。

主设备 Tx 端发送的复位脉冲是一个 480～960μs 的低电平，然后释放总线而进入接收状态。此时系统总线经 4.7kΩ 上拉电阻至高电平的时间约为 15～60μs。接着 Rx 端就检测 I/O 引脚上的下降沿，以监视在线脉冲的到来。主设备处在这种接收状态下的时间至少为 480μs。

作为从设备的器件在收到主设备发出的复位脉冲之后，向总线发出一个在线脉冲(Presence Pulse)，表示从设备已准备好，可根据各类命令发送或接收数据。通常情况下，器件等待 15～60μs 即可发送在线脉冲(该脉冲是一个 60～240μs 的低电平信号，它是从设备强拉下来的)。

值得提醒的是，图 11-6 所示的时序图是多个器件分时贡献的结果：用实线画的直线段表示由主设备驱动到低电平，虚线段表示由从设备驱动到低电平，曲线段则表示电阻上拉。这与传统的多线并发时序图有本质的区别。

复位脉冲是主设备以广播方式发出的，因而总线上所有的从设备都同时发出在线脉冲。一旦检测到在线脉冲后，主设备就认为总线上已连接了从设备，接着将会发出有关的 ROM 功能命令；否则，主设备判断总线上没有挂接单线芯片之类的从设备。

11.2.2 读写时序

在单线总线上传输的数据信号类似于脉宽调制波形，逻辑 0 用较长的低电平持续期表示，逻辑 1 则用较长的高电平持续期表示。这里对单线系统中的数据传输还引入了读写时序(Read/Write Time Slots，RWTS)的概念，即主机向总线上输出数据时产生写时序，从总线上输入数据时形成读时序。无论是读时序还是写时序，它们都是以主设备驱动数据线为低电平开始的，数据线下降沿使从设备触发内部的延迟电路，使之与主设备同步。在写时序内，该延迟电路决定了从设备采样数据线的时间窗口。对于读时序，如果传送的数据位是 0，延迟电路就决定了从设备保持数据线为低电平状态的时间；如果传送的数据位是 1，延迟电路释放总线，主设备一侧的上拉电阻就会立即将数据线拉至高电平。

无论是逻辑 1 还是逻辑 0，所有的读写时序都必须至少占 60μs，且在两个相邻的读写周期之间至少应有 1μs 的恢复时间。

现以测温芯片 DS1822 为例来具体说明读写时序的形成过程，如图 11-7 所示。实际上这些过程对所有的单线产品来说都是适用的。

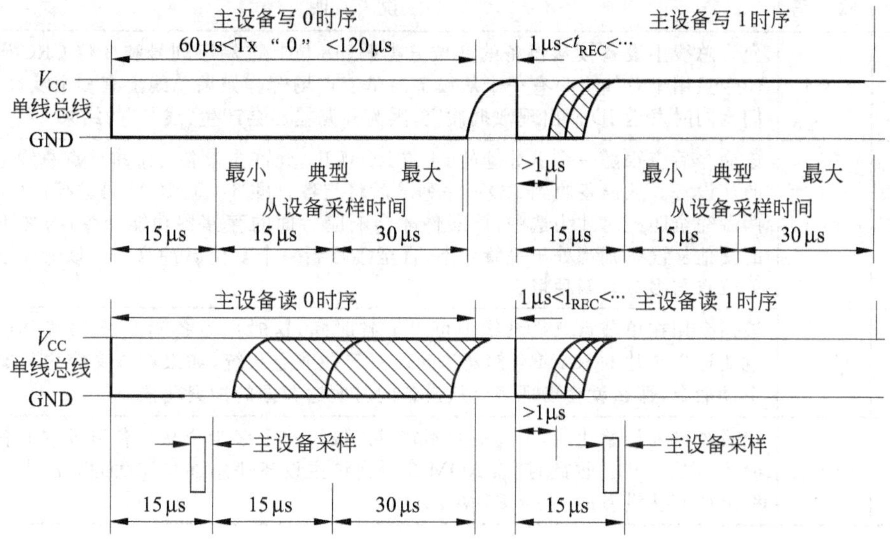

图 11-7 读写时序的形成过程

当主设备向 DS1822 输出数据位时即生成写时序。为了生成写 1 的时序，必须先将单线总线从恢复期的高电平下拉至低电平，向从设备表示启动写时序操作；此后在 15μs 之内必须将总线上拉至高电平，表示当前为写 1 操作。DS1822 则在 I/O 线拉至低电平后的 15～60μs 的时间窗口内采样 I/O 线，该线保持高电平表示写 1。

为了生成写 0 的时序，同样必须使单线总线从恢复期的高电平下拉至低电平，且维持 60μs。DS1822 则在 I/O 线拉低后的 15～60μs 的时间窗口内采样 I/O 线，该线保持低电平表示写 0。

当主设备接收 DS1822 输出的数据位时即生成读时序。主设备先将单线总线从高电平拉至低电平，输出一个窄脉冲表示启动读时序操作，此窄脉冲的低电平维持时间至少应有 1μs。DS1822 返回的数据在该启动脉冲下降沿后 15μs 内都是有效的，返回 0 时在此期间强制总线保持低电平，返回 1 时从设备对脉冲宽度不起作用，1μs 后由主设备将总线迅速上拉至高电平。主设备接收器在这 15μs 快结束前采样单线总线，从而获取从设备传送的数据。读时序操作结束后，总线将由主设备的上拉电阻拉至高电平。

如同图 11-6 一样，图 11-7 中的单线总线时序是由主设备、从设备与上拉电阻等多个器件分时贡献的结果，这与传统的多线并发时序有本质的区别。

11.2.3 ROM 功能命令

ROM 功能命令主要用于管理单线芯片 ROM ID 的一系列通信协议，识别单线芯片的产品序列码，实现传统的“片选”功能。这里所有的操作命令代码都是一个字节长。对于不同的器件，ROM 功能命令有所差别。表 11-1 详细描述了多数单线芯片共有的几条基本命令。

表 11-1 基本的 ROM 功能命令

命令	代码	说明
读 ROM	33H	允许总线主设备读从设备的 8 位分类码、48 位二进制序列号和 8 位 CRC 码。该命令只用于总线上只有一个从设备的单节点场合。如果总线上有多个从设备，它们将同时发送 ID 而出现数据冲突，因为开漏输出会产生“线与”的结果
匹配 ROM	55H	该命令后应跟随一个欲寻址的 64 位 ROM ID，允许主设备寻址多节点总线上指定的从设备。从设备收到 ROM 序列号后将与各自的 64 位 ROM 码进行比较，仅当两者完全匹配时才为选中，该器件才会响应后面的存储器功能命令；与之不匹配的其他从设备则都处于等待状态，直至接收到一个复位脉冲为止。该命令适用于单节点与多节点两种场合
直访 ROM	CCH	该命令用在单节点总线系统中可以节省时间，这时主设备不发送 64 位 ROM ID 就能进入芯片的 RAM 存储器访问。对于多节点系统，如果在该命令之后紧接一个读命令，那么就会出现多个从设备同时发送数据的冲突现象
搜索 ROM	F0H	当系统进入初始化后，主设备并不知道总线上挂了多少个从设备以及它们各自的 64 位 ROM ID。据此，搜索 ROM 命令允许主设备使用逐步淘汰的方法来识别总线上所有从设备的 64 位 ROM ID

11.2.4 ROM 搜索举例

购买单线芯片时，厂商并不提供芯片的 ID 具体数据，因此 ROM 搜索是主设备读取从设备 ROM 中序列号的必经过程。由于主设备并不知道总线上挂了多少个从设备以及它们各自的 64 位 ROM ID，而且主设备发出启动读时序窄脉冲后，总线上所有的单线芯片都会响应而输出各自的数据位，这就使得该过程变得复杂化。从原理上讲，这是基于淘汰制的一个 3 步操作的重复。这 3 步是针对序列号的一个二进制位而言的。

第 1 步：主设备先读各芯片某位共同贡献的总线状态结果。

第 2 步：读各芯片该位的反码共同贡献的总线状态结果。

第 3 步：对该位进行写 0 或写 1 的符合操作(或匹配操作)。

由于各芯片的输出在总线上形成“线与”逻辑关系，所以根据前两步读取的结果就能作出如表 11-2 所示的判据。

表 11-2 两次读结果判据

第 1 次读	第 2 次读	结论
0	0	总线上有从设备，且它们的 ROM 数据在该位上既有为 0 的，也有为 1 的
0	1	总线上有从设备，且它们的 ROM 数据在该位上全部为 0
1	0	总线上有从设备，且它们的 ROM 数据在该位上全部为 1
1	1	总线上没有从设备

第 3 步对该位进行写 0 或写 1 的匹配操作后，就可以选中该位为 0 或为 1 的部分从设备，而淘汰掉该位为 1 或为 0 的那些从设备。主设备对 ROM 的每一位都要执行这 3 步操作，从而逐位淘汰不匹配的从设备。待一次完整的搜索通过后，主设备就获取了最

后保留下来的一个从设备的 ROM ID 内容。其他从设备的 ROM ID 代码通过同样的操作步骤均可逐一读出。

下面以一个具体的例子来详细描述 ROM ID 搜索的整个过程。假设总线上连接了4个从设备,它们的64位ROM数据分别为:

设备1 …1010 1100

设备2 …0101 0101

设备3 …1010 1111

设备4 …1000 1000

这里只给出了最低位字节,其他7个字节均被省略。因为搜索是从最低位开始的,且搜索各位的原理相同,故没有必要细述搜索64位的全过程。具体的搜索步骤如下:

(1) 主设备发送一个复位脉冲使总线系统初始化,各从设备则同时送出在线脉冲以示响应。

(2) 主设备发送搜索 ROM 命令,代码为 F0H。

(3) 主设备从总线上读最低位原码。每个从设备都将输出各自 ROM 数据的右边第1位到总线上,ROM1 与 ROM4 输出 0,亦即将总线拉至低电平;而 ROM2 与 ROM3 输出 1,也就是欲将总线提升至高电平。但所有设备的 I/O 端口都遵循"线与"的原则,因此主设备从总线上读取的结果是一个0。

主设备再次执行读操作,读该位的反码。由于系统仍然处在执行搜索 ROM 数据命令期间,因此所有的从设备此时都会输出各自 ROM 数据的右边第1位的反码。也就是说,ROM1 与 ROM4 送 1,ROM2 与 ROM3 送 0。结果主设备又收到一个0。

至此从总线上读取了两次结果,由此主设备就可以依据表11-2作出以下的判断:总线上有从设备,且它们的 ROM 数据最低位既有为0的,也有为1的。

(4) 主设备写一个0到总线上,此时由于 ROM2 和 ROM3 与之不匹配而未被选中,亦即被暂时淘汰,而第1位为0的从设备 ROM1 和 ROM4 全被选中。此时记录下当前在线 ROM 的右边第1个标志位是0。

(5) 主设备针对 ROM 数据的右起第2位进行上述的两次读操作,第1次读为0,第2次读为1,于是判断出当前在线从设备的右起第2个 ROM 数据位为0。

(6) 主设备写一个0到总线上,结果 ROM1 和 ROM4 仍然全选中。此时记录下当前在线 ROM 的右起第2个标志位是0。

(7) 主设备针对 ROM 数据的右起第3位进行上述的两次读操作,两次都读为0,表明在线从设备 ROM 数据右起第3位有0也有1。

(8) 主设备写一个0到总线上,此时由于 ROM1 失配而未被选中,亦即被暂时删除,ROM4 则被选中。此时记录下当前在线 ROM 的右起第3个标志位是0。

(9) 主设备针对 ROM 数据的右起第4位进行上述的两次读操作,第1次读为1,第2次读为0,表明在线从设备 ROM 数据右起第4位为1。主设备写一个1到总线上,保留 ROM4,且记录下右起第4个标志位是1。如此循环读取 ROM4 中余下的数据位,通过这样一遍完整的扫描就能读出从设备 ROM4 的全部 ROM 数据。

(10) 执行一遍新的 ROM 搜索过程,重复(1)～(7)步的操作。

(11) 主设备写一个 1 到总线上,此时由于 ROM4 失配而未被选中,亦即被暂时删除,ROM1 则被选中。

(12) 主设备读 ROM1 中余下的数据位,通过这样一遍完整的扫描就能读出从设备 ROM1 的 ROM 数据。

(13) 执行一遍新的 ROM 搜索过程,重复(1)～(3)步的操作。

(14) 主设备写一个 1 到总线上,此时由于 ROM1 和 ROM4 与之不匹配而未被选中,亦即被暂时删除,而右起第 1 位为 1 的从设备 ROM2 和 ROM3 全被选中。

(15) 主设备针对 ROM 数据的右起第 2 位进行两次读操作,两次均收到 0。

(16) 主设备写一个 0 到总线上,删除了 ROM3,仅留下 ROM2。

(17) 主设备读 ROM2 中余下的数据位,通过这样一遍完整的扫描就能读出从设备 ROM2 的 ROM 数据。

(18) 主设备启动新的一遍搜索,重复(13)～(15)步的操作。

(19) 主设备写一个 1 到总线上,删除了 ROM2,留下 ROM3。

(20) 主设备读 ROM3 中余下的数据位,通过这样一遍完整的扫描就能读出从设备 ROM3 的 ROM 数据。

基于这一搜索原理,主设备每搜索一遍后就可以识别出一个从设备的 64 位 ROM 内容,继续搜索下去即可识别出总线上所有的从设备和节点数目。对于每一遍 ROM 搜索,主设备获取一个设备 ID 序列号所需的时间是

$$960\mu s + 480\mu s + (3 \times 64) \times 61\mu s = 13.152ms$$

上述的依据是,主设备发复位脉冲占用 960μs,接收从设备发出的在线脉冲至少占用 480μs(如图 11-6 所示),每个读写时序为 61μs(如图 11-7 所示),每个二进制位执行 3 次读写操作。可见从搜索原理上讲,单线系统具有每秒钟识别 76 个单线从设备的能力。

除 ROM 外,有些单线器件中还有 RAM,因此也就有关于 RAM 存储器读写的功能命令,这部分内容将放在后面的相关器件中介绍。

11.3 可寻址开关

可寻址开关是单线芯片系列中较简单、较基本的器件。为了有效地掌握各类单线芯片的工作原理与应用设计技术,有必要从开关类芯片入门。这类器件的功能与普通电子开关相同,但如同所有的单线芯片器件一样,至少增加了产品序列号 ROM 功能,因此具有可寻址特性。这类器件中的 DS2405 是单通道的输入/输出开关(PIO),DS2406 和 DS2407 则有两路输入/输出开关,DS2408 则多达 8 路 PIO。

11.3.1 DS2405 概述

可寻址开关(Addressable Switch)DS2405 是一种较简单的单线设备,能实现开关功能,它有 TO-112、TSOC 和 SOT-223 3 种封装结构,如图 11-8 所示。这种器件的工作电

压范围为2.8～6.0V，温度范围为－40～＋85℃。单线芯片由总线供电，供电条件较差，因此要求芯片适应较宽的供电电压范围，这是多数单线芯片具备的特点之一。

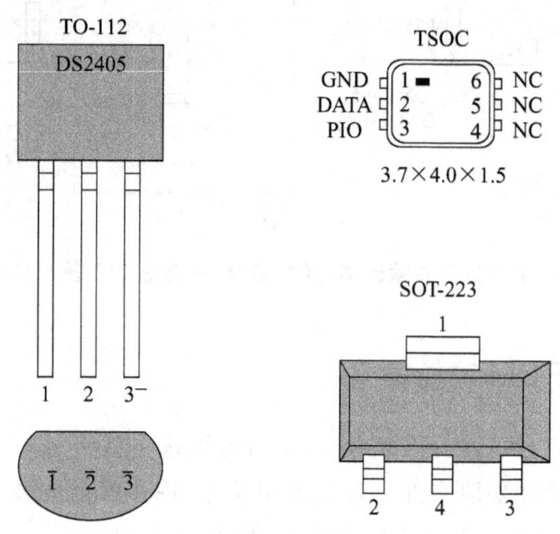

图 11-8 封装结构

图11-9所示为DS2405的内部结构原理框图。图中的DATA端是输入引脚，它与单线总线直线连接。每个器件都有64位ROM ID序列号，使得单线协议逻辑的输出端控制MOSFET开关器件，要么将PIO引脚与地短接，要么是PIO引脚与地脱开。必须提醒的是，到PIO是开漏输出端，在0.4V时吸收电流大于4mA。

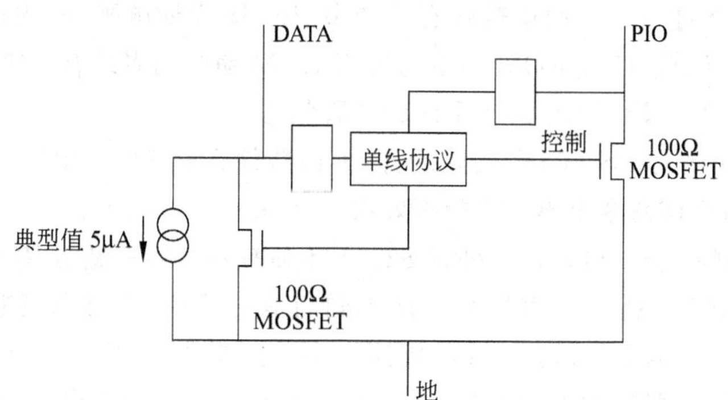

图 11-9 DS2405的内部结构原理框图

图11-9所示中的恒流源表示该芯片平时需消耗5μA的电流，使芯片具备随时与主机通信的待命能力。与恒流源并联的MOSFET受单线协议部件的控制，从而使芯片具有将总线下拉至低电平的能力。

图11-10所示描述了主设备开漏输出端口(左图)与主设备TTL输出端口(右图)分别同DS2405的接口方法。这里实际上也就是一个单线总线接口的原理电路，适用于其他单线芯片，但其驱动能力明显是有限的。

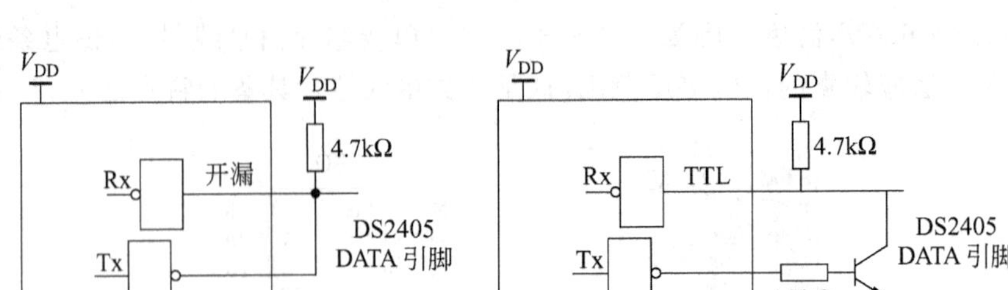

图 11-10 主设备开漏输出端口(左图)与主设备 TTL 输出端口(右图)

11.3.2 DS2405 ROM 功能命令

对于 DS2405 而言，执行匹配 ROM 命令后若被选中就将触发 1 次 PIO。也就是说，被匹配的 DS2405 芯片如果原来处于开关关闭状态，现在就会被触发到开关接通状态；反之亦然。被触发后如果主设备再执行读时序，那么这片 DS2405 就会将 PIO 的当前逻辑状态送至总线上：PIO 为低电平时产生读 0 时序，为高电平时形成读 1 时序。

每次成功地执行搜索 ROM 命令之后，也就相当于输出了匹配 ROM 命令，就可以对选中的从设备单独访问，因为在搜索操作中其他的器件都被逐步淘汰而脱离了总线，等待复位脉冲。但是这里又与实际执行匹配 ROM 命令有所区别，即执行搜索 ROM 命令中被选中的 DS2405 不会发生状态翻转。搜索之后如果主设备附加执行读时序就将引发它输出挂在总线上的 PIO 脚的逻辑状态。如果 PIO 脚为低电平，则主设备读到一个 0；反之读到一个 1。因此，匹配 ROM 命令与搜索 ROM 命令两者结合起来使用可以方便地改变 PIO 脚的逻辑以及获取改变前后的 PIO 脚状态。

直访 ROM 命令对 DS2405 是无效的，因为该器件只有 64 位 ROM 而无其他存储器数据，因而即使执行该命令也不会有什么效果。

除表 11-1 中的 4 条 ROM 命令外，DS2405 还独有一条搜索激活 ROM 命令。该命令代码为 ECH，它类似于搜索 ROM 命令，所不同的是它只搜索处于接通状态的开关，亦即 PIO 引脚被下拉至低电平的器件。该功能用于多节点系统中，执行一遍搜索后就能确定一个激活(开关接通)器件的 64 位 ROM 内容。这也就相当于输出了一个匹配 ROM 命令，就可以单独访问某个器件，因为在激活 ROM 的搜索过程中所有其他的器件都已经脱离了总线而在等待复位脉冲。

搜索 ROM 命令与搜索激活 ROM 命令结合起来使用能使用户更有效地实现所需的一些判断功能。当主设备需要查询多节点系统中 DS2405 的 PIO 开关状态时，搜索激活 ROM 命令仅能快速确定那些处于接通状态的器件。若两个命令结合起来，则既能判断 PIO 引脚又能确定内部控制信号。下面举例说明可实现的两种诊断应用。

(1) PIO 短接到地。如果搜索 ROM 命令对某一给定的器件返回读 0 时序，那么可能是该 DS2405 的 PIO 引脚为低电平所致，但也有可能是其他 DS2405 的 PIO 为低电平引起的。此时接着使用搜索激活 ROM 命令。当执行该命令后又找到了同一器件时，它的控制信号自然为1,这就说明前次的PIO为低电平是该器件本身下拉的,属正常现象。如果激活搜索未找到同一器件,说明该器件的控制位是0,那么前次的PIO为低电平可能是由其他器件引发的,或者电路有故障,例如PIO引脚短接到地了。

(2) PIO短接到电源。如果与上述结果相反,搜索ROM命令返回读1的时序,而激活搜索又找到了同一器件,控制信号为1,返回读0时序,那么就说明有PIO引脚与电源短接的可能性。

DS2405可以用作单线总线系统中的开关器件,尤其是利用它可以产生网络分支,充当该分支的一扇闸门。

11.3.3 DS2406/DS2407

DS2406/DS2407是另一种单线芯片的开关器件。与DS2405相比,内部工作原理基本相同,但具有以下两个较明显的差别:

(1) DS2406/DS2407内部有1024位用户可编程的OTP EPROM存储器,而DS2405则无此类存储器。

(2) DS2406/DS2407的TSOC封装结构有PIO-A与PIO-B两个输入/输出引脚,而DS2405无论是TO-112封装还是TSOC封装都只是一个PIO引脚。

DS2406/DS2407的PIO-A最高工作电压可达13V,在0.4V低电平时有50mA的电流吸入能力;PIO-B则只有6.5V,在0.4V时有8mA的电流吸入能力。

DS2406/DS2407的PIO-A只有10Ω的导通电阻,PIO-B则有50Ω的导通电阻,它们的关断电阻都在10MΩ以上。

DS2406/DS2407适于用作闭环控制器件,接通或切断总线上的其他单一被控器件,但不宜用作局域网的分支开关,因为它本身的耗电比DS2405要大。

DS2406/DS2407的TSOC封装引脚定义为:1、2、3脚与DS2405基本相同,分别为地、数据、PIO-A;4、5、6则分别为V_{CC}、空脚、PIO-B。

DS2406是早期推出的双开关产品,DS2407则是后续的产品,可以替代并可能淘汰DS2406。

11.4 数字温度计

单线芯片数字温度计(1-Wire Digital Thermometer)已有DS1820、DS18B20、DS18S20以及DS1822等多种型号,它们的工作原理与特性基本相同。本节以DS1822为典型进行分析,其他几个型号主要是在温度测量的分辨率位数或编程方法上略有差别而已。

11.4.1 概述

如同11.3节介绍的DS2405开关器件一样,DS1822也有多种封装结构,但仅有3个引脚:除GND和电源V_{DD}外,余下的DQ就是数据输入/输出脚。它不需要任何外接元件，内含温度传感器并以 11～12Bit 的分辨率数字化，测温速度较快，获取 12 位结果的最长时间也不会超过 750ms。其测温范围为－55～＋125℃，最高分辨率对应的温度变化量值可达 0.062 5℃，工作电压范围为 3.0～5.5V。图 11-11 所示为 DS1822 的内部结构框图。

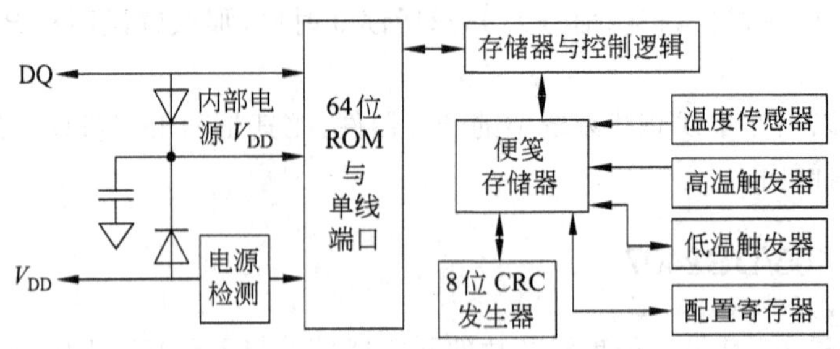

图 11-11　DS1822 的内部结构框图

与 DS2405 开关器件不同，除 64 位 ROM ID 存储器外，DS1822 还有便笺式存储器(Scratchpad Memory)，主要用于存放温度数据。高温触发器 TH 和低温触发器 TL 是两个非易失性 RAM，分别用于存放温度警报的上限值和下限值。器件仅使用一个端口与主设备实现串行通信，所有数据的读写传输都约定为最低位 LSB 在前。

DS1822 的 ROM 功能命令除表 11-1 中介绍的读 ROM、匹配 ROM、直访 ROM、搜索 ROM 等 4 条外，还独有一条报警搜索命令。该命令的代码为 ECH，其执行流程类似搜索 ROM 命令，主要的差别在于，仅当下次温度测量结果满足报警条件时 DS1822 才会响应这个命令。所谓报警条件是指温度高于 TH 中设定的上限温度值或低于 TL 中设定的下限温度值。这两个触发报警的阈值由用户设置而保存在 RAM 中。

图 11-12 描述了 DS1822 单线总线的接口电路，V_{DD}引脚依据使用电源的不同而有两种连接方法：当使用寄生电源时，其引脚 V_{DD}应接地；当使用各自的外接电源时，V_{DD}自然应外接电源。DS1822 的工作电流为 1.5mA。

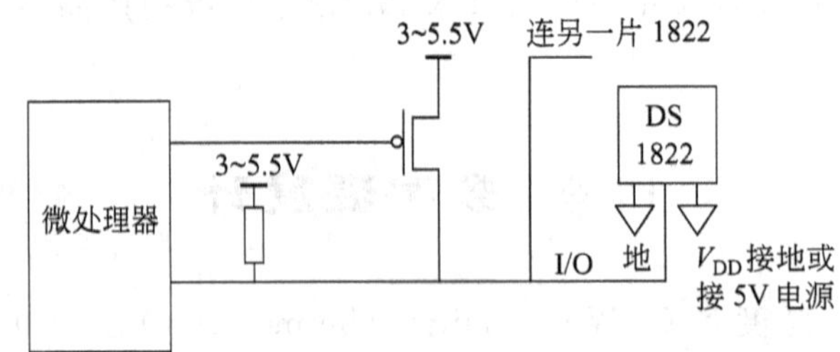

图 11-12　DS1822 单线总线的接口电路

使用外接电源的优点：

(1) I/O 总线无需强上拉，此时可取消 MOSFET 三极管，微处理器也少用了一根 I/O 线而节省了端口资源；

(2) 在温度转换期间主设备不必维持数据线为高电平，因而可以与另外的器件交换数据，提高测控速度；

(3) 如果所有的DS1822都使用外接电源，总线上就可以挂接任意多个测温节点，并且只要在发出直访ROM命令之后执行温度转换命令，那么所有的器件就能同时进行转换，然后一一读取测量结果。

使用寄生电源时，测温系统结构简单而方便，且成本低。但由于器件在转换或复制等工作状态下耗电较大，因此必须保持数据线处于可充电的高电平状态。此外当温度高于100℃时，不可使用寄生电源，因为此时器件存在较大的漏电流而使总线不能可靠地把握住高低电平，将使传输中的误码率明显增大。

11.4.2 温度测量

DS1822的核心是一个直接数字化的温度传感器，可将－55～＋125℃范围内的温度值按9位、10位、11位和12位的分辨率量化，上电后的默认值为12位。以上分辨率都包括一个符号位，因此对应的温度变化量值分别是0.5℃、0.25℃、0.125℃和0.062 5℃。接收到温度转换命令(44H)后，DS1822即实施温度转换操作并将结果存放到16位的便笺存储器中，数据格式为符号位扩展的二进制补码。然后读便笺存储器命令(BEH)使得结果数据按顺序置于总线上，其最低位LSB在前，最高位MSB定义为符号位，表征温度的正负，如图11-13所示。表11-3列举了温度与数字输出的部分典型值。

15	14	13	12	11	10	9	8	7	6	5	4	3	2	1	0
S	S	S	S	S	2^6	2^5	2^4	2^3	2^2	2^1	2^0	2^{-1}	2^{-2}	2^{-3}	2^{-4}

图 11-13 温度数据格式

表 11-3 部分温度的数字输出

温度/℃	数字输出(二进制)	数字输出(十六进制)
＋125	0000 0111 1101 0000	07D0
＋85	0000 0101 0101 0000	0550
＋25.062 5	0000 0001 1001 0001	0191
＋10.125	0000 0000 1010 0010	00A2
＋0.5	0000 0000 0000 1000	0008
0	0000 0000 0000 0000	0000
－0.5	1111 1111 1111 1000	FFF8
－10.125	1111 1111 0101 1110	FF5E
－25.062 6	1111 1110 0110 1111	FE6F
－55	1111 1100 1001 0000	FC90

DS1822测量温度的原理如图11-14所示。它不采用传统的A/D转换器原理，例如逐次逼近法、双积分式和算术A/D等，而是使用一种将温度直接转换为频率的时钟计数法。计数时钟由温度系数很低的振荡器产生，因而非常稳定；而计数的闸门周期则由温

度系数很高，即对温度非常敏感的振荡器来确定。计数器中的预置值以－55℃时的计数值为基准，在闸门开放计数期间，每当计数值达到0，则温度寄存器就加1。温度寄存器中的预置值也以－55℃的测量值为基准。

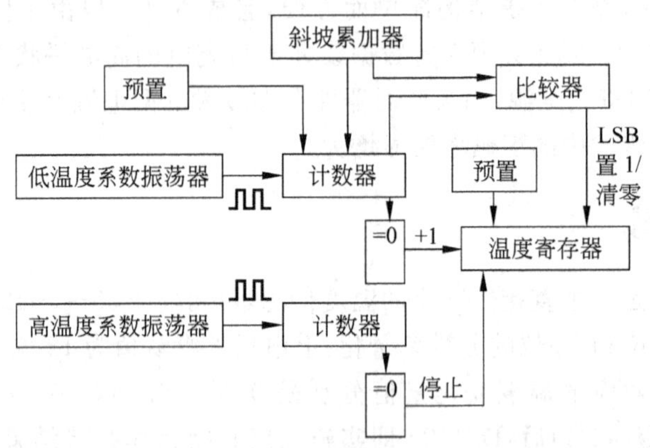

图 11-14　DS1822 测量温度的原理

同时，计数器的预置值还与斜坡累加器电路有关。该电路用于补偿振荡器对温度的抛物线特性，因此还要用时钟脉冲对这个非线性校正预置值作计数操作，直至计数值达到0为止。如果此时闸门还未关闭，则重复计数过程。斜坡累加器补偿了振荡器对温度的非线性特性，从而可以获得较高的温度测量分辨率。因此，改变相对于测温量化级的计数量大小即可获得不同的分辨率。

11.4.3　其他功能原理

1. 报警操作

DS1822完成温度转换之后，其温度值将和TH与TL中存储的触发门限值相比较。由于这两个阈值都只有8位，因此比较时测量值中相应的几个低位将被忽略，TH与TL中的最高位MSB直接对应16位温度寄存器中的符号位。如果比较的结果表明测量值高于TH中设定的上限温度或低于TL中设定的下限温度，则设置报警标志，该标志每当测量一次温度时都要执行一次更新操作。一旦报警标志设置后，器件就会响应主设备发出的报警搜索命令，这样处理就能使并接的多个DS1822可以同时实现温度测量。如果有些点上的温度超过设定的阈值，则这些报警的器件就能及时识别出来，而不必一个一个地去读取数据，再来比较判断哪些是越界报警的器件。

2. 存储器

DS1822的存储器结构如表11-4所示。它由9个字节的便笺式存储器和3个字节的易失性SRAM组成。便笺式存储器方便了单线系统中的数据传输。通常是首先使用写便笺存储器命令(4EH)写入数据，然后使用读便笺存储器命令(BEH)进行校验，校验后再通过一个复制便笺式存储器命令(48H)就会将该数据写入SRAM。

表 11-4 DS1822 的存储器结构

<table>
<tr><th colspan="2">便笺式存储器</th><th>SRAM</th></tr>
<tr><td>0</td><td>温度低位字节</td><td rowspan="2">无</td></tr>
<tr><td>1</td><td>温度高位字节</td></tr>
<tr><td>2</td><td>TH/用户字节 1</td><td>TH/用户字节 1</td></tr>
<tr><td>3</td><td>TL/用户字节 2</td><td>TL/用户字节 2</td></tr>
<tr><td>4</td><td>配置</td><td>配置</td></tr>
<tr><td>5</td><td>保留</td><td rowspan="4">无</td></tr>
<tr><td>6</td><td>保留</td></tr>
<tr><td>7</td><td>保留</td></tr>
<tr><td>8</td><td>CRC</td></tr>
</table>

便笺式存储器由 9 个字节(0～8)组成，前两个字节存放温度测量值;第 2、3 字节用于高、低门限设置;第 4 字节是配置存储器;第 5、6、7 字节保留而未使用,读它们时各位均为 1;第 8 字节可通过读便笺式存储器命令读出,用于存放前面 8 个字节的 CRC 校验值。易失性 SRAM 主要用于复制,每当上电复位时它们都会被刷新。

第 4 字节的配置存储器主要用于设置温度的测量分辨率,该字节的数据格式如图 11-15 所示。其中,Bit7 读时总为 0;Bit4～Bit0 读时总为 1,写入时这些位的取值可以是任意的。

Bit	7	6	5	4	3	2	1	0
	0	R1	R0	1	1	1	1	1

图 11-15 配置存储器的格式

可见实际上只使用了 Bit6 与 Bit5 两位。如表 11-5 所示,上电时默认的分辨率为 12 位,但转换速率最低。由该表还可以清楚地看出,当分辨率减少一位时,转换速率则下降了一半,这是在实际应用中需要考虑的,必须根据应用要求兼顾分辨率与速率之间的关系。

表 11-5 有关转换参数的设置

R1R0	分辨率/位	最大转换时间/ms
00	9	93.75
01	10	187.5
10	11	375
11	12	750

3. 功能命令

DS1822 的存储器功能命令有写便笺存储器、读便笺存储器、复制便笺存储器、回读 SRAM 和读电源 5 条，另外还有 1 条温度转换启动命令。表 11-6 全面描述了这类命令。

表 11-6　DS1822 存储器功能命令与启动转换命令

命　令	代　码	读写对象	功能说明
温度转换	44H	无	仅启动一次温度转换，无实质性数据传输。如果主设备在该命令之后输出读时序，那么 DS1822 就会输出 0 表示正忙于转换操作，转换结束后即返回 1。如果使用寄生电源，主设备就必须在输出温度转换命令之后 500ms 内维持强上拉
写便笺存储器	4EH	TH、TL	对 DS1822 的便笺存储器进行写操作，写入的数据是温度报警上限值和下限值，写入各自对应的存储器 TH 与 TL 中。输出复位命令会中止当前的写操作
读便笺存储器	BEH	全部 9 个字节	从 0 字节开始读操作。如果不需要读全部 9 个字节，则主设备可输出复位信号而终止当前的读操作
复制便笺存储器	48H	2、3 字节和 SRAM	将便笺存储器 TH/TL 中的内容复制到 SRAM 中。如果主设备在该命令之后输出读时序，那么 DS1822 就会输出 0 表示正忙于复制操作，复制结束后即返回 1。如果使用寄生电源，主设备就必须在输出该命令之后至少 10ms 内维持强上拉
回读 SRAM	B8H	2、3 字节和 SRAM	将存储在 SRAM 中的温度报警触发值回读到便笺存储器中。上电时 DS1822 会自动执行一次回读操作，以便保证器件上电后便笺存储器中的数据是可用的。该命令发出之后的回读时序内，器件将输出温度转换为忙的标志 0
读电源	B4H		主设备在发出该命令之后再输出读时序，器件即会送出它所使用的电源信息：0 为寄生电源，1 为外接电源

在实际应用中主设备不一定知道总线上的哪些 DS1822 要使用寄生电源，哪些在使用外接电源，因此 DS1822 应能向主设备报告它所使用的是何种电源，主设备才能决定总线上是否需要强上拉。具体作法是主设备先发出直访 ROM 命令，接着再发读电源命令，此后将输出读时序，这时使用寄生电源的 DS1822 会传回一个 0，使用外接电源的则传回一个 1。如果主设备收到的是 0，它就必须在温度转换期间通过 MOSFET 将总线电压强拉至正电源。

ROM 功能协议是单线总线工作的前提，在未执行 ROM 功能命令之前，存储器操作与启动转换等控制功能都是无效的。图 11-16 所示为 DS1822 的 ROM 功能操作流程，它对理解其他单线芯片产品的 ROM 功能操作也有很大参考价值。

例 11.1　用单总线芯片 DS18B20 设计一个数字式温度传感器。

有了以上知识可自己做产品设计，首先了解芯片的使用方法，设计电路图，编写程序。

解：在第 6 章讲到的 ZLG7289A 芯片组成的 LED 显示和键盘电路如图 6-15 所示。该图已做成模块，可用此模块作显示和按键部分，有8块共阴式数码管，应用中，无需用

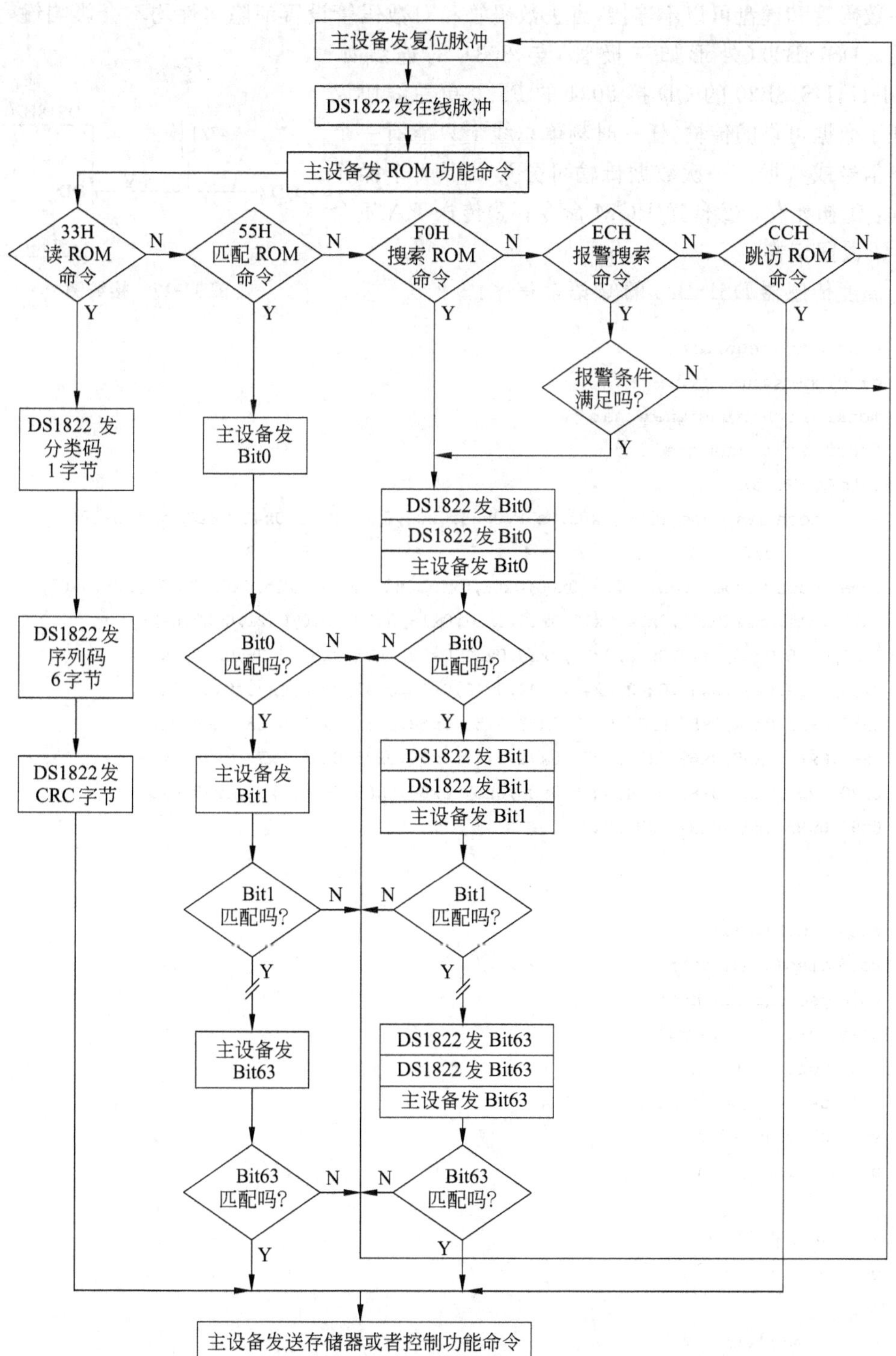

图 11-16 DS1822 的 ROM 功能操作流程

到的数码管和键盘可以不连接，省去数码管和对数码管设置消隐属性均不会影响键盘的使用。DS18B20（外形如三极管）与 8031 的连线如图 11-17，DS18B20 的 QD 接 8031 的 P1.0 单总线协议保证了数据可靠的传输，任一时刻单总线上只能有一个控制信号或数据。一次数据传输可分为以下 4 个操作过程：①初始化；②传送 ROM 命令；③传送 RAM 命令；④数据交换。

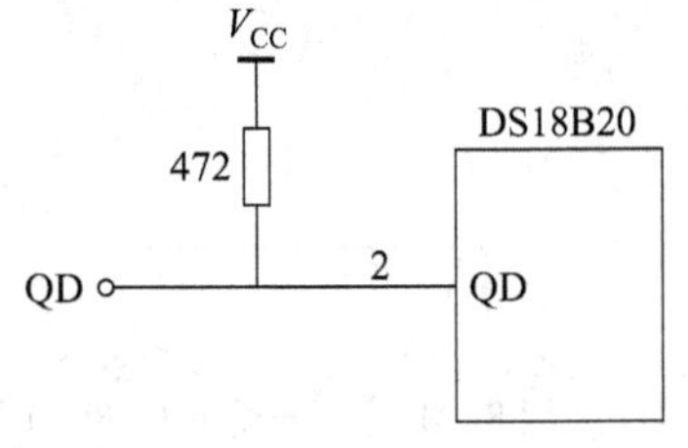

图 11-17　接线图

温度传感器 DS18B20 的 C 语言程序：

```
#include <reg51.h>
#include <intrins.h>
#define uchar unsigned char
#define uint unsigned int
sbit DQ=P3^3;
uchar code dis_code[10]={0x03,0x9F,0x25,0x0D,0x99,0x49,0x41,0x1F,0x01,0x09};
          //0    1    2    3    4    5    6    7    8    9
uchar code temper_tab[100]={0x00,0x01,0x02,0x03,0x04,0x05,0x06,0x07,0x08,0x09,
0x10,0x11,0x12,0x13,0x14,0x15,0x16,0x17,0x18,0x19,0x20,0x21,0x22,0x23,
0x24,0x25,0x26,0x27,0x28,0x29,0x30,0x31,0x32,0x33,0x34,0x35,0x36,0x37,
0x38,0x39,0x40,0x41,0x42,0x43,0x44,0x45,0x46,0x47,0x48,0x49,0x50,0x51,
0x52,0x53,0x54,0x55,0x56,0x57,0x58,0x59,0x60,0x61,0x62,0x63,0x64,0x65,
0x66,0x67,0x68,0x69,0x70,0x71,0x72,0x73,0x74,0x75,0x76,0x77,0x78,0x79,
0x80,0x81,0x82,0x83,0x84,0x85,0x86,0x87,0x88,0x89,0x90,0x91,0x92,0x93,
0x94,0x95,0x96,0x97,0x98,0x99
};

bit dsrbit(void);
void disp(uchar cc);
void dsend(uchar bb);
uchar get_temper(void);
uchar dsread(void);
void dswrite(uchar aa);
void check(void);
uchar dsinit(void);

/*显示子程序*/
void disp(uchar cc)
{
     uchar temp1,bb;
     temp1=cc;
     bb=temp1&0x0F;
     dsend(bb);
     bb=temp1>>4;
```

```
    dsend(bb);
}

void dsend(uchar bb)
{
    uchar i=bb;
    SBUF=dis_code[i];
    while(TI==0);TI=0;
}

/*取得温度子程序*/
uchar get_temper(void)
{
    uint j;
    uchar temper_l,temper_h,temper_num,i;
    DQ=1;
    check();
    dswrite(0xCC);
    dswrite(0x44);
    for(j=0;j<300;j++);
    check();
    dswrite(0xCC);
    dswrite(0xBE);
    temper_l=dsread();
    temper_h=dsread();
    temper_num=temper_l>>4;
    if((temper_l>>3)&0x01==0x01)
    temper_num=temper_num+1;
    temper_num=((temper_h&0x07)<<4)|temper_num;
    i=temper_num;
    temper_num=temper_tab[i];
    return(temper_num);
}

/*读DS18B20的程序,从DS18B20中读出一个字节的数据*/
uchar dsread(void)
{
    uchar i,temp1,temp21;
    uint j;
    for(i=0;i<8;i++)
    {
        DQ=1;
        {
            _nop_();
```

```
                _nop_();
            }
            DQ=0;
            {
                _nop_();
                _nop_();
                _nop_();
           }
            DQ=1;
            temp21=DQ;
            temp1=(temp1>>1)|(temp21<<7);
            for(j=0;j<23;j++);
     }
      return(temp1);
}

/*写 DS18B20 序子程序*/
void dswrite(uchar aa)
{
     uchar i,temp2;
     uint j;
     for(i=0;i<8;i++)
     {
            DQ=0;
            for(j=0;j<6;j++);
            temp2=aa;
            temp2=(temp2>>i)&0x01;
            if(temp2==0x01)
                       DQ=1;
            else       DQ=0;
            for(j=0;j<23;j++);
            DQ=1;
            _nop_();
      }
       DQ=1;
}

/*检查器件是否存在子程序*/
void check(void)
{
     uchar flag,j;
     do
     {
```

```
        flag=dsinit();
      }
    while(flag==0);
    for(j=0;j<0x20;j++);
}

/*初始化子程序程序*/
uchar dsinit(void)
{
    uchar j,flag;
    DQ=1;
     _nop_();
    DQ=0;
    for(j=0;j<0x80;j++);
    DQ=1;
    for(j=0;j<0x25;j++);
    if(DQ==0)
    {
        flag=1;
         for(j=0;j<0x6b;j++);
    }
    else  flag=0;
    DQ=1;
    return(flag);
}

void main(void)
{
    uchar aa;
    do
    {
        aa=get_temper();                /*读取温度*/
        disp(aa);                       /*显示*/
     }
     while(1);
}
```

11.5 A/D 转换器

为使单线芯片产品系列化，Dallas 公司还推出了单线的 A/D 转换器。从原理上讲，它与传统的 A/D 芯片基本相同，但内部与外部的接口电路和方法却有极大的差别。本节将系统地介绍DS2450芯片的工作原理与应用设计，这是一款单线A/D芯片。

11.5.1 概述

DS2450是一种逐次逼近型单线4通道模拟/数字转换器(1-Wire Quad A/D Converter)，8脚封装，其内部结构原理如图11-18所示。它的每个输入通道都有各自的寄存器组用于存放输入电压范围、分辨率、报警门限值以及报警使能标志。当输入电压偏离给定范围时能方便地搜索定位，无需总线主设备作比较就能指示被测电压过高或过低。

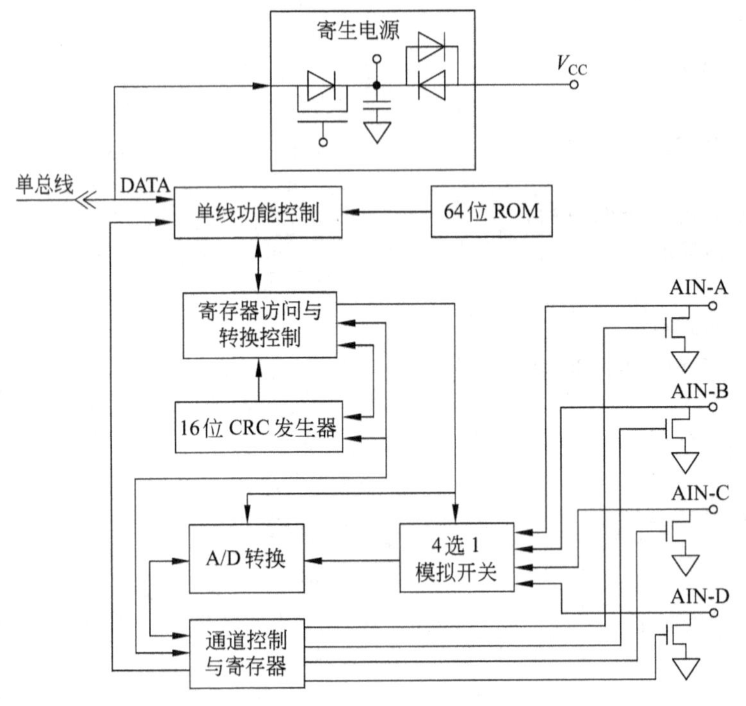

图11-18 内部结构原理图

器件具有2.56V/5.12V两种可编程的量程和1～16位的分辨率，通信速率为16.3Kb/s，在超速模式下的通信速率则可达142Kb/s。芯片正常工作时的功耗仅2.5mW，休眠状态下则只有25μW。

每个通道都由总线主设备初始化，不用作模拟信号输入的通道还可作为数字开漏输出，总线主设备能直接接通或切断开漏晶体管。器件上电后有复位标志告之主设备必须设定初始值，设定的初始值都存储在SRAM中，无论是由总线寄生馈电还是外接电源供电都不会丢失其数据。

DS2450 64位ROM中的产品分类代码为20H，它有读ROM、匹配ROM、搜索ROM、条件搜索ROM、直访ROM、超速直访ROM、超速匹配ROM等7个功能命令。当在标准速率下完成超速ROM命令字节的操作时，器件即会进入超速模式，此时所有的传输通信都将以较高的速率运行。同前面介绍的器件一样，DS2450所有数据的读写格式也是最低位 LSB 在前。该器件在单线系统中的通信协议结构如表 11-7 所示。

表 11-7 DS2450 通信协议结构

单线总线(物理层)		
命 令 级	可用的命令	作用的部件
单线 ROM 通用功能命令	读 ROM	64 位 ROM
	匹配 ROM	64 位 ROM
	搜索 ROM	64 位 ROM
	直访 ROM	
	超速匹配 ROM	64 位 ROM
	超速直访 ROM	
	条件搜索 ROM	64 位 ROM,转换结果
DS2450 特殊功能命令	读存储器	所有寄存器
	写存储器	控制寄存器
	转换	所选的输入通道

11.5.2 存储器结构

DS2450 的全部寄存器都定位在相邻的 32 字节线性存储器中,并组织成 4 个 8 字节的页面,但用户只能使用前 3 页。

1. 转换结果页

第 1 页为转换结果,A/D 转换结果放于此区间,可供主设备读出,每个通道占 2 个字节,从最低地址位开始放 A 通道,如表 11-8 所示。

表 11-8 转换结果输出页的结构

地址	Bit7 Bit6 Bit5 Bit4 Bit3 Bit2 Bit1 Bit0	Bit7 Bit6 Bit5 Bit4 Bit3 Bit2 Bit1 Bit0	地址	通道
01H	MSB × × × × × × ×	× × × × × × × LSB	00H	A
03H	MSB × × × × × × ×	× × × × × × × LSB	02H	B
05H	MSB × × × × × × ×	× × × × × × × LSB	04H	C
07H	MSB × × × × × × ×	× × × × × × × LSB	06H	D

上电时该页所有各位均为 0,最高位 MSB 为第 2 字节的 Bit7,其数据格式为向左看齐,即当分辨率不同时其结果数据向左边的 MSB 看齐,而在低位位置补 0,使之总是保持 16 位结果。值得注意的是,当实际使用的输入通道不足 4 个时规定要从 D 通道开始,即 1 个通道用 D,2 个通道用 D 作为 1 通道、C 作为 2 通道,3 个通道则用 B 作为第 3 通道。

2. 控制与状态信息页

第 2 页为控制与状态信息，类似第 1 页的结构，每个通道占 2 个字节共 16 位，如表 11-9 所示，并补充说明如下。

表 11-9 控制/状态信息页的结构

地址	Bit7 Bit6 Bit5 Bit4 Bit3 Bit2 Bit1 Bit0	Bit7 Bit6 Bit5 Bit4 Bit3 Bit2 Bit1 Bit0	地址	通道
011H	POR 0 AFH AFL AEH AEL 0 IR	OE OC 0 0 RC3 RC2 RC1 RC0	08H	A
0BH	POR 0 AFH AFL AEH AEL 0 IR	OE OC 0 0 RC3 RC2 RC1 RC0	0AH	B
0DH	POR 0 AFH AFL AEH AEL 0 IR	OE OC 0 0 RC3 RC2 RC1 RC0	0CH	C
0FH	POR 0 AFH AFL AEH AEL 0 IR	OE OC 0 0 RC3 RC2 RC1 RC0	0EH	D

(1) 低位字节 8 位的定义

① RC3～RC0 4 位是一个无符号的二进制数，表示转换结果的分辨率选择位数。注意，规定 1111 表示 15 位分辨率，0000 为 16 位分辨率。

② Bit5 和 Bit4 2 位则总是 0，不能改为 1。

③ 输出控制位 OC 和输出使能位 OE 控制通道作何种输出用途。对于模拟输入信号的 A/D 转换操作，OE 必须为 0，OC 位不使用；如果 OE 设为 1，A/D 转换失常，输出端晶体管受 OC 的控制仅起开关作用，即 OC 为 0 则通道的输出晶体管处于导通状态，OC 为 1 将使该管截止。因此若接一个上拉电阻到电源，OC 位的逻辑就将直接传递至输出端。注意，OE 使能输出位为 1 并不能禁止模拟输入，芯片内部转换仍然可能进行，但如果输出晶体管导通，其转换结果自然接近 0。

(2) 高位字节 8 位的定义

① IR 位用于选择电压范围，该位为 0 时是 2.56V 量程，为 1 时是 5.12V 量程。

② Bit1 不使用，保持为 0 而不能为 1。

③ AEL 是低端报警使能位，AEH 是高端报警使能位。当电压高于高端门限或低于低端门限时，控制该器件响应条件搜索命令而报警。

④ AFL 和 AFH 是相应的低端和高端报警标志位。如果下一次转换的结果表明电压正常而不属报警之列，则标志位 AFL 或 AFH 自动清零。

⑤ Bit6 始终为 0 而不能为 1。

⑥ 最高位 POR 为上电复位，它是在器件上电复位周期内自动置 1 的。一旦该位置 1，器件就将始终响应条件搜索命令，从而告之主设备它的控制与门限数据无效。因此上电复位后 POR 位必须由主设备写为 0，这可以同控制与门限数据一块操作。总线主设备写 POR 位为 1 也是可能的，这样就会使器件响应条件搜索命令但不会产生复位周期。在这一页中，低位字节的上电默认值是 08H，高位字节的上电默认值则为 8CH。

3. 报警门限设置页

第 3 页为报警门限设置，每个通道占两个字节，分别存放高端和低端的门限电压值，如表 11-10 所示。上电后高端门限值默认为 FFH,低端门限值默认为 00H。值得注意的是,门限值均只有 8 位,因此当分辨率高于或等于 8 位时,只使用转换结果的高位字节数据与门限值比较;分辨率低于 8 位时,则忽略门限值中相应的低位。

表 11-10　报警门限的设置

地址	Bit7　Bit6　Bit5　Bit4 Bit3　Bit2　Bit1　Bit0	Bit7　Bit6　Bit5　Bit4 Bit3　Bit2　Bit1　Bit0	地址	通道
11H	高端门限电压值	低端门限电压值	10H	A
13H	高端门限电压值	低端门限电压值	12H	B
15H	高端门限电压值	低端门限电压值	14H	C
17H	高端门限电压值	低端门限电压值	16H	D

4. 厂家定标页

第 4 页的地址为 18H～1FH,用于工厂定标。用户通过存储器读写命令也可以访问这一页。不过要特别注意,随意改变这一页的数据将破坏 A/D 转换器的定标或者使器件失效,直至经受一次上电复位的操作才可恢复。但是当器件是由 V_{CC} 外部供电时,只要在上电后写一个 80H 到地址为 1CH 的存储器中就可永久保持其模拟电路的有关功能。

11.5.3　存储器功能命令

由于 16 位地址空间中真正用到的存储器地址只有 5 位计 32 个字节,所以在进入 CRC 发生器之前,16 位地址中的高端 9 位均赋为 0。主设备与 DS2450 通信时可以使用常规速率[即默认的速率(OD=0)],也可以使用超速速率(OD=1)。如果没有设定超速模式,器件就会默认常规速率。下面再详细地分别介绍 DS2450 的存储器功能命令。

1. 读存储器

该命令的操作码为 AAH,用于读取转换结果、控制/状态数据以及报警设置值。该命令带 2 个字节的地址,用于指示寻址存储区的起始单元。主设备通过一个个地读数据时序读取 DS2450 的被寻址存储器,即从给定的首地址开始一直持续到当前页的最末一个地址。主设备还要接收器件的命令字节、地址字节和数据字节的 16 位 CRC 校验值,该值是由 DS2450 计算出来的,将它回读给主设备以便判断通信是否出错。如果发现 CRC 出错,主设备必须发一个复位脉冲以便重新操作一次。

必须提醒的是,在读存储器的流程中,首次的 CRC 值是先清除 CRC 生成器,然后移入命令字节、2 个地址字节和从该首地址至本页末地址这一整页存储器中的数据字节,即 3 部分字节获取的校验结果。以后的 CRC 值则是清除 CRC 生成器后仅移入下一页的数据字节而获取的结果,不再包括命令字节、地址字节两部分。

2. 写存储器

该命令的操作码为 55H,用于设置第 2 页的有关命令和第 3 页的报警门限值,命令后跟 2 个字节的起始地址和 1 个字节的数据。DS2450 收到这一串信息后算出 16 位 CRC 值再回送给主设备，由主设备判断通信是否无误。无误时 DS2450 即将数据字节复制到指定的存储器中，主设备再花 8 个时序从存储器中读出这个字节进行校验。如果校验出错，主设备就将输入一个复位脉冲重写一遍。

当主设备没有输出复位脉冲且还未寻址到存储器末地址时，器件就会自动指向下一个地址。这个新的双字节地址又将进入 16 位 CRC 生成器，主设备使用 8 个写时序发出下一个数据字节。DS2450 收到这个字节时也将其移入 CRC 生成器，于是产生新的 CRC 值，主设备再花 16 个读时序读取该校验值进行核对。如果 CRC 发现传输有错，主设备就将输出复位脉冲再重写一遍。

必须指出的是，在写存储器的流程中，首次的 CRC 值是命令字节、2 个地址字节和 1 个数据字节移位的结果。以后的 CRC 值则是 DS2450 地址自动加 1 后的新地址和新数据字节移入 CRC 生成器后获得的结果。

对转换结果读出寄存器不要进行写操作，试图对第 1 页写数据将是一个失败的结果。此外，一串写存储器命令可以在任意的地址处结束，只要传送复位脉冲即可。

3. 转换

该命令的操作码为 3CH，用于启动 A/D 转换，每位的转换时间为 60～80μs。举例来说，对于 12 位分辨率的 4 通道转换，转换时间为 $4 \times 12 \times 80\mu s + 160\mu s = 4ms$，其中 160μs 是器件内部的调节时间。如果 DS2450 采用 V_{CC} 外接供电，则当它忙于 A/D 转换的时候，主设备还可以与其他的器件通信。如果由总线寄生供电，那么主设备就要有很强的上拉以确保整个转换期内所需的电源，此时总线上自然不能通信。

DS2450 的转换是由输入选择和读出控制字节来控制的，具体格式如表 11-11 所示。输入选择是指使用哪几个通道共享转换器。被选择的通道应置 1；当通道多于 1 个时，只能按 A、B、C、D 这样一个顺序切换使用转换器。在所有被选通道还未完成转换之前，主设备就可以读取转换出来的结果。但这里要区别先前的结果与新近的结果，因而主设备使用了读出控制字节，该字节允许所选通道的转换结果寄存器预置成全 1 或者全 0。如果预料的结果靠近 0 则预置成全 1，反之估计转换的结果可能是一个较大的值时则预置成全 0。在实际应用中，可以等待所有通道转换结果后主设备才执行读结果数据的操作，这样就没有必要预置转换结果寄存器了。

表 11-11 转换命令

Bit	7	6	5	4	3	2	1	0
输入选择	不使用				D	C	B	A
读出控制	设置 D	清除 D	设置 C	清除 C	设置 B	清除 B	设置 A	清除 A

需要指出的是，如果在输入选择控制字节中没有选择通道，那么通道的读出控制也就没有任何意义。此外如果某个通道的转换结果总是接近 0，那么有可能是通道的输出晶体管始终处于饱和导通状态。

输入选择和读出控制字节是尾随在转换命令字节之后由主设备发送出来的。然后，主设备还要读取从设备返回的这 3 个字节的 CRC 码，当它接收到 CRC 的最高位 MSB 后，经 10μs 后器件即开始转换。

由此可见，当采用寄生电源供电时，总线主设备必须在 10μs 之内激活很强的上拉，此后数据线返回空闲的高阻态。此时可以重新启动通信，主设备发一个复位脉冲可使器件退出转换命令状态，强上拉结束可以产生读数据时序。一般情况下当转换时间计数无误时，若出现全 1 结果则应发复位脉冲。

当通过 V_{CC} 外接电源供电时，主设备既可以发送复位脉冲使器件退出转换，也可以连续产生读数据时序。一旦器件忙于转换，主设备读取的结果就是 0，仅当转换完成之后，主设备才会收到 1。由于在开漏情况下，单个 0 可以覆盖或屏蔽多个 1，因此主设备可以监视多个从设备器件同时转换。

11.5.4 DS2450 ROM 功能命令

除表 11-1 中介绍的读 ROM、匹配 ROM、直访 ROM 和搜索 ROM 这 4 条基本功能命令外，DS2450 还有下面即将说明的条件搜索、超速直访 ROM 和超速匹配 ROM 这 3 条专用功能命令。

1. 条件搜索

该命令的代码为 ECH。它类似于搜索 ROM 命令，不同之处仅在于这里附加了一个必须满足的搜索条件。当 DS2450 的通道报警使能标志 AEH 和 AEL 已经设置，而转换的结果值又落在预先设置的通道报警门限电压范围之内时，该器件就会响应条件搜索命令。该命令为快速确定多节点系统中一些重要的事件提供了方便，避免了一一呼叫节点从机再来判断的麻烦。例如，搜索其电压偏离了容许范围的节点时，在经历一次条件搜索之后就能确定这类节点上的器件的 64 位 ROM 代码，就如同执行了匹配 ROM 命令一样可单独访问这种特定的器件，因为其他节点上的器件都在搜索过程中被总线抛弃而处于等待复位脉冲的状态。

2. 超速直访 ROM

该命令的代码为 3CH。在单节点系统中，该命令后跟随访问的存储器或转换功能命令即可，而不需要提供 64 位 ROM ID，可以节省时间。与普通直访 ROM 命令不同，超速直访 ROM 命令将设置 DS2450 器件为超速模式，即 OD=1，于是跟在该命令之后的所有操作都将在超速环境下实现，直到收到至少 480μs 宽的复位脉冲为止，此时 OD=0，各器件才恢复到常规速率。

在多节点的系统中，超速直访命令将总线上所有具备超速功能的器件都设置为超速模式。为了寻址一个指定的支持超速的器件，可在超速状态下发一个复位脉冲，随后紧跟匹配 ROM 或搜索 ROM 命令即可，这样可以加快搜索的速度。但是如果总线上有多个支持超速的器件，且超速直访命令后跟随读命令的话，那么总线上的这些器件会同时发送数据而将出现数据冲突的情形。

3. 超速匹配 ROM

该命令的代码为 69H。在该命令之后跟随一个 64 位 ROM ID，允许主设备在多节点系统中寻址一个指定的 DS2450，同时设置它为超速模式。由于这个 64 位 ROM 码是在超速状态下传送的，因此仅与该 64 位 ROM ID 严格匹配的 DS2450 才会响应后续的存储器功能命令。实际上所有支持超速的从设备在超速直访命令或超速匹配命令之后都已进入超速模式，并维持这种状态，直至收到一个至少 480μs 宽的复位脉冲后才能返回到先前的常规速率。

11.5.5 操作实例

在实际应用中，一旦使用了 DS2450，往往还有前端模拟信号的处理电路，因此节点上的电流消耗较大，这时采用寄生电源就很难胜任，可能只好使用外接电源。下面介绍一个用于初始化设置的实例。实际上，初始化过程对于任何单线芯片都是必需的，只是其中的一些具体过程有所差别而已。

例 11.2 假设总线上只有一个由 V_{CC} 外接电源供电的 DS2450，现设置它的通道 D 为 12 位转换，输入量程为 5.12V，报警门限下限为 2.0V(64H)，上限为 3.0V(96H)(注意门限值只能用 8 位)，增量为 20mV。要求对转换的结果进行如下处理：如果出现低压报警则转移到 A 通道输出，出现超压报警则转移到 B 通道输出。

表 11-12 详细列出了系统的操作顺序。这里讲的接收/发送都是针对主设备而言的，这个操作过程有些类似于在汇编程序中执行机器指令代码。理解这一过程对于深入掌握单线芯片的工作原理是非常重要的。

表 11-12 系统的操作顺序

序号	收/发	脉冲或数据	命令功能	说明
1	Tx	脉冲	发复位脉冲(480～960μs)	赋第 2 页首地址
2	Rx	脉冲	收芯片发出的在线脉冲	
3	Tx	CCH	发直访 ROM 命令	
4	Tx	55H	发写存储命令	
5	Tx	08H	TA1，发地址低位字节 08H	
6	Tx	00H	TA2，发地址高位字节 00H，地址为 0008H(A 通道)	
7	Tx	C0H	A 通道的控制字节，不使用 A/D，仅作输出，且输出管道截止	A 通道初始化
8	Rx	CRC16	收命令、地址、数据字节的 CRC	
9	Rx	C0H	回读数据字节，实现简单校验	
10	Tx	00H	发 A 通道的下一个控制数据字节，地址为 0009H	
11	Rx	CRC16	收地址、数据字节的 CRC	
12	Rx	00H	回读数据字节，实现简单校验	

续表

序 号	收/发	脉冲或数据	命 令 功 能	说明
13	Tx	C0H	B通道的控制字节，不使用 A/D，仅作输出，且输出管截止	B通道初始化
14	Rx	CRC16	收地址、数据字节的 CRC	
15	Rx	C0H	回读数据字节，实现简单校验	
16	Tx	00H	发 B 通道的下一个控制数据字节，地址为 000BH	
17	Rx	CRC16	收地址、数据字节的 CRC	
18	Rx	00H	回读数据字节，实现简单校验	
19	Tx	C0H	C通道的控制字节，不用 A/D，仅作输出，且输出管道截止	C通道初始化
20	Rx	CRC16	收地址、数据字节的 CRC	
21	Rx	C0H	回读数据字节，实现简单校验	
22	Tx	00H	发 C 通道的下一个控制数据字节，地址为 000DH	
23	Rx	CRC16	收地址、数据字节的 CRC	
24	Rx	00H	回读数据字节，实现简单校验	
25	Tx	0CH	发 D 通道的控制数据字节，使用 12 位分辨率的 A/D	D通道初始化
26	Rx	CRC16	收地址、数据字节的 CRC	
27	Rx	0CH	回读数据字节，实现简单校验	
28	Tx	0DH	D通道的下一个控制字节，满量程为 5.12V，高低门限报警	
29	Rx	CRC16	收地址、数据字节的 CRC	
30	Rx	0DH	回读数据字节，实现简单校验	
31	Tx	脉冲	发复位脉冲(480～960μs)	复位与赋第 3 页首地址
32	Rx	脉冲	收芯片在线脉冲	
33	Tx	CCH	发直访 ROM 命令	
34	Tx	55H	发写存储器命令	
35	Tx	16H	TA1，发地址低位字节 16H	
36	Tx	00H	TA2，发地址高位字节 00H，地址为 0016H	
37	Tx	64H	发 D 通道报警下限数据字节，地址为 0017H	预置上/下限报警门限值
38	Rx	CRC16	收命令、地址、数据字节的 CRC	
39	Rx	64H	回读数据字节，实现简单校验	
40	Tx	96H	发 D 通道报警上限数据字节，地址为 0017H	
41	Rx	CRC16	收地址、数据字节的 CRC	
42	Rx	96H	回读数据字节，实现简单校验	

续表

序 号	收/发	脉冲或数据	命 令 功 能	说明
43	Tx	脉冲	发复位脉冲(480～960μs)	启动A/D转换
44	Rx	脉冲	收芯片在线脉冲	
45	Tx	CCH	发直访 ROM 命令	
46	Tx	3CH	发转换命令	
47	Tx	08H	发输入选择屏蔽字节	
48	Tx	40H	发读出控制字节	
49	Rx	CRC16	收命令、屏蔽、控制字节的 CRC	
50	Rx	数据字节	连续读,直至字节为 FFH 为止	
51	Tx	脉冲	发复位脉冲(480～960μs)	选D通道的控制/状态存储器
52	Rx	脉冲	收芯片在线脉冲	
53	Tx	CCH	发直访 ROM 命令	
54	Tx	AAH	发读存储器命令	
55	Tx	0FH	TA1,发地址低位字节 0FH	
56	Tx	00H	TA2,发地址高位字节 00H	
57	Rx	数据字节	收 D 通道状态数据	
58	Rx	CRC16	收命令、地址、数据字节的 CRC	
59	Tx	脉冲	发复位脉冲(480～960μs)	存储器地址指向008H
60	Rx	脉冲	收芯片在线脉冲	
61	Tx	CCH	发直访 ROM 命令	
62	Tx	55H	发写存储器命令	
63	Tx	08H	TA1,发地址低位字节 08H	
64	Tx	00H	TA2,发地址高位字节 00H	
65	Tx	80H 或 C0H	A 通道低位控制字节,若 AFL=1 发 80H,AFL=0 则发 C0H	设置A通道控制字
66	Rx	CRC16	收命令、地址、数据字节的 CRC	
67	Rx	数据字节	回读数据字节,实现简单校验	
68	Tx	00H	发 A 通道的高位控制字节,地址为 0009H	
69	Rx	CRC16	收地址、数据字节的 CRC	
70	Rx	00H	回读,实现简单校验	

续表

序　号	收/发	脉冲或数据	命 令 功 能	说明
71	Tx	80H 或 C0H	B 通道低位控制字节，若 AFH＝1 发 80H，AFH＝0 则发 C0H	设置B通道控制字
72	Rx	CRC16	收地址、数据字节的 CRC	
73	Rx	数据字节	回读，实现简单校验	
74	Tx	脉冲	发复位脉冲(480～960μs)	
75	Rx	脉冲	收芯片在线脉冲	

表 11-12 中 57 步的状态数据包括通道 D 的报警标志 AFL 和 AFH，它们分别用于控制通道 A 和通道 B 的输出，见 65 步和 71 步。

值得指出的是，表中的操作步骤是很规范的。尤其在多节点系统中，尽管有些无实用价值的操作会占用不少的时间，但依然不能试图省掉这些步骤。例如本例中的 C 通道没有使用，但不宜跳过它，仍然要“假”设一下，表中的 19～24 步操作就属于这种情况；又如表中有些通道的写数据并没有改变，因此后续的设置也就属于无实际影响的重写，例如第 68～70 步。

11.6 存储器与计数器

DS242×系列是带计数器的单线 RAM(1-Wire RAM with Counters)，且能存储密钥数据。该系列产品有以下 4 个主要的数据部件：64 位 ROM ID、256 位便笺存储器、1024 位(DS2422)或 4096 位(DS2423)静态存储器、3 个(DS2422)或 4 个(DS2423)32 位只读计数器(其中有两个计数器具备外部输入通道，因而可直接对外部事件计数，能与数字化的某些传感器或脉冲信号直接连接)。

顺便指出，存储器与计数器两者并没有必然的联系。一般来说，计数器通常带存储器功能，但存储器不一定非带计数器功能不可。有些单线芯片就只有存储器功能，例如 DS2430/2433 分别是 256B/4KB 的 EEPROM 存储器，DS2502/2505/2506 分别是 1KB/16KB/64KB 的只加存储器(Add-Only Memory，AOM)。这些器件不仅可以用在单线总线的节点从设备中暂存数据或者作为外部事件计数，而且还可以在其他非单线总线场合下用作特殊功能的存储器，为各类电子产品提供产品序列号以及写入厂家某些信息，达到防止仿制与保护知识产权的目的。

11.6.1 概述

图 11-19 显示了器件内部主控制器与存储器模块之间的功能关系。存储器以 256 位为 1 页，DS2422 有 0～3 页，DS2423 有 0～15 页。它们的每一个计数器都与一个存储器页面相结合，DS2422 的 3 个计数器分别与 1、2、3 页结合，DS2423 的 4 个计数器则分别与 12、13、14、15 页相结合。计数器的计数值是通过专用的命令与存储数据一起读出的。这

个系列的器件采用 6 脚封装，其引脚定义：1—地，2—数据，3—外接电源，4—空脚，5—计数器输入通道 B，6—计数器输入通道 A。

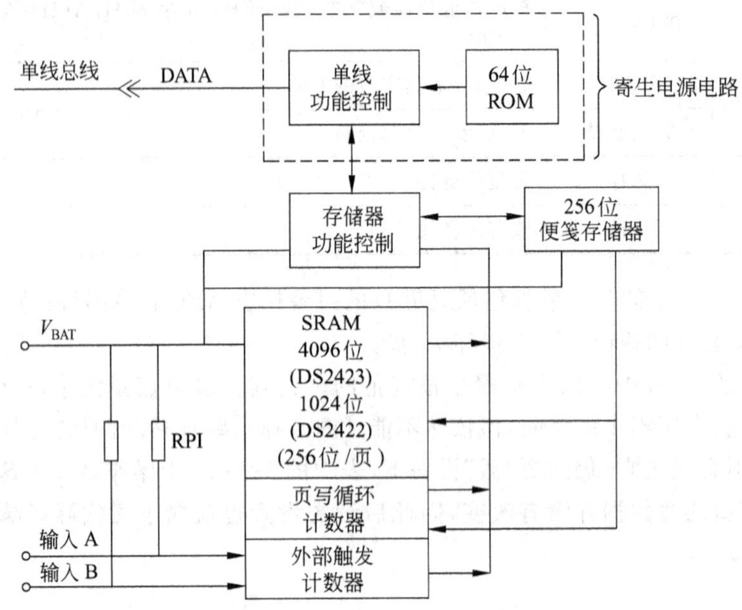

图 11-19　器件内部主控制器与存储器模块之间的功能关系

表 11-13 则是该系列的单线总线(物理层)协议的结构。它们有以下 6 条 ROM 功能命令：读 ROM、匹配 ROM、搜索 ROM、直访 ROM、超速直访 ROM、超速匹配 ROM。其操作过程与前几节介绍的器件大同小异。

表 11-13　DS242×通信协议结构

命　令　级	可 用 命 令	作 用 元 件
单线 ROM 功能命令	读 ROM	64 位 ROM
	匹配 ROM	64 位 ROM
	搜索 ROM	64 位 ROM
	直访 ROM	
	超速匹配 ROM	64 位 ROM
	超速直访 ROM	
DS242×专用存储器功能命令	写便笺存储器	256 位便笺存储器
	读便笺存储器	256 位便笺存储器
	复制便笺存储器	数据存储器，写循环计数器
	读存储器	数据存储器
	读存储器与计数器	数据存储器，计数器

11.6.2 存储器操作

1. 地址寄存器与传输状态

表 11-14 描述了该系列器件的存储器页面结构，每 256 位计 32 个字节为 1 页。DS2422 有 0～3 页共 1024 位 SRAM，DS2423 有 0～15 页共 4096 位 SRAM。此外，它们都还有一页 256 位的暂时存储器，或称便笺式存储器，可用于写存储器操作的高速缓冲区，表中的最终存储器就是针对这一暂存器而言的。

表 11-14 存储器结构

地　址	存储器属性	页　序
	32 字节暂存存储器	
0000H～001FH	32 字节最终存储器	0 页
0020H～003FH	32 字节最终存储器	1 页
0040H～005FH	32 字节最终存储器	2 页
0060H～007FH	32 字节最终存储器	3 页
0080H～017FH	32 字节最终存储器	4～11 页
0180H～0111FH	32 字节最终存储器	12 页
01A0H～01BFH	32 字节最终存储器	13 页
01C0H～01DFH	32 字节最终存储器	14 页
01E0H～01FFH	32 字节最终存储器	15 页

表 11-15 描述了该系列器件的存储器页面与内部计数器的关系，每个计数器各分配一页存储器页面。依据这种有机的结合，通过专门的读命令就可以方便地读出计数器中的当前计数值。

表 11-15 存储器页与计数器的关系

品　名	DS2422	DS2423
计数器 1	写循环(页 1)内部计数	写循环(页 12)内部计数
计数器 2	输入 A(页 2)外部事件计数	写循环(页 13)内部计数
计数器 3	输入 B(页 3)外部事件计数	输入 A(页 14)外部事件计数
计数器 4	无	输入 B(页 15)外部事件计数

由于是串行传输，DS242×使用了 TA1、TA2 和 E/S 3 个地址寄存器，如表 11-16 所示。TA1 和 TA2 存放数据的目标地址，E/S 则相当于传输字节计数器与状态寄存器，用于写命令的数据校验，因此主设备只能对该寄存器进行读操作。下面对 E/S 寄存器的各位作一些说明：

E/S 的低 5 位 E4～E0 表示写到便笺式存储器中的最末位数据字节的地址，又称结束偏移量。

E/S 的第 5 位(Partial byte Flag，PF)为非完整字节标志。如果认为主设备传送的数据位数不是 8 的整数倍，该位就会置位。结束偏移量与非完整字节标志用于主设备在写命令之后校验数据有无错误。

E/S 的第 6 位没有使用，总是读 0。

E/S 的第 7 位称授权接收(Authorization Accepted，AA)，这是一个标志位，用来表示存储器的便笺式存储器中的数据已经被安全复制到目标存储器中。写数据到便笺存储器中时将清除该标志。

表 11-16 DS242×的地址寄存器

目标地址(TA1)	T7	T6	T5	T4	T3	T2	T1	T0
目标地址(TA2)	T15	T14	T13	T12	T11	T10	T9	T8
结束地址与标志状态(E/S)	AA	0	PF	E4	E3	E2	E1	E0

值得提醒的是，由于便笺存储器为 32 字节，所以目标地址的低 5 位也就同时确定了便笺存储器的地址，该地址称为字节偏移量。举例来说，如果一个写命令的目标地址 TA1 为 3CH，那么便笺存储器将在字节偏移量 1CH 处开始存储输入的数据，且其后最多只能装入 4 个字节，此时结束偏移量为 1FH。因此就速度与效率而言，写操作的目标地址最好指向某一页的起始地址处，亦即字节偏移量应为 0，这样就具有一次填充便笺存储器 32 个字节的能力，其结束偏移量也是 1FH。当然，写一个或若干个连续的字节到一页的某个区间这种情况也是会有的。

2. 带校验的写操作

要写数据到 DS242×，便笺存储器就必须用作中介存储器。主设备首先针对指定的目标地址输出写便笺存储器，其后跟随写入的数据。通常情况下，主设备在发送结束后会收到该命令、地址和数据的 CRC16 校验码，通过判断即能确定此次通信是否成功。如成功则执行复制便笺存储器中读回数据以便校验是否有错。为了先预测一下便笺存储器中的数据，DS242×将发送目标地址 TA1 与 TA2 以及 E/S 寄存器的内容。如果主设备检测到 PF 标志已经置位，则说明便笺存储器中的数据不完整，那么主设备就没有必要再去读它的内容了，而应该去再次启动输出数据至便笺存储器的写命令。与之相类似的是，如果主设备检测到 E/S 寄存器的 AA 标志已置位，则表明写命令未被器件识别。

如果一切正常，则 PF 与 AA 两位均为 0，且结束偏移量指出了写便笺存储器的最后一个数据字节的地址。现在主设备就可以继续读操作并且校验每一个数据字节。待主设备检验完数据之后，它就可以发送复制便笺存储器的命令了。该命令必须后跟 TA1、TA2 和 E/S 3 个地址寄存器中的数据。通过读便笺存储器，主设备可随时获得这 3 个寄存器的内容。此外，根据目标地址与写数据的字节数也可以推测出来。因此，只要 DS242×能正确地收到这些数据字节，它就会将数据复制到目标地址中去。

3. 存储器功能命令

主设备与DS242×之间的通信速率默认为常规速率(OD=0)，但也可以在超速速率(OD=1)下操作，不过要额外设置而已。下面详细说明几条有关存储器操作的功能命令。

(1) 写便笺式存储器

该命令的代码为0FH，其后必须跟两字节目标地址。数据存入便笺式存储器时的起始字节偏移量为T4～T0，结束偏移量E4～E0则是主设备终止写数据操作的字节偏移量，规定仅当数据字节完整时才允许被接收。如果数据字节不完整，那么其内容将被忽略且设置E/S寄存器中的PF标志位。

执行写便笺式存储器命令时，DS242×的CRC发生器会计算包括命令代码、目标地址(TA1和TA2)以及整个数据串在内的CRC校验码。主设备可以在任意时间内结束写便笺式存储器命令，然而当结束偏移量为1 1111时，主设备将传送16个读时序，接收器件生成的CRC校验码。

DS2422与DS2423的地址范围分别是0000H～007FH与0000H～01FFH。如果主设备发送的目标地址超出了这个范围，则芯片的内部电路会置地址的高9位(DS2422)或高7位(DS2423)全部为0后再移入内部地址寄存器。读便笺式地址寄存器命令可以获取目标地址，主设备将该目标地址与传送的目标地址进行比较后可判断地址是否有错。如果目标地址的最高位与DS242×便笺式存储器所要求的值不匹配，那么主设备就无法执行后面的复制便笺式存储器的操作。

(2) 读便笺式存储器

该命令的代码为AAH，用于验证便笺式存储器的数据与目标地址。发送该命令之后，主设备即开始读操作，开始的两个字节是目标地址，然后是结束偏移量/数据状态字节E/S，接下来是从字节偏移量T0～T4开始的数据。主设备可能一直读到便笺式存储器的最末，因而在真正的数据之后有可能是全1的非有效数据。

(3) 复制便笺式存储器

该命令的代码为5AH。它是将便笺式存储器中的暂存数据复制到SRAM存储器中。使用该命令可以复制32字节内的任意个字节。在发送该命令之后，主设备还必须提供一个3字节授权样本，它是通过校验过程中的读便笺式存储器而获得的。这个样本必须严格地同TA1、TA2和E/S这3个地址寄存器中的数据匹配，这样AA标志位才置位且开始复制。待数据全部复制后将交替传输1与0逻辑直至复位脉冲发出为止。在复制过程中，任何试图复位的操作都是无效的。典型的复位时间取30μs，复制的数据取决于3个地址寄存器，从便笺式存储器的起始字节偏移到结束偏移这一整块的数据都将复制到由起始目标地址决定的SRAM存储器中。值得注意的是，仅当执行写便笺式存储器命令时，E/S寄存器中的AA标志位才会被清除。

(4) 读存储器

该命令的代码为F0H，可用于整个存储器的读操作。在该命令之后还必须提供两字节目标地址。在发出这两个字节之后，主设备即开始从目标地址读数据，并持续到存储器的最末端，读出的结果有可能是全1逻辑。在该操作下，地址寄存器提供的目标地址是至关重要的，而 E/S 寄存器这个字节是无效的。为了安全读取单线总线环境下的数据并提高传输速率，建议以存储器页为单位打数据包。

(5) 读存储器与计数器

该命令的代码为 A5H。它用于读配置了计数器的存储器页的数据，附加的计数值信息是在存储器页末尾发送的，在计数值之后还要发 32 个 0 位以及由 DS242×生成的 16 位 CRC 校验码。

发出该命令之后，主设备还要发送两字节地址 TA1 与 TA2，它们给定了数据起始字节的定位。通过一连串的读数据时序，主设备可接收到 DS242×中从起始地址直至该页末尾地址的全部存储器数据。此后主设备还将传送 80 个附加的读数据时序，用于接收与当前寻址页相结合的 32 位计数器的计数值、32 个 0 位以及 16 位的 CRC。继续操作读数据时序，主设备又可接收下一页的存储器数据以及与该页结合的计数器的计数值、若干 0 位和该页的 CRC 码。这个操作过程可以持续到最后一页。

当使用命令操作没有配置计数器的存储器页面时，主设备读取的计数值是 FFFF FFFFH，以示计数值无效。

在读存储器与计数器的操作流程中，首次执行该命令后读取的 16 位 CRC 值是将一个命令字节、两个地址字节、数据存储器的内容、计数值以及若干 0 位等移入清零后的 CRC 发生器生成的。以后执行该命令的 16 位 CRC 值则仅仅是将数据存储器的内容、计数值以及若干 0 位移入 CRC 后，主设备就不断接收 DS242×发出的逻辑 1 直至发送复位脉冲为止，而且通过复位脉冲可以在任何时刻终止读存储器与计数器命令的操作。

11.6.3 操作实例

存储器的读写操作是一个微处理器系统中最基本的操作。在单线总线系统中，就目前的技术水平而言，存储器芯片、开关芯片和数字温度计芯片等几个类型的应用较广，因此有必要较深入地理解 DS242×的应用设计方法。

例 11.3 下面介绍的是一个读写 DS2423 存储器的实例，假设写 2 个字节到 0026H 与 0027H 单元中，并读取整个存储器中的数据。表 11-17 一步一步详细地描述了系统主设备的操作顺序。

表 11-17 系统主设备的操作顺序

序 号	收 发	脉冲或数据	命令功能	说 明
1	Tx	脉冲	发复位脉冲(480～960μs)	发地址
2	Rx	脉冲	收芯片在线脉冲	
3	Tx	CCH	发直访 ROM 命令	
4	Tx	0FH	发写便笺式存储器命令	
5	Tx	26H	TA1，发地址低位字节 26H	
6	Tx	00H	TA2，发地址高位字节 00H	
7	Tx	两个数据字节	发数据字节到 0026H～0027H	

续表

序 号	收 发	脉冲或数据	命 令 功 能	说 明
8	Tx	脉冲	发复位脉冲	校验
9	Rx	脉冲	收芯片在线脉冲	
10	Tx	CCH	发直访 ROM 命令	
11	Tx	AAH	发读便笺式存储器命令	
12	Rx	26H	TA1，回读地址低位字节 26H	
13	Rx	00H	TA2，回读地址高位字节 00H	
14	Rx	07H	读 E/S、结束偏移量为 07 H，标志位置 0	
15	Rx	两个数据字节	读便笺式存储器数据且校验	
16	Tx	脉冲	发复位脉冲(480～960μs)	复制便笺式存储器
17	Rx	脉冲	收芯片在线脉冲	
18	Tx	CCH	发直访 ROM 命令	
19	Tx	5AH	发复制便笺存储器命令	
20	Tx	26H	TA1	
21	Tx	00H	TA2	
22	Tx	07H	E/S	
23	Tx	脉冲	发复位脉冲(480～960μs)	读所有数据
24	Rx	脉冲	收芯片在线脉冲	
25	Tx	CCH	发直访 ROM 命令	
26	Tx	F0H	发读存储器命令	
27	Tx	00H	发 TA1，起始地址的低位字节为 00H	
28	Tx	00H	发 TA2，起始地址的高位字节为 00H	
29	Rx	512 个字节	读全部存储器内容	
30	Tx	脉冲	发复位脉冲(480～960μs)	
31	Rx	脉冲	收芯片在线脉冲，结束	

例 11.4 下面介绍的是一个读写 DS2423 存储器与计数器的实例，假设先读 14 页存储器和输入到 A 通道的计数值，再重新写回至该页的存储器。表 11-18 详细地描述了系统的整个操作顺序。

表 11-18　主设备对 DS2423 存储器与计数器的操作序列

序号	收/发	脉冲或数据	命令功能	说明
1	Tx	脉冲	发复位脉冲(480～960μs)	读 14 页存储器与 A 的计数值
2	Rx	脉冲	收芯片在线脉冲	
3	Tx	CCH	发直访 ROM 命令	
4	Tx	A5H	发读存储器与计数器命令	
5	Tx	C0H	TA1,发地址低位字节	
6	Tx	01H	TA2,发地址高位字节	
7	Rx	32 个数据字节	读 32 个数据字节	
8	Rx	4 个数据字节	读入 A 的计数值	写入到 14 页的便笺式存储器
9	Rx	4 个数据字节	读 32 个 0 位	
10	Rx	2 个数据字节	读 CRC16 校验码	
11	Tx	脉冲	发复位脉冲(480～960μs)	
12	Rx	脉冲	收芯片在线脉冲	
13	Tx	CCH	发直访 ROM 命令	
14	Tx	0FH	发写便笺式存储器命令	
15	Tx	C0H	TA1,发地址低位字节	
16	Tx	01H	TA2,发地址高位字节	复制便笺式存储器
17	Tx	32 个数据字节	写 32 个数据字节至便笺式存储器	
18	Rx	2 个数据字节	读 CRC16 校验码	
19	Tx	脉冲	发复位脉冲(480～960μs)	
20	Rx	脉冲	收芯片在线脉冲	
21	Tx	CCH	发直访 ROM 命令	
22	Tx	5AH	发复制便笺式存储器命令	
23	Tx	C0H	TA1,发地址低位字节	便笺式存储器内容复制到 14 页的存储器
24	Tx	01H	TA2,发地址高位字节	
25	Tx	1FH	E/S	
26	Rx	1 个数据字节	发读存储器命令	
27	Tx	脉冲	读复制便笺式存储器的响应	
28	Rx	脉冲	收芯片在线脉冲,结束	

11.7 单线芯片总览

单线芯片不仅仅可用于组建基于总线的微型局域网，而且由于其引脚极少，因此容易与 CPU 等其他器件接口。此外，单线芯片的 PCB 板布线也较简单，干扰小，且非常省电，因而也广泛用于各类电子设备中，如设备的安全密码、设备属性登记与标志、设备的温度监控、电源电压监视、外部事件数据记录、实时时钟等。

Dallas 公司的单线芯片系列已有 30 多个产品，而且每年都有不少新品问世。为方便读者开发应用该项技术，现将所有的品种列于表 11-19。表中的封装结构代号含义为：1 为 PR-35；2 为 SSOP；3 为 TO-92；4 为 SOT-223；5 为第 6 脚的 TSOC；6 为第 16 脚的 DIP；7 为第 16 脚的 SOIC；8 为第 8 脚 150mil 的 SOIC；9 为第 8 脚 208mil 的 SOIC；10 为 CSP。表中的各类存储器容量均以二进制的位(Bit)为单位。

表 11-19 单线芯片总览

名 称	功能或用途	ROM ID	存 储 器	封 装
DS1820	9 位数字温度计	64 位	16 位 EEPROM	1,2
DS18B20	9～12 位数字温度计	64 位	16 位 EEPROM	3,8
DS18S20	9 位数字温度计	64 位	16 位 EEPROM	3,8
DS1822	经济型 9～12 位数字温度计	64 位	无	3,8
DS2223	经济型 RAM	无	256 位 RAM	3,4
DS2224	经济型 RAM+ROM	32 位 ROM	224 位 RAM	3,4
DS2401	硅序列号	64 位	无	3,4,5,10
DS2404	实时时钟+经济型 RAM	64 位	4096 位非易失性 RAM	2,6,7
DS2404-C01	实时时钟+双端口存储器	64 位	4096 位双端口非易失性 RAM	7
DS2405	单通道可寻址开关	64 位	无	3,4,5
DS2406	双通道可寻址开关+存储器	64 位	1024 位 EEPROM	3,5
DS2407	双通道可寻址开关+存储器	64 位	1024 位 EEPROM	3,5
DS2408	8 通道可寻址开关+存储器	64 位	1024 位 EEPROM	7
DS2409	微型局域网耦合(分支)器	64 位	无	5
DS2415	实时时钟	64 位	无	5
DS2417	实时时钟+中断输出	64 位	无	5,10
DS2422	双通道事件计数器+RAM	64 位	1024 位非易失性 RAM	5
DS2423	双通道事件计数器+RAM	64 位	4096 位非易失性 RAM	5
DS2430A	EEPROM	64 位	256 位 EEPROM	3,5,10

续表

名　称	功能或用途	ROM ID	存　储　器	封　装
DS2432	EEPROM	64 位	1024 位 EEPROM	5
DS2433	EEPROM	64 位	4096 位 EEPROM	1,9,10
DS2450	4 路 16 位 A/D 转换器	64 位	无	9
DS2480	RS-232 到单线转换/驱动器	无	无	8
DS2480B	RS-232 到单线转换/驱动器	无	无	8
DS2490	USB 到单线转换/驱动器			
DS2502	只加存储器	64 位	1024 位 EEPROM	3,5,8,10
DS2502-E64	只加存储器	64 位	1024 位 EEPROM	3,5
DS2502-UNW	只加存储器	64 位	1024 位 EEPROM	3,5,8,10
DS2505	只加存储器	64 位	16384 位 EEPROM	3,5,10
DS2505-UNW	只加存储器	64 位	16384 位 EEPROM	3,5,10
DS2506	只加存储器	64 位	65536 位 EEPROM	1,9,10
DS2506-UNW	只加存储器	64 位	65536 位 EEPROM	1,9,10
DS2890	100kΩ 数字电位器	64 位	无	3,5
DS9502	25kV 以上 ESD 保护二极管	无	无	5
DS9503	25kV 以上 ESD 保护二极管	无	无	5
DS9097U-09	通用单线 COM 口适配器	64 位	无	套件

最后应该指出的是，有些产品具有不同的版本，前期的版本可能已经不再产生，例如 DS1820 就是早期出品的数字温度计，因此应尽量选择近期的版本。

11.8　iButton 系列

iButton 是 Dallas 公司的另一个注册商标，由它标注的集成电路芯片构成了一个独具特色的 iButton 系列产品。但从设计原理与功能上讲，iButton 仍然是单线芯片产品，其内部都含有 64 位 ROM ID，且与上面介绍的单线网络协议完全兼容。主要的差别是在封装结构上(如图 11-20 所示，图中标注的尺寸均以 mm 为单位)。iButton 有 F3 与 F5 两种封装，都密封成不锈钢外壳，形如纽扣电池，F5 封装的外壳大小相当于 4 枚人民币的硬分币叠在一起，F3 封装则薄一些。它们的引脚就如纽扣电池一样，只有两个引线端面，背面是地线，中心面为数据线。可见 iButton 是名符其实的单线产品。

有些 iButton 内部带微型锂电池，为内部实时时钟或有关记录数据供电，可保存 10 年之久；有些则无需内部电池，例如 EEPROM 的产品；有些产品还将序列号刻在外壳上供用户辨识。

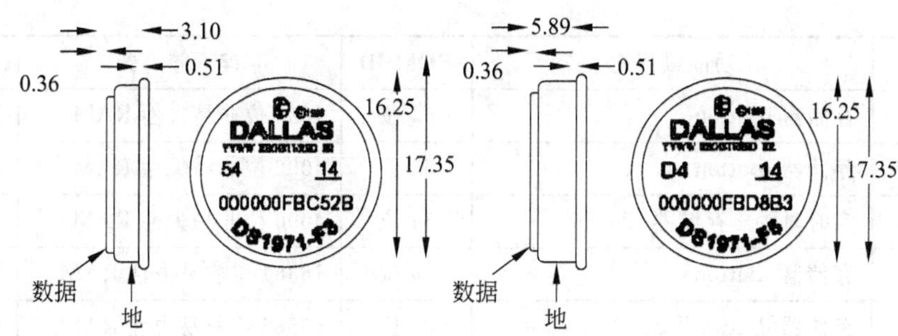

图 11-20 iButton 的封装外观

表 11-20 列出了 iButton 系列的全部产品，其中的大部分都能在表 11-19 中找到同类功用的产品。但由于 iButton 只有两个引脚，所以表 11-19 中有些引脚较多的芯片在表 11-20 中就无法找到相似的产品。

由于 iButton 封装的特殊性，使用时并不是采用传统的焊接方法，而是采用嵌入式的接触连接。除了在单线总线系统中用作节点从设备外，通常也将这类芯片嵌入其他电子产品中作为安全认证或某种辅助功能。

表 11-20 iButton 系列单线产品总览

名 称	功能或用途	ROM ID	存 储 器	封 装
DS1920	温度计 iButton	64 位	16 位 EEPROM	F5
DS1921	实时时钟＋温度计 iButton	64 位	40116 位非易失性 RAM	F5
DS1954	密码 iButton	64 位		F5
DS1955	密码 iButton	64 位		F5
DS1957	密码 iButton	64 位		F5
DS1963	金融安全认证 iButton	64 位	40116 位非易失性 RAM	F5
DS1963L	带写循环计数器的金融 iButton	64 位	40116 位非易失性 RAM	F5
DS1971	EEPROM_iButton	64 位	256＋64 位 EEPROM	F3,F5
DS11173	EEPROM_iButton	64 位	4096 位 EEPROM	F3,F5
DS1982	只加存储器 iButton	64 位	1024 位 EEPROM	F3,F5
DS1982U	只加存储器 iButton	64 位	1024 位 EEPROM	F3,F5
DS1985	只加存储器 iButton	64 位	16384 位 EEPROM	F3,F5
DS1985U	只加存储器 iButton	64 位	16384 位 EEPROM	F3,F5
DS1986	只加存储器 iButton	64 位	65536 位 EEPROM	F3,F5
DS1986U	只加存储器 iButton	64 位	65536 位 EEPROM	F3,F5
DS1990A	序列号 iButton	64 位	无	F3,F5
DS1991	存储器 iButton	64 位	1344 位非易失性 RAM	F5

续表

名　称	功能或用途	ROM ID	存　储　器	封　装
DS1992	存储器 iButton	64 位	1024 位非易失性 RAM	F5
DS1993	存储器 iButton	64 位	4096 位非易失性 RAM	F5
DS1994	实时时钟＋存储器 iButton	64 位	4096 位非易失性 RAM	F5
DS1995	存储器 iButton	64 位	16384 位非易失性 RAM	F5
DS1996	存储器 iButton	64 位	65536 位非易失性 RAM	F5

练习与思考题

11.1　单总线有何优点?

11.2　单总线是如何读写数据的?

读者意见反馈

亲爱的读者：

感谢您一直以来对清华版计算机教材的支持和爱护。为了今后为您提供更优秀的教材，请您抽出宝贵的时间来填写下面的意见反馈表，以便我们更好地对本教材做进一步改进。同时如果您在使用本教材的过程中遇到了什么问题，或者有什么好的建议，也请您来信告诉我们。

地址：北京市海淀区双清路学研大厦 A 座 602　　计算机与信息分社营销室 收
邮编：100084　　电子邮件：jsjjc@tup.tsinghua.edu.cn
电话：010-62770175-4608/4409　　邮购电话：010-62786544

教材名称：单片机接口 C 语言开发技术

ISBN：978-7-302-19273-2

个人资料

姓名：________________ 年龄：_______ 所在院校/专业：_____________________

文化程度：____________ 通信地址：_______________________________________

联系电话：____________ 电子信箱：_______________________________________

您使用本书是作为：□指定教材 □选用教材 □辅导教材 □自学教材

您对本书封面设计的满意度：

□很满意 □满意 □一般 □不满意　改进建议______________________________

您对本书印刷质量的满意度：

□很满意 □满意 □一般 □不满意　改进建议______________________________

您对本书的总体满意度：

从语言质量角度看 □很满意 □满意 □一般 □不满意

从科技含量角度看 □很满意 □满意 □一般 □不满意

本书最令您满意的是：

□指导明确 □内容充实 □讲解详尽 □实例丰富

您认为本书在哪些地方应进行修改？（可附页）

____

____

您希望本书在哪些方面进行改进？（可附页）

____

____

电子教案支持

敬爱的教师：

为了配合本课程的教学需要，本教材配有配套的电子教案（素材），有需求的教师可以与我们联系，我们将向使用本教材进行教学的教师免费赠送电子教案（素材），希望有助于教学活动的开展。相关信息请拨打电话 010-62776969 或发送电子邮件至 jsjjc@tup.tsinghua.edu.cn 咨询，也可以到清华大学出版社主页（http://www.tup.com.cn 或 http://www.tup.tsinghua.edu.cn）上查询。